爆炸荷载下岩石Ⅰ型裂纹动态断裂力学行为研究

Study of Dynamic Fracture Mechanics Behavior of Rock Mode Ⅰ Cracks Under Blast Loading

肖定军　吕晓明　蒲传金　主编

北　京
冶　金　工　业　出　版　社
2023

内容提要

本书是一部关于爆炸荷载下岩石Ⅰ型裂纹动态断裂力学行为的专著。全书共分9章，围绕爆炸荷载的特征与尺寸效应、裂隙岩体中爆炸应力波的传播规律以及岩石的动态线弹性断裂理论基础，论述了爆炸应力波下岩石Ⅰ型裂纹动态断裂理论与实验数值方法，研究了爆炸荷载加载率对动态断裂韧度的影响，分析了次裂纹初始应力对主裂纹扩展影响。本书在内容组织上，以基础理论与实验研究为主，兼顾工程应用。

本书可供高等院校和科研单位在岩石力学与工程、环境、水利、矿山等领域的研究人员参考，也可供相关专业的研究生学习使用。

图书在版编目(CIP)数据

爆炸荷载下岩石Ⅰ型裂纹动态断裂力学行为研究/肖定军，吕晓明，蒲传金主编.—北京：冶金工业出版社，2022.10（2023.7重印）

ISBN 978-7-5024-9302-8

Ⅰ.①爆… Ⅱ.①肖… ②吕… ③蒲… Ⅲ.①岩石力学—断裂力学—研究 Ⅳ.①TU45

中国版本图书馆CIP数据核字(2022)第190027号

爆炸荷载下岩石Ⅰ型裂纹动态断裂力学行为研究

出版发行 冶金工业出版社　**电　话** (010)64027926
地　址 北京市东城区嵩祝院北巷39号　**邮　编** 100009
网　址 www.mip1953.com　**电子信箱** service@mip1953.com

责任编辑　姜晓辉　美术编辑　彭子赫　版式设计　郑小利
责任校对　李　娜　责任印制　禹　蕊
北京建宏印刷有限公司印刷
2022年10月第1版，2023年7月第2次印刷
710mm×1000mm　1/16；20印张；390千字；307页
定价64.00元

投稿电话　(010)64027932　投稿信箱　tougao@cnmip.com.cn
营销中心电话　(010)64044283
冶金工业出版社天猫旗舰店　yjgycbs.tmall.com
(本书如有印装质量问题，本社营销中心负责退换)

前　　言

在岩体工程当中，岩体受到动态荷载作用的现象非常普遍，如河流对岩体的动态冲刷，天然地震对岩体的振动，工程爆破对岩体的冲击等。这些荷载作用不仅仅是动态的，而且需要考虑到从低应变率到高应变率岩体的应变率效应。岩体如此广泛地受到动荷载的作用，其动态力学性质一方面是采矿工程、隧道工程、边坡工程等岩体开挖工程中的重要设计依据，另一方面决定了岩体在动荷载作用下的力学响应。因此，研究岩体的动态力学性质对岩体工程的稳定性与安全性至关重要。

岩体在动荷载作用下的力学性质主要包括岩体的动态抗压、抗拉、抗剪强度和岩体的变形特征以及岩体动态断裂韧度。这些动态参数都与荷载的加载率相关，岩体的动态断裂韧性是判断动荷载下裂隙岩体的稳定性、岩体破碎程度的重要参数。动态荷载与静态荷载的主要区别在于其值的大小是否随着时间变化，这会导致其力学性质与荷载的加载率相关，如岩体的动态抗拉强度与抗压强度都会比静态的强度大许多。有研究显示，爆炸近区内处于各向压缩状态的岩体，其动态抗压强度为静态抗压强度的10~15倍。

爆炸是一种快速释放能量的过程，这种能量可以是物理能量也可以是化学能量；在这个快速地能量释放过程中，把内能转变为机械能、光和热能等其他能量形式。根据其能量释放的原理，一般爆炸可以分为物理爆炸与化学爆炸两种。某种介质中由稳定的状态突然变得不稳定了，并且没有发生化学变化而释放出大量的能量，如高压气瓶或者锅炉的爆炸，这类爆炸都属于物理爆炸。由于某种外界能量或者在一些特殊的条件下使得稳定的介质突然产生了急剧的化学反应，并迅速释放出大量的能量，如炸药爆炸，这类爆炸形式称为化学爆炸。爆炸技术是利用炸药产生的化学能，对岩体或者其他介质进行破碎或者加载，以达到特定的目的的一种技术。爆炸技术成功与否，一方面依赖于炸药的基本参数，另一方面受制于被爆介质在爆炸动荷载下动态力学性质的关系。钻眼爆破技术是爆炸技术应用最广泛的一个方向，与机械开挖等其他岩体开挖方法相比，钻眼爆破法具有高效、经济、不受器械限制等优点。因此，其被广泛运用于岩体的开挖工程之中，如光面爆破技术、预裂爆破技术是最典型的爆炸技术的应用。岩体是钻眼爆破的最主要介质，如公路铁路隧道、大型水电站、高速公路的边坡开挖，地基与地下厂房的开挖等都是在岩体下进行的。这些岩体材料微观上有大量的天然微裂隙，宏观上有节理裂隙甚至断层，如天然断裂带等。这些天然裂隙节理在爆炸这种高压力、高加载率的荷载作用下如何响应已经有了一些研究成果，但爆炸荷载下介质的惯性效应与裂隙的尺寸相关性等动态断裂力学性能还需进一步研究。

许多学者利用霍普金森压杆加载平台产生动荷载，对岩体的动态力学性能做了广泛而深入的研究。通过炸药产生的爆炸荷载也是一种典型的动荷载，但它与冲击荷载有着明显的区别——荷载峰值上升时间短、峰值高。一些学者尝试用爆炸与冲击动荷载对岩体的动态韧性进行测试，并取得了一些成果。但由于其问题的复杂性，还存在以下两个方面的不足。

（1）测试试样尺寸小，动荷载的波动效应无法体现。受动态加载平台尺寸限制，非爆炸动荷载的加载试样尺寸较小，一般长宽最大为200mm×200mm，然而其加载波长一般为690mm。因此，这种小尺寸构型很快会达到应力均匀，很难体现动荷载的波动效应；而爆炸荷载波长短，且测试构型尺寸不受加载平台限制，因此可以利用大尺寸构型研究其波动效应对断裂韧性的影响。

（2）爆炸荷载下岩体动态断裂韧度与加载率的关系还有待研究。霍普金森压杆一般通过调整子弹的发射速度来达到不同加载率条件，研究不同加载率下的材料断裂韧性。但是，如何控制爆炸荷载来实现稳定的不同加载率下的岩体韧性测试的研究还较少，特别是能否利用爆炸荷载的尺寸相关性即试样的几何尺寸变化控制加载率，这是爆炸荷载下研究岩体断裂问题的一个新的挑战。

为了解决上述问题，本书以爆炸应力波的基本理论为基础，系统介绍爆炸荷载的特征；以岩体断裂韧度为基本参量，开展了不同加载率条件下岩体动态断裂韧度的研究，旨在使读者能够全面了解动态断裂韧度与加载率的相互关系，为工程技术人员采用恰当的爆破技术，合理利用爆炸能量提供理论指导。同时，也为相关科研工作者提供一点参考。

本书内容所涉及的研究成果得到了西南科技大学工程材料与结构冲击振动四川省重点实验室的开放基金（19kfgh07）、西南科技大学自然科学基金（19zx7168）的大力资助，本书的出版得到国家自然基金

(12172313) 的资金支持。另外，硕士研究生陆路为本书完成了部分实验工作，本书的第 8 章与第 9 章是与他人合作的成果。在此一并致以最诚挚的谢意。本书由肖定军、吕晓明、蒲传金主编，参与编写的人员有林谋金、薛冰、陆路。具体分工：第 1 章至第 3 章由肖定军、吕晓明编写，第 4 章、第 5 章由肖定军、林谋金编写，第 6 章、第 7 章由肖定军、薛冰编写，第 8 章、第 9 章由肖定军、蒲传金、陆路编写。

本书中并未严格区分岩石与岩体，如无特殊说明二者均指岩石。

本书在定稿的过程中进行了多次修改与完善。其间，四川大学朱哲明教授对书稿的结构与思路多次给予了指导性意见，四川大学胡荣博士对书中的理论部分给予了不少有益的建议。在此一并表示感谢！

在本书的撰写过程中，参考了相关文献和资料，并在每章的参考文献中一一列出。其中，最主要有北京理工大学范天佑教授、武汉理工大学陈宝心教授、中国矿业大学杨善元教授、宁波大学王礼立教授、同济大学沈成康教授、美国西北工业大学阿肯巴赫教授、美国加州大学 Meyers 教授等学者的相关专著与文章。在此，特别对上述专家以及所有参考资料的作者表示衷心的感谢！

由于作者水平所限，书中存在不妥之处，敬请读者批评指正。

作 者

2021 年 8 月于绵阳

目　录

1 绪　论

1.1 研究背景

在采矿工程、隧道工程、边坡工程等岩体开挖工程中，岩石的动态力学性质一方面是工程设计的重要依据；另一方面决定了岩体在动荷载作用下的力学响应。岩石在动荷载作用下的力学性质主要包括岩石的动态抗压、抗拉、抗剪强度和岩石的变形特征，以及岩石动态断裂韧性。这些动态参数都与荷载的加载速率相关。岩石的动态断裂韧性，是判断动荷载下裂隙岩体的稳定性、岩石破碎程度的重要参数。岩石作为天然材料，天生含有大量微裂隙，这些裂隙的存在，会影响岩石在动荷载下破碎块度，甚至会导致岩体工程不稳定。而岩石动态断裂韧性是评价岩石抵抗裂纹动态起裂、扩展和止裂性能的重要参数。开展不同加载率条件下岩石动态断裂韧度的研究，可以掌握岩石裂纹的起裂、扩展和止裂规律，控制岩体的破碎效果，保证岩体工程的安全。

爆炸荷载是一种高加载率、高压力值、短时作用的动态荷载。为此，徐文涛利用爆破工程中不耦合装药来降低爆炸峰值，用带预制裂纹的水泥砂浆试样，进行动态断裂起裂韧度测试。通过位移外推法获得了起裂韧度为 1.11MPa · $m^{1/2}$。但由于其空气的不耦合大大降低了爆炸荷载峰值，增加了上升沿时间，所得到加载率仅为 17.43GPa · $m^{1/2}$ · s^{-1}。刘瑞峰设计一种 SICCD 构型，为了增加爆炸加载峰值减小其峰值上升沿时间，他采用了雷管直接耦合试样的方式进行了加载。同时，用有机玻璃与砂岩试样分别进行了试验，其荷载加载率提升到 49.13GPa · $m^{1/2}$ · s^{-1}，但其加载压力需要 11.3μs 才能达到峰值，且仅为 62MPa。这可能由于雷管与介质耦合处出现了粉碎区，降低了加载峰值与拉长了上升沿时间 t_f^+，其测得的起裂韧度为 2.83MPa · $m^{1/2}$，并发现有机玻璃试样的扩展速度比砂岩扩展速度普遍要低。这两种方法测得的加载率均偏低，甚至远远小于杨井瑞采用 SCDC 构型所测得的加载率 61 ~ 144GPa · $m^{1/2}$ · s^{-1}。这与爆炸荷载这种超高加载率的特性不相符合。究其原因，还是爆炸荷载这种超高压力在加载孔周围产生了大量的粉碎区，大大消耗了爆炸能量，使得爆炸应力波急速衰减，造成了所测的动态起裂韧度与动态加载率都偏小。因此，控制粉碎区大小减少爆炸应力波的衰减，是获取岩石高加载率下的动态断裂韧度的关键。

动态荷载与静态荷载的主要区别在于其值的大小随着时间变化，这会导致其力学性质与荷载的加载率相关。如岩石的动态抗拉强度与抗压强度都会比静态的强度大许多。有研究显示，爆炸近区内处于各向压缩状态的岩石，其动态抗压强度为静态抗压强度的 10～15 倍。因此，在不同的加载率范围来测定岩石材料的动态断裂韧度至关重要，改变加载条件是获取不同加载率条件的主要手段。本书针对爆炸荷载特征，提出了一种通过改变预制裂纹长度，实现改变不同加载率的方法。利用水作为耦合介质控制粉碎区的产生减弱爆炸应力波的衰减实现爆炸荷载的高加载率。研究成果对爆炸应力波下的岩体工程的稳定性设计有一定的指导意义。特别对研究不同高加载率，岩体的动态断裂行为有一定的借鉴意义。

本书针对裂隙钻眼爆破这一工程背景，建立了如图 1-1 与图 1-2 所示的变加载率测试构型，提出了“爆炸荷载下岩石 I 型裂纹动态断裂力学行为”课题，研究了爆炸荷载下如何实现不同加载率的动态断裂韧性测试方法与影响因素，以及次裂纹与初始应力对主裂纹扩展规律影响。

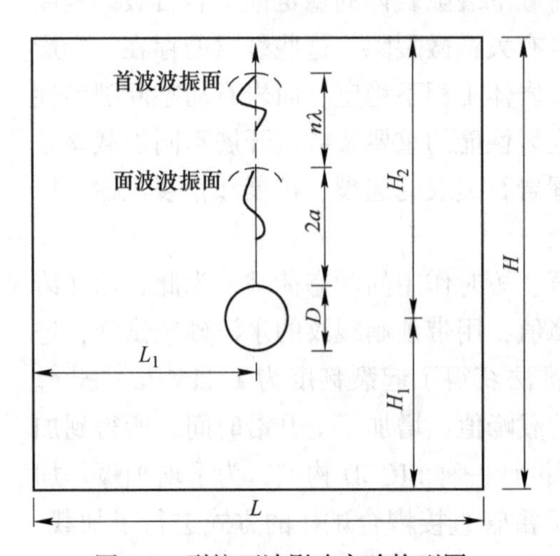

图 1-1　裂纹面波影响实验构型图

L—试样长度；H—试样高度；

H_1—加载中心距试样下边界距离；

H_2—加载中心距试样上边界距离；

λ—爆炸荷载波长；n—1，2，3，…；

$2a$—预制裂纹长度；D—加载孔直径

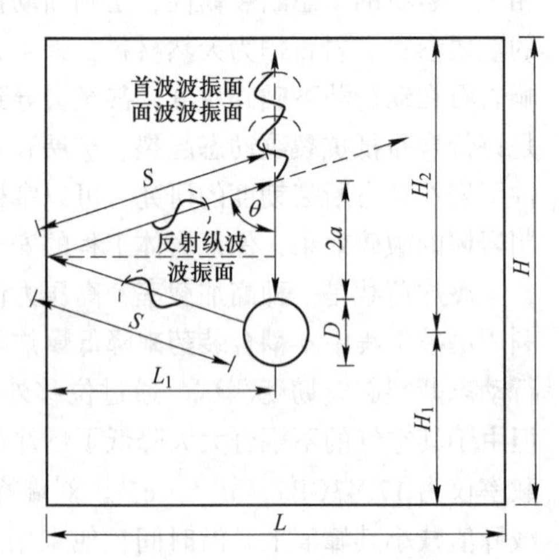

图 1-2　边界反射波影响实验构型图

L—试样长度；H—试样高度；S—反射波走过路程；

θ—反射波与裂纹扩展方向的入射角度

H_1—加载中心距试样下边界距离；

H_2—加载中心距试样上边界距离；

$2a$—预制裂纹长度；D—加载孔直径

1.2 岩石动态断裂过程与理论研究现状

1.2.1 岩石断裂过程区研究现状

线性断裂力认为岩体的破裂力学行为是线弹性的，而在非线性断裂力学中，认为运动裂纹尖端扩展前方有一个破裂过程区，这个过程区的岩体破裂力学行为是非弹性的。一般来说，破裂过程区靠近裂纹尖端（二维）或在裂纹前端（三维），这区域内材料上演着原子键破裂、产生新的裂纹面以及产生热量等微观物理方面的复杂过程。在线性断裂力学中，线性断裂力学准则是基于临界应力强度因子，岩石的断裂韧度为：

$$K_{\mathrm{i}} = K_{\mathrm{IC}} \tag{1-1}$$

式中 K_{i} ——临界应力强度因子，Pa · $m^{1/2}$；

K_{IC} ——材料断裂韧度，Pa · $m^{1/2}$；

i——Ⅰ，Ⅱ，Ⅲ型裂纹。

如果特定断裂模式的应力强度因子 K_{i} 达到临界值 K_{IC}（断裂韧度，仅取决于材料参数），断裂就发生，裂纹扩展开始。应力强度因子刻画了裂纹尖端的应力奇异性，取决于破裂固体的几何形状和外部荷载。在图 1-3 中（曲线中的线性断裂力学），应力分量与到裂纹尖端距离的平方根成反比。应力大小的降低在数学上称为应力奇异性。在线性断裂力学中，所有裂纹尖端奇异性为 $r^{-1/2}$，其中 r 为到裂纹尖端的距离。由于实际岩石不能承受无限大的应力，因此常近裂纹尖端（微裂纹，位错环）的非弹性过程将使奇异的应力值减小到有限值 T_0（T_0 为材料的拉伸强度，曲线中的非线性断裂力学）。由于裂纹尖端的应力重分布，曲面域 A 所代表的能量将转移到曲面域 B。对于准静态裂纹传播（如格里菲斯裂纹），根据应力应变曲线计算得到的能量项假设是相等的（$A = B$）。

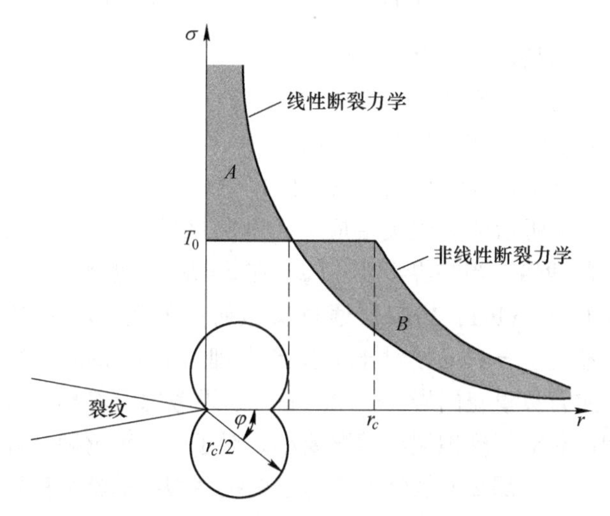

图 1-3 断裂力学奇异性与过程区应力值对比

r_c—断裂过程区半径；σ—裂纹尖端应力分量；φ—极坐标与水平轴的夹角

断裂过程区描述裂纹尖端涉及的微裂纹或晶体塑性形成过程中的非线性、不可逆变形的区域。当这个过程区相对于样品尺寸较大时，线性断裂力学的方法就会失效。对于金属材料，过程区十分小；但对于混凝土、岩石和陶瓷，则不能忽略。霍格兰（Hoagland 等，1973）提出运动裂纹尖端前沿的分布式裂纹损伤有限区。埃文斯（Evans 等，1977）计算了拉伸裂纹前沿这个区的几何形状。已经提出几种理论，用来解释运动裂纹尖端的非弹性变形效应。根据温斯洛普（Dyskin，1997），基于非线性断裂力学的过程区模型可分为内聚区裂纹模型（Dugdale，1960；Barenblatt，1962）、峰后行为模型（Goodier，1968）、桥接模型（Hoagland 和 Embury，1979；Rossmanith，1983）、非奇异应力模型（Wieghard，1907；Neuber，2013）。对于剪切裂纹，赖斯（Rice，1980）提出了滑移弱化不稳定模型，并以此计算应力释放过程中剪力做功对应的断裂能。施密特（Schmidt，1980）和奥克特洛尼（Ouchterlony，1980）独立地假设拉张破裂前沿的微裂纹损伤区，进而提出了岩石过程区模型。与前人提出的金属裂纹扩展的塑性区模型类似，欧文（Irwin，1958），他们发展了适合脆性岩石的二维过程区模型，如图 1-3 所示。如果裂纹尖端应力达到材料局部抗拉强度值 T_0，裂纹前面的微裂纹就会出现。他们计算了裂纹尖端局部应力超过材料抗拉强度（$\sigma \geqslant T_0$）的区域，得到了非线性断裂力学准则 $r_c \sim (K_{IC}/T_0)^2$，断裂前部过程区的半径 $r_c(\varphi)$ 为：

$$r_c(\varphi) = \frac{1}{\pi}\left(\frac{K_{IC}}{T_0}\right)\left[\cos\frac{\varphi}{2}\left(1 + \sin\frac{\varphi}{2}\right)\right]^2 \tag{1-2}$$

式中 $r_c(\varphi)$——断裂过程区半径，m；

K_{IC}——材料断裂韧度，$Pa \cdot m^{1/2}$；

T_0——材料局部抗拉强度，Pa；

φ——极坐标与水平轴夹角，(°)。

注意到如图 1-3 所示的裂纹尖端应力重分布区域，是式（1-2）定量表示区域 $0 \leqslant r \leqslant r_c/2$ 的两倍。当临界半径 $r_c(\varphi)$ 在 $\varphi = 60°$时达到最大值时，就会触发不稳定破裂。穆勒（Muller，1987）通过实验研究发现，r_c 随着岩性不同而变化，例如，对于盐岩 $r_c = 1$mm，对于卡拉拉大理岩 $r_c = 3$mm；对于斑砂岩，$r_c = 5$mm；而对于法尔背贝里花岗岩，$r_c = 22$mm。如果考虑沿着部分张开或闭合裂纹带的摩擦，过程区相对无摩擦裂纹情况要小。对于同一种材料，如果不考虑线性断裂力学的裂纹尖端，那么非线性断裂力学的钝性裂纹的断裂韧度要高。

1.2.2 岩石断裂理论研究现状

近代结构设计是建立在强度准则基础之上，而忽略结构和材料内部缺陷。对于脆性破坏，最大拉伸应力准则和莫尔库仑准则（Mohr-Coulomb）是比较流行的。而对韧性破坏，通常采用屈服准则和极限载荷设计思想。但是，这些经典的设计思想，不能解释一大类结构的脆性破坏。很久以来，人们就认识到这一点，列奥纳多达·芬奇（Leonardo da Vinci，1452—1519）进行了不同长度、相同直径铁丝强度实验。劳埃德（Lloyd，1830）和勒布朗（Le Blanc，1839）进行了类似的实验，他们发现短铁丝的强度高于长铁丝。

1921 年，斯坦顿（Stanton）和巴特森（Batson）报道了带缺口杆试样的实验，发现每单位体积的断裂功，随着试样尺寸的增加而减小。多切蒂（Docherty）进行了几何相似带缺口杆试样的弯曲试验，发现类似的行为。这些早期的实验，指出固体强度的尺寸效应。美国海军研究实验室关于玻璃纤维的实验，进一步确认了列奥纳多达·芬奇（Leonardo da Vinci）等的早期发现。为了解释这些实验现象，可以设想材料中含有缺陷，试样尺寸越大，试样中含有大尺寸缺陷的可能性也越大，这使材料的强度降低。

1.2.2.1 英格利斯应力求解

1898 年，基尔希（Kirsch）用平面问题极坐标通解，得到了带圆孔的无限平板受拉伸的解析解，圆孔的应力集中系数等于 3。继第一个应力集中问题之后，1913 年，英格利斯（Inglis）用椭圆坐标系，解带椭圆孔的无限平板受拉应力 σ 的平面问题。由此，得到的解析解知，最大应力发生在长轴的端点，应力集中系数公式为：

$$\sigma_{\max} = \left(1 + 2\frac{a}{b}\right)\sigma \tag{1-3}$$

式中 $\sigma_{\max}$——最大应力值，Pa；

σ——拉应力值，Pa；

$2a$，$2b$——椭圆的长轴、短轴，m。

英格利斯扩展了对应力集中的认识，由式（1-3）可知：当 $b \to \infty$ 时，$\sigma_{\max} \to \infty$ 。英格利斯把裂纹看作是 b 趋于 0 的椭圆孔，并由此，得出裂纹端部应力集中为无限大，首次把裂纹作为短轴为零的椭圆孔而引入到应力分析中。

1.2.2.2 格里菲斯理论

1921 年和 1924 年，格里菲斯（Griffith）对脆性材料的断裂理论，作了开创性研究。他发现玻璃的理论强度约为 11000MPa，而实际强度仅为 180MPa，远远低于分子结构理论所预期的理论强度。他认为强度的降低是由于玻璃内部存在细小的缺陷裂纹，导致玻璃在低应力下发生脆断。从能量平衡观点出发，他提出了裂纹失稳扩展条件：当裂纹扩展释放的弹性应变能 G，等于新裂纹形成的表面能 2γ 时，裂纹就会失稳扩展。他注意到英格利斯关于含椭圆孔无限大板的弹性解，利用这个解，求得在板中心割开一个长度为 $2a$ 的裂纹，释放的弹性应变能为：

$$G = \frac{\pi a}{E}\sigma^2 = 2\gamma \tag{1-4}$$

式中 G——裂纹释放弹性应变能，J；

σ——无穷远处施加的均匀应力，Pa；

E——材料的弹性模量，Pa；

a——裂纹半长，m。

根据式（1-4）可得断裂应力的公式：

$$\sigma_f = \sqrt{\frac{2E\gamma}{\pi a}} \tag{1-5}$$

式中 σ_f——裂纹临界断裂应力，Pa；

γ——材料表面能，J；

E——材料的弹性模量，Pa；

a——裂纹半长，m。

为了验证他的理论，格里菲斯做了两组实验。一组是玻璃薄壁球壳。他用金刚钻或钢刃结合轻轻敲凿制作裂纹，然后在450℃下进行回火处理以消除残余应力。在球壳内部的裂纹处黏上赛璐洛胶冻以防止漏气。为了消除球壳曲率半径的影响，他选取的球壳直径比裂纹长度大许多、球壳的壁厚比直径小两个数量级，所以可以看作是玻璃制品的球泡。在球泡内部冲压，直至球泡爆裂。表1-1列出实验结果。从表中不难看出，断裂应力随着裂纹尺寸的增大而减小，但$\sigma_f\sqrt{a}$却基本保持常值，这证明了式（1-5）的正确性。

表1-1 含薄壁球壳的爆裂应力

$2a$/mm	D/mm	σ_x /MPa	σ_y /MPa	$\sigma_f\sqrt{a}$/MPa · mm
3. 810	37. 846	5. 910	5. 910	41. 175
6. 858	38. 862	4. 261	4. 261	39. 612
13. 716	40. 640	3. 297	3. 297	43. 608
22. 606	50. 800	2. 503	2. 503	42. 392

注：x轴平行于裂纹，y轴垂直于裂纹。

第二组实验是含裂纹薄壁圆柱壳的爆裂实验，实验结果也支持他的理论。格里菲斯还将自己的理论用于解释玻璃纤维强度的尺寸效应。图1-4显示的是格里菲斯对不同直径的玻璃纤维拉伸强度的实验结果。从图1-4不难看出，随着玻璃纤维直径的增加，玻璃纤维拉伸强度不断减小，而当玻璃纤维直径大于1.02mm时，玻璃纤维的拉伸强度就趋于玻璃块体的强度值180MPa。格里菲斯认为这种尺寸效应实际上是玻璃体内存在微小裂纹造成的。纤维的直径越小，它所含的裂纹尺寸也越小，这就造成断裂强度升高，当纤维直径趋于0的时候，纤维的断裂强度就趋于理论强度 11000MPa。

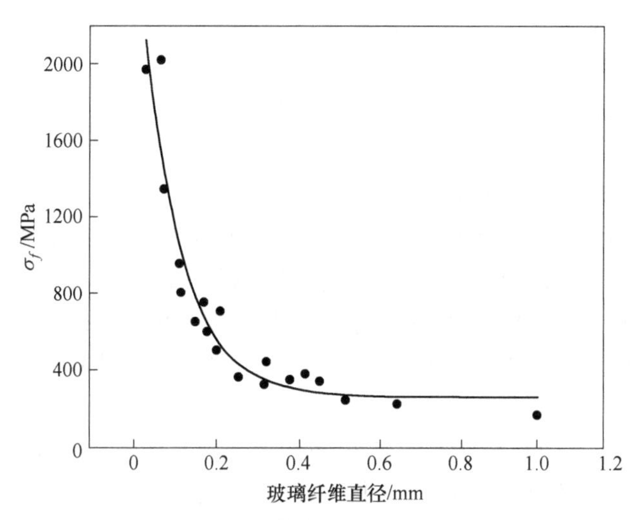

图 1-4 不同玻璃纤维直径拉伸应力

1.2.2.3 欧文(Irwin)应力强度因子理论

在格里菲斯理论发表以后的 20 余年内，断裂这个学科曾经吸引了一些科学家的兴趣，但是并没有重要进展。格里菲斯理论严格地说只适用于理想弹性材料，对含裂纹固体的整体能量释放率计算显得复杂，特别是复合应力下，能量释放率计算比较困难。为了推动断裂学科发展，有两个关键的科学问题需要解决：一是如何将格里菲斯理论扩展到工程材料，二是如何能将格里菲斯整体能量平衡概念与某种容易分析的新的参数相联系。

欧文（Irwin）和奥罗万（Orowan）各自独立地提出了裂纹尖端区域塑性耗散功概念，认为对工程材料，塑性耗散功要比表面自由能 2γ 大几个数量级。因此，在能量平衡分析中，只需将塑性耗散功补充进表面能上，修正的格里菲斯理论就能用到工程材料上去。欧文进一步提出了应力强度因子概念，巧妙地将能量释放率与裂纹尖端应力强度因子联系起来，从而开创了断裂力学新时代。欧文的应力强度因子理论很快引起了国际学术界与工程界的重视。20 世纪六七十年代断裂力学得到了迅猛发展，引起了很多固体力学家、材料物理学家、应用数学家和工程师、设计师的兴趣。

1.2.2.4 *J* 积分与 HRR 奇异场理论

1968 年，赖斯（Rice）和切列帕诺夫（Cherepanov）提出了路径无关的 *J* 积分，同年哈钦森（Hutchinson）、赖斯和罗森格伦（Rosengren）建立了著名的 HRR 奇异性场，为弹塑性断裂力学奠定了重要的理论框架。这些学者都用能量理论描述材料的塑性本构关系，也就是用适用于单调加载的非线性弹性理论来表征加载时裂纹顶端区域的塑性变形。后来发现积分是埃谢尔比（Eshelby）1951年建立的能量动量张量中的第一平移积分，而能量动量张量又是与物理中诺特（Noether）守恒积分紧密相关的。

J 积分不仅具有守恒性，而且与能量释放率 G 是相等的。这不仅使 J 积分具有明确的物理意义，而且为能量释放率计算提供了有效的工具。在具体计算时，我们可以用精度较高的远场来精确计算能量释放率。

HRR 奇异性场表征了弹塑性材料裂纹尖端应力应变场的主要特征，而 J 积分刻画了 HRR 奇异性场强度。1972 年，贝格利（Begley）和兰德斯（Landes）基于块体试样的弹塑性断裂实验，提出了以 J 积分为控制参量的弹塑性断裂准则。赖斯、帕里斯（Paris）和默克尔（Merkle）进一步发展了 J 积分估算方法，从而为试样测定 J_{IC} 提供了实用途径。

J 积分作为单参数断裂准则，在 20 世纪七八十年代曾经风行一时，独领风骚十余年。但是，精确的数值计算表明，裂纹尖端的应力应变场难以用 HRR 场表征。大量的实验证实，材料的断裂韧性 J_{IC} 强烈地依赖试样几何形状和加载方式，中心裂纹试样测得的 J_{IC} 要比弯曲试样测得的 J_{IC} 高一个数量级。鉴于这种状况，1986 年，李尧臣和王自强建立了裂纹尖端弹塑性高阶场的基本方程，得到平面应变的二阶场，证实了二阶场是本征场，它的幅值系数表征裂纹尖端的三轴张力状态，这就为弹塑性断裂双参数断裂准则提供了理论基础。

对于平面应变Ⅰ型裂纹，夏霖和王自强等人得到了裂纹尖端弹塑性应力应变场本征级数展开式前五项完整结果。赵玉津和杨少睿得到了高阶场前四项结果。

贝特贡（Betegon）和汉考克（Hancock）指出了 T 应力的影响。夏尔马（Sharma）和阿拉瓦斯（Aravas）、奥多德（O'Dowd）等人从不同角度分析了裂纹尖端场两项展开，证实了李尧臣和王自强理论分析的正确性。奥多德和多兹（Dodds）等人进一步提出了 $J-Q$ 双参数断裂准则。

魏悦广和王自强基于裂纹尖端高阶场分析进一步证实裂纹尖端高阶场只含有 3 个独立参数 J、k_2、k_4（或 k_5），提出了以 J，k_2 为基础，k_4（或 k_5）为辅助参量 $J-k$ 断裂准则。$J-Q$ 双参数断裂准则和 $J-k$ 断裂准则与柯克（Kirk）等的实验结果符合得相当好。

与 J 积分准则相平行的，裂纹张开位移准则（COD 准则）在预测弹塑性材料裂纹起始扩展方面也得到比较广泛的应用。对于处于平面应力状态的薄板构件，如果材料是弹性理想塑性介质，那么 COD 准则是与 J 积分准则等价的。但是，对于常用的幂硬化材料，COD 准则尚缺少坚实的理论基础。

韦尔斯（Wells）根据大量实验于 1965 年提出了裂纹尖端张开位移准则。佰德金（Burdckin）和斯通（Stone）利用达格代尔（Dugdale）模型得到裂纹尖端张开位移公式和标称应变之间关系曲线。但是，这个理论预示曲线远远高于宽板的实验曲线。为此，佰德金提出如下经验公式：

$$\frac{\delta}{2\pi\varepsilon_{ys}a}=\begin{cases}\left(\dfrac{\varepsilon}{\varepsilon_{ys}}\right)^2, & \dfrac{\varepsilon}{\varepsilon_{ys}}<0.5\\ \dfrac{\varepsilon}{\varepsilon_{ys}}-0.25, & \dfrac{\varepsilon}{\varepsilon_{ys}}>0.5\end{cases} \tag{1-6}$$

式中 δ——裂纹张开位移，m；

ε——实测应变值；

ε_{ys}——材料屈服应变；

a——裂纹半长，m。

徐纪林和王自强提出了条状颈缩区模型。该模型设想裂纹尖端前方存在着一个狭窄的条状颈缩区。在这个颈缩区上，法向正应力 $\sigma_y=\sigma_u$，σ_u 是薄板试样拉伸曲线上的极限应力。颈缩区被周围的弹塑区所包围，采用这个模型，结合有限元计算，徐纪林和王自强成功地从理论上预示了宽板实验曲线。

J 积分，COD 单参数准则以及 20 世纪 90 年代发展起来的 $J-k$，$J-Q$ 双参数准则都是针对裂纹起始扩展提出来的。哈钦森（Hutchinson）和帕里斯（Paris）又将 J 积分作为控制参量，分析扩展裂纹，提出 JR 阻力曲线的思想。帕里斯等引入了撕裂模量，以表征材料抵抗失稳扩展的能力。

扩展裂纹尖端场的研究也是弹塑性断裂力学的重要内容，奇塔利（Chitaley）和麦克林托克（Mcclintock）最先构造了理想塑性材料Ⅲ型扩展裂纹尖端场。这个解答虽然比较简单，却生动地揭示了扩展裂纹尖端场的重要特征：裂尖附近的物质点在裂纹扩展过程中经历了从加载到卸载再二次加载的复杂过程；而在裂纹延长线上，塑性应变出现 $\left(\ln\dfrac{R}{r}\right)^2$ 奇异性。

理想塑性材料Ⅰ型扩展裂纹尖端场，首先由斯莱皮恩（Slepian）针对平面应变不可压情况给出。斯列皮杨（Slepyan）采用屈雷斯卡准则，渐近场由四个角形区组成，在扇形区中应变具有对数奇异性。赖斯（Rice）等和高玉臣得到了米塞斯（Mises）屈服准则的渐近解。

对平面应变可压缩情况，德鲁甘（Drugan）、赖斯和沙姆（Sham）与高玉臣分别提出两个不同的五区解，罗学富和黄克智进一步改进了德鲁甘等人的结果。双线性硬化材料的扩展裂纹尖端场由阿马齐戈（Amazigo）和哈钦森给出。

以上讨论针对率无关材料，对于弹性幂硬化黏性材料，钟源辉和里德尔（Riedel）得到了一个幂次型渐近场。这个场应力应变均具有 $r^{-1/(n-1)}$ 奇异性，这个场仅适用于 $n>3$ 的情况。而且这个场是一个自治场，完全由材料的本构关系所决定，不包含任何与外载及裂纹几何有关的参数。20 世纪 80 年代以来，细观断裂力学和宏观断裂力学呈蓬勃发展趋势，这方面的有关情况可参阅杨卫所著的《宏微观断裂力学》。

1.2.2.5 巴伦布拉特（Barenblatt）与达格代尔（Dugdale）模型

1961 年，帕里斯和他的合作者提出了用应力强度因子方法分析疲劳裂纹扩展，欧文在同一年提出了小范围屈服塑性区修正。同一时期，达格代尔和巴伦布拉特分别提出了条状屈服区模型和内聚力区模型。这些模型与稍后发展起来的 BCS 位错连续分布模型成为分析板材平面应力裂纹问题的理论基础。韦尔斯（Wells）提出了以裂纹张开位移为断裂参量的 COD 方法，来分析含裂纹宽板的弹塑性断裂问题。

裂纹无限尖假定（亦即其顶端曲率半径等于零的假定），导致了无限大的应力集中。这种应力状态实际上是不存在的。巴伦布拉特提出一个假设，认为在裂纹顶端前缘存在一个微小的区域，称为原子内聚力区，如图 1-5（a）所示。原子间的吸引力是原子间被拉开的距离 δ 的函数，即 $\sigma = \sigma(\delta)$（由图 1-5（b）示意）这样，在这个区域（其尺寸为 R）内裂纹面上各点容许有一定的相对位移 δ（$\delta < \delta^*$，δ^* 是一个临界值），此即裂纹张开位移，并且存在分布应力 $\sigma = \sigma(\delta)$ 的作用。这相当于设想裂纹半长从 a 延伸 $a + R$，在范围 $a < |x| < a + R$ 内作用应力 $\sigma_{yy}|_{y=0}\sigma = \sigma(\delta)$，$R$ 值暂未知。图 1-6（a）所示的应力分布表明，在虚拟的裂纹顶端，即 $y = 0$，$x = \pm(a + R)$ 处，应力值有限。因而，这里不存在应力奇异性，作为应力奇异性的比例系数——应力强度因子自然等于零，也即

$$\sum K_{\mathrm{I}} = 0 \tag{1-7}$$

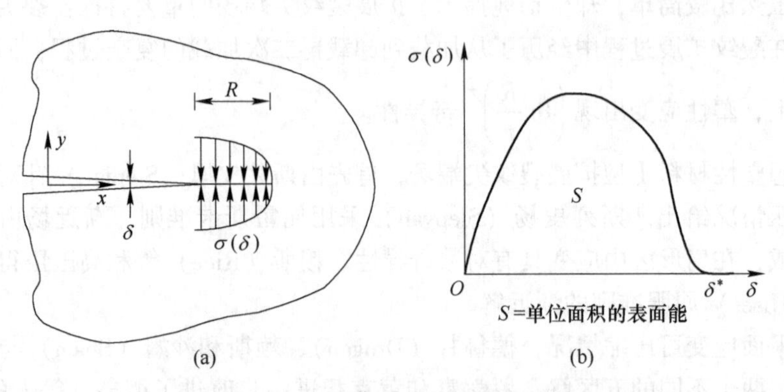

图 1-5 裂纹顶端张开位移与等效裂纹长度
（a）原子内聚力区域示意图；（b）原子间距与吸引力关系曲线

达格代尔对具有穿透裂纹的大型薄板，通过拉伸试验，观察到裂纹前缘的塑形区具有扁平带状的特征，提出了与上述类似的简化模型，如图1-6 所示。

由于这是一种薄板结构，其应力状态为平面应力，所以此模型仅对平面应力有效，由此条件可以确定尺寸 R 为：

$$R = a\left[\sec\left(\frac{\pi\sigma^{\infty}}{2\sigma_s}\right) - 1\right] \tag{1-8}$$

式中 R——塑性区半径，m；

σ^{∞}——模型无穷远处应力，Pa；

σ_s——材料屈服应力，Pa；

a——裂纹半长，m。

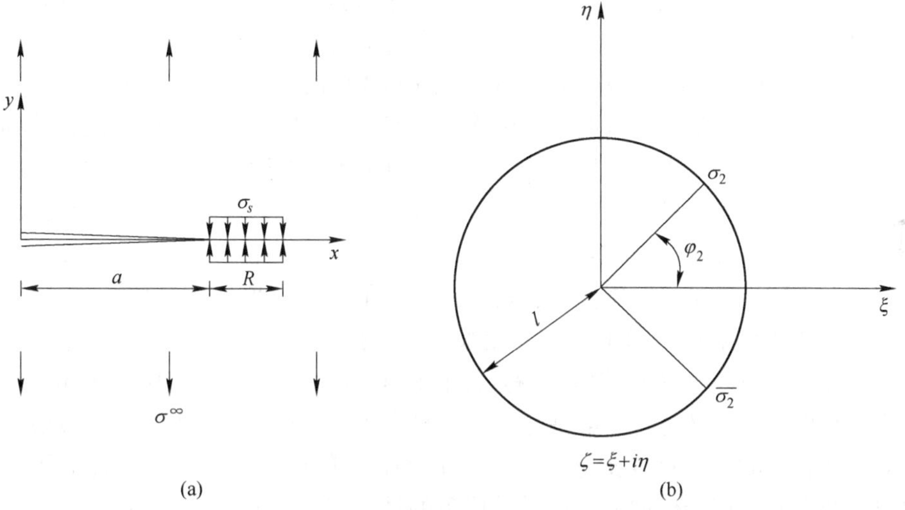

图 1-6 达格代尔模型及其在平面上的对应

（a）达格代尔模型图；（b）达格代尔模型在 ζ-η 平面对应图

a—裂纹半长，m；R—塑性区半径，m；σ—模型无穷远处应力，Pa；

σ_2—单位圆 r 上的 ζ 值；x，y—物理平面坐标；

η，ξ—映射 ζ；σ_s—单轴拉伸材料屈服平面坐标强度，Pa

1.3 爆炸荷载下岩石的断裂行为研究现状

1.3.1 爆炸荷载下岩石动态力学性能研究现状

爆炸荷载下岩石的动态力学性质的研究，有着非常重要的现实意义。岩石的动力学参数是判断岩体工程稳定性的重要指标，同时也是岩体工程设计的重要参数。针对岩石在爆炸荷载下的动态响应问题，国内外学者做了大量的工作，并且取得了丰富的成果。甯尤军通过离散单元法模拟了岩石在爆炸荷载作用下的失效过程并与静态破坏做了相应的对比。王志亮通过 TCK 本构模型模拟了爆破漏斗的形成过程，分析了岩石主要是受拉应力破裂。郝洪用各向异性损伤机理分析了爆炸荷载作用下花岗岩的动态力学性质，得到了损伤区的范围的质点速度、加速度，并给出了速度的花岗岩中振动速度的衰减公式。艾哈迈德（Ahmed）建立了一个质量弹簧模型用于分析了隧道与地下矿山爆破时，爆炸应力波垂直入射如喷射混凝土与岩石胶结面时，喷射混凝土层的动态响应，其结果可以用于估计混凝土层是否失效。安华明采用有限元与离散元结合的网格形式，模拟了岩石中爆破漏斗的产生过程，并分析了环向裂纹与径向裂纹的产生过程。本德苏·马克（Bendezu M）利用有限单元法模拟了爆破导致硬岩的断裂的过程，比较了黏结单元、基于线弹性断裂机理的通用单元、单元的删除三种方法模拟了岩石断裂过程，讨论了三种方法的优缺点。池利元结合实验数值与理论分析了圆柱形空腔试样受到内部 TNT 药量分别为 20g、25g、30g 与 40g 时的动力响应，发现试样产生了范围的非弹性变形。朱哲明针对爆炸荷载下岩石不同范围的响应不同，分别用冲击状态、线性、压缩与理性气体状态方程模拟不同范围岩石的响应情况，并讨论了耦合介质、边界条件、起爆位置等因素影响。同时，利用 AUTODYN code 对爆炸导致岩石的破裂以及裂纹的传播。爆炸荷载下，格雷迪（Grady）提出了基于连续介质理论的页岩断裂模型，模型通过韦伯分布（Weibull）将断裂、破碎、爆炸应力波的传播耦合起来了，其能很好地模拟现场页岩爆破。詹森（Jensen）分析了任意拉格朗日网格技术对爆炸过程模拟的优缺点，并利用 ALEGRA 对爆炸产物与爆炸应力波进行了解耦分析。西昂大卫（Saiang）分析了隧道爆破开挖时对保留岩体的损伤程度指标，并通过 FLAC 与 PFC2D 耦合使用，建立了连续体与离散介质的耦合模型来评价隧道爆破的损伤程度。德赫汉（Banadaki）指出岩石爆炸中起裂缝的大小决定了爆破块度的大小，利用花岗岩试样，研究了爆炸应力波诱导裂纹的模式。福尼（Fourney）用动光弹方法研究了爆炸应力波与爆生气体对岩石的破坏，并据此提出了露天深孔爆破时合理的孔距与排距。拉克（Lak）运用格林函数分析了爆炸荷载下岩石受到的压力的时间相关性，并用有限差分法进行了模拟对比分析。伊特纳（Ittner）分析隧道爆破时，给出了爆破裂纹的长度与密度和设计的爆破参数的关系。向成龙对相邻炮孔的应力场进行了解耦，采用高速摄影与 DIC 技术获取了应变场和裂纹发展过程。萨勒姆（Salum）讨论了隧道爆破的最佳开挖进尺与药量，分析并指出了爆破产生的拉应力是引起隧道围岩损伤的重要因素。杨建平在研究深埋隧道爆破开挖时，指出爆破开挖使其受到的地应力重新分布，爆破荷载使开挖边界产生快速应力释放会产生比静态力更宽的压缩-剪切区。向成龙利用高速 DIC 技术，研究了岩石受到静态围压与动态爆炸荷载耦合作用的问题，指出了反射应力波导致了裂纹起裂与扩展。胡小东提出了四维晶格弹簧模型用于研究爆炸应力波在岩石孔洞中的传播和衰减，指出具有等效压力波的三角形荷载和耦合阻尼模型的加载形式能很好地模拟爆炸应力波的传播特征。

1.3.2　爆炸应力波与裂纹相互作用研究现状

爆炸荷载在介质中激起爆炸应力波继而在介质中传播，研究爆炸应力波的传播规律是一个十分重要的课题。掌握这一规律，便可以合理利用与控制爆炸能量。林晓在分析 Chen 问题时，借助面波的传播规律很好地解释了应力强度因子曲线上下起复的现象。杨仁树采用动光弹实验法，研究了入射爆炸应力波与运动裂纹的相互作用，裂纹受到爆炸纵波的压缩脉冲作用时，裂纹尖端的应力强度因子会受到压缩纵波的抑制；而其波尾与裂纹作用时，裂纹扩展速度与强度因子会明显增强。李建春在研究爆炸应力波以一定角度入射岩体中的节理面时，分析了入射 P 波与 S 波在节理面的透射与反射系数，并评估了含节理岩体的强度。尼马（Babanouri N）采用了线性叠加方法分析了爆炸应力波在裂隙岩石边坡的传播规律，预估露天铁矿山中爆炸荷载引起的地面震动强度。杨仁树对高应力下节理岩体的爆破响应进行了研究，分析了预制裂纹起裂角与应力强度因子和裂纹扩展速度的关系。袁璞对深部隧道爆破时，利用胡克-布朗（Hoek-Brown）准则确定了爆破荷载产生的断裂带的数量与宽度，并指出了其与爆破荷载峰值，与当地地应力值相关。赵世华通过数值计算与模型实验，研究了有机玻璃板试样刻槽爆破的裂纹起裂，并对断裂过程进行了模拟，发现引导孔对裂纹的起裂方向非常重要。李新平利用导爆索产生的爆炸应力波研究了其在地应力下节理岩体中衰减规律，并将岩石衰减与节理衰减分别叠加处理。刘健在研究深孔爆破煤层增透效果时，通过物理实验模拟了不同装药模式的爆破过程，并通过高速摄影仪对穿层爆破产生的裂纹发展过程进行了记录，指出裂纹主要由压缩波与卸载波共同作用形成。王伟对砂岩型铀矿床爆破增渗方法研究，指出了爆炸荷载的上升沿时间较长可以形成更多的 I 型裂纹起裂，其峰值越大裂纹尖端的能量释放率越大。胡荣利用有机玻璃板试样，研究了爆炸应力波对不同角度的预制裂纹作用，并认为爆炸应力波入射角度在 15°~75°时，在裂纹的两端会产生翼型裂纹。李清使用切缝药卷起爆形成初始裂纹，研究了爆炸荷载下裂纹起裂、扩展和止裂过程，并分析了破坏模式。高桦在讨论裂纹与应力波的相互作用时，分别考虑了入射波、反射波和应力波的持续时间对裂纹扩展的影响。朱振海结合动光弹与高速摄影方法，观察到爆应力波与静止的径向裂纹相互作用，并分析了入射 P 波及径向裂纹方向对裂纹重新扩展的影响。岳中文发现爆炸应力波下边界斜裂纹的扩展速度与应力强度因子均随着时间波动。

1.4　不同加载率下岩石动态断裂韧性测试方法研究现状

1.4.1　低加载率下断裂韧性研究

低加载率下的动态加载实验设备主要有摆锤和落锤式试验机，改进式落锤试验装置结构如图 1-7 所示。落锤的荷载加载率可达 150GPa/s，压力峰值可达 15.45MPa，其冲击速度一般在 5～15m/s 之间，应变率一般为 $10^2 \sim 10^3 s^{-1}$。应鹏通过落锤对设计的 LSCSC 构型（如图 1-8 所示）进行了冲击试验，发现加载率对起裂韧度与裂纹扩展速度都有明显的影响，而且其止裂时间也随加载率增加而增大。汪小梦对 SCSC 构型进行了改进提出了 VB-SCSC 构型，如图 1-9 所示，提出了 V 型边界产生的倾斜向上的压缩波能够抑制裂纹扩展到达止裂的目的。

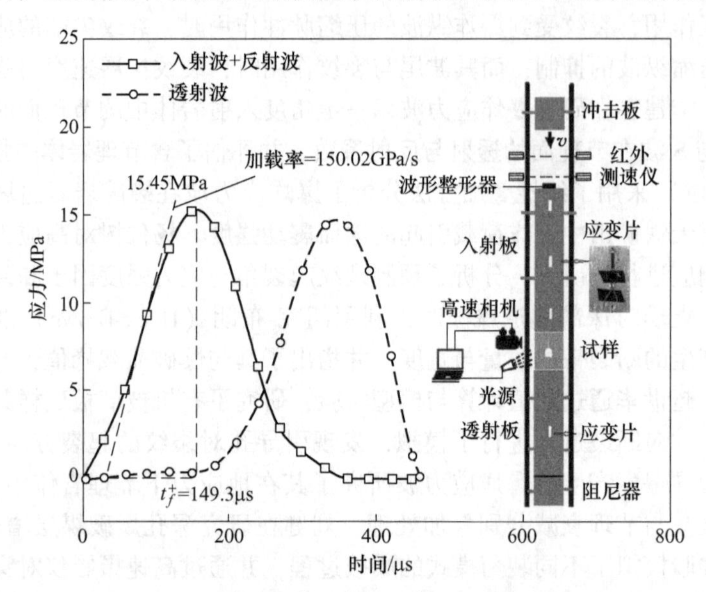

图 1-7　改进式落锤装置示意图与加载曲线

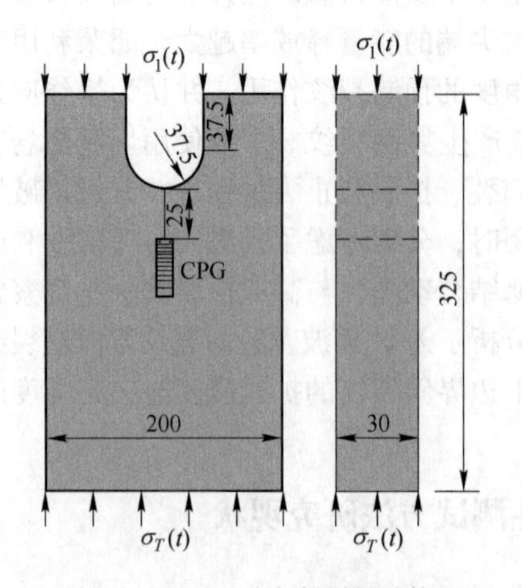

图 1-8　LSCSC 动态断裂测试构型

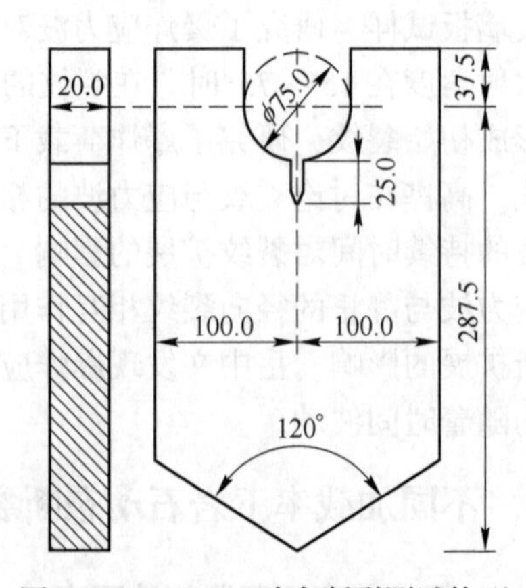

图 1-9　VB-SCSC 动态断裂测试构型

周磊通过隧道模型，研究了裂纹与加载力的角度关系，并通过实验数值法对其断裂韧性进行了计算。施泽彬提出了一种 DIBC 构型，并在落锤上进行加载，利用试样底部产生的压缩波在裂纹处发生的反射拉伸波致裂，测出了有机玻璃试样的起裂韧度为 4.35MPa · $m^{1/2}$。

1.4.2 中高加载率下断裂韧性研究

霍普金森（Hopkinson）压杆加载有着原理清晰、测试可靠以及重复性好等优点，其应变率可达 $10^2 \sim 10^4 s^{-1}$，典型的加载装置与测试曲线，如图 1-10 所示。

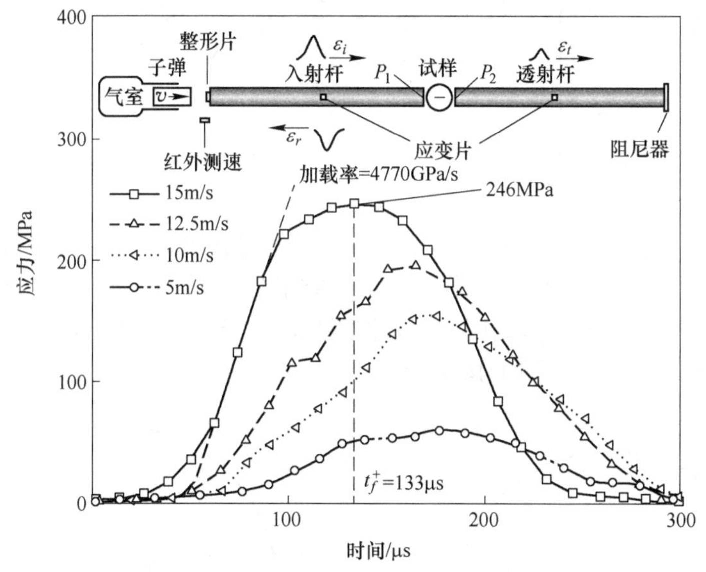

图 1-10 典型的霍普金森杆装置示意图与加载曲线

夏开文以霍普金森压杆为加载平台，提出的 NSCB 构型如图 1-11 所示，测试了岩石动态起裂韧性，并被国际岩石力学学会（ISRM）推荐为岩石动力测试的标准方法，大量的学者针对这一构型进行了不同角度的研究。戴峰根据国际岩石力学学会推荐的四种断裂韧性的测试试样，通过对数值计算加深了对裂纹的断裂行为的理解，以及对理想的断裂韧性的计算条件进行了合理的评估发现，其真实临界裂纹与基于穿透直裂纹假设所得临界裂纹相差较远，CCNBD 标准试样如图 1-12 所示，有大量破裂偏离理想裂纹面，指出该测试方法有待完善。为此，大量的学者以霍普金森压杆作为岩石动态加载手段，结合数值计算，在岩石动态断裂方面取得丰富的成果。奥索夫斯基（Osovski）提出了一种可以控制裂纹扩展路径的试样，该试样能够通过简单的实验步骤实现应力波加载，并具有很好的重复性，其在有机玻璃材料中断裂扩展速度可以达到 250 ~ 700m/s。张财贵、倪敏、王启智对圆盘和圆环形岩石试样进行改进，利用霍普金森压杆作为加载平台，对岩石动态断裂韧度进行了大量有益的研究。

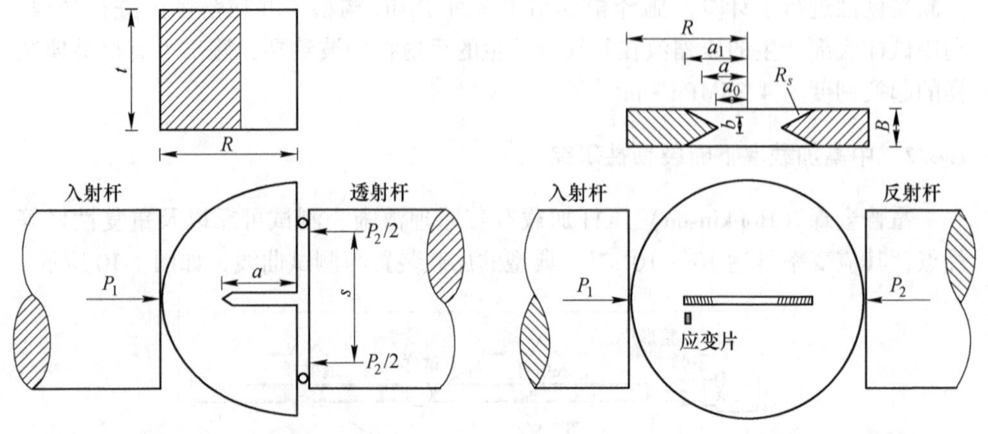

图 1-11 NSCB 动态断裂测试构型　　图 1-12 CCNBD 动态断裂测试构型

针对巴西圆盘构型如图 1-13 所示，许多学者对其进行了动态断裂韧性研究。杨井瑞对直裂纹巴西圆盘砂岩试样构型，研究了预制裂纹的起裂与扩展过程，通过实验数值法计算了其起裂韧度与动态扩展韧度。李炼针对平台圆环构型的优点提出了偏心平台圆环，如图 1-14 所示。

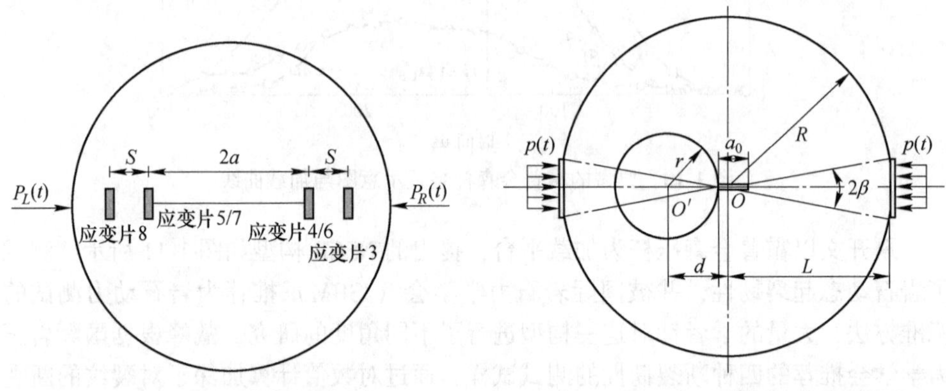

图 1-13 CSTBD 动态断裂测试构型　　图 1-14 CEHFD 动态断裂测试构型

结果表明，该构型能够测试出裂纹的动态起裂、扩展与止裂全过程，研究表明预制裂纹非匀速扩展，其荷载的加载率对预制裂纹的起裂韧度影响很大，随着加载的增加试样的起裂韧度也随着增加，而预制裂纹的止裂韧度与其最大扩展速度有关，裂纹最大扩展速度越大止裂韧度越低。一般而言，动态起裂韧度大于动态止裂韧度。

杨井瑞提出了 SCDC 构型，如图 1-15 所示，并用 ϕ100mm 的大直径分离式霍普金森压杆，对长宽为150mm×80mm的压缩单裂纹圆孔板试样进行了冲击加载，并采用了实验室-数值-解析法，测定了青砂岩的Ⅰ型起裂韧度和扩展韧度，同时得到了其试样的加载率 $\dot{K}_{IC}=K_{IC}/t_f=61\sim144\text{GPa}\cdot\text{m}^{1/2}\cdot\text{s}^{-1}$，讨论了在此范围内，提高加载率其断裂韧性会有明细的上升趋势。

曹富对SCDC构型做了进一步研究，成功地监测到Ⅰ型动态断裂的全过程。确定砂岩的动态起裂韧度、动态扩展韧度、动态止裂韧度以及二次动态起裂韧度，并提出了裂纹扩展路径为不规则曲线。此时，裂纹动态扩展速度表征的普适函数值，会比假设裂纹路径为直线时小，利用分形模型得到更加接近真实的动态扩展韧度。随后王蒙提出了SCSCC构型，如图1-16所示，并将其用于Ⅰ与Ⅰ-Ⅱ复合型裂纹的动态起裂、扩展与止裂的全过程研究，利用实验-数值法计算了试样的起裂韧度、扩展韧度与止裂韧度。

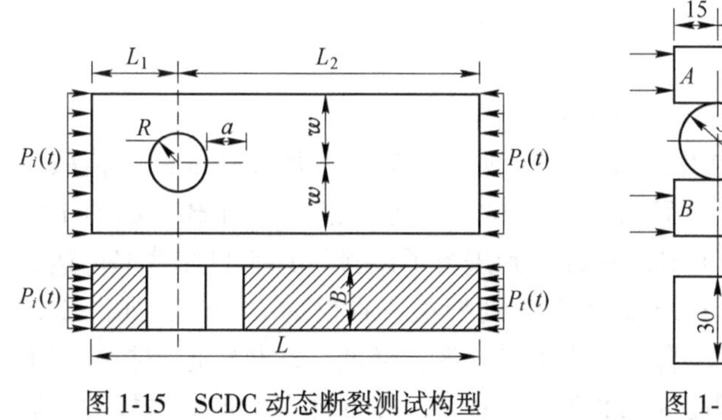

图1-15 SCDC动态断裂测试构型

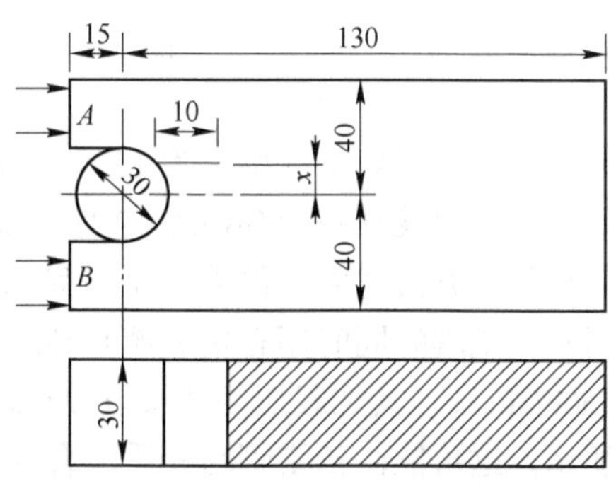

图1-16 SCSCC动态断裂测试构型

为了便于与本书爆炸荷载作用下试样的平均加载率比较，本章对霍普金森压杆加载平台下不同构型的可达到的最高平均加载率，根据相关文献进行了总结整理，如图1-17所示。其加载率范围为 $84\sim830\text{GPa}\cdot\text{m}^{1/2}\cdot\text{s}^{-1}$。相对于静态荷载而言，动态荷载下岩石的力学性质需要考虑其惯性效应，岩石的起裂韧度与其动态加载率密切相关，由图1-17知由于SCDC与ECFR构型的几何尺寸可以做到较大，使其承受的冲击压力相对于小尺寸构型而言要大得多，即其可以加载到更高动态荷载。因此，这两种构型可达到的加载率是最高的。

1.4.3 超高加载率下断裂韧性研究

爆炸荷载是一种高加载率、高压力值、短时作用的动态荷载。为此，徐文涛利用爆破工程中不耦合装药来降低爆炸峰值，用带预制裂纹的水泥砂浆试样，如图1-18所示。进行动态断裂起裂韧度测试，运用位移外推法获得了起裂韧度为 $1.11\text{MPa}\cdot\text{m}^{1/2}$。由于其空气的不耦合，大大降低了爆炸荷载峰值，增加了上升

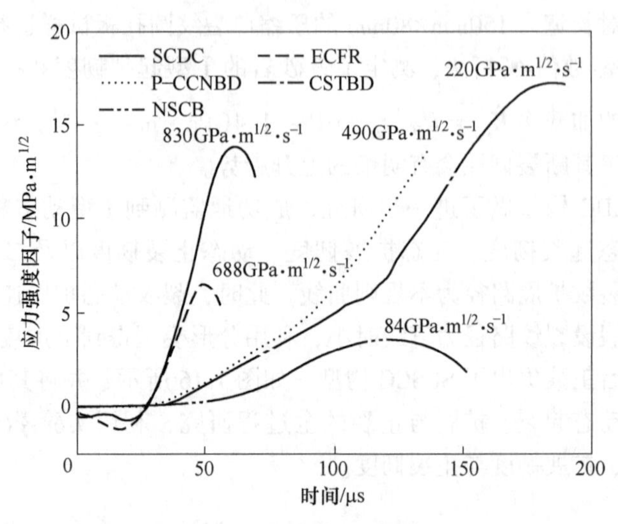

图 1-17　不同构型与加载率曲线

沿时间，所得到加载率仅为 17.43GPa · $m^{1/2}$ · s^{-1} 。

刘瑞峰设计一种 SICCD 构型，如图 1-19 所示。为了增加爆炸加载峰值减小其峰值上升沿时间，他采用了雷管直接耦合试样的方式进行了加载，如图 1-20 所示。刘瑞峰同时用有机玻璃与砂岩试样分别进行了试验，其荷载加载率可达到 5566GPa/s，其加载压力需要 11.3μs 才能达到峰值，且仅为 62MPa，如图 1-20 所示。这可能由于雷管与介质耦合处出现了粉碎区，降低了加载峰值与拉长了上升沿时间 t_f^+，其测得的起裂韧度为 2.83MPa · $m^{1/2}$，并发现有机玻璃试样的扩展速度比砂岩扩展速度普遍要低。

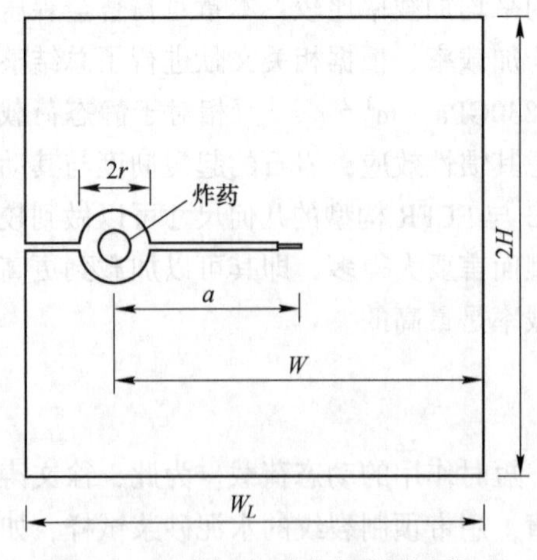

图 1-18　混凝土板动态断裂测试构型

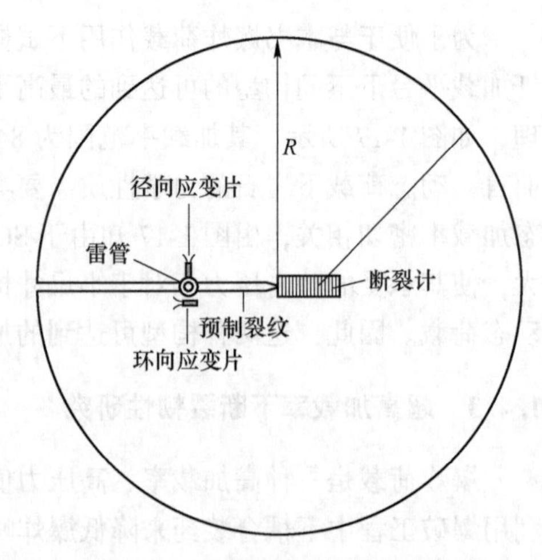

图 1-19　SICCD 动态断裂测试构型

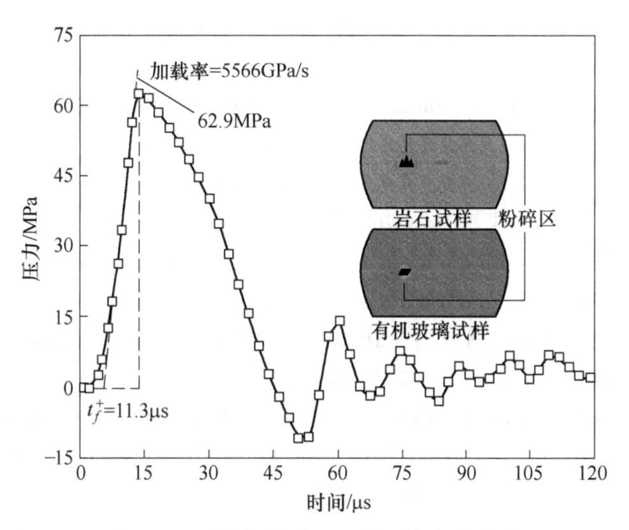

图 1-20 雷管加载装置示意图与加载曲线

李清、杨仁树、岳中文等研究了爆破工程中裂纹面上波的相互作用，通过高速摄像机结合动焦散方法，给出了裂纹尖端的应力场分布；杨仁树采用了动焦散线法系统，将裂纹缺陷和空孔纳入一体研究，分析了应力强度因子迅速减小阶段与应力强度因子跃升阶段。杨仁树在研究爆炸动裂纹与预制静裂纹的相互作用机理中指出，静裂纹沿着爆炸应力波的传播方向扩展，由于静裂纹的存在，动裂纹扩展总体长度减小，起裂时间缩短。

参 考 文 献

[1] Svartsjaern Mikael. A prognosis methodology for underground infrastructure damage in sublevel cave mining [J]. Rock Mechanics and Rock Engineering, 2019, 52 (1): 247-263.

[2] Forrestal M J, Wright T W, Chen W. The effect of radial inertia on brittle samples during the split Hopkinson pressure bar test [J]. International Journal of Impact Engineering, 2007, 34 (3): 405-411.

[3] Dowding C H, Aimone-Martin C T, Meins B M, et al. Large structure response to high frequency excitation from rock blasting [J]. International Journal of Rock Mechanics and Mining Sciences, 2018, 111: 54-63.

[4] Zhang Q B, Zhao J A. Review of dynamic experimental techniques and mechanical behaviour of rock materials [J]. Rock Mechanics and Rock Engineering, 2014, 47 (4): 1411-1478.

[5] Li H B, Zhao J, Li T J. Triaxial compression tests on a granite at different strain rates and confining pressures [J]. International Journal of Rock Mechanics and Mining Sciences, 1999, 36 (8): 1057-1063.

[6] Field J E, Walley S M, Proud W G, et al. Review of experimental techniques for high rate

deformation and shock studies [J]. International Journal of Impact Engineering, 2004, 30 (7): 725-775.

[7] Liu Shi, Xu Jinyu. Effect of strain rate on the dynamic compressive mechanical behaviors of rock material subjected to high temperatures [J]. Mechanics of Materials, 2015, 82: 28-38.

[8] 徐文涛, 朱哲明, 曾利刚. 爆炸载荷下Ⅰ型裂纹动态断裂韧度测试方法初探 [J]. 岩石力学与工程学报, 2015, 34 (S1): 2767-2772.

[9] Liu Ruifeng, Zhu Zheming, Li Meng, et al. Study on dynamic fracture behavior of mode I crack under blasting loads [J]. Soil Dynamics and Earthquake Engineering, 2019, 117: 47-57.

[10] 杨井瑞, 张财贵, 周妍, 等. 用SCDC试样测试岩石动态断裂韧度的新方法 [J]. 岩石力学与工程学报, 2015, 34 (2): 279-292.

[11] Schmidt Richard A. A microcrack model and its significance to hydraulic fracturing and fracture toughness testing [C]. Rolla. MO. Proceedings of the 21st US symposium on rock mechanics, USA: University of Missouri, 1980: 580−590.

[12] Hoagland Richard G, Hahn George T, Rosenfield Alan R. Influence of microstructure on fracture propagation in rock [J]. Rock Mechanics, 1973, 5 (2): 77-106.

[13] Evans A G, Heuer A H, Porter D L. The fracture toughness of ceramics [M] //Advances in Research on the Strength and Fracture of Materials. Elsevier, 1978: 529-556.

[14] Dyskin A V. Crack growth criteria incorporating non-singular stresses: size effect in apparent fracture toughness [J]. International Journal of Fracture, 1997, 83 (2): 191-206.

[15] Dugdale D S. Yielding of steel sheets containing slits [J]. Journal of the Mechanics and Physics of Solids, 1960, 8 (2): 100-104.

[16] Barenblatt Grigory Isaakovich. The mathematical theory of equilibrium cracks in brittle fracture [M]//Advances in Applied Mechanics. Elsevier, 1962: 55-129.

[17] Goodier J N. Mathematical theory of equilibrium cracks [J]. Fracture, 1968, 2: 1-66.

[18] Hoagland R G, Embury J D. A treatment of inelastic deformation around a crack tip due to microcracking [J]. Journal of the American Ceramic Society, 1980, 63 (7-8): 404-410.

[19] Rossmanith H P. Modelling of fracture process zones and singularity dominated zones [J]. Engineering Fracture Mechanics, 1983, 17 (6): 509-525.

[20] Wieghardt K. Über das spalten und zerreiBen elastischer körper [J]. Zeitschrift für Mathematik und Physik, 1907, 55 (1): 2.

[21] Neuber H. Kerbspannungslehre, Theorie der spannugskonzentration geraue berechnunp der festigkeit [M]. Springer-Verlg, 2013.

[22] Rice J R. The mechanics of earthquake rupture [M]. Providence: Division of Engineering, Brown University Providence, 1979.

[23] Schmidt R A. A microcrack model and its significance to hydraulic fracturing and fracture toughness testing [C]. Rolla MO. Proceedings of the 21st US Symposium on Rock Mechanics, USA: University of Missouri, 1980: 580−590.

[24] Ouchterlony Finn. Review of fracture toughness testing of rock [J]. SM Archives, 1982, 7

(2): 13.

[25] Müller Wolfram. Experimentelle und numerische untersuchungen zur Rißausbreitung im anisotropen Gestein in der Nähe von Grenzflächen [D]. Institut für Geophysik der Ruhr-Universität Bochum, 1987.

[26] Inglis C E. Stresses in a plate due to presence of cracks and sharp corners [J]. Proc Inst Naval Arch, 1913, 55: 219-241.

[27] Griffith Alan Arnold. VI. The phenomena of rupture and flow in solids [J]. Philosophical Transactions of the Royal Society of London. Series A, Containing Papers of a Mathematical or Physical Character, 1921, 221 (582-593): 163-198.

[28] Griffith A A. The theory of rupture [J]. Proceedings of the First Congress of Applie, 1924: 55-63.

[29] Orowan, E. Fracture and strength of solids [J]. Reports on Progress in Physics, 2002, 12 (1): 185-232.

[30] Irwin G R. Analysis of stresses and strains near end of a crack traversing a plate [J]. Journal of Applied Mechanics, 1956, 24 (24): 361-364.

[31] Rice J R. A path independent integral and the approximate analysis of strain concentration by notches and cracks [J]. Journal of Applied Mechanics, 1968, 35 (2): 379-386.

[32] Cherepanov G P. On crack propagation in solids [J]. International Journal of Solids and Structures, 1969, 5 (8): 863-871.

[33] Hutchinson J W. Singular behaviour at the end of a tensile crack in a hardening material [J]. Journal of the Mechanics and Physics of Solids, 1968, 16 (1): 13-31.

[34] Rice J R, Rosengren G F. Plane strain deformation near a crack tip in a power-law hardening material [J]. Journal of the Mechanics and Physics of Solids, 1968, 16 (1): 1-12.

[35] Eshelby J D. The continuum theory of lattice defects [J]. Journal of Physics c Solid State Physics, 1956, 3: 79-144.

[36] Günther Wilhelm. Über einige randintegrale der elastomechanik [J]. Abh. Brauchschw. Wiss. Ges, 1962, 14: 53-72.

[37] Begley J A, Landes J D. The J integral as a fracture criterion [M]//Fracture Toughness: Part Ⅱ. ASTM International, 1972.

[38] Rice J, Paris P, Merkle J. Some further results of J-integral analysis and estimates [M]// Progress in Flaw Growth and Fracture Toughness Testing. ASTM International, 1973.

[39] Shih C F, German M D. Requirements for a one parameter characterization of crack tip fields by the HRR singularity [J]. International Journal of Fracture, 1981, 17 (1): 27-43.

[40] Mcmeeking R M, Parks D M. Elastic-plastic fracture [J]. ASTM STP, 1979, 668: 175-194.

[41] Hancock J W, Cowling M J. Role of state of stress in crack-tip failure processes [J]. Metal Science, 1980, 14 (8-9): 293-304.

[42] De Castro P, Spurrier J, Hancocki P. An experimental study of the crack length/specimen width (a/W) ratio dependence of the crack opening displacement (COD) test using small-scale

specimens [C]. Fracture Mechanics: Proceedings of the Eleventh National Symposium on Fracture Mechanics, Part 1, 1979: 486-677.

[43] 李尧臣, 王自强. 平面应变Ⅰ型非线性裂纹问题的高阶渐近解 [J]. 中国科学（A辑 数学 物理学 天文学 技术科学), 1986, 29 (2): 182-194.

[44] 李松涛, 王自强. 平面应力裂纹问题的高阶渐近场 [J]. 中国科学（A辑 数学 物理学 天文学 技术科学), 1992, (5): 512-519.

[45] 夏霖, 王自强. 弹塑性幂硬化材料裂纹尖端场的高阶渐近分析 [J]. 中国科学（A辑 数学 物理学 天文学 技术科学), 1993, 23 (10): 1092-1104.

[46] Jia Lin, Wang Zijiang. Higher-order analysis of crack-tip fields in power law hardening materials [J]. Science in China Series A-Mathematics, Physics, Astronomy & Technological Science, 1994, 37 (6): 704-717.

[47] Chao Y J, Yang S, Sutton M A. Asymptotic analysis of the crack tip fields to determine the region of dominance of the HRR solutions [C]. Presented at the 28th Annual Technical Meeting of the Society of Engineering Science, Gainesville, Florida, 1991: 540-561.

[48] Yang S, Chao Y J, Sutton M A. Complete theoretical analysis for higher order asymptotic terms and the HRR zone at a crack tip for mode Ⅰ and mode Ⅱ loading of a hardening material [J]. Acta Mechanica, 1993, 98 (1): 79-98.

[49] Betegón C, Hancock J W. Two-parameter characterization of elastic-plastic crack-tip fields [J]. Journal of Applied Mechanics, 1991, 58 (1): 104-110.

[50] Sharma S M, Aravas N. Determination of higher-order terms in asymptotic elastoplastic crack tip solutions [J]. Journal of the Mechanics and Physics of Solids, 1991, 39 (8): 1043-1072.

[51] O'Dowd N P, Shih C F. Family of crack-tip fields characterized by a triaxiality parameter—I. Structure of fields [J]. Journal of the Mechanics and Physics of Solids, 1991, 39 (8): 989-1015.

[52] O'Dowd Noel P, Shih C F, Dodds Robert H. The role of geometry and crack growth on constraint and implications for ductile/brittle fracture [M]//Constraint Effects in Fracture Theory and Applicatons: Second Volume. ASTM International, 1995.

[53] Wei Yueguang, Wang Tzuchiang. Fracture criterion based on the higher-order asymptotic fields [J]. International Journal of Fracture, 1995, 73 (1): 39-50.

[54] Kirk Mark T, Koppenhoefer Kyle C, Shih C Fong. Effect of constraint on specimen dimensions needed to obtain structurally relevant toughness measures [M]//Constraint Effects in Fracture. ASTM International, 1993.

[55] Burdekin F M, Stone D E W. The crack opening displacement approach to fracture mechanics in yielding materials [J]. Journal of Strain Analysis, 1966, 1 (2): 145-153.

[56] 徐纪林, 王自强. 平面应力的弹塑性断裂模型及其有限元分析 [J]. 固体力学学报, 1980, (2): 183-193.

[57] Hutchinson J W, Paris P C. Stability analysis of J-controlled crack growth [M]//Elastic-Plastic Fracture. ASTM International, 1979.

[58] Paris P Cetal. Instability of the tearing mode of elastic-plastic crack growth [J]. Elastic-Plastic Fracture, 1979, 668: 5-36.

[59] Chitaley A D, Mcclintock F A. Elastic-plastic mechanics of steady crack growth under antiplane shear [J]. Journal of the Mechanics and Physics of Solids, 1971, 19 (3): 147-163.

[60] Slepian L I. Growing crack during plane deformation of an elastic-plastic body [J]. Mechanics of Solids, 1974, 9 (1): 46-55.

[61] Rice J R, Drugan Walter John, Sham Ting-Leung. Elastic-plastic analysis of growing cracks [M]//Fracture Mechanics. ASTM International, 1980.

[62] 高玉臣. 理想塑性介质中裂纹定常扩展的弹塑性场 [J]. 力学学报, 1980, 16 (1): 48-56.

[63] Drugan W J, Rice J R, Sham T L. Asymptotic analysis of growing plane strain tensile cracks in elastic-ideally plastic solids [J]. Journal of the Mechanics and Physics of Solids, 1982, 30 (6): 447-473.

[64] Gao Y. Influence of compressibility on the elastic–plastic field of a growing crack [M]. ASTM International, 1983.

[65] 罗学富, 黄克智. 可压缩弹塑性扩展裂纹尖端场问题的正确提法及其解 [J]. 中国科学 (A辑 数学 物理学 天文学 技术科学), 1988 (12): 1274-1282.

[66] Amazigo John C, Hutchinson John W. Crack-tip fields in steady crack-growth with linear strain-hardening [J]. Journal of the Mechanics and Physics of Solids, 1977, 25 (2): 81-97.

[67] Hui C Y, Riedel H. The asymptotic stress and strain field near the tip of a growing crack under creep conditions [J]. International Journal of Fracture, 1981, 17 (4): 409-425.

[68] Barenblatt G I. The mechanical theory of equilibrium cracks in brittle fracture [J]. Advances in Applied Mechanics, 1962, 7: 55-129.

[69] 范天佑. 固体与软物质缺陷与断裂理论基础 [M]. 北京: 科学出版社, 2014.

[70] Ning Youjun, Yang Jun, An Xinmei, et al. Modelling rock fracturing and blast-induced rock mass failure via advanced discretisation within the discontinuous deformation analysis framework [J]. Computers and Geotechnics, 2011, 38 (1): 40-49.

[71] Wang Zhiliang, Li Yongchi, Shen R F. Numerical simulation of tensile damage and blast crater in brittle rock due to underground explosion [J]. International Journal of Rock Mechanics and Mining Sciences, 2007, 44 (5): 730-738.

[72] Hao H, Wu C, Zhou Y. Numerical analysis of blast-induced stress waves in a rock mass with anisotropic continuum damage models part 1: Equivalent material property approach [J]. Rock Mechanics and Rock Engineering, 2002, 35 (2): 79-94.

[73] Ahmed Lamis, Ansell Anders. Structural dynamic and stress wave models for the analysis of shotcrete on rock exposed to blasting [J]. Engineering Structures, 2012, 35: 11-17.

[74] An H M, Liu H Y, Han Haoyu, et al. Hybrid finite-discrete element modelling of dynamic fracture and resultant fragment casting and muck-piling by rock blast [J]. Computers and Geotechnics, 2017, 81: 322-345.

[75] Bendezu Marko, Romanel Celso, Roehl Deane. Finite element analysis of blast-induced fracture propagation in hard rocks [J]. Computers & Structures, 2017, 182: 1-13.

[76] Chi Liyuan, Zhang Zongxian, Aalberg Arne, et al. Measurement of shock pressure and shock-wave attenuation near a blast hole in rock [J]. International Journal of Impact Engineering, 2019, 125: 27-38.

[77] Zhu Zheming. Numerical prediction of crater blasting and bench blasting [J]. International Journal of Rock Mechanics and Mining Sciences, 2009, 46 (6): 1088-1096.

[78] Zhu Z M, Mohanty B, Xie H P. Numerical investigation of blasting-induced crack initiation and propagation in rocks [J]. International Journal of Rock Mechanics and Mining Sciences, 2007, 44 (3): 412-424.

[79] Grady D E, Kipp M E. Continuum modelling of explosive fracture in oil shale [J]. International Journal of Rock Mechanics and Mining Sciences & Geomechanics Abstracts, 1980, 17 (3): 147-157.

[80] Jensen Richard P, Preece Dale S. Modelling explosive/rock interaction during presplitting using ALE computational methods [J]. Journal of the Southern African Institute of Mining and Metallurgy, 2000, 100 (1): 23-26.

[81] Saiang David. Stability analysis of the blast-induced damage zone by continuum and coupled continuum-discontinuum methods [J]. Engineering Geology, 2010, 116 (1-2): 1-11.

[82] Banadaki Mm Dehghan, Mohanty B. Numerical simulation of stress wave induced fractures in rock [J]. International Journal of Impact Engineering, 2012, 40: 16-25.

[83] Fourney W L. Mechanisms of rock fragmentation by blasting [M]. Hudson J A. Comprehensive Rock Engineering. Oxford: Pergamon, 1993: 39-68.

[84] Lak M, Marji M F, Bafghi A Y, et al. Analytical and numerical modeling of rock blasting operations using a two-dimensional elasto-dynamic Green's function [J]. International Journal of Rock Mechanics and Mining Sciences, 2019, 114: 208-217.

[85] Ittner H, Olsson M, Johansson D, et al. Multivariate evaluation of blast damage from emulsion explosives in tunnels excavated in crystalline rock [J]. Tunnelling and Underground Space Technology, 2019, 85: 331-339.

[86] He C L, Yang J. Experimental and numerical investigations of dynamic failure process in rock under blast loading [J]. Tunnelling and Underground Space Technology, 2019, 83: 552-564.

[87] Salum A H, Murthy V. M S R. Optimising blast pulls and controlling blast-induced excavation damage zone in tunnelling through varied rock classes [J]. Tunnelling and Underground Space Technology, 2019, 85: 307-318.

[88] Yang J H, Jiang Q H, Zhang Q B, et al. Dynamic stress adjustment and rock damage during blasting excavation in a deep-buried circular tunnel [J]. Tunnelling and Underground Space Technology, 2018, 71: 591-604.

[89] He C L, Yang J, Yu Q. Laboratory study on the dynamic response of rock under blast loading with active confining pressure [J]. International Journal of Rock Mechanics and Mining

Sciences, 2018, 102: 101-108.

[90] Hu Xiaodong, Zhao Gaofeng, Deng Xifei, et al. Application of the four-dimensional lattice spring model for blasting wave propagation around the underground rock cavern [J]. Tunnelling and Underground Space Technology, 2018, 82: 135-147.

[91] Lin X, Ballmann J. Re-consideration of Chen's problem by finite difference method [J]. Engineering Fracture Mechanics, 1993, 44 (5): 735-739.

[92] 杨仁树, 陈程, 岳中文, 等. 正入射爆炸应力波与运动裂纹作用的动态光弹性实验研究 [J]. 煤炭学报, 2018, 43 (1): 87-94.

[93] Li Jianchun, Ma Guowei. Analysis of blast wave interaction with a rock joint [J]. Rock Mechanics and Rock Engineering, 2010, 43 (6): 777-787.

[94] Babanouri Nima, Mansouri Hamid, Nasab Saeed Karimi, et al. A coupled method to study blast wave propagation in fractured rock masses and estimate unknown properties [J]. Computers and Geotechnics, 2013, 49: 134-142.

[95] Yang R S, Ding C X, Yang L Y, et al. Model experiment on dynamic behavior of jointed rock mass under blasting at high-stress conditions [J]. Tunnelling and Underground Space Technology, 2018, 74: 145-152.

[96] Yuan P, Xu Y. Zonal disintegration mechanism of deep rock masses under coupled high axial geostress and blasting load [J]. Shock and Vibration, 2018: 1-11.

[97] Cho Kook-Hwan, Park Bong-Ki, Lee In-Mo. Blast-induced damage analysis in anisotropic rock condition [J]. Tunnelling and Underground Space Technology, 2006, 21 (3-4): 368.

[98] Cho S H, Nakamura Y, Mohanty B, et al. Numerical study of fracture plane control in laboratory-scale blasting [J]. Engineering Fracture Mechanics, 2008, 75 (13): 3966-3984.

[99] 李新平, 董千, 刘婷婷, 等. 不同地应力下爆炸应力波在节理岩体中传播规律模型试验研究 [J]. 岩石力学与工程学报, 2016, 35 (11): 2188-2196.

[100] 刘健, 刘泽功, 高魁, 等. 不同装药模式爆破载荷作用下煤层裂隙扩展特征试验研究 [J]. 岩石力学与工程学报, 2016, 35 (4): 735-742.

[101] 王伟, 王奇智, 石露, 等. 爆炸荷载下岩石 I 型微裂纹动态扩展研究 [J]. 岩石力学与工程学报, 2014, 33 (6): 1194-1202.

[102] 胡荣, 朱哲明, 胡哲源, 等. 爆炸动载荷下裂纹扩展规律的实验研究 [J]. 岩石力学与工程学报, 2013, 32 (7): 1476-1481.

[103] 李清, 杨仁树. 爆炸载荷裂纹扩展的应力强度因子及其断裂行为 [J]. 煤炭学报, 2002, 27 (3): 290-293.

[104] 高桦, 孙琦清, 郑哲敏. 爆炸处理时裂纹动态扩展行为的研究 [J]. 力学学报, 1988 (6): 496-502.

[105] 朱振海. 爆炸应力波与径向裂纹相互作用的动光弹研究 [J]. 工程兵工程学院学报, 1987, (2): 80-86.

[106] 岳中文, 杨仁树, 董聚才, 等. 爆炸载荷下板条边界斜裂纹的动态扩展行为 [J]. 爆炸与冲击, 2011 (1): 75-80.

[107] Zhou Lei, Zhu Zheming, Dong Yuqing, et al. Study of the fracture behavior of mode Ⅰ and mixed mode Ⅰ/Ⅱ cracks in tunnel under impact loads [J]. Tunnelling and Underground Space Technology, 2019, 84: 11-21.

[108] Ying Peng, Zhu Zheming, Zhou Lei, et al. The effect of loading rates on crack dynamic behavior under medium-low speed impacts [J]. Acta Mechanica Solida Sinica, 2019, 32 (1): 93-104.

[109] Wang Xiaomeng, Zhu Zheming, Wang Meng, et al. Study of rock dynamic fracture toughness by using VB-SCSC specimens under medium-low speed impacts [J]. Engineering Fracture Mechanics, 2017, 181: 52-64.

[110] Zhou Lei, Zhu Zheming, Dong Yuqing, et al. The influence of impacting orientations on the failure modes of cracked tunnel [J]. International Journal of Impact Engineering, 2019, 125: 134-142.

[111] 周磊, 朱哲明, 刘邦. 隧道周边不同位置径向裂纹对隧道围岩稳定性影响规律的研究[J]. 岩土工程学报, 2016, 38 (7): 1230-1237.

[112] 施泽彬, 朱哲明, 汪小梦, 等. Ⅰ型裂纹中低速冲击荷载下起裂韧度测试新方法 [J]. 爆炸与冲击, 2018, 38 (6): 1247-1254.

[113] Dai Feng, Xu Yuan, Zhao Tao, et al. Loading-rate-dependent progressive fracturing of cracked chevron-notched Brazilian disc specimens in split Hopkinson pressure bar tests [J]. International Journal of Rock Mechanics and Mining Sciences, 2016, 88: 49-60.

[114] Zhou Y X, Xia K, Li X B, et al. Suggested methods for determining the dynamic strength parameters and mode-Ⅰ fracture toughness of rock materials [J]. International Journal of Rock Mechanics and Mining Sciences, 2012, 49: 105-112.

[115] Gao G, Huang S, Xia K, et al. Application of digital image correlation (DIC) in dynamic notched semi-circular bend (NSCB) tests [J]. Experimental Mechanics, 2015, 55 (1): 95-104.

[116] Wang Yanbing, Yang Renshu. Study of the dynamic fracture characteristics of coal with a bedding structure based on the NSCB impact test [J]. Engineering Fracture Mechanics, 2017, 184: 319-338.

[117] Dai F, Wei M D, Xu N W, et al. Numerical investigation of the progressive fracture mechanisms of four ISRM-suggested specimens for determining the mode Ⅰ fracture toughness of rocks [J]. Computers and Geotechnics, 2015, 69: 424-441.

[118] Dai F, Chen R, Iqbal M J, et al. Dynamic cracked chevron notched Brazilian disc method for measuring rock fracture parameters [J]. International Journal of Rock Mechanics and Mining Sciences, 2010, 47 (4): 606-613.

[119] Chen S, Osovski S. A new specimen for growing dynamic cracks along a well defined path using stress wave loading [J]. Engineering Fracture Mechanics, 2018, 191: 102-110.

[120] 张财贵, 曹富, 李炼, 等. 采用压缩单裂纹圆孔板确定岩石动态起裂、扩展和止裂韧度[J]. 力学学报, 2016 (3): 624-635.

[121] 倪敏，汪坤，王启智．SHPB 冲击加载下四种岩石的复合型动态断裂实验研究［J］．应用力学学报，2010，27（4）：697-702.

[122] Wang Qizhi, Xing Lei. Determination of fracture toughness K_{ic} by using the flattened Brazilian disk specimen for rocks [J]. Engineering Fracture Mechanics, 1999, 64 (2): 193-201.

[123] Azar Hadi Fathipour, Choupani Naghdali, Afshin Hassan, et al. Effect of mineral admixtures on the mixed-mode (Ⅰ/Ⅱ) fracture characterization of cement mortar: CTS, CSTBD and SCB specimens [J]. Engineering Fracture Mechanics, 2015, 134: 20-34.

[124] Chen Chaoshi, Pan Ernian, Amadei Bernard. Fracture mechanics analysis of cracked discs of anisotropic rock using the boundary element method [J]. International Journal of Rock Mechanics & Mining Sciences, 1998, 35 (2): 195-218.

[125] Fowell R J, Xu C. The use of the cracked Brazilian disc geometry for rock fracture investigations [J]. International Journal of Rock Mechanics & Mining Sciences & Geomechanics Abstracts, 1994, 31 (6): 571-579.

[126] 戴峰，魏明东，徐奴文，等．岩石断裂韧度 CCNSCB 方法渐进破坏机制与无量纲应力强度因子宽范围标定［J］．岩土力学，2016，37（11）：3215-3223.

[127] Ke C C, Chen C S, Tu C H. Determination of fracture toughness of anisotropic rocks by boundary element method [J]. Rock Mechanics and Rock Engineering, 2008, 41 (4): 509-538.

[128] 杨井瑞，张财贵，周妍，等．用 CSTBD 试样确定砂岩的动态起裂和扩展韧度［J］．爆炸与冲击，2014，34（3）：264-271.

[129] 李炼，罗林，吴礼舟，等．岩石偏心圆孔单裂纹平台圆盘的动态裂纹扩展与止裂［J］．爆炸与冲击，2018，38（6）：1218-1230.

[130] 曹富，杨丽萍，李炼，等．压缩单裂纹圆孔板（SCDC）岩石动态断裂全过程研究［J］．岩土力学，2017，38（6）：1573-1582.

[131] 王蒙，朱哲明，谢军．岩石Ⅰ-Ⅱ复合型裂纹动态扩展 SHPB 实验及数值模拟研究［J］．岩石力学与工程学报，2015，34（12）：2474-2485.

[132] Forrestal M J, Wright T W, Chen W. The effect of radial inertia on brittle samples during the split Hopkinson pressure bar test [J]. International Journal of Impact Engineering, 2007, 34 (3): 405-411.

[133] Jiang Fengchun, Vecchio Kenneth S. Hopkinson bar loaded fracture experimental technique: a critical review of dynamic fracture toughness tests [J]. Applied Mechanics Reviews, 2009, 62 (6): 60802.

[134] Gilat Amos, Matrka Thomas A. A new compression intermediate strain rate testing apparatus [M]//Dynamic Behavior of Materials, Volume 1. Springer, 2011: 425-429.

[135] 冯峰，韦重耕，王启智．用中心直裂纹平台巴西圆盘测试岩石动态断裂韧度的尺寸效应［J］．工程力学，2009，26（4）：167-173.

[136] Blair Dane Peter. A comparison of Heelan and exact solutions for seismic radiation from a short cylindrical charge [J]. Geophysics, 2007, 72 (2): E33-E41.

[137] 段乐珍，徐国元，陈寿如．爆炸加载下砼的瞬态应变实验研究［J］．采矿技术，2003，3（4）：15-17.

[138] Yang Renshu，Wang Yanbing，Ding Chenxi. Laboratory study of wave propagation due to explosion in a jointed medium［J］. International Journal of Rock Mechanics and Mining Sciences，2016，81：70-78.

[139] Yue Zhongwen，Qiu Peng，Yang Renshu，et al. Stress analysis of the interaction of a running crack and blasting waves by caustics method［J］. Engineering Fracture Mechanics，2017，184：339-351.

[140] 杨仁树，丁晨曦，杨立云，等．含缺陷 PMMA 介质的定向断裂控制爆破试验研究［J］．岩石力学与工程学报，2017，36（3）：690-696.

[141] 杨仁树，左进京，杨立云，等．爆炸应力波作用下动、静裂纹相互作用的实验研究［J］．爆炸与冲击，2017，37（6）：952-958.

2　爆炸荷载的特征与尺寸效应分析

2.1　引言

爆炸是指系统的物理或者化学能量突然释放过程。在这个过程中，系统内能（压力能、化学能、核能等）急剧地转变为机械能，同时伴随着声、光热效应的现象。显然，认识爆炸现象的本质，研究和掌握爆炸发生、扩展及其对周围介质（目标）作用的规律，对于发展国防科技，以及利用爆炸能量造福于人类具有重大的实际意义。爆炸具有各种不同的形式，根据引起爆炸原因不同，可将爆炸分为物理爆炸、化学爆炸和核爆炸。

物理爆炸是指在爆炸前后，物质的化学成分不变，仅发生状态的变化爆炸，如蒸汽锅炉爆炸、电爆炸、气球爆炸等。爆裂，使内积存的能量迅速释放造成的。由地壳弹性压缩能释放引起的地壳突然变动（地震）是一种强烈的物理爆炸现象。最大的地震能量比百万吨梯恩梯（TNT）炸药的爆炸危害更大，它可引起地壳的突然破断、山体崩塌，强烈地震波的传播，并在地震中心附近引起大气的电离发光。带电云层间放电造成的雷电现象，高压电流通过细金属丝（网）所引起的电爆炸，也是种物理爆炸现象。强放电时，积存的电能在 $10^{-6} \sim 10^{-7}$s 内释放出来，造成放电区内很高的能量密度和数万度的高温，引起放电区内空气压力急剧升高，并在周围形成很强的冲击波的传播。高功率强激光束打在金属板面上，可形成数十万度乃至更高的局部高温，使受击点附近金属骤然气化造成爆炸，并可穿透金属板，同时在板内形成热冲击波的传播。其他如高速陨石冲击地壳、穿甲弹碰击和侵彻装甲板等引起的剧烈突变现象等，都属于物理爆炸现象的范畴。

化学爆炸是指在爆炸前后，物质的化学成分和物理状态均发生变化的爆炸。炸药爆炸就属于这一类爆炸形式。其爆炸时温度可达到 3000~5000℃，压力可以达到 10GPa 量级，对周围介质强烈作用，引起爆炸点周围介质状态发生急剧变化，以造成介质的严重变形和破坏。

核爆炸是指由核裂变或核聚变引起的爆炸，如原子弹、氢弹爆炸等。核爆炸反应所释放出的能量，要比炸药爆炸放出的化学能大得多。核爆炸时可形成数百万到数千万度的高温，在爆心区形成数百亿大气压的高压，同时还有很强的光、热的辐射以及各种高能粒子的贯穿辐射。因此，比炸药爆炸具有大得多的破坏力。核爆炸的能量相当于数万吨到数千万吨 TNT 炸药爆炸的能量。

由于一般炸药的化学反应时间大约是 0.1μs，化学反应区厚度约为 1mm，使得爆炸动荷载与其他动荷载（霍普金森压杆与落锤荷载）相比，有着明显的短时、高压特征。爆炸荷载显著变化，使得荷载上升沿时间 t_f^+ 比整个试样中爆炸应力波的传播时间 t 要小得多。因此，在分析其与试样作用时，必须考虑其波动效应。

本章主要是利用炸药爆炸这种化学能，产生的动荷载来加载试样，并基于爆炸荷载的特征，从理论上分析含有预制裂纹的试样，爆炸加载时裂纹起裂与扩展的规律，以及爆炸荷载与裂纹之间的相互作用。

2.2　爆炸荷载的产生机理与加载特征分析

人们早期的研究表明，炸药爆炸一般发生在极短的时间内。这主要受其化学反应的速率控制，往往仅在 0.1μs 便会完成化学反应，且在对炸药爆轰过程研究中人们发现：在一定条件下炸药爆轰被激发后，爆轰波便会沿着炸药从局部到整体传播开来，而且爆轰波的传播速度会迅速地趋近一个定值。炸药的种类不同，这一定值也会不同，即为炸药的爆轰速度 D_e，爆轰过程直到炸药完成化学反应后才会终止。契浦门（Chapman）与儒格（Jouguet）分别对炸药的爆轰过程进行了独立研究，通过热力学与流体动力学理论，提出了炸药发生化学反应的稳定传播条件，称为 C-J 理论。

2.2.1　爆炸荷载的产生机理

2.2.1.1　爆轰波的基本关系式

目前，公认的爆轰理论是流体动力学波动理论。凝聚体炸药爆轰理论，是在气体爆轰理论基础上发展起来的。已经知道，用加速运动的活塞压缩圆管内的惰性气体，可在其内形成冲击波。若圆管内装有活性气体（可发生化学反应的气体），同样也能在其内形成冲击波。但冲击波在活性气体中传播时可激起化学反应，在冲击波头后形成化学反应区，可阻止稀疏波对冲击波头的侵蚀，而且其内放出的反应热，可用来补偿冲击波传播中的能量损失和加强冲击波参数，从而支持冲击波的传播。这种伴随有化学反应的冲击波称为反应性或支持性冲击波，简称爆轰波。冲击波头和化学反应区的传播速度是相同的，这个速度称为爆轰波传播速度，简称爆速。

爆轰波通过时，气体状态参数的变化，可用图 2-1 来描述。为简单起见，假设气体只能产生轴向方向的流动。

图 2-1 中 AA 面表示冲击波头，设其传播速度为 D。AA 面右侧是未扰动区，设该区的气体初始状态参数为 P_0、V_0、T_0，流速 $u=0$。在波头 AA 面上，由于冲

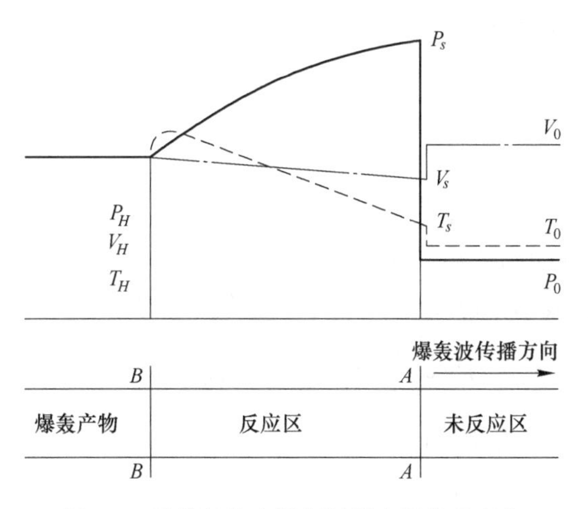

图 2-1 活性气体在爆轰过程中的状态变化

击波的压缩，状态参数发生突跃变化并获得流速（图中用 P_s、V_s、T_s 表示变化后的数值），同时开始化学反应。因此，冲击波头 *AA* 面是未扰动区和反应区的分界面，*BB* 面表示反应结束的面。介于 *AA* 面和 *BB* 面间的空间区域即化学反应区。在反应区内，由于化学反应和放出热量，气体状态将相应地发生变化。因反应是逐步完成的，状态参数也将逐步连续地发生变化。与开始反应时的参数（即 *AA* 面上的参数）相比较，比容和温度逐渐增大，压力逐渐减小。当反应接近结束时，因放热量减少，温度开始下降。由此可见，反应区内不同截面上的状态参数是不相同的。但在爆波稳定传播和一维流动条件下，无论反应区传播至何处，其中任意截面上的状态参数都是固定不变的。换句话说，由一个追踪爆轰波运动的观察者来看，反应区内的情况始终保持稳定，不会随着反应区的传播而发生变化。在这种情况下，反应区又称作稳恒区。但须指出，除了产生轴向流动外，还产生有径向流动，稳恒区只是反应区内的一部分，这时应将两者区别开来。稳恒区末端面称为 C-J 面（契浦门-儒格面），用 P_H、V_H、T_H 和 u_H 表示该面上气体的状态参数和流速，通常将 C-J 界面称为爆轰波波头。

若爆轰波通气体只产生轴向方向的流动，反应区就是稳恒区。在这种情况下，冲击波基本方程对反应区内任意截面都适用，能量方程或 RH 方程中，应考虑化学反应放出的热量。这部分热量本应包含在内能的变化中，但为分析方便起见，把它看作是热量的一个外部来源。

在冲击击波头上，气体受到冲击压缩，但尚未发生化学反应（或者说刚开始发生化学反应），没有热量放出，故冲击波头的 RH 方程为：

$$E_s - E_0 = \frac{1}{2}(P_s + P_0)(V_0 - V_s) \tag{2-1}$$

式中 E_s ——冲击波内能，J；

E_0 ——气体内能，J；

P_s ——冲击波压力，Pa；

P_0 ——气体初始压力，Pa；

V_s ——冲击波压缩体积，m^3；

V_0 ——气体初始体积，m^3。

反应结束时，放出全部反应热，故爆轰波波头的 RH 方程为：

$$E_H - E_0 = \frac{1}{2}(P_H + P_0)(V_0 - V_H) + Q_V \tag{2-2}$$

式中 E_H ——爆轰波内能，J；

E_0 ——气体内能，J；

P_H ——气体爆轰压力，Pa；

V_H ——爆轰产物体积，m^3；

P_0 ——气体压力，Pa；

V_0 ——气体初始体积，m^3；

Q_V ——完全反应的反应热，相当于爆热，J。

当气体初始密度 $\rho_0 \leqslant 10\text{kg/m}^3$，可忽略弹性内能、弹性压强和余容修正值，将气体视为理想气体，对于理想气体 $E = \dfrac{PV}{K-1}$，K 为冲击绝热指数，因此，式(2-2) 可改写为：

$$\frac{P_H V_H}{K-1} - K\frac{P_0 V_0}{K-1} = \frac{1}{2}(P_H + P_0)(V_0 - V_H) + Q_V \tag{2-3}$$

式中 Q_V ——完全反应的反应热，相当于爆热，J；

P_H——气体爆轰应力，Pa；

V_H——爆轰产物体积，m^3；

P_0——气体压力，Pa；

V_0——气体初始体积，m^3；

V_H ——冲击波压缩体积，m^3；

K——冲击绝热指数，取 3。

在不考虑介质的热传导、热辐射以及黏滞摩擦等能量耗散效应，假设爆轰波的波振面为一强断面，炸药爆炸后的生产物处于热化学以及热力学平衡状态，且瞬间完成化学反应并生成热量，爆轰波阵面传播过程是定常的，从固连在波阵面的坐标系上看，波阵面后刚刚形成的状态不是随时间变化的，如图 2-2 所示，设爆轰波传播速度为 D，用 P_H、V_H、T_H 和 u_H 表示爆轰产物状态，P_j、V_j、T_j、u_j 表示原始爆炸产物。鉴于爆轰波本身是一种冲击波间断面，按照质量和动量守恒定律，可以写成式（2-4）、式（2-5）。

$$\frac{1}{V_j}(D_H - u_j) = \frac{1}{V_H}(D_H - u_H) \tag{2-4}$$

式中 V_j——原始爆炸产物体积，m^3；

D_H——炸药爆速，m/s；

u_j——炸药质点运动速度，m/s；

V_H——爆炸产物体积，m^3；

u_H——爆炸气体的流速，m/s。

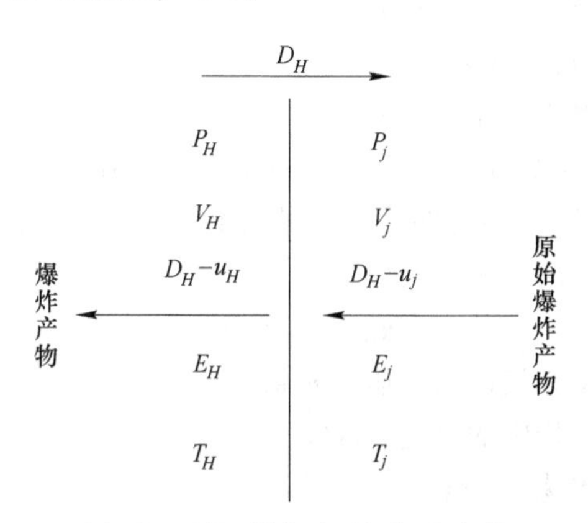

图 2-2 平面爆轰波面两侧的参数

$$P_H - P_j = \frac{1}{V_j}(D_H - u_j)(u_H - u_j) \tag{2-5}$$

式中 P_H——爆轰压力，Pa；

P_j——原始爆炸物压力，Pa；

V_j——原始爆炸产物体积，m^3；

D_H——炸药爆速，m/s；

u_j——炸药质点运动速度，m/s；

u_H——稳定爆炸气体的流速，m/s。

在波前爆炸物处于静止状态时，即 $u_j = 0$，用式（2-4）与式（2-5）可以改写得到波速 D 和质点速度 u_H 的表达式，式（2-6）、式（2-7）。

$$D_H = V_j\sqrt{\frac{P_H - P_j}{V_j - V_H}} \tag{2-6}$$

式中 D_H——炸药爆速，m/s；

V_j——原始爆炸产物体积，m^3；

P_H——爆轰压力，Pa；

P_j——原始爆炸物压力，Pa；

V_j——原始爆炸产物体积，m^3；

V_H——爆炸产物体积，m^3。

$$u_H = (V_j - V_H)\sqrt{\frac{P_H - P_j}{V_j - V_H}} \tag{2-7}$$

式中 u_H——稳定爆炸气体的流速，m/s；

V_j——原始爆炸产物体积，m^3；

V_H——爆炸产物体积，m^3；

P_H——爆轰压力，Pa；

P_j——原始爆炸物压力，Pa。

由式（2-2）、式（2-6）、式（2-7）三个守恒定律，可以建立爆轰波的三个基本方程，但是爆轰波一共有四个独立的参数。为此，契浦门-儒格提出并论证了爆轰波稳定传播的C-J条件：

$$u_H + c_H = D_H \tag{2-8}$$

式中 u_H——稳定爆炸气体的流速，m/s；

c_H——爆轰产物中的声速，m/s；

D_H——炸药爆速，m/s。

这样就可以完成确定爆轰波参数，对于强爆轰波，可以忽略 P_j，气体爆轰波参数计算公式如下：

$$P_H = \frac{\rho_0 D_H^2}{K + 1} \tag{2-9}$$

式中 P_H——爆轰压力，Pa；

ρ_0——爆炸物初始密度，kg/m^3；

D_H——炸药爆速，m/s；

K——冲击绝热指数，取3。

$$\rho_H = \frac{K + 1}{K}\rho_0 \tag{2-10}$$

式中 ρ_H——爆轰产物密度，kg/m^3；

K——冲击绝热指数，取3；

ρ_0——爆炸物初始密度，kg/m^3。

$$u_H = \frac{D_H}{K + 1} \tag{2-11}$$

式中 u_H——稳定爆炸气体的流速，m/s；

D_H——炸药爆速，m/s；

K——冲击绝热指数，取3。

$$D_H = \sqrt{2(K^2 - 1)Q_V} \tag{2-12}$$

式中 D_H——炸药爆速，m/s；

K——冲击绝热指数，取3；

Q_V——完全反应的反应热，相当于爆热，J。

$$c_H = D_H - u_H = \frac{K}{K+1}D_H \tag{2-13}$$

式中 c_H——爆轰产物中的声速，m/s

D_H——炸药爆速，m/s；

u_H——稳定爆炸气体的流速，m/s；

K——冲击绝热指数，取3。

由于计算凝聚体炸药爆轰参数基本方程的形式与理想气体完全相同，所以，由这些基本方程导出的计算爆轰参数的公式，也与理想气体完全相同，区别仅在于等熵指数（冲击绝热指数）K，用多方指数 n 来替换即可，多方指数 n 受许多因素的影响，目前还没有一个精确的计算公式。阿平等认为，多方指数只与爆轰产物的组成有关，德福尔诺（Defourneaux）认为，多方指数仅与炸药密度有关，给出它们的关系式为：

$$n = 1.9 + 0.6\rho_0 \tag{2-14}$$

式中 n——多方指数；

ρ_0——爆炸物初始密度，kg/m^3。

还有许多计算多方指数的公式，但通常将 n 视为常数，取经验值 $n=3$。

2.2.1.2 岩体中产生的冲击波

冲击波通过岩石时，岩石类似于流体，波头上状态参数将发生突跃变化。设岩石初始状态参数为 P_0、V_0、E_0、$u_0 = 0$，冲击波波速为 D，波头上岩石状态参数突变为 P、V、E、u，这些参数之间的关系应满足下列冲击波基本方程：

$$\frac{D}{D-u} = \frac{V_0}{V} \tag{2-15}$$

式中 D——冲击波在岩石中的波速，m/s；

u——冲击波引起的岩石质点速度，m/s；

V_0——岩石的初始体积，m^3；

V——岩石压缩后体积，m^3。

$$\frac{Du}{V_0} = P - P_0 \tag{2-16}$$

式中　D——冲击波在岩石中的波速，m/s；

u——冲击波引起的岩石质点速度，m/s；

V_0——岩石的初始体积，m^3；

P——岩石中冲击波压力，Pa；

P_0——岩石的初始压力，Pa。

$$E - E_0 = \frac{1}{2}(P + P_0)(V_0 - V) \tag{2-17}$$

式中　E——冲击波在岩石中的能量，J；

E_0——岩石的初始内能，J；

P——岩石中冲击波压力，Pa；

P_0——岩石的初始压力，Pa；

V_0——岩石的初始体积，m^3；

V——岩石压缩后体积，m^3。

但由能量方程给出岩石的 RH 方程，必须知道状态函数 $E = E(P, V)$，这是很困难的。因此，一般通过试验给出岩石 RH 方程的经验式。因参数 P、V、D、u，以质量守恒方程式（2-15）和动量守恒方程式（2-16）相联系，所以岩石的 RH 方程可表为下列各种形式：$P = P(V)$，$P = P(u)$，$D = D(u)$。最常采用的 RH 方程为：

$$P = B\left[\left(\frac{V_0}{V}\right)^m - 1\right] \tag{2-18}$$

式中　P——岩石中冲击波压力，Pa；

B——试验确定的系数，或者按照公式 $B = \frac{1}{4}\rho_0 c_p^2$ 计算；

V_0——岩石的初始体积，m^3；

V——岩石压缩后体积，m^3；

m——试验确定的指数，大多数岩石的 $m \approx 4$。

用 $D = D(u)$ 来表示岩石的 RH 方程，更为简便且易于获得，其公式为：

$$D = a + bu \tag{2-19}$$

式中　D——冲击波在岩石中的波速，m/s；

u——冲击波引起的岩石质点速度，m/s；

a——岩石中的波常数，由试验确定，m/s；

b——试验确定的常数。

某些岩石的 a、b 值见表 2-1。

表 2-1 某些岩石的值

岩石名称	密度/g·cm^{-3}	a/ mm·μs^{-1}	b
花岗岩	2.63	2.1	1.63
	2.67	3.6	1.0
玄武岩	2.67	2.6	1.6
辉长岩	2.98	3.5	1.32
钙钠斜长岩	2.75	3.0	1.47
纯橄榄岩	3.3	6.3	0.65
橄榄石	3.0	5.0	1.44
大理岩	2.7	4.0	1.32
石灰岩	2.6	3.5	1.43
	2.5	3.4	1.27
泥质细粒砂岩	—	0.52	1.78
页岩	2.0	3.6	1.34
岩盐	2.16	3.5	1.33

通过式（2-15）~式（2-17）与式（2-18）或式（2-19）四个方程中，未知数有 P、V、D、u。因此，只要知道其中一个初始参数值（炸药-岩石界面上的参数值）及其随距离的变化，就能求得其他各参数值。

2.2.1.3 岩石中产生的爆炸应力波

A 爆炸应力波的特征

炸药在岩石或其他固体介质中爆炸所激起的应力扰动（或应变扰动）的传播称为爆炸应力波（或爆炸应变波）。爆炸应力波在距爆炸点不同距离的区段内可出现塑性波、冲击波、弹塑性波、弹性应力波和地震波等。爆炸应力波在岩石，尤其是在坚硬岩石的爆破过程中起着重要的作用。爆炸应力波与岩石的相互作用有别于静载，其主要特性可归纳如下。

（1）岩石本身性质对荷载的反应有较大影响。在静载作用下，若体力为常量，岩体内的应力场（应力分布、大小）与岩石性质无关，而在爆炸荷载作用下形成的应力场，则与岩石性质有关。

（2）在爆炸荷载作用下，岩石内质点将产生运动，岩体内发生的许多现象都带有动态特征。

（3）爆炸荷载在岩石内所引起的应力、应变和位移都是以波动形式传播的，空间内应力分布随时间而变化，而且分布非常不均。

因此，分析爆炸荷载在岩石内产生应力状态的变化与造成的破坏，可通过爆炸应力波的传播来研究，这将在第 3 章进行详细介绍。

B　岩石中爆炸应力波初始压力计算

爆轰波或运动的爆轰产物与周围介质（例如空气、岩石、金属等）发生碰撞时，就会形成爆炸应力波在介质内传播。同时，根据炸药和介质的特性阻抗不同，在爆轰产物中也将产生反射压缩波，或反射稀疏波。确定碰撞时作用在炸药和介质界面上的初始扰动参量（例如压力、传给介质的冲量和能量等），即爆炸应力波的初始参量，是研究炸药对周围介质产生破坏作用所不可缺少的条件。

对大多数岩石来说，冲击波的作用范围很小，可忽略不计，而近似认为爆轰波与岩石的碰撞是弹性的，直接在岩石内产生应力波，并按弹性波理论（或声学近似理论）计算爆轰波作用在岩石界面上的初始压力。声学近似理论给出的计算公式为：

$$P_1 = \frac{1}{4}\rho_0 D_H^2 \tag{2-20}$$

式中　P_1——炸药的爆轰压力，Pa；

ρ_0——炸药的初始密度，kg/m^3；

D_H——炸药爆速，m/s。

$$P_2 = \frac{2P_1}{1 + \dfrac{\rho_0 D_H}{\rho_m c_P}} \tag{2-21}$$

式中　P_2——岩石中应力波的最大初始压力，Pa；

P_1——炸药的爆轰压力，Pa；

ρ_0——炸药的初始密度，kg/m^3；

D_H——炸药爆速，m/s；

ρ_m——岩石的初始密度，kg/m^3；

c_P——岩石的声波速度，m/s。

$$u_2 = \frac{P_2}{\rho_m c_P} \tag{2-22}$$

式中　u_2——岩石质点最大初始流速，m/s。

P_2——岩石中应力波的最大初始压力，Pa；

ρ_m——岩石的初始密度，kg/m^3；

c_P——岩石的声波速度，m/s。

$$\rho_2 = \rho_m \frac{c_P}{c_P - u_2} \tag{2-23}$$

式中　ρ_2——岩石压缩后的密度，kg/m^3；

ρ_m——岩石的初始密度，kg/m^3；

c_P——岩石的声波速度，m/s；

u_2——岩石质点最大初始流速，m/s。

必须指出，利用炮眼爆破岩石时，按上述爆轰波碰撞理论导出的公式，计算炮眼壁上产生的初始应力，只适用于偶合装药（药柱与炮眼壁间没有径向间隙)。而且，计算结果是近似的，这是因为，爆轰波对炮眼壁的冲击不是正冲击，而是斜冲击。实际上，柱状装药在一端用雷管引爆使之爆轰时，爆轰波并不是平面波。爆轰波的波头通常呈球面形，但在装药表面附近，曲率半径减小到很小。因此，炮眼壁上产生的压力，可认为近似等于爆轰波正入射时产生的压力。

在不耦合装药情况下，爆轰波首先压缩炮孔间隙内的空气，产生空气冲击波。然后，再由空气冲击波冲击炮眼壁。为了方便计算炮眼上的初始压力，可作如下假设：

（1）间隙内不存在空气。

（2）爆轰产物在间隙内按 PV^n = 常数的规律膨胀（$n=3$），遇炮眼壁时产生冲击压力，并在岩石内激起爆炸应力波。

（3）膨胀时的初始压力按平均爆轰压计算。

根据上述假设，炮眼壁上产生的初始压力，可按下列方法进行计算。爆轰产物的平均爆轰压 P_m 为：

$$P_m = \frac{1}{2}P_1 = \frac{1}{8}\rho_0 D_H^2 \tag{2-24}$$

式中 P_m——爆轰产物的平均爆轰压力，Pa；

P_1——炸药的爆轰压力，Pa；

ρ_0——炸药的初始密度，kg/m^3；

D_H——炸药爆速，m/s。

爆轰产物碰撞炮孔壁时，压力大 k 倍（$k=8\sim11$），爆轰产物碰撞炮眼壁前的压力即入射压力 P_2 为：

$$P_2 = P_m\left(\frac{V_c}{V_b}\right)^3 = \frac{1}{8}\rho_0 D_H^2\left(\frac{d_c}{d_b}\right)^6 k \tag{2-25}$$

式中 P_2——岩石中应力波的最大初始压力，Pa；

P_m——爆轰产物的平均爆轰压力，Pa；

V_c——爆轰产物膨胀前的体积，m^3；

V_b——爆轰产物膨胀至炮眼壁的体积，m^3；

ρ_0——炸药的初始密度，kg/m^3；

D_H——炸药爆速，m/s；

d_c——药柱直径，m；

d_b——炮眼直径，m；

k——压力增大系数，取 8~11。

该式表明，炮眼壁上产生的冲击压力与装药不耦合系数（炮眼直径与药柱直径的比值）有关。当不耦合系数小于一定值时，炮眼壁上产生的冲击压力，可以超过耦合装药的冲击压力。当不耦合装药产生的冲击压力与耦合装药产生的冲击压力（按声学近似公式计算）相等时，由式（2-21）、式（2-25）可以得出不耦合系数为：

$$K = \frac{d_b}{d_c} = \left[\frac{1}{4}k\left(1 + \frac{\rho_0 D_H}{\rho_m c_P}\right)\right]^{\frac{1}{6}} \tag{2-26}$$

式中 K——装药不耦合系数；

d_c——药柱直径，m；

d_b——炮眼直径，m；

k——压力增大系数，取 8~11；

ρ_0——炸药的初始密度，kg/m^3；

D_H——炸药爆速，m/s；

c_P——岩石的声波速度，m/s。

2.2.2 爆炸荷载的加载特征分析

2.2.2.1 爆炸荷载的加载特征

一般来说，岩体内最初形成的裂缝是由爆炸应力波造成的，随后爆炸气体渗入裂隙并在静压作用下，使爆炸应力波形成的裂隙进一步扩展。但在某一特定条件下，可以侧重某一方面的作用（应力波的作用或气体静压作用），来分析岩石的破碎机理、破碎过程和计算爆破作用。

A 应力波动作用与气体的静作用

爆破岩石的破碎过程和机理与炸药性质、装药结构、岩石性质等许多因素有关。在通常爆破条件下，根据岩石性质对爆破作用的影响，可将岩石分为三类。

第一类岩石：属于高阻抗岩石，其波阻抗为 $15\times10^5 \sim 25\times10^5 g/(cm^2 \cdot s)$。这类岩石的破坏，主要决定于应力波，包括入射波和反射波。

第二类岩石：属于低阻抗岩石，其波阻抗小于 $5\times10^5 g/(cm^2 \cdot s)$。在这类岩石中，由气体压力形成的破坏是主要的。

第三类岩石：属于中等阻抗的岩石，其波阻抗为 $5\times10^5 \sim 10\times10^5 g/(cm^2 \cdot s)$。这类岩石的破坏，是应力波（主要是入射波）和爆炸气体综合作用的结果。

B 应力波与气体的共同作用

（1）在应力波作用下，岩体内形成径向裂隙。

（2）应力波在自由面处发生反射，在反射拉伸波作用下，自由面附近岩石可能发生片落。

(3) 气体渗入应力波形成的径向裂隙内，起着气楔作用，增大了裂隙前端岩体内的拉应力。图 2-3 为裂隙长等于球形空洞半径的 12.7 倍，空洞内气体压力为 P_0，当气体渗入长度为裂隙长度的 1/3 时，裂隙前端岩体内的拉应力，和没有裂缝时，处于相同位置处产生的拉应力的比较。

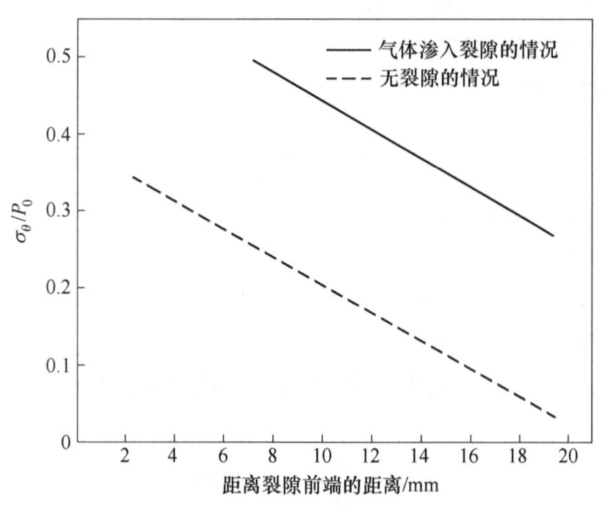

图 2-3 裂隙前端岩体内的拉应力

(4) 尽管气体渗入裂隙使空洞内压力有所下降，但由于裂隙前端岩体内的拉应力增大，裂隙仍能继续扩展，其扩展情况由气体压力及气体冲入裂隙的深度所控制，冲入越深，裂隙越长。

C 爆炸荷载的主要参数计算

作用在炮眼壁上的冲击压力，几乎是在瞬间产生的，其后将很快下降。这种随时间迅速变化的压力称为动压，它以波动形式传播，使岩体内产生动态应力场。紧接动压作用在炮眼壁上受到静态气体产物的压力作用；只要气体容积不变，压力就不再随时间而变化。这种压力称为静压，并在岩体内产生静态应力场。实际上，由于炮眼扩大或气体进入裂缝，气体将继续膨胀，压力也将逐渐下降。但在气体未逸出岩体前，压力下降较慢，故可近似地把它看作是静压（又称为似静压），在岩体内产生的应力场可近似地看成是静态应力场（又称似静态应力场）。

在动压作用阶段，压力随时间的变化，一般采用指数函数来描述：

$$P(t) = P_2 e^{-\alpha t} \tag{2-27}$$

式中 $P(t)$ ——动压随时间的衰减函数，Pa；

P_2——岩石中应力波的最大初始压力，Pa；

α——时间常数，s^{-1}。

t——压力作用时间，s。

冲击压力的动压传给岩石的冲量为：

$$I = \int_0^{\tau} P(t)\,\mathrm{d}t \tag{2-28}$$

式中　I——岩石冲量，Pa · s；

$P(t)$——动压随时间的衰减函数，Pa；

τ——动压的作用时间，s。

其中，τ 由下式确定：

$$\tau = \frac{1}{\alpha}\ln\frac{P_2}{P} \tag{2-29}$$

式中　τ——动压的作用时间，s；

α——时间常数，s^{-1}。

P_2——岩石中应力波的最大初始压力，Pa；

P——流体静压值，Pa。

在动压作用期间，通过炮眼壁单位面积传给岩石的能量，称为比能，按下式计算：

$$E = \int_0^{\tau} P(t)u(t)\,\mathrm{d}t \tag{2-30}$$

式中　E——动压传递给岩石的能量，J；

$P(t)$——动压随时间的衰减函数，Pa；

$u(t)$——岩石的质点运动速度，m/s。

若假设爆轰波或爆轰产物与炮眼壁的碰撞为弹性碰撞，$u(t)$ 为：

$$u(t) = \frac{P(t)}{\rho_m c_P} \tag{2-31}$$

式中　$u(t)$——岩石的质点运动速度，m/s；

$P(t)$——动压随时间的衰减函数，Pa；

ρ_m——岩石的初始密度，kg/m^3；

c_P——岩石的声波速度，m/s。

$$E = \frac{1}{\rho_m c_P}\int_0^{\tau} P^2(t)\,\mathrm{d}t \tag{2-32}$$

式中　E——动压传递给岩石能量，J；

ρ_m——岩石的初始密度，kg/m^3；

c_P——岩石的声波速度，m/s；

τ——动压的作用时间，s；

$P(t)$——动压随时间的衰减函数，Pa。

动压传给岩石的总能量等于比能乘以压力作用面积。这部分能量仅是炸药能量的一部分。剩余的能量仍保留在气体产物中。通常将这部分能量称为气泡能。

2.2.2.2 爆炸荷载下岩石内部破坏特征

由于化学爆炸的快速爆轰，一般其爆轰速度可达6000m/s，其在岩石壁面上会产生GPa级别的压力直接将岩石压碎，在岩石介质之中爆炸荷载的压力峰值随着其爆心距离的增加呈指数式衰减，直达其不能破碎岩石产生完全弹性振动。炸药爆炸后，在岩体中产生了远远超过岩石应力应变曲线的临界力后，在岩体中便会激发形成冲击波。由于冲击波的峰值极大，在冲击波的作用下岩体结构会遭到严重地破坏，并粉碎形成细微的颗粒，从而形成压碎圈或粉碎圈。但冲击波的作用时间极短，因此粉碎圈的半径不大，但其却消耗了炸药大量的能量。因此，在进行爆破破岩时应尽量避免在岩体中形成粉碎圈。粉碎圈的形成主要是由于冲击波的压缩作用，使岩体产生强烈的塑性变形而形成的。而随着冲击波衰减为爆炸应力波，其不能直接压缩破岩，而是由于岩石存储了大量的应变能，当应力波通过后便释放出来形成拉伸破坏。由于岩石抗拉能力差，故当拉伸应变超过破坏应变时，就会在径向方向产生裂缝。东泽（Donzé）将爆炸荷载作用下岩石断裂主要分为粉碎区、裂隙区、径向环向裂隙区、粉碎区与径向环向裂隙扩展区，如图2-4所示。

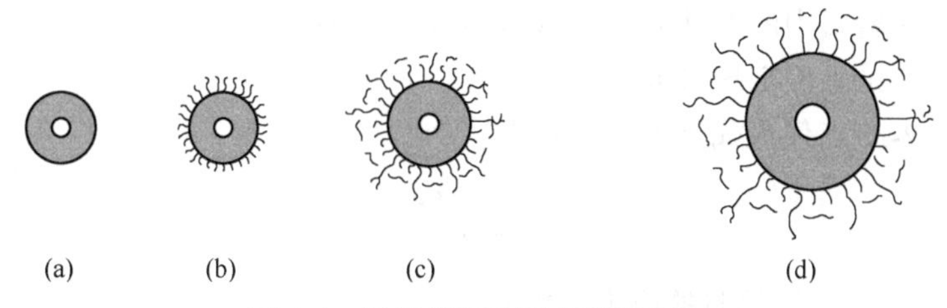

图2-4 爆炸荷载下岩石断裂过程

（a）粉碎区；（b）裂隙区；（c）径向环向裂隙区；（d）粉碎区与径向环向裂隙扩展区

A 压碎圈的形成

装药爆炸时，在岩体上产生的冲击荷载超过岩石冲击变形曲线上的临界应力后（约等于岩石的体积压缩模量），就会在岩体内激起冲击波。在冲击波作用下，岩石结构遭到严重破坏，并粉碎成为微细粒子，从而形成压碎圈或粉碎圈。

但冲击波在岩体内衰减很快，其峰值压力 P_s 随距离变化近似为：

$$P_s = \frac{P_2}{\bar{r}^3} \tag{2-33}$$

式中 P_s——岩石中冲击波压力，Pa；

P_2——岩石中应力波的最大初始压力，Pa；

$\bar{r}$——比例距离，$\bar{r} = r/r_b$；

r_b——炮眼半径，m；

r——距炮眼中心距离，m。

在压碎圈界面上，冲击波衰减为应力波，其峰值应力为：

$$\sigma_{rc}=\rho_m c_P V_{rc} \tag{2-34}$$

式中　σ_{rc}——岩石的压碎强度，Pa；

ρ_m——岩石的初始密度，kg/m^3；

c_P——岩石的声波速度，m/s；

V_{rc}——压碎圈界面上的质点速度。

已知岩石内冲击波波速与质点速度间存在式（2-19）关系（改用 c_P，u_2 表示岩石内冲击波参数，ρ_m 表示岩石初始密度）。在压碎圈界面上，冲击波波速衰减为弹性波波速 c_P，这时的质点速度应为：

$$u_2=V_{rc}=\frac{c_P-a}{b} \tag{2-35}$$

式中　u_2——岩石质点最大初始流速，m/s；

V_{rc}——岩石压碎时的质点速度，m/s；

c_P——岩石的声波速度，m/s；

a——岩石中的波常数，由试验确定，m/s；

b——试验确定的常数。

将式（2-35）代入式（2-34）可得：

$$\sigma_{rc}=\rho_m c_P\frac{c_P-a}{b} \tag{2-36}$$

式中　σ_{rc}——岩石压碎时的应力，Pa；

ρ_m——岩石的初始密度，kg/m^3；

c_P——岩石的声波速度，m/s；

a——岩石中的波常数，由试验确定，m/s；

b——试验确定的常数。

以 σ_{rc} 代替（2-33）式中的 P_s，解出 r 即冲击波的作用范围或压碎圈半径：

$$R_c=\left[\frac{bP_2}{\rho_m c_P(c_P-a)}\right]^{\frac{1}{3}}r_b \tag{2-37}$$

式中　R_c——压碎圈半径，m；

P_2——岩石中应力波的最大初始压力，Pa；

ρ_m——岩石的初始密度，kg/m^3；

c_P——岩石的声波速度，m/s；

a——岩石中的波常数，由试验确定，m/s；

b——试验确定的常数；

r_b——炮眼半径，m。

根据岩石的单轴抗压强度 σ_c 与空腔半径极值 R_k，也可以按照下式计算 R_c：

$$R_c = \left(\frac{\rho_m c_P^2}{5\sigma_c}\right)^{\frac{1}{2}} R_k \tag{2-38}$$

式中 R_c——压碎圈半径，m；

ρ_m——岩石的初始密度，kg/m^3；

c_P——岩石的声波速度，m/s；

σ_c——岩石单轴抗压强度，Pa；

R_k——空腔半径极值，m。

$$R_k = \left(\frac{P_m}{\sigma_0}\right)^{\frac{1}{4}} r_b \tag{2-39}$$

式中 R_k——空腔半径极值，m；

P_m——爆轰产物的平均爆轰压力，Pa；

σ_0——多向应力条件下岩石的强度，Pa；

r_b——炮眼半径，m。

同时，根据式（2-24）计算出炸药的平均爆轰压力 P_m，与式（2-39）得出多向应力条件下的岩石强度 σ_0：

$$\sigma_0 = \sigma_c \left(\frac{\rho_m c_P^2}{\sigma_c}\right)^{\frac{1}{4}} \tag{2-40}$$

式中 σ_0——多向应力条件下岩石的强度，Pa；

σ_c——岩石单轴抗压强度，Pa；

ρ_m——岩石的初始密度，kg/m^3；

c_P——岩石的声波速度，m/s。

虽然压碎圈的半径不大，但由于岩石遭到强烈粉碎，消耗能量却很大。因此，爆破岩石时，应尽量避免形成压碎圈。

B 裂隙圈的形成

压碎圈是由塑性变形或剪切破坏形成的，而裂隙圈则是由拉伸破坏形成的。当冲击波衰减为压缩应力波或岩石直接受它的作用时，径向方向产生压应力和压缩变形，而切向方向将产生拉应力和拉伸变形。由于岩石抗拉能力很差，所以当拉伸应变超过破坏应变时，就会在径向方向产生裂缝。对大多数岩石，通常认为应力波造成的破坏主要决定于应力值，以第一强度理论作为破坏准则。

此外，计算裂隙圈时可忽略冲击波和压碎圈，按声学近似公式计算应力波初始径向峰值应力，耦合装药时峰值压力 P_2，按照式（2-21）计算；不耦合装药时峰值压力 P_2，按照式（2-25）计算。

已知，应力波应力随距离衰减的关系为：

$$\begin{cases} \sigma_r = \dfrac{P_2}{\bar{r}^{\alpha}} \\ \sigma_\theta = b\sigma_r = \dfrac{bP_2}{\bar{r}^{\alpha}} \end{cases} \tag{2-41}$$

式中 σ_r——径向压应力，Pa；

P_2——岩石中应力波的最大初始压力，Pa；

$\bar{r}$——比例距离，$\bar{r} = r/r_b$；

σ_θ——切向拉应力，Pa；

b——径向压应力与切向拉应力相关系数，$b = \nu/(1 - \nu)$；

α——应力波衰减系数，$\alpha = 2 - \nu(1 - \nu)$；

ν——泊松比。

若以岩石抗拉强度 σ_t 代替 σ_θ，由式（2-41）解出裂隙半径 R_p：

$$R_p = \left(\frac{bP_2}{\sigma_t}\right)^{\frac{1}{\alpha}} r_b \tag{2-42}$$

式中 R_p——裂隙半径，m；

b——径向压应力与切向拉应力相关系数，$b = \nu/(1 - \nu)$；

P_2——岩石中应力波的最大初始压力，Pa；

σ_t——岩石单轴抗拉强度，Pa；

α——应力波衰减系数，$\alpha = 2 - \nu(1 - \nu)$；

r_b——炮眼半径，m。

2.2.2.3 爆炸荷载下岩石外部破坏特征

A 应力波拉伸破坏作用观点

从爆炸动力学的观点出发，认为药包爆炸产生强烈的冲击波，冲击、压缩周围的岩体，造成邻近药包的岩体局部压碎，之后冲击波衰减为压应力波继续向外传播。当压应力波传播到岩体界面（自由面）时，产生反射拉应力波，若此拉应力波超过岩石的动态抗拉强度时，从界面开始向爆源方向产生拉伸片裂破坏，如图 2-5 所示。这种观点没有考虑爆轰气体的膨胀推力作用。

当装药埋置深度小于一定深度时，必须考虑自由面对应力场的影响。此时，入射到自由面上的应力波和从自由面反射回反射应力波（包括反射纵波和反射横波）进行叠加，就会在靠自由面一侧的岩体内构成非常复杂的动态应力场。该应力场对破碎漏斗的形成起着定性的作用。

已经知道，入射波遇自由面时将发生反射，并产生两种新波：反射纵波和反射横波，从自由面向岩体内部传播。由于纵波波速大于横波，故随时间推移，反射纵波将超前于反射横波传播。反射波可看作是位于自由面空气一侧的虚拟波源所发出的应力波，如图 2-6 所示。

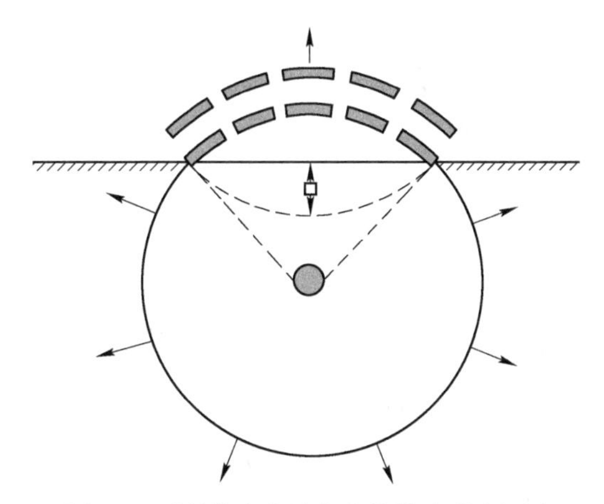

图 2-5 反射拉应力波产生拉伸片裂破坏图

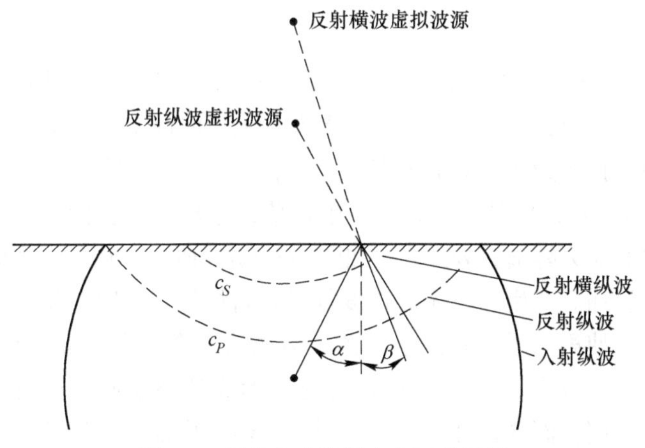

图 2-6 爆炸应力波遇自由面的反射

因反射波的应力值与入射角有关，所以波面上各点的应力值不同。对反射纵波来说，最小抵抗线上的应力值最大，偏离最小抵抗线即随入射角增大时，应力值减小，而且在大多数岩石中，无论入射角多大，反射纵波的径向应力和切向应力均为拉应力，但当岩石泊松比较小且入射角较大时，反射纵波的径向应力将变为压应力。对反射横波来说，最小抵抗线上的剪应力值为零，即在正入射（入射角 $\alpha=0$）情况下，没有反射横波产生，但随入射角继续增加而减小。反射纵波和反射横波的主应力大小和方向沿波面变化的情况，如图 2-7 所示。

岩体内的应力状态是由入射压缩波、反射拉伸波和反射横波的相互作用所确定的。但在最小抵抗线上，发生相互作用的仅有两种波：入射压缩波和反射拉伸波。以沿最小抵抗分割出的杆件为例，并假设入射应力波波形为三角形，应力峰

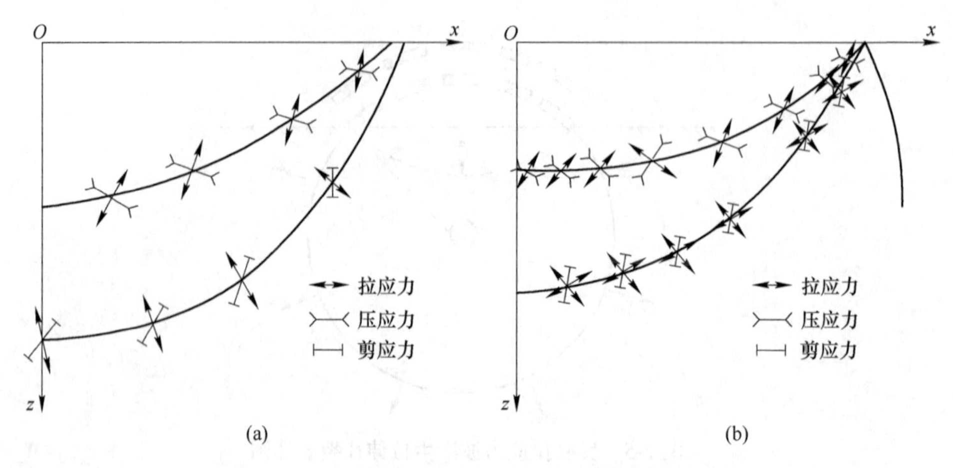

图 2-7　反射波波面上主应力的大小和方向

(a) 花岗岩；(b) 大理岩

值为 σ_r，不考虑波的衰减，则当入射压缩波遇自由端发生反射时，入射波与反射拉伸波的叠加情况，如图 2-8 所示。当入射压缩波尚未反射部分与反射拉伸波叠加后，出现的拉应力等于岩石抗拉强度 σ_t 时，将形成第一道平行自由面的裂缝如图 2-8 (a)所示，使第一层岩石发生片落，造成一个新的自由面。在新自由面上，压缩波的应力峰值为 $\sigma_r-\sigma_t$，如图 2-8 (b) 所示。从新自由面上反射回拉伸波与入射波叠加后产生的拉应力再度等于岩石抗拉强度时，将形成第二道平行自由面的裂缝，使第二层岩石发生片落，造成另一个新自由面。在该自由面上，压缩波的应力峰值减为 $\sigma_r-2\sigma_t$。由此可见，形成的裂缝或新自由面对反射波的传播起着屏蔽作用，而且每片落一层岩石，在新自由面上，压缩波的应力峰值减

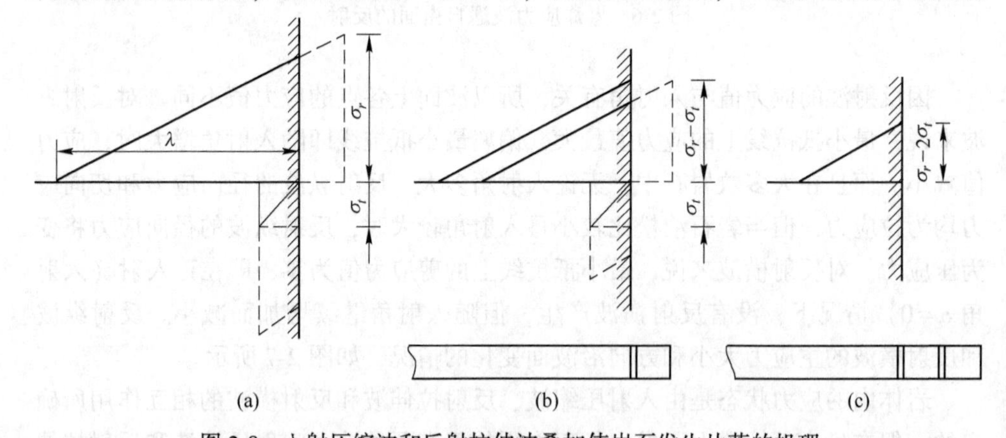

图 2-8　入射压缩波和反射拉伸波叠加使岩石发生片落的机理

(a) 自由面的反射应力波；(b) 第一道平行自由面裂缝；(c) 第二道平行自由面裂缝

小一个 σ_t 值。因此，片落层数最多为：

$$N = \frac{\sigma_r}{\sigma_t} \tag{2-43}$$

式中 N——片落层数最大值；

σ_r——入射波峰值，Pa；

σ_t——岩石抗拉强度，Pa。

每一片落层的厚度 δ 为：

$$\delta = \frac{\frac{\lambda}{2}}{N} = \frac{\lambda\sigma_t}{2\sigma_r} \tag{2-44}$$

式中 δ——片落层厚度，m；

λ——入射波波长，m；

N——片落层数最大值；

σ_r——入射波峰值，Pa；

σ_t——岩石抗拉强度，Pa。

实际的应力波形不同于三角形，虽然上述关系同样适用，但片落层的厚度不等，按式（2-44）计算的厚度应为平均厚度。由于应力波的衰减，实际片落层数和总片落厚度均小于计算值。

爆破时，岩石由自由面向岩体深部一层层片落下来，形成的爆破漏斗称为片落漏斗。在片落漏斗形成过程中，反射拉伸波起着重要的作用。爆破漏斗形成的这种机理，多发生在高阻抗岩石中。在中等阻抗岩石中，对形成爆破漏斗起重要作用的不是反射拉伸波形成的环状裂隙，而是入射压缩波形成的径向裂隙，但由于自由面或反射波的影响，可以进一步扩大它的发展。

图 2-9 为在球面坐标系中（r，θ，ϕ）按三种应力波叠加，利用解析方法得出岩体内各点拉伸主应力达最高值时的主应力方向（另一主应力与图面垂直）。拉伸主应力 σ_2 是产生裂隙的根源，故其作用方向对推断岩体中爆破产生裂隙方向和爆破漏斗的形成具有重要意义。从图 2-9 中看出，在最小抵抗线上，主应力作用方向与 r、θ 方向一致。但在最小抵抗线以外的点上，主应力作用方向随距最小抵抗线距离 x 值的增大而逐渐偏离 r、θ 方向，其中拉伸主应力 σ_2 由 θ 方向偏转到垂直于自由面的方向。由此可以推断，在爆源附近，裂隙取径向方向，但随 x 值增大，裂隙方向逐渐发生偏转，最后平行于自由面。因此，裂隙群的排列类似喇叭花状。若裂隙群能得到充分发展并延伸至自由面，就将形成爆破漏斗。

B 爆轰气体破坏作用的观点

从静力学的观点出发，认为药包爆炸后产生大量的高温、高压气体。这种气体膨胀产生的推力作用在药包周围的岩壁上，引起岩石质点的径向位移。当药包

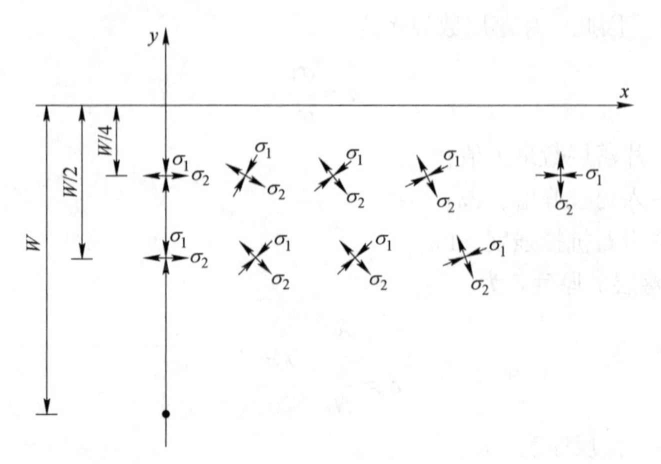

图 2-9　拉伸主应力 σ_2 达最高值时，主应力 σ_1、σ_2 的方向

埋深不大时，在最小抵抗线方向（即地表方向），岩石移动的阻力最小，运动速度最高。由于存在不同速度的径向位移，在岩体中形成剪切应力，当这种剪切应力超过岩石的动态抗剪强度时，就会引起岩石破裂。在爆轰气体膨胀推力作用下，自由面附近的岩石隆起、开裂，并沿径向方向推出，如图 2-10 所示。这种观点不考虑冲击波的破碎作用。

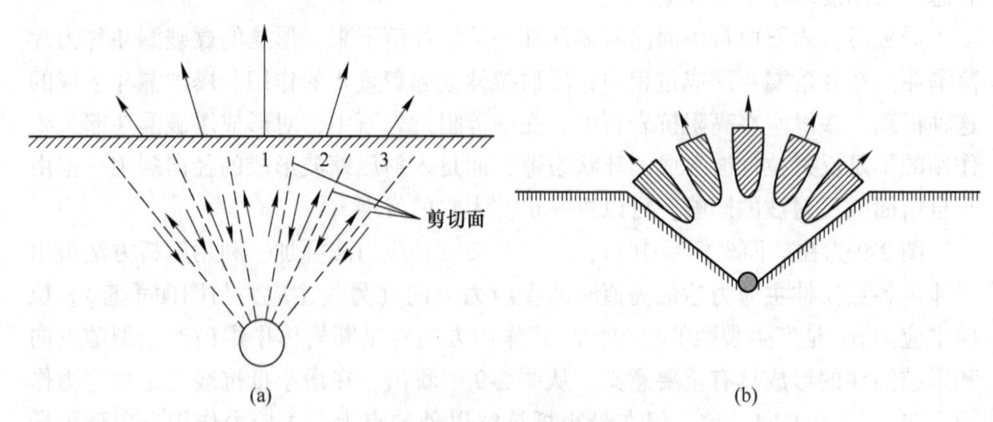

图 2-10　爆轰气体剪力破坏作用

（a）剪应力作用；（b）爆轰气体膨胀推力破坏

1—最小抵抗线方向；2—与最小抵抗线成一定角度方向；3—爆破漏斗边缘方向

2.3　爆炸荷载与介质相互作用分析

爆炸载荷的特点可用短脉冲、强载荷来概括，也就是说爆炸载荷强度很高，作用时间很短，载荷随时间变化的极为迅速，在瞬间就达到峰值，随即在很短时

间内衰减。例如，炸药在固体表面爆炸时的压力，可在几微秒内突然上升到10GPa量级，持续时间也不过毫秒量级。

介质在爆炸载荷作用下，它们之间的作用是互相影响、互相制约的过程，爆炸载荷使介质变形、运动、甚至破坏。而介质变形、运动又反过来改变爆炸载荷的强度、波形等。这与静载荷有显著的不同，主要表现在如下几个方面。

2.3.1 爆炸荷载强度随介质特性变化

同样的爆炸载荷作用于不同的介质，将产生不同的载荷强度。例如，同样TNT药包在钢板上爆炸时，接触压力是25GPa；在水面上爆炸时，接触压力是13GPa；而在空气中爆炸时，接触压力只有1GPa。

根据式（2-19）用声波速度 c_P 代替式中的 D，用极限质点速度 u_t 代替式中的 u，则有：

$$u_t = \frac{c_P - a}{b} \tag{2-45}$$

式中 u_t——岩石质点的极限速度，m/s；

c_P——岩石中的纵波波速，m/s；

a——岩石中的波常数，由试验确定，m/s；

b——试验确定的常数。

同理，根据式（2-22）用极限质点速度 u_t 代替式中 u_2，那么介质中应力波的极限应力 P_t 为：

$$P_t = \rho_m c_P u_t \tag{2-46}$$

式中 P_t——岩石中应力波的极限应力，Pa；

ρ_m——岩石的初始密度，kg/m³；

c_P——岩石中的纵波波速，m/s；

u_t——岩石质点的极限速度，m/s。

应用式（2-45）与式（2-46）计算材料的极限速度 u_t 和极限压力 P_t，见表2-2，可见随着介质的不同，其产生的爆炸应力波极限压力值差别很大。

表2-2 某些材料极限速度和极限应力值

岩石名称	密度 /g·cm^{-3}	a/mm·μs^{-1}	b	c_P/mm·μs^{-1}	u_t/mm·μs^{-1}	P_t/GPa
花岗岩	2.63	2.10	1.63	5.60	2.15	31.62
大理岩	2.70	4.00	1.32	6.40	1.82	31.41
石灰岩	2.60	3.50	1.43	5.60	1.47	21.38
铁	7.84	3.80	1.12	5.90	1.30	59.00
有机玻璃	1.18	2.75	1.30	3.05	0.25	0.80

2.3.2　爆炸荷载的局部效应与整体效应

当爆炸载荷作用于介质时，开始时刻只有受载荷作用部位介质发生变形运动，接着载荷传递给邻近的介质，使之也发生变形运动。在爆炸载荷传递过程中，爆炸载荷使介质产生局部运动、变形和破坏等称为局部效应。局部效应典型的例子是局部破坏，如层裂效应和角裂效应。图 2-11 为混凝土杆爆炸层裂试验布置和试验结果。一根混凝土杆水平放置，其一端设置一个小炸药包，当炸药包引爆后，紧靠炸药包一端的混凝土杆被炸得粉碎，另一端被炸成几段，而中间部分几乎不受到破坏。但若将混凝土杆放在压力机上进行静载压缩实验，则混凝土杆不是发生失稳破坏而折断，就是发生剪切破坏，出现与混凝土杆轴线斜交断裂。

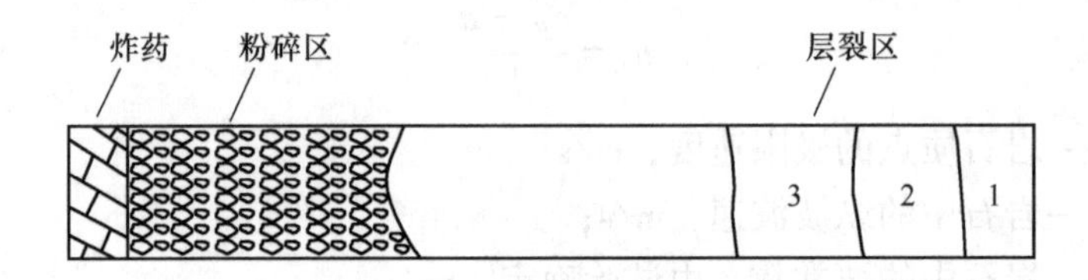

图 2-11　混凝土杆的层裂现象

1—第 1 次拉裂区；2—第 2 次拉裂区；3—第 3 次拉裂区

图 2-12 为中间带有圆孔的方形筒爆炸角裂试验布置和试验结果。若在方形筒内部圆孔中装上炸药，炸药引爆后筒壁将发生如图 2-12 所示形状破裂。但若向该圆孔内慢慢充入高压液体，使它胀破，其破裂之处显然要发生在筒壁的最薄弱处 *AB* 线上，而不会像炸药爆炸那样发生在 *CD* 线上。

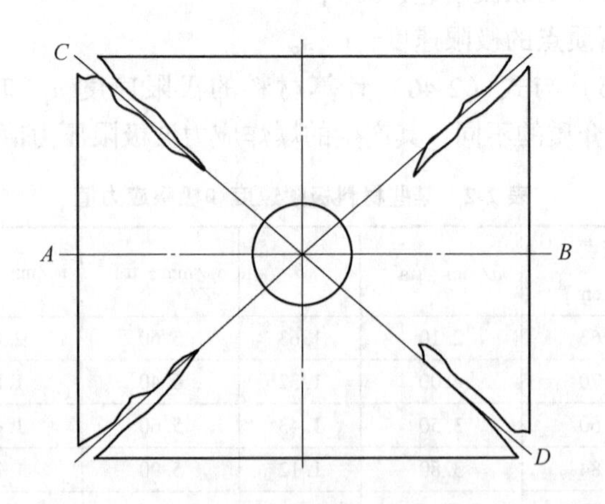

图 2-12　带槽截面圆筒破裂现象

爆炸载荷整体效应是指爆炸载荷作用于结构物一段时间后，结构物的整体反应（如结构物的整体变形、位移和振动）。例如，一根悬臂梁其上部受到均布爆炸载荷，最初只有梁的上部感受到载荷，然后载荷传到梁的底部，又由梁的底部返回到梁的上部，再向梁的底部传递，这样载荷通过多次反复传递，使整根梁产生的位移和振动，即使载荷撤离后，因惯性作用，梁的振动还将持续。在这种情况下，爆炸载荷从梁的上部传到底部的传递时间，与载荷持续时间相比是很短的。通常我们不考虑载荷传递过程，而只考虑梁的整体位移和振动，即只考虑爆炸载荷整体效应。

2.3.3 材料力学性质随爆炸荷载变化

在爆炸载荷作用下，材料的应力应变曲线（本构关系）与加载速度有关，材料的屈服强度和断裂强度以及弹性模量都将提高，而且加载速度越快强度变化越多。例如，在爆炸载荷作用下，岩石材料抗压强度可提高 10 倍左右，抗拉强度可提高 2 倍左右。当爆炸载荷比固体材料屈服强度高得多时，固体材料将失去抗剪能力呈现出流体的性质。

2.3.3.1 动态抗压强度

若向外运动的应变峰值超过动压应变，则在紧靠装药周围形成一圈强烈压碎带。通过晶粒间构造的坍塌，压碎发生在体积压缩的时期。在压碎带的过分的破碎是与应变波很高的衰降速度相联系的；多孔性岩石在距炮孔为半径的 2 倍处被吸收的应变波能量（strain energy）不小于 80%。如此大量集中的能量仅仅造成一个略大于炮孔的一圈环形粉碎圈，估计至少要多浪费 30%的能量。从而说明了现场确定动压缩强度的重要性。使炸药在炮孔壁上产生应变峰值，等于（但不超过）岩石的动压缩破裂强度应该是朝向最优爆破的发展方向。

一般认为，增加加载的应力率或应变率，或改变试样的形状，并不改变岩石破裂的基本模型，且初始断裂的起始点是相同的，即如图 2-13 所示。岩石的单轴抗压强度 σ_c 值不会因动静载而产生较大变动。但动载条件下的应力应变关系曲线的弹性模量较大，*BC* 段对应的应变较小。当应变率较高时，起始部分裂纹未被闭合，因而直接进入弹性段，如图 2-14 所示。

阿特维尔（Attewelll）和莱因哈特（Rinehart）等早期的研究就已表明：岩石动态强度随加载速率的增加而增加，如图 2-15 所示。奥尔松（Olsson）进行了常温下应变率从 $10^{-6}\sim10^{4}s^{-1}$ 的凝灰岩单轴压缩试验，$10^{-6}\sim4s^{-1}$ 应变率段的试验是在刚性伺服压力机上完成的，而 $130\sim1000s^{-1}$ 应变率段试验是在霍普金森压杆上进行的。试验结果表明：应变率小于某一临界值时，强度随应变速率的增长较小，当应变速率大于该值时，强度迅速增加。许多研究者在很早以前也得出了类似的结果。

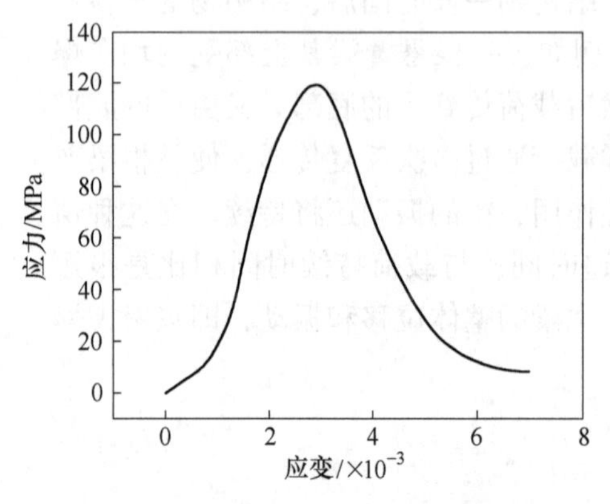

图 2-13　大理岩的全应力-应变曲线

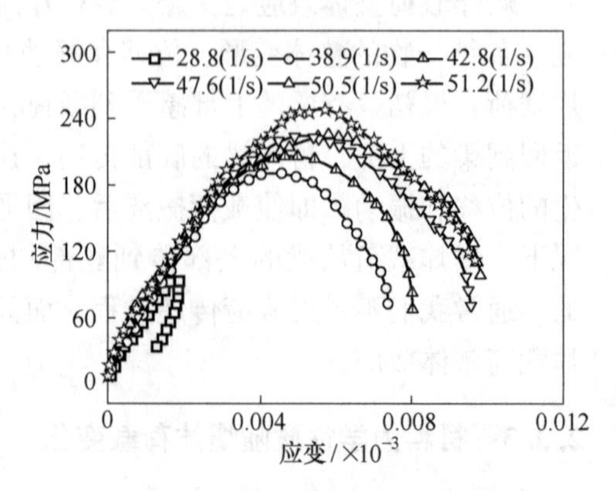

图 2-14　花岗岩的动态应力-应变关系

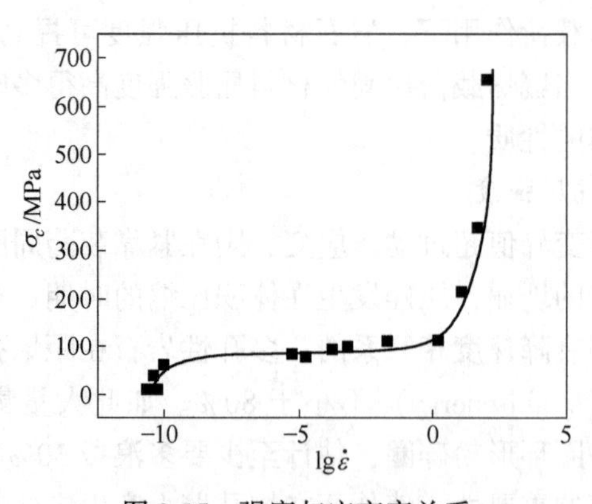

图 2-15　强度与应变率关系

苏联的早期研究也表明，岩石的动载抗压强度与应变率的关系，遵循如下关系：

$$\sigma_{cd} = \sigma_c e^{q\dot{\varepsilon}} \tag{2-47}$$

式中　σ_{cd}——动态单轴抗压强度，Pa；

σ_c——静态单轴抗压强度，Pa；

q——应力应变曲线直线段的正切值；

$\dot{\varepsilon}$——压应变速率，s^{-1}。

2.3.3.2　动态抗拉强度

当应变波的波头经过时，装药孔的圆筒形岩石外壳就受到强烈的径向压缩与切线拉伸应变作用。若这些应变超过动拉伸破裂应变，就开始产生裂缝。于是，围绕压碎带的紧邻区域就形成径向密集裂缝带，径向裂缝的数目与长度，随下列因素而增加：

（1）在炮孔或压碎带边界的应变峰值的增加。

（2）动拉伸破裂应变与岩石中的应变能的衰降率都减少。

这种密集径向裂缝带的边界外为较宽的裂缝带。这些围绕炮孔对称地分布的都是内圈裂缝的延伸。虽然波的拉伸应力已经降低到产生新裂缝的临界值以下，但仍足以使已经存在的裂缝发生扩展。只要切应力拉伸相尚未完全地为较慢的扩展中的裂缝所超过，裂缝的扩展就可能发生。裂缝扩展与原来存在的裂缝的长度之间略呈线性关系。

当压应力波冲击岩石中的一个自由面或敞开式节理，就发生反射拉伸波。如果，反射波的拉伸应力尚足够大，则拉伸剥落就从有效的自由面发生或连续发生。持续时间与动态抗拉强度关系，动态抗拉强度与应变率关系，见式（2-48）。

$$\sigma_{td} = 4.78\dot{\varepsilon}^{0.333} \tag{2-48}$$

式中 σ_{td}——动态抗拉强度，Pa；

$\dot{\varepsilon}$——压应变速率，s^{-1}。

2.3.3.3 动泊松比

根据岩石的弹性常数，岩石在爆破过程中的破坏性质可能从脆性变为塑性，具有最低泊松比 ν 的岩石是通过脆性过程立即破坏的；高泊松比的岩石主要是通过塑性变形而破坏。潮湿的黏土或其他类似物质的 ν 接近它的理论极限值的 0.5 倍。对于相对干燥的黏性物质，ν 可能为 0.4 左右，而干燥与高度风化物质的 ν 值约为 0.15。对于大部分岩石类型物质的 ν 值约在 0.2~0.3 范围内。

把材料严格地按正常的塑性或脆性的表现来划分，容易引起误解。破坏的性质决定于加载速度。在高加载速度下，甚至正常塑性变形亦可引起脆性破坏。例如，沥青慢慢地变形流动如流体，但以锤突击亦可引起脆性破坏。另一方面，某些塑性材料若加以刻痕，亦表现为脆性。至于最脆性的材料，亦可在高静压下发生显著的形变。坚硬如花岗岩、ν 显示出与局限压力和加载速度之间，有一定的函数关系。静与动 ν 值都随局限压力而增加。在大多数的局限压力下，动泊松比小于静泊松比 ν。

由于岩石一般都是各向异性与非均质体，量测出的 ν 值变化很大，含水分，岩石的构造与空隙对于确定泊松比起到重要作用。即使是各向同性亦是如此。为了达到较好的破碎，当泊松比 ν 在 0.2~0.5 范围内下降时，炸药的爆轰速度（VOD）与孔壁压力峰值必须增加，动态泊松比，见式（2-49）。

$$\nu_d = \frac{c_P^2 - 2c_S^2}{2(c_P^2 - c_S^2)} \tag{2-49}$$

式中 ν_d——动态泊松比；

c_P——纵波波速，m/s；

c_s——横波波速，m/s。

2.3.3.4　弹性模量

静态与动态弹性模量随局限压力而增加。甚至在几百兆帕中等压力下，某些岩石的动弹性模量可能比静模量大 20%。岩石的敞开裂缝与空隙的有效弹性模量小于它的固有模量。

2.3.3.5　内摩擦

与爆破产生的应变波相联系的某些能量转化为热。这种内摩擦表现为岩石对应变波的衰减能力。根据岩石的类型，内摩擦变化相当大，它随岩石的孔隙率、渗透性以及节理而增加。当应变波越过断层或剪切带时，衰减率增加相当大；平行于基岩的内摩擦约为垂直于基岩的一半。若孔隙中充满水并在其中引起最大压力，当应变波通过时比其中充满气体的大数倍。含水量增加，降低了内摩擦，有可能改善破碎。

应变波引起的破裂的重要性随内摩擦减少而增加。所以，在块状岩体中，破裂随内摩擦的增加而减少。在层状岩石中显示出，许多自然裂缝与弱面的稠密的网络消耗了许多应变能，从而岩石的破碎就几乎完全依靠炸药的气泡能。不足之处是大多数的内摩擦值，都是利用岩芯在实验室测出的。在爆破岩石的抵抗中，就地确定应变波的衰降可能为岩石对应变波的破裂机理的敏感度，提供比较准确的指标。

2.3.4　材料介质的惯性作用

在处理爆炸载荷时，必须考虑介质惯性。这是因为在静力学问题中，我们是在较长的时间尺度内研究物体受力后的平衡状态，忽略了介质的惯性，认为载荷的传递过程是瞬间完成的，这只是在载荷强度随时间变化不显著的时候才是允许和正确的。但对于爆炸载荷，其强度随时间变化是极其强烈的，而且往往载荷前沿才传播了一小段距离，载荷已作用完毕。在这种情况下，介质的惯性不能忽略，必须考虑载荷的传递时间。一般情况下，若载荷作用时间与扰动从被研究物的一端传到另一端所需要的时间相比，是同一数量级甚至是更小数量级，就必须考虑介质的惯性和载荷的传播过程，即波的传播过程。此外，爆炸作用过程极短，通常可把爆炸载荷作用过程看作是绝热过程。

2.4　爆炸荷载特征与试样构型尺寸相关性分析

2.4.1　爆炸荷载的曲线特征

一般分析爆炸动荷载特点时，要考虑其作用的时间长短，并且将其分为上升沿与下降沿时间。爆炸荷载从零阶跃至其峰值的时间 t_f^+，称为上升沿时间。其从峰值迅速下降直至为零的时间 t_f^-，称为下降沿时间。通过大量的实验观测爆炸荷载的应力上升沿时间 t_f^+，一般要小于下降沿时间 t_f^-。随着爆炸应力波远离爆源，爆炸应力波逐渐衰减，并直至衰减为地震波，此时二者的时间大体上相等。爆炸应力波的总作用时间 t_s，为其上升沿时间与下降沿时间之和。爆炸应力波的波速与总作用时间的乘积称为爆炸应力波的波长。波长 λ 的计算公式，由式（2-50）确定。

$$\lambda = c_P t_s \tag{2-50}$$

式中 λ——纵波波长；

c_P——纵波波速；

t_s——爆炸荷载作用时间，s。

岩石介质的性质、炸药的装药量、传播的距离等，都会影响上升沿时间与作用时间。它们之间的经验关系，由式（2-51）、式（2-52）描述。

$$t_f^+ = \frac{12}{K}\sqrt{\bar{r}^{2-\nu}}\,q_b^{0.05} \tag{2-51}$$

式中 t_f^+——爆炸应力波上升沿时间，s；

K——岩石体积模量，Pa；

$\bar{r}$——比例距离，$\bar{r} = r/r_b$；

ν——岩石泊松比；

q_b——炮孔装药量，kg。

$$t_s = \frac{84}{K}\sqrt[3]{\bar{r}^{2-\nu}}\,q_b^{0.2} \tag{2-52}$$

式中 t_s——爆炸荷载作用时间，s；

K——岩石体积模量，Pa；

ν——岩石泊松比；

q_b——炮孔装药量，kg；

$\bar{r}$——比例距离，$\bar{r} = r/r_b$。

夏普（Sharpe）基于弹性应力波理论，通过数值与理论分析得出了爆炸压力随时间呈单指数衰减关系，见公式（2-27）。但是，这种函数关系很难控制 t_f^- 值。因此，大量学者在单指数公式的基础上进行了修正，提出了双指数衰减式（2-53）。

$$P = P_2\xi(e^{-\alpha t} - e^{-\beta t}) \tag{2-53}$$

式中 P——岩石中应力波衰减压力值，Pa；

P_2——岩石中应力波的最大初始压力，Pa；

ξ，α，β——常数；

t——应力波衰减时间，s。

其中，$\xi = 1/(e^{-\alpha t_f^+} - e^{-\beta t_f^+})$，$t_f^+ = [1/(\beta - \alpha)\ln(\beta/\alpha)]$。通过调整 t_f^+、α、β 的值，由式（2-53）可以得到不同上升沿时间 t_f^+，相同的 t_f^- 值的爆炸荷载曲线特征，如图 2-16 所示。

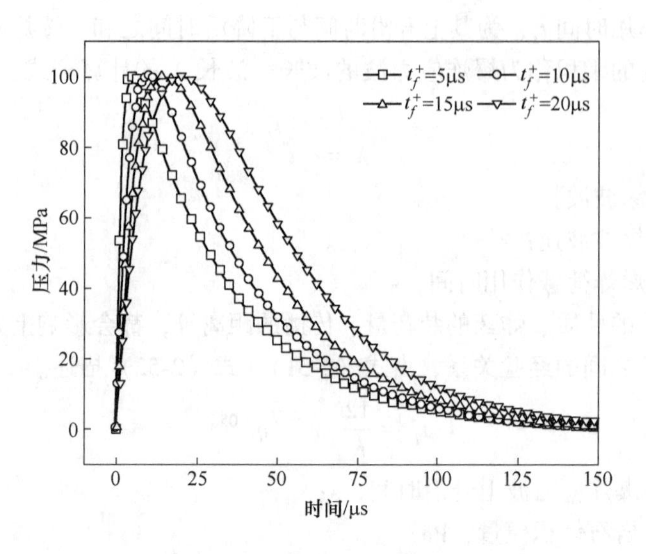

图 2-16　不同上升沿时间爆炸荷载曲线

易长平与马国伟利用式（2-53）模拟在相同压力峰值时，通过所得到的荷载，加载到岩石的炮孔中，得到了岩石的破裂模式与其加载率显著相关。

综合以上分析可知：爆炸荷载快速变化产生的根源是化学爆炸的快速反应区的出现，其反应速度约 0.1μs，化学反应区厚度约为 1mm。反应区使爆炸荷载，产生了与其他动态荷载不一样的特征：快速的上升沿时间 t_f^+，缓慢的下降沿时间 t_f^-，且 t_f^+ 一般小于 t_f^-，二者的值的大小受传播介质的物理性质、炸药量的大小及传播距离影响。研究表明，上升沿时间 t_f^+ 值的大小，直接影响了爆炸荷载的加载率大小，完整岩体受爆炸荷载作用时，其破裂模式与其 t_f^+ 值的大小密切相关。

2.4.2　爆炸荷载与试样构型尺寸相关性分析

通过式（2-53）根据本章参考文献[31]取参数 $t_f^+ = \mu s$，$P_2 = 328MPa$，$\alpha = 0.1622$，$\beta = 0.2433$ 可得如图 2-17 所示曲线，将曲线时间轴按照设计构型 $2a = 11.8mm$ 进行归一化处理。根据图 1-15 中的构型，选择可达到最高加载率的 SCDC 模型与设计模型进行荷载相关性比较，根据本章参考文献[33]选择 SCDC 模型的尺寸参数与荷载曲线，并同理将其荷载曲线时间轴与裂纹长度进行归一化处理，如图 2-18 所示。

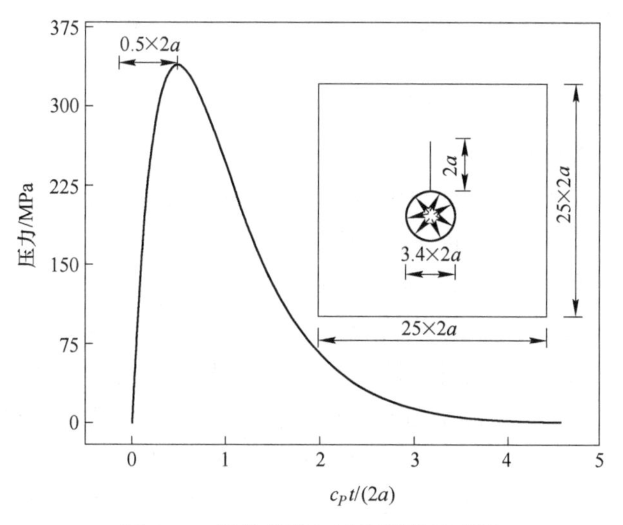

图 2-17 爆炸荷载与试样模型尺寸图

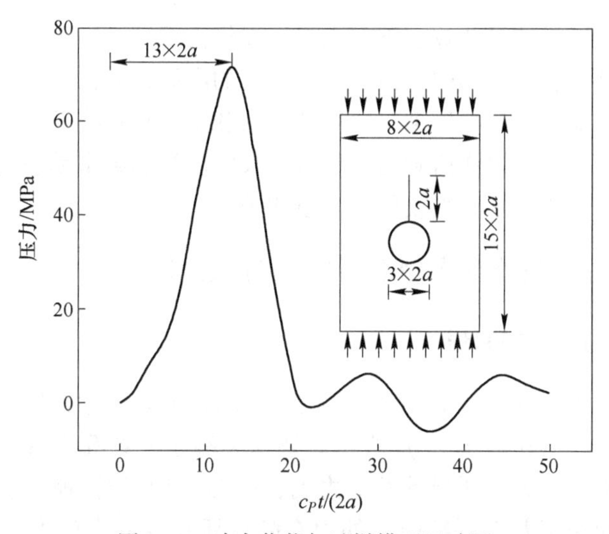

图 2-18 冲击荷载与试样模型尺寸图

由图 2-17 知，爆炸荷载从零到 $c_P t_{fb}^{+}/(2a) = 0.5$ 时，便到达峰值，爆破应力波波阵面还未到达裂纹尖端；而根据图 2-18，冲击荷载则需要 $c_P t_{fs}^{+}/(2a) = 13$ 时才能到达峰值。此时，冲击荷载的波阵面却已经到达试样边界，满足霍普金森压杆试样中应力均匀的要求。因此，与冲击荷载相比爆炸荷载具有以下几点特征。

2.4.2.1 加载试样无法达到应力均匀

相对于爆炸荷载的加载率而言，霍普金森压杆的这种冲击荷载是一个相对“缓慢”的加载过程，正是在这个“缓慢”的加载过程，使得试样逐步到达应力均匀，而爆炸荷载的这种“快速”加载方式，使得试样中的应力无法达到应力均匀的效果。

2.4.2.2 裂纹长度上会出现加载卸载过程

由于两个荷载的上升沿时间 t_f^+ 的显著不同，对于固定长度裂纹，爆炸荷载会在裂纹面上有几个来回，甚至更多的加载与卸载过程。而冲击荷载，则呈现出“缓慢”加载，很难看到甚至不能看到这样的加载卸载过程。

2.4.2.3 裂纹的几何尺寸敏感性强

相对于冲击荷载而言，爆炸荷载的上升沿时间 t_f^+ 对裂纹长度更加敏感。由于爆炸荷载的 t_f^+ 极短，只要稍微增加一点裂纹长度，便会在裂纹面上形成更多加载与卸载过程。而对于冲击荷载，由于其 t_f^+ 值较大，需要将裂纹长度增加非常长时，才会在裂纹面上形成加载与卸载过程，从图 2-18 知，裂纹长度 $2a=260$mm，才能达到爆炸荷载在裂纹面加载与卸载的过程。这样就需要把试样做得更大才行，这显然有着现实的困难。

综合以上分析可知：在含有预制裂纹这种裂隙岩体之中，爆炸荷载与冲击荷载作用下，岩体试样的尺寸效应不可忽视，爆炸荷载尤为突出。特别是在动态断裂力学性能测试的岩石试样中，由于冲击平台的限制，如霍普金森压杆尺寸大小限制，其试样主要为小尺寸构型，使得冲击荷载这种较长波长的动态荷载尺寸相关性不是非常明显。而爆炸荷载这种较短波长的超高加载率动态荷载，不但与试样的尺寸相关，而且与预制裂纹的尺寸也相关。

2.5 爆炸应力波在预制 I 型裂缝面的特征分析

2.5.1 爆炸应力场叠加原理

在复杂外力 P 作用下，如图 2-19（a）所示，可以通过叠加原理分解为两个应力场，如图 2-19（b）与（c）所示。裂纹尖端应力场等于没有外力作用在裂纹面上，作用着内应力 T 所导致的应力场，如图 2-19（b）所示。与没有裂纹时裂纹面上，反向作用着无裂纹时，外力在裂纹所在处的内应力 T 所导致的应力场，如图 2-19（c）所示之和。因此，本章的研究问题可以分解为如图 2-19 所示的应力场叠加。图 2-19（b）可以根据弹性力学进行求解，图 2-19（c）其实就是兰姆（Lamb）研究的法向任意线荷载，在半空空间产生的瞬态波问题。

2.5.2 首波的概念

兰姆研究了包括法向线荷载在半空空间产生的瞬态波的研究，以及对于一个随时间任意变化的线荷载式（2-54）。

$$\tau_y = -Q\delta(x)f(t) \tag{2-54}$$

式中 τ_y——任意线荷载引起的应力，Pa；

$f(t)$——任意线荷载，Pa；

Q——函数的系数；

$\delta(x)$——狄拉克函数。

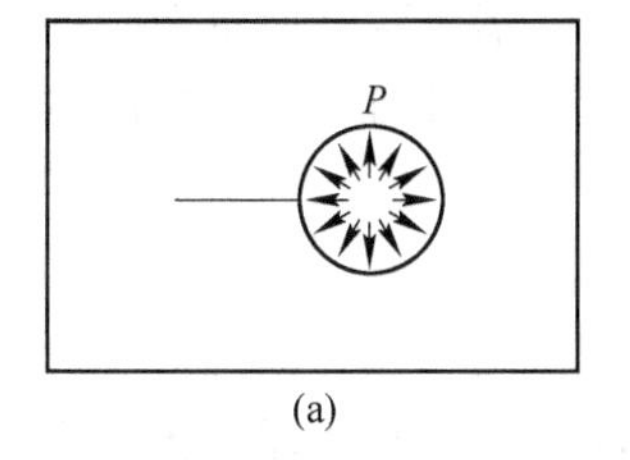

=

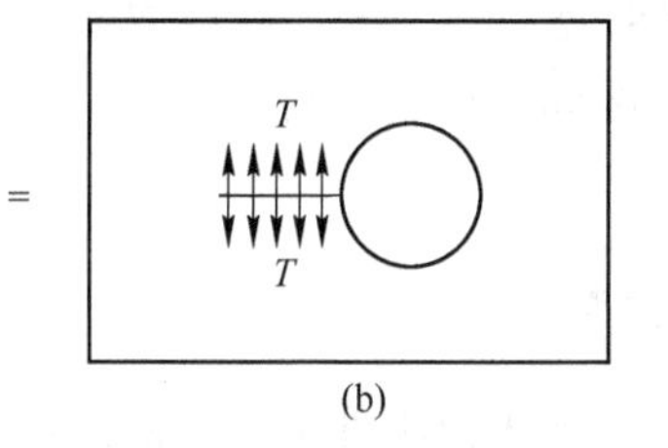

+

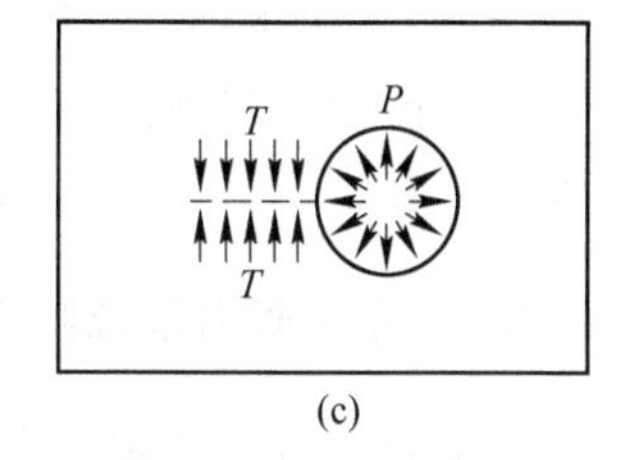

(a) (b) (c)

图 2-19 应力场叠加示意图

(a) 外力 P 作用下受力示意图；(b) 裂纹面上内应力 T 形成的应力场；

(c) 裂纹面反向内应力 T 与外力 P 共同作用的应力场

鉴于问题关于 $x=0$ 的对称性，只用考虑 $x\geqslant0$ 范围，其结果为式（2-55），其波阵面相对关系与样式，如图 2-20 所示。

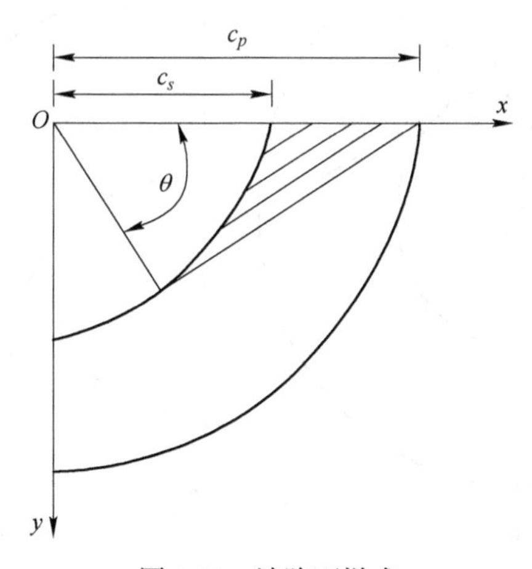

图 2-20 波阵面样式

兰姆通过拉普拉斯变换，给出了半空间表面处场的解，求解出了由振幅为 $Qf(t)$ 的线荷载作用引起的应力 $\tau_y=(x, y, t)$ 的表达式（2-55）。

$$\tau_y=(x, y, t)=-Q[(\tau_y)_L+(\tau_y)_{TL}+(\tau_y)_T] \tag{2-55}$$

式中 τ_y——任意线荷载引起的应力，Pa；

Q——函数的系数；

$(\tau_y)_L$，$(\tau_y)_{TL}$，$(\tau_y)_T$——不同时间范围函数。

分析在 $x\geqslant0$ 时波阵面的样式可知，在线荷载作用时间 t 之后，式（2-55）第

一项产生 $r=c_Pt$ 范围内的扰动，在 $0 \leqslant \theta \leqslant \cos^{-1}(S_P/S_T)$ 范围内，第二项产生在阴影区内的扰动。阴影区内的波运动叫做“首波”，它们之所以产生，是由于纵波不能满足自由表面零应力的边界条件。在位置（x，y），首波波阵面的到达时间，相当于纵波以速度 c_p 走过距离 $x-y[(S_T/S_P)^2-1]^{-1/2}$ 和横波以速度 c_s 走过的另外一段距离 $y[1-(S_P/S_T)^2]^{-1/2}$，即首波波阵面以沿图 2-20 所示斜线的裂纹面传播，波阵面与纵波在同一位置，另一部分与横波波阵面相切位于横波波阵面上面。

2.5.3　爆炸应力波波阵面关系

爆炸应力波在裂纹面上产生入射纵波 1，以波速 c_P 向裂纹尖端传播，入射横波 2 以波速 c_s 向裂纹尖端传播，以及纵波与横波之间的“首波”，以及横波与纵波以一定角度入射到裂纹自由面时，产生全反射并发生相互间的干涉，在自由表面附近形成不均匀的面波，各波的波阵面关系图，如图 2-21 所示。

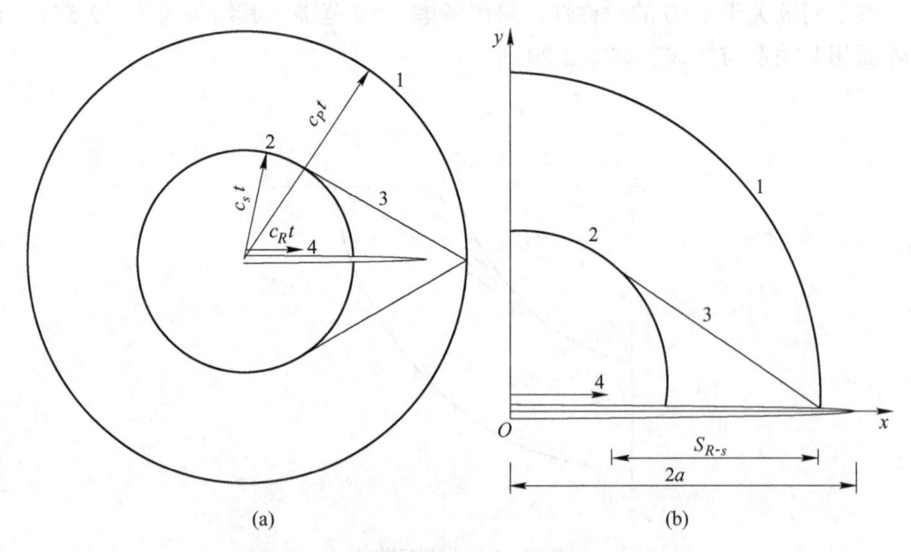

图 2-21　裂纹面上应力波波阵面关系图

（a）裂纹面上波阵面位置图；（b）面波与首波波阵面位置关系

1—入射纵波；2—入射横波；3—首波；4—面波

2.5.4　面波与首波波阵面叠加关系

裂纹的存在将爆炸应力波分成了两部分传播，裂纹上表面传播与裂纹下表面传播，由于构型的对称性爆炸应力波在裂纹面上传播也是对称的。因此，只取其一半分析，如图 2-21（b）所示。

由其波阵面的空间关系易知，当面波到达裂纹尖端时，面波与首波波阵面的距离$S_{R\text{-}s}$与裂纹长度$2a$关系为式（2-56）。

$$S_{R-s}=\frac{2a}{c_R}c_P-2a=2a\frac{c_P-c_R}{c_R} \tag{2-56}$$

式中 S_{R-s}——面波与首波波阵面距离，m；

a——裂纹半长，m；

c_P——纵波波速，m/s；

c_R——横波波速，m/s。

由式（2-56）可知，随着预制裂长度$2a$的增加，面波与首波波阵面距离持续增加，如图2-22所示。显示S_{R-s}的距离大小会明显影响裂纹尖端波强叠加的大小。同时，由于首波具有纵波特征，其会迅速衰减，而面波衰减较慢，这样会使得裂纹尖端处首波与面波形成不同程度的叠加，且随着时间的增加面波会在裂纹尖端起主导作用。

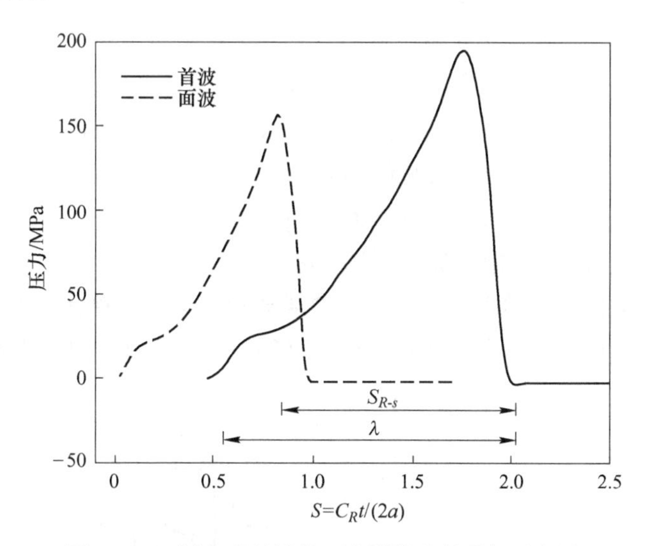

图2-22 面波与首波波阵面在裂纹尖端叠加示意图

综合以上分析可知，炸药在岩石中爆炸后由于其高压作用，岩体中不同位置所受到的爆炸压力不同，在岩石介质中分别产生了冲击波、变波速的冲击波、亚声速冲击波、双波结构的塑性波、固定波速的弹性波。因此，为使研究的问题单一化，即只考虑固定波速的弹性波，我们可以通过调整炸药量、加载孔径的大小以及耦合介质的性质等方式，来达到只在岩石介质中产生弹性波，在耦合介质中产生其他变波速爆炸波的目的。通过对爆炸应力场的分解，简化问题为无裂纹的爆炸荷载作用与有裂纹的裂纹面内部线荷载作用之和，分析了爆炸应力波在裂纹面产生各类波的波阵面空间关系。同时引入了首波概念，指出了裂纹面上使裂纹产生张开位移为爆炸首波与面波，由于波速差的原因，首波与面波随着裂纹长度的变化，会在裂纹尖端形成不同程度的叠加。

2.5.5 裂纹尖端应力场与位移场分析

当弹性体受到多个荷载作用时，介质中的任意一点的应力场和位移场满足叠加原理。当爆炸荷载在裂隙岩体中产生的爆炸应力波传播到裂纹尖端时，裂纹尖端的应力场，由爆炸应力波在完整岩体中引起的应力场与裂纹尖端的散射波场相互叠加形成。因此，入射爆炸应力波 P 与 S 波将在裂纹尖端产生应力场 $\sigma_{ij}^{i}(x, y, t)$，位移场 $u_{ij}^{i}(x, y, t)$ 与裂纹尖端散射波引起的应力场 $\sigma_{ij}^{k}(x, y, t)$，位移场 $u_{ij}^{k}(x, y, t)$ 两部分构成，入射爆炸应力波 P 与 S 波在裂纹尖端处形成的应力场 $\sigma_{ij}(x, y, t)$，位移场 $u_{ij}(x, y, t)$ 可以表示为式（2-57）与式（2-58）。

$$\sigma_{ij}(x, y, t) = \sigma_{ij}^{i}(x, y, t) + \sigma_{ij}^{k}(x, y, t) \tag{2-57}$$

式中 $\sigma_{ij}(x, y, t)$——裂纹尖端应力场，Pa；

$\sigma_{ij}^{i}(x, y, t)$——入射波应力场，Pa；

$\sigma_{ij}^{k}(x, y, t)$——散射波应力场，Pa。

$$u_{ij}(x, y, t) = u_{ij}^{i}(x, y, t) + u_{ij}^{k}(x, y, t) \tag{2-58}$$

式中 $u_{ij}(x, y, t)$——裂纹尖端位移场，m；

$u_{ij}^{i}(x, y, t)$——入射波位移场，m；

$u_{ij}^{k}(x, y, t)$——散射波位移场，m。

在弹性力学数学力学理论中，裂纹尖端坐标轴与裂尖单元，如图 2-23 所示。裂纹尖端的应力场与位移场表达式，如式（2-59）与式（2-60）所示。

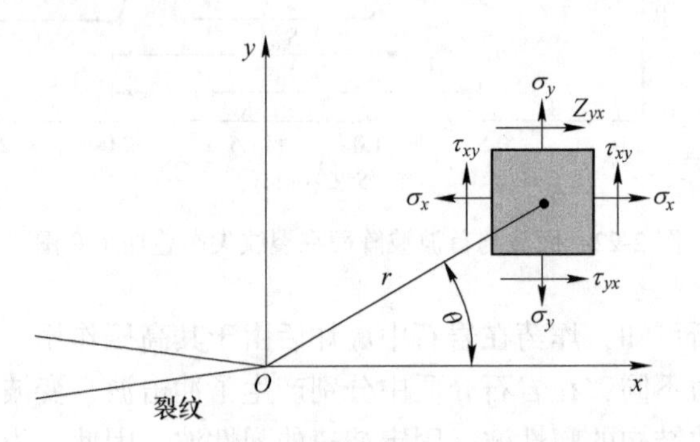

图 2-23 裂纹顶端与坐标系

因此，如果知道裂纹尖端的应力或者位移，便可以通过回推的方法求解出其应力强度因子。式（2-59）与式（2-60）表明裂纹附近的应力场与极坐标径向距离 r 的关系都是 $r^{-1/2}$ 函数形式，当 $r \to 0$，裂纹尖端所有应力分量$\to \infty$，说明裂纹顶端区域应力场具有 $r^{-1/2}$ 阶奇异性，裂纹应力场的大小完全取决于 K_{I}。它是裂纹尖端应力场强度的唯一物理量，当可见 $\theta \to 0$，$\sigma_x = \sigma_y = K_{\mathrm{I}}(2\pi r)^{1/2} \to \sigma_x = \sigma_y = K_{\mathrm{I}}(2\pi r)^{-1/2}$ 在外加拉应力作用下 σ，裂尖前方处会出现两向高强度拉应力状态，将促进材料脆性破坏。

$$\begin{cases} \sigma_x = \dfrac{K_{\mathrm{I}}}{\sqrt{2\pi r}} \cos\dfrac{\theta}{2}\left(1 - \sin\dfrac{\theta}{2}\sin\dfrac{3\theta}{2}\right) \\ \sigma_y = \dfrac{K_{\mathrm{I}}}{\sqrt{2\pi r}} \cos\dfrac{\theta}{2}\left(1 + \sin\dfrac{\theta}{2}\sin\dfrac{3\theta}{2}\right) \\ \tau_{xy} = \dfrac{K_{\mathrm{I}}}{\sqrt{2\pi r}} \cos\dfrac{\theta}{2}\sin\dfrac{\theta}{2}\cos\dfrac{3\theta}{2} \end{cases} \tag{2-59}$$

式中 σ_x——x 方向的应力，Pa；
σ_y——y 方向的应力，Pa；
τ_{xy}——剪切应力，Pa；
K_{I}——强度因子，$\mathrm{Pa \cdot m^{1/2}}$。
r——距离裂纹尖端距离，m；
θ——与水平轴夹角，(°)。

$$\begin{cases} u_x = \dfrac{K_{\mathrm{I}}}{E}(1 + \nu)\sqrt{\dfrac{r}{2\pi}} \cos\dfrac{\theta}{2}(\kappa - \cos\theta) \\ u_y = \dfrac{K_{\mathrm{I}}}{E}(1 + \nu)\sqrt{\dfrac{r}{2\pi}} \sin\dfrac{\theta}{2}(\kappa - \cos\theta) \end{cases} \tag{2-60}$$

式中 u_x——x 方向的位移，m；
u_y——y 方向的位移，m；
E——弹性模量，Pa；
K_{I}——强度因子，$\mathrm{Pa \cdot m^{1/2}}$。
r——距离裂纹尖端距离，m；
θ——与水平轴夹角，(°)；
κ——平面应变与应力系数；
ν——泊松比。

$$\kappa = \begin{cases} 3 - 4\nu & \text{对平面应变情形} \\ \dfrac{3 - \nu}{1 + \nu} & \text{对平面应力情形} \end{cases} \tag{2-61}$$

式中 κ——平面应变与应力系数；
ν——泊松比。

2.5.6 爆炸应力波引起裂纹面的速度场数值模拟

由于模型为Ⅰ型构型，P 波的传播方向与裂纹面平行，以裂尖为中心对称地压缩裂纹面，并不能使裂纹面产生张开的位移，P 波与 S 波之间的首波以及裂纹面上的面波都使裂纹面上产生了垂直速度，使裂纹产生了张开位移。在Ⅰ型裂纹扩展问题中，裂纹尖端的张开位移，表示前缘邻域因裂纹存在，而产生的位移间断的强弱程度，其可以作为衡量裂纹扩展能量的参数常用 δ 表示。

因此，本小节利用 AUTODYN 软件，对图 1-1 预制裂纹长度 $2a=35.3$mm 模型进行数值模拟分析，详细尺寸参数见 6.3.1 章节，其裂纹面上的速度场与监测点的相对位移。砂岩模型的材料参数为：密度 $\rho=2163\text{kg/m}^3$，纵波速度 $c_P=2174$m/s，横波速度 $c_s=1279$m/s，动泊松比 $\nu_d=0.24$，动弹性模量 $E_d=8.74$GPa，动剪切模量 $G_d=3.54$GPa 与体积模量 $K_d=5.51$GPa，具体参数的获取过程见 6.2.1 章节。

2.5.6.1 裂纹面速度场分析

爆炸应力波在传播过程中会引起介质质点的运动，当运动速度与传播方向一致时为纵波；传播方向与介质运动方向垂直时为横波；在裂纹面上传播时为面波。因此，可以用波速云图来观察爆炸应力波在裂纹面上的波阵面特征。

由第 5 章声波测试结果可知，纵波速度 $c_P=2174$m/s，横波速度 $c_s=1279$m/s，动泊松比 $\nu_d=0.24$，根据式（3-8），可以计算出介质的面波波速 $c_R=1151$m/s。由 $2a=35.3$mm 可以计算得出各特征波到达裂纹尖端的时间 $t_P=2a/c_P=16.2\mu s$，$t_s=2a/c_s=27.6\mu s$，$t_R=2a/c_R=30.7\mu s$，由 6.3.3 章节裂纹的起裂测试可知，其起裂时间为 $t_f=37.3\mu s$。根据以上计算的爆炸应力波到达裂纹尖端的特征时间，分别绘制出其裂纹面的速度云图，如图 2-24 所示。

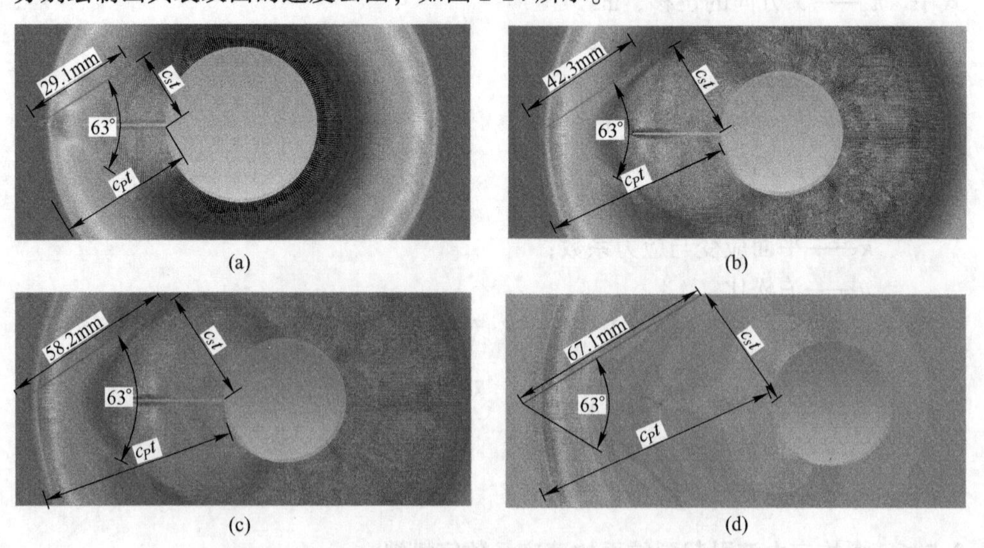

图 2-24 不同类型爆炸应力波到达裂纹尖端时速度场云图

(a) $t_P=16.2\mu s$；(b) $t_s=27.6\mu s$；(b) $t_R=30.7\mu s$；(d) $t_f=37.3\mu s$

由图 2-24 可以看出各类型的爆炸应力波波阵面，在裂纹面上的空间位置十分明显，纵波传播速度最快，已经到达裂纹尖端；横波速度较慢，引起质点的垂直与裂纹面的张开速度，使裂纹面张开。在纵波波阵面与横波波阵面之间有一条明显的叠加速度带，这条速度带就是前面章节所讲的首波波阵面，在图 2-20 中用斜线标出，由于其是关于裂纹面对称分布。因此，只标出上裂纹面速度带。由于同一种材料其纵波与横波波速为定值，因此，两条速度带形成的夹角为一定值 63°。随着爆炸应力波的向前传播速度带逐渐拉大，在各爆炸应力波到达裂纹尖端的特征时刻速度带长度分别为 29. 1mm、42. 3mm、54. 6mm、67. 1mm，这是由于纵波与横波的波速差所造成的。随着速度带的前移，首波对裂纹尖端的影响逐渐减弱，而面波的作用开始凸显，成为影响裂纹尖端应力强度因子的主要因素，即面波致使裂纹尖端起裂并扩展。显然，加载孔无裂纹面一侧并无此种规律，若增加裂纹的长度，由于横波与纵波波速差，同样也能拉大裂纹带的宽度，即控制叠加首波对裂纹尖端应力强度因子的影响。

2. 5. 6. 2 垂直裂纹面速度与位移分析

选择靠近裂纹尖端 0. 3mm 处（ $r/2a = 0.008 \ll 1$ ）的 36 号监测点，以监测点为坐标原点，垂直于裂纹面的反方向为 x 轴的正方向，沿裂纹扩展方向为 y 轴的正方向，如图 2-25 所示。

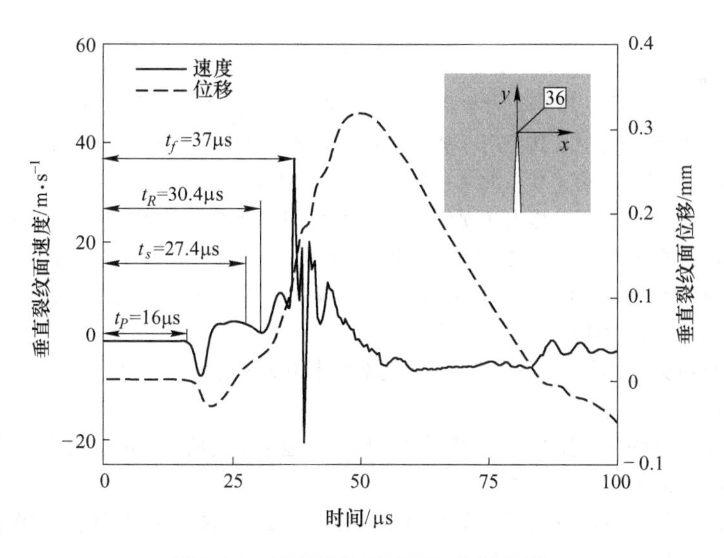

图 2-25 垂直裂纹面速度与位移曲线

对垂直与裂纹面的速度与位移时程进行监测，测点的相对位置与速度、位移随时间变化曲线，如图 2-25 所示。监测点位置的纵波到达时刻 t_P、横波到达时刻 t_s、面波到达时刻 t_R，以及起裂时刻 t_f，分别标注于速度时间曲线上，如图

2-25所示。可见当裂纹尖端起裂时，速度与位移曲线都会发生不连续的断裂信号，面波对垂直与裂纹面上的速度与位移影响明显，随着面波的到来垂直速度与位移都急速上升，一开始纵波使裂纹面闭合；随着纵波与横波的叠加，在它们之间产生了首波，首波这时速度曲线开始上升，慢慢使裂纹面发生张开位移，直到面波到来使裂纹起裂。

2.6　小结

（1）本章以爆轰波（契浦门-儒格）理论为基础，分析了爆炸荷载特征产生的机理，并对爆炸荷载的加载特征进行了对比分析，从理论上分析了爆炸荷载与测试构型的尺寸相关性。

（2）对裂纹面上产生的爆炸应力波进行了分类，由波速与应力状态的相关性指出了测试试样的裂纹需要放置在弹性区；给出了裂纹尖端的爆炸应力波的分解场，并据此引入了首波的概念，并得到了裂纹长度的变化会影响首波与面波叠加的程度这一结论。

（3）根据线弹性断裂力学理论，讨论了裂纹尖端的应力场与位移场，并针对测试构型进行了数值计算，得到首波的空间域的形态，指出裂纹起裂与扩展主要是首波与面波产生垂直与裂纹面的张开速度与位移。

参考文献

[1] Henrych J, 熊建国. 爆炸动力学及其应用［M］. 北京：科学出版社，1987.
[2] 周听清. 爆炸动力学及其应用［M］. 合肥：中国科学技术大学出版社，2001.
[3] 冯长根. 热爆炸理论［M］. 北京：科学出版社，1988.
[4] 易建坤. 凝聚相炸药爆炸火光现象的初步研究［J］. 火炸药学报，2006，29（5）：12-16.
[5] 李建军，欧育湘. 粉状乳化炸药爆炸特性的实验研究［J］. 爆破器材，1996，（5）：4-7.
[6] 张陶，惠君明，郭学永，等. 燃料空气炸药爆炸场参数的试验研究［J］. 火炸药学报，2003，26（2）：13-15.
[7] 史锐，徐更光，刘德润，等. 炸药爆炸能量的水中测试与分析［J］. 火炸药学报，2008，31（4）：1-5.
[8] 杜修力，廖维张，田志敏，等. 炸药爆炸作用下地下结构的动力响应分析［J］. 爆炸与冲击，2006，26（5）：474-480.
[9] 宇德明，冯长根，徐志胜，等. 炸药爆炸事故冲击波、热辐射和房屋倒塌的伤害效应［J］. 兵工学报，1998，19（1）：33-37.
[10] 经福谦. 实验物态方程引导［M］. 北京：科学出版社，1996.
[11] 阿肯巴赫，徐植信，洪锦如. 弹性固体中波的传播［M］. 上海：同济大学出版社，1992.
[12] 黄风雷，张宝平，张庆明. 爆轰物理学［M］. 北京：兵器工业出版社，2009.
[13] 李翼祺，马素贞. 爆炸力学［M］. 北京：科学出版社，1992.
[14] 恽寿榕，涂侯杰，梁德寿. 爆炸力学计算方法［M］. 北京：北京理工大学出版社，1995.

[15] 章冠人，陈大年．凝聚炸药起爆动力学［M］．北京：国防工业出版社，1991.
[16] 王文龙．钻眼爆破［M］．北京：煤炭工业出版社，1984.
[17] Donzé F V, Bouchez J, Magnier S A. Modeling fractures in rock blasting [J]. International Journal of Rock Mechanics and Mining Sciences, 1997, 34 (8): 1153-1163.
[18] 陈宝心，等．爆破动力学基础［M］．武汉：湖北科学技术出版社，2005.
[19] Attewell P. B. Dynamic fracturing of rocks [J]. Colliery Engineering, 1963, 40 (376): 203-210.
[20] Rinehart John S. Dynamic fracture strength of rocks [C]. Proc. 7th Symp. Rock Mech., Univ. Park, Penn, 1965: 205-208.
[21] 哈努卡耶夫．矿岩爆破物理过程［M］．北京：冶金工业出版社，1980.
[22] Zhu W C, Tang C. A. Numerical simulation of Brazilian disk rock failure under static and dynamic loading [J]. International Journal of Rock Mechanics and Mining Sciences, 2006, 43 (2): 236-252.
[23] Zhu W C. Numerical modelling of the effect of rock heterogeneity on dynamic tensile strength [J]. Rock Mechanics and Rock Engineering, 2008, 41 (5): 771-779.
[24] Kubota Shiro, Ogata Yuji, Wada Yuji, et al. Estimation of dynamic tensile strength of sandstone [J]. International Journal of Rock Mechanics and Mining Sciences, 2008, 45 (3): 397-406.
[25] Sharpe Joseph A. The production of elastic waves by explosion pressures. Ⅰ. Theory and empirical field observations [J]. Geophysics, 1942, 7 (2): 144-154.
[26] Sharpe Joseph A. The production of elastic waves by explosion pressures. Ⅱ. Results of observations near an exploding charge [J]. Geophysics, 1942, 7 (3): 311-321.
[27] Blair Dane, Minchinton Alan. On the damage zone surrounding a single blasthole [J]. Fragblast, 1997, 1 (1): 59-72.
[28] Cho Sang Ho, Kaneko Katsuhiko. Rock fragmentation control in blasting [J]. Materials Transactions, 2004, 45 (5): 1722-1730.
[29] Trivino L F, Mohanty B, Munjiza A. Seismic radiation patterns from cylindrical explosive charges by analytical and combined finite-discrete element methods [C]. Proceedings of the Ninth International Symposium on Rock Fragmentation by Blasting—Fragblast, 2014: 415–426.
[30] Duvall Wilbur I. Strain-wave shapes in rock near explosions [J]. Geophysics, 1953, 18 (2): 310-323.
[31] Yi Changping, Johansson Daniel, Greberg Jenny, et al. Effects of in-situ stresses on the fracturing of rock by blasting [J]. Computers and Geotechnics, 2018, 104: 321-330.
[32] Ma G W, An X. M. Numerical simulation of blasting-induced rock fractures [J]. International Journal of Rock Mechanics and Mining Sciences, 2008, 45 (6): 966-975.
[33] 杨井瑞，张财贵，周妍，等．用 SCDC 试样测试岩石动态断裂韧度的新方法［J］．岩石力学与工程学报，2015，34（2）：279-292.
[34] 褚武扬．断裂力学基础［M］．北京：科学出版社，1979.
[35] 范天佑．断裂动力学原理与应用［M］．北京：北京理工大学出版社，2006.

[36] 程靳，赵树山. 断裂力学 [M]. 北京：科学出版社，2006.

[37] Lamb Horace. On the propagation of tremors over the surface of an elastic solid [J]. Philosophical Transactions of the Royal Society of London, 1904, 203 (359-371): 1-42.

[38] Irwin George R. Analysis of stresses and strains near the end of a crack traversing a plate [J]. Journal of Applied Mechanics, 1957, 24: 361-364.

[39] Freund L. B. Stress intensity factor calculations based on a conservation integral [J]. International Journal of Solids and Structures, 1978, 14 (3): 241-250.

[40] 范天佑. 断裂动力学引论 [M]. 北京：北京理工大学出版社，1990.

3 爆炸应力波在岩石中的传播规律

3.1 引言

波是自然界的一种现象。波与扰动分不开，波是扰动的传播过程，扰动是波产生的根源。有一种说法，试图将波概括得更加全面，“波是一种可以辨别的信号，它以一定速度从介质的一部分向另一部分传递。”这种信号可以理解为某种性质的扰动，它可以是某种量的极大值或突变，只要可以清楚地识别出来，并且在任何时刻确定其位置，容许在传播过程中改变其强度、形状和传播速度。

波总是受到扰动源的激发才产生，通过周围介质进行传播，它携带着扰动源的信息，又包含着介质本身的特征。振动是扰动源，在周围介质中引起声波；爆炸和冲击是更强的扰动源，在周围介质中引起强度更大的波。在介质中波的传播是一种能量传递的过程，波的特征之一就是将扰动的能量从介质的一点传播到介质的另一点。波也是变形的传递过程，任何能量的传递都会伴随着介质的变形，变形可以用质点速度或应变状态表示，扰动过后介质质点速度和介质应变状态必然会发生变化。

波的传播速度是扰动扩展的速度，它不同于介质质点运动的速度。波的传播速度不仅取决于介质的属性和状态，而且还取决于扰动的强度。波的传播速度比介质质点速度大得多，弱扰动波的传播速度是介质声速，强扰动波的传播速度比介质声速大，并且随扰动的增强波的传播速度加大。

波的传播过程存在能量损耗。对于弱扰动波来说，其能量损耗比较缓慢，可以作为等熵处理；对于强扰动波来说，其能量损耗大，不能再作为等熵处理。波的传播过程是一种瞬态运动，随着距离的进展而不断衰减，随着时间的进展而迅速消失。

假设我们考虑某一固体，它在点 P 受一个外部扰动 $F(t)$ 作用。分析的目的是要计算作为空间坐标及时间的函数的变形和应力分布。如果扰动传播的最大速度是 c，且在时间 $t=0$ 时，作用有外部扰动，则在 $t=t_1$ 和 $t=t_2$ 时的扰动区域，以圆心在 P、半径分别为 ct_1 和 ct_2 的球面为界。因此，整个物体在 $t=r/c$ 时被扰动，其中 r 是物体内离开 P 的最大距离。现在假设 $F(t)$ 的显著变化发生在时间 t_a 内。那么就可以认为：如果 t_a 和 r/c 是同一数量级的，则动力效应是重要的。如果 $t_a \gg r/c$，从本质上说，问题是准静态的而不是动态的，此时，惯性作用可以忽略。因此，对于小尺寸的物体，若 t_a 较小时，则须进行波传播分析。如果撤去激励源，则物体经过一定时间便恢复静止。对于激励源作用后又被撤去的情况，如果作用的时间间隔与扰动传经物体的特征时间，为同一数量级时波动效应将是显著的。有限尺寸的物体承受爆炸源荷载和冲击荷载时，便属于这种情况。对于持续的外部扰动，如果外部作用扰动随时间迅速变化，即频率较高时，则需考虑波动效应。

在数学上，一维行波用式子 $f=f(x-ct)$ 来定义，f 代表扰动，作为空间坐标 x 和时间 t 的函数，它是某一物理量的值。就机械波而言，f 一般表示位移、质点速度或应力分量。函数 $f(x-ct)$ 叫做简单波函数，变量 $x-ct$ 是波函数的相。如果 t 增加任意值，比如 Δt，而且同时 x 增加 $c\Delta t$，则 $f(x-ct)$ 的值显然不变。因此，函数 $f(x-ct)$ 描述了一个沿 x 轴的正方向，以速度 c 推进的扰动。速度 c 称为相速度。以 $f(x-ct)$ 表示的传播的扰动是一种特殊的波，特殊在当它通过介质传播时，其形状没有改变。

3.2 爆炸应力波的定义与分类

3.2.1 爆炸应力波的定义与基本概念

3.2.1.1 爆炸应力波的定义

物理中所谓的波是指某种物理量的扰动信号的传播，连续介质中的应力波即是指应力扰动信号在介质的传播。在数学上，我们把波阵面视为一个所谓的奇异面。当跨过这个奇异面时，介质中的某些物理量发生某种间断。在连续介质力学中，除了发生断裂的情况外，位移总是连续的，把跨过奇异面时发生断裂位移的导数的阶数称为波阵面的阶。位移的一阶导数，主要是介质的质点速度、应变。因此，跨过一阶奇异面时介质的质点速度、应变、应力会发生间断，而这三个物理量是研究者们最关心的。

固体与气体、液体相比，最大的特点是能够传递剪切力，并且固体的变形除了包括体积变形之外，还有形状变形。通常固体的受力和变形分别用应力状态和应变状态表示，应力状态包含九个应力分量，其中三个是正应力，六个是剪应力；应变状态也包含九个应变分量，其中三个是正应变，六个是切应变。从受力的角度，固体中传播的波自然称为应力波。爆炸动态应力在固体介质中的传播，通常也称为应力波，若此动态应力由炸药爆炸产生则称为爆炸应力波。

3.2.1.2 波的基本概念

A 应力

假如有一物体，在外力 f_1、f_2、…、f_n 的作用下处于平衡状态，这时物体的各部分之间也将产生内力。为研究其任一点 O 处的内力大小，可以假想通过 O

点的截面将物体分成 A 和 B 两部分，物体的分离体 A 和 B 均保持平衡状态。对于 A 来说，如图 3-1（a）所示，它在外力 f_1、f_2、…、f_n 和分布在截面 mn 上的内力作用下维持平衡状态，这些内力代表由 B 部分材料，对 A 部分材料的作用力。经过 O 点在截面上取微小面积 δ_A，其法线方向为 OP。δ_A 面在 OP 方向的一侧称为“正侧”，位于相反方向的一侧称为“负侧”。

在 B 部分的截面 mn 上，作为 δ_A 面负侧的内力作用在 A 部分。于是，设作用在 A 部分 δ_A 面的正侧上的合力为 OP（严格地说，还存在力偶，但 δ_A 面积已假定为无穷小，因此该力偶可以忽略）。

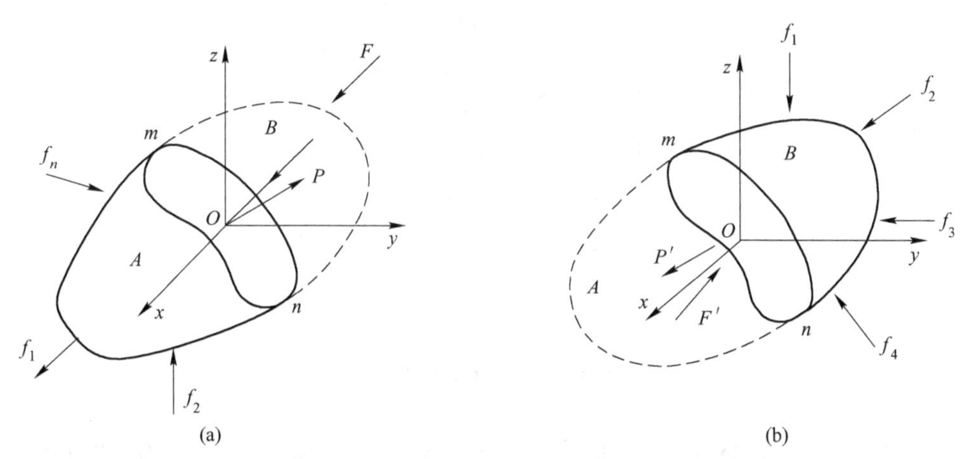

图 3-1 平衡物体

（a）A 部分受力图；（b）B 部分受力图

同理，由图 3-1（b）所示，在 B 部分同一点 O 的外法线是 OP'。它与 OP 的方向相反，设 δ_A 面上内力的合力为 $\delta F'$，于是与 δF 的大小相等，即 $\delta F=-\delta F'$。

当 δ_A 趋近于零时，$\delta F/\delta_A$ 的极限，称为在点沿法线 OP 方向平面上的应力。因此，记它为 P_{OP}。

$$P_{OP}=\lim_{\delta_A\to 0}\frac{\delta F}{\delta_A} \tag{3-1}$$

式中 P_{OP}——OP 方向平面上的应力，Pa；

δF——δ_A 面上的作用力，N；

δ_A——力作用面的面积，m^2。

通常，在建立一个问题的数学理论时，总是从选定坐标系开始。在 O 点选取互相垂直的右旋轴系 Ox、Oy、Oz。向量 P_{OP} 可以分解为沿坐标轴 Ox、Oy、Oz 的三个分量。

与平面的法线方向相平行的应力分量，称为法向应力，用 σ 表示。与平面的法线方向相垂直的应力分量称为剪应力，用 τ 表示。法向应力的单个角标表示应力作用的方向。剪应力角标的第一个字母表示应力的方向，第二个字母表示应力作用的平面。图 3-1 中，在 O 点取微小的单元六面体，使其各棱边与所选择的坐标轴平行，则作用在单元体各面上的应力矢量都可用三个应力分量来表示，如图 3-2 所示。

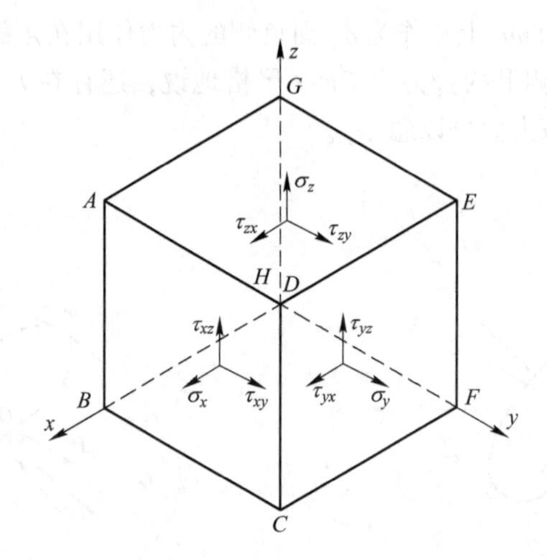

图 3-2　单元体的应力分量

在 $ABCD$ 平面上的应力分量是 σ_x、τ_{xy}、τ_{xz}。在 $CDEF$ 平面上的应力分量是 σ_y、τ_{yx}、τ_{yz}。在 $ADFG$ 平面上的应力分量是 σ_z、τ_{zx}、τ_{zy}。这样，为表征 O 点的应力状态，共引进了 σ_x、τ_{xy}、τ_{xz}、σ_y、τ_{yx}、τ_{yz}、σ_z、τ_{zx}、τ_{zy} 九个应力分量。根据剪应力互等定理，则有 $\tau_{xy}=\tau_{yx}$，$\tau_{xz}=\tau_{zx}$，$\tau_{yz}=\tau_{zy}$。因此，九个应力分量中只有六个应力分量是独立的。由此可见，若任一点的六个应力分量 σ_x、σ_y、σ_z、τ_{xy}、τ_{xz}、τ_{yz} 是已知的，就完全确定了该点的应力状态。

B　应变

在弹性理论中，应变是依据长度的变化、两条线之间或一条线与一个平面之间的夹角的变化来描述的。第一种应变称为线应变，第二种称为角应变。若 S 表示 O 与 P 点之间的距离，如图 3-3 所示，$S+\delta S$ 为变形后的相应点 O' 与 P' 之间的距离，则长度的变化与原来的长度之比，定义为线应变 ε，即

$$\varepsilon=\frac{\delta S}{S} \tag{3-2}$$

式中　ε——线应变；

δS——变形后的相应点 O' 与 P' 之间的距离，m；

S——O 与 P 点之间的距离，m。

若考虑 OP 与 OR 两条线在非变形状态下互相垂直于 O，变形后的轮廓，如

图 3-3 所示，角应变 γ 可定义为：

$$\gamma = \tan\phi \tag{3-3}$$

式中 γ——角应变；

ϕ——OP 与 OR 两条线变化角度，(°)。

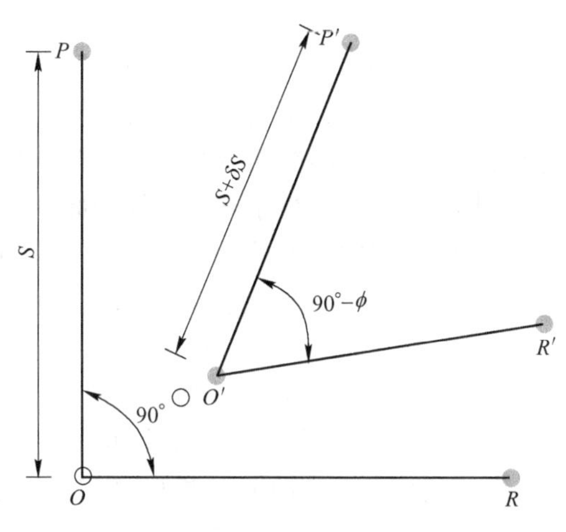

图 3-3 应变图解

其中，ϕ 为一角度，由 OP 与 OR 旋转至它们的新位置 $O'P'$ 与 $O'R'$ 来确定。通常，假设 ε 与 γ 的量都很小，它们的平方可以忽略不计。

空间任意一个变形体的质点位移，都可以分解为与坐标轴 x、y 与 z 方向相平行的位移分量，习惯上分别用 u、v 与 w 表示。这些分量分别对 x、y 和 z 取一阶偏导数。

$$\begin{matrix} \partial u/\partial x & \partial u/\partial y & \partial u/\partial z \\ \partial v/\partial x & \partial v/\partial y & \partial v/\partial z \\ \partial w/\partial x & \partial w/\partial y & \partial w/\partial z \end{matrix}$$

由弹性理论，任意质点位移在 x、y 和 z 方向上的线应变分量为：

$$\varepsilon_x = \frac{\partial u}{\partial x}, \varepsilon_y = \frac{\partial v}{\partial y}, \varepsilon_z = \frac{\partial w}{\partial z} \tag{3-4}$$

式中 ε_x，ε_y，ε_z——x、y、z 方向线应变；

u，v，w——x、y、z 方向位移，m。

平面 x 与平面 y 之间的角应变用 γ_{xy} 表示，平面 x 与平面 z 之间的角应变用表示 γ_{xz}，平面 y 与平面 z 之间的角应变用 γ_{yz} 表示，则各角应变分量为：

$$\gamma_{xy} = \frac{\partial u}{\partial y} + \frac{\partial v}{\partial x}, \gamma_{xz} = \frac{\partial u}{\partial z} + \frac{\partial w}{\partial x}, \gamma_{yz} = \frac{\partial v}{\partial z} + \frac{\partial w}{\partial y} \tag{3-5}$$

式中 γ_{xy}，γ_{xz}，γ_{yz}——x、y、z 方向角应变；

u，v，w——x、y、z 方向位移，m。

其中，当 $\gamma>0$ 时，表示角度收缩；而当 $\gamma<0$ 时，表示角度扩大。若已知一点的六个应变分量 ε_x、ε_y、ε_z、γ_{xy}、γ_{xz}、γ_{yz} 就足以用来描述该点附近各点的变形情况。

C 扰动

将石头投入湖水中，入水点的水面受扰动后先振动起来，并作为波源带动附近的水面，由近及远地传播这个振动，形成水波。传播波的介质，是有质量又有弹性的。为简化所研究的对象，可以将介质分解成由两部分组成的介质模型：其中一部分是许多微小的仅具有质量的刚性小球；另外一部分是没有质量，只具有弹性的许多弹簧。图 3-4 中画出横向排列的一系列质点（刚性小球），它们之间的弹性联系以小弹簧形象地表示，各质点的标号，选定的坐标方向，均如图 3-4 所示。图 3-4 中，第一排表示发生扰动前的初始状态，每个质点都静止在各自的平衡位置，没有扰动，没有形成波。当质点 O 受横向冲击后，质点 O 便是波源，它的振动牵动了附近的一系列质点，使周围各质点也随之振动，于是便形成了波。下面各排表明，波源 O 的振动先带动了质点 1，1 又带动质点 2，2 又带动了质点3……于是形成了质点相继沿 y 轴方向振动，沿 x 轴方向传播的波。这样的波，传播方向沿着确定的直线方向，称为一维波。总之，扰动在介质中的传播就形成波。没有扰动就没有波，但是，只有扰动没有传播波的介质也不能形成波。因此，扰动和介质是形成波的充分必要的条件。

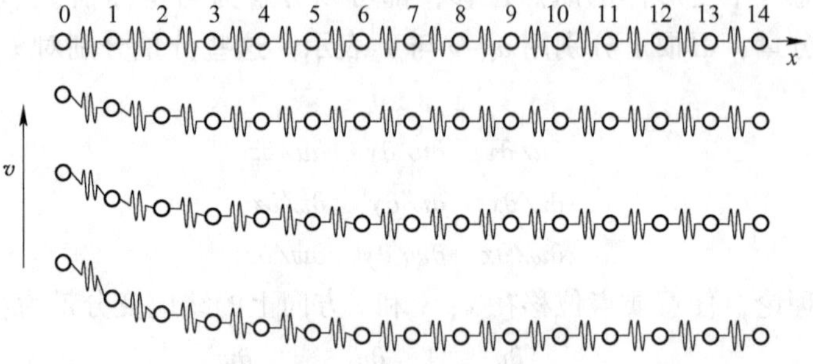

图 3-4 横波传播示意图

在图 3-4 中，介质质点运动的方向和波的传播方向相垂直，这样的波称为横波。如果介质质点运动的方向和波的传播方向相平行时，这样的波称为纵波。

3.2.2 爆炸应力波的分类

3.2.2.1 按波的传播方向与质点的运动方向分类

按照波传播方向与质点的运动方向的关系，可以将应力波分为纵波与横波。

当在介质中波的传播方向与其引起的质点振动方向一致时，称为纵波也称 P 波；介质中波的传播方向与其引起的质点振动方向垂直时，称为横波也称 S 波。一般来讲，纵波主要是引起介质的整体压缩或者扩张，即引起介质的体积变化。因此，其既可以在固体中传播，也能在气体与液体中传播。而横波仅仅只能引起介质的形状变化，而不能改变其体积，故横波一般只能在固体中传播。纵波与横波波速见式（3-6）、式（3-7）。

$$c_P = [(\lambda + 2\mu)/\rho]^{1/2} \tag{3-6}$$

式中 c_P——纵波波速，m/s；

λ，μ——拉梅常数；

ρ——介质密度，kg/m^3。

$$c_s = (\mu/\rho)^{1/2} \tag{3-7}$$

式中 c_s——横波波速，m/s；

μ——拉梅常数；

ρ——介质密度，kg/m^3。

3.2.2.2 按应力的种类分类

通常，应力的作用机理可以将应力分为压应力、拉应力与剪应力。因此，相应地也可以将应力波分为压缩波、拉伸波与剪切波。

3.2.2.3 按介质的应力大小分类

根据固体介质的应力应变曲线值，随着应力的大小不同，可以将固体介质中的应力波分为弹性波、塑性波与冲击波等。当应力大小超过介质的弹性极限后，介质会被压缩破坏，此时介质处于塑性阶段，这个应力波在这个区域传播时称为塑性波。当应力进一步增大，远远超过介质的抗剪强度极限后，介质就会变得像流体一样，在这个区域便会形成超过声速的冲击波，往往在靠近炸药的近区产生冲击波区域。

3.2.2.4 按波的传播位置分类

如果介质的一部分边界为自由边界，则只能在自由边界附近传播的波，称为表面波，相应把介质内部传播的应力波称为体积波。表面波有如下特征：首先，波幅随距离自由边界的法向距离增大而迅速减弱。其次，随着沿自由边界的距离增大，波幅衰减比体积波慢。

瑞利波是一种典型的表面波。波通过时，自由面上质点在垂直的射线平面内作反方向椭圆运动，长轴垂直自由面，短轴平行于自由面。瑞利波的波速与横波波速关系，见式（3-8），当泊松比 $\nu=0.24$ 时，约为横波波速的 0.92 倍。

$$c_R = (0.87 + 1.12\nu)/(1 + \nu)(\mu/\rho)^{1/2} \tag{3-8}$$

式中 c_R——面波波速，m/s；

ν——泊松比；

μ——拉梅常数；

ρ——介质密度，kg/m^3。

研究岩体内裂隙扩展机理时，瑞利波波速有着重要的意义。大量的实验研究表明，在集中应力作用下，裂隙能稳定扩展的极限速度即瑞利波波速，若裂隙扩展速度超过瑞利波速度，由于能量过大裂隙将发生弯曲或者分支，反而使其增长速度减慢。瑞利波随距离自由面深度的增加，质点振幅衰减很快，故作用深度不大。但瑞利波沿自由面传播时衰减很慢，且振幅大，周期和扰动持续时间长，故对地面建筑或者地下巷道围岩稳定性的危害大。

3.3　爆炸应力波在岩石中的参数

3.3.1　周期与波长

在物理学上，最基本的波就是周期波，它的运动具有一定的周期性。这就是说，介质的扰动在一定的空间与时间范围内发生重复，重复的时间称为周期。在一个周期内，波传播的距离，称为该波的波长，通常以 λ 表示。单位时间内 (1s) 波前进的波长数，称为波的频率，以 f 表示。频率的 2π 倍，叫做波的圆频率，用 ω 表示，即 $\omega=2\pi f$。

波动的频率、圆频率取决于波源的特性，与传播波的介质性质无关。波的周期 T、频率 f 和圆频率 ω 之间的关系分别为：

$$\begin{cases} \omega = 2\pi f = \dfrac{2\pi}{T} \\ f = \dfrac{1}{T} = \dfrac{\omega}{2\pi} \\ T = \dfrac{1}{f} = \dfrac{2\pi}{\omega} \end{cases} \tag{3-9}$$

在单位时间内，扰动在介质中传播的距离，称为波的传播速度，简称波速。纵波的波速用字母 c_P 表示，则式（3-10）表明了扰动状态在介质中纵向的传播速度，有时也将它称为纵波的相速度。

$$c_P = \frac{\lambda}{T} \tag{3-10}$$

式中　c_P——纵波波速，m/s；

λ——纵波波长，m；

T——传播周期，s。

3.3.2　波振面与波前

在通常的情况下，波源发出的往往是非正弦波，这里为了便于讨论，假定由

波源 S 发出的是高频正弦波，且在某一个特定方向的质点上，其位移 x、速度 v 及加速度 a 的历程图，如图 3-5 所示。

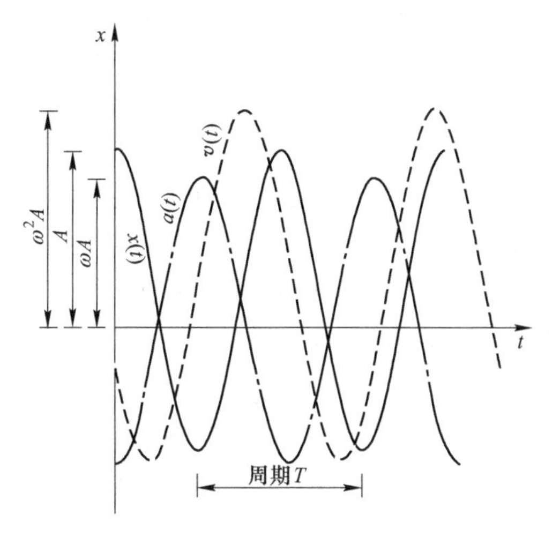

图 3-5 空间某质点波的历程图

在位移的波形图上，位移取得的最大值，称为位移曲线的波峰；位移取得的最小值，称为位移曲线的波谷。波峰与波峰之间（或波谷与波谷之间）相隔的时间称为周期，用字母 T 来表示。由位移波形图 3-5 可见，在传播过程中，质点的位移发生了周期性交替变化，其解析式为：

$$x = A\cos[(\omega t - \omega\tau) + \phi_0] \tag{3-11}$$

式中 A——曲线上位移的最大值，m；

ω——圆频率，表示 2π 时间内振动的周期数，Hz；

τ——始于波传至观察点而计算的时间，s；

ϕ_0——相位常数，(°)。

$(\omega t - \omega\tau) + \phi_0$ 为位相，它是一个极其重要的物理量，常常用来表征振动的状态。若两个观察质点间的位相相差为 2π 时，则后一个质点传递扰动的开始时间与前一个质点刚好相差一个周期，其振动状态相同，于是将它们称为同相点。图 3-5 是从某一个特定质点观察到的波形。实际上，若是三维波，波源 S 向空间四面八方均发射出正弦波。在这各个方向的正弦波的传播过程中，其位相相同的所有点的轨迹，我们便把它们定义为波阵面。波头的波阵面又称为波前。

波阵面为一系列同心球面的波，称为球面波。当球面波的曲率半径相当大时，介质某个平面内所有的质点，在观察的瞬间都具有相同的位相，这样的波，便是平面波。例如，在三维空间中某波的波源向四面八方发出波，当波源物体本身的大小比波所传播的距离小得多时，波源本身的大小可以忽略，看作是点波源。当波前是以点波源为球心的球面，这就是球面波。当此波传到更远的距离时，在空间的某个小区域内，各相邻波阵面，可看作是互相平行的平面，这就是平面波。就整个太阳系来看，太阳发出光波，可以将太阳看作是点波源，太阳光就是球面光波。但是，在地球表面，就可以认为太阳光是平面波。

波的传播方向，通常称为波线或波射线。在各向同性的介质中，波线垂直于波前。如图 3-6 所示，球面波的波线是沿半径方向的直线，平面波的波线是垂直于波前的直线。在图3-6中，分析形成波的过程，可以发现：质点1振动的位相滞后于波源0，质点2的位相又滞后于质点1，……概括起来就是，沿波的传播方向，后一质点的振动位相总是滞后于相邻的前一质点，这是波动的一个重要特征。如果图3-6中所有的介质质点振动位相都相同，那只能是全部质点作整体的振动，但这绝不是波动。因此，波动虽然与振动密切相关，但是两者又有区别，不可混为一谈。从图3-6中可以发现：介质中各个质点都在各自的位置附近作振动。它们并不是随波动过程而传到远处。所以，波动过程中，被传播的只是扰动的状态，而不是振动的质点。

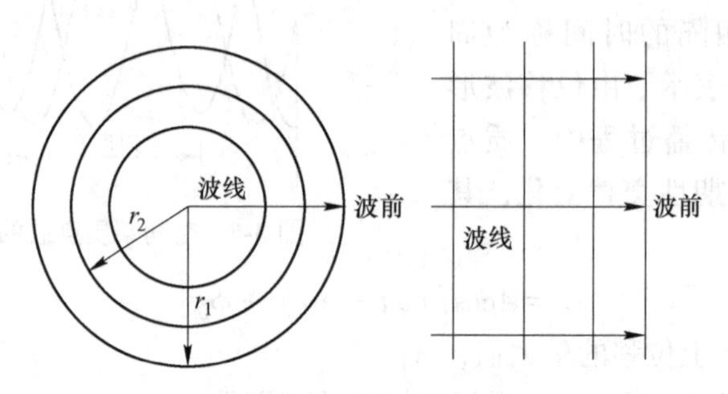

图3-6 波前与波线

3.3.3 波速和质点速度

在介质中传播扰动状态的波速，根据波的类型，可分为纵波波速和横波波速。横波波速总是比纵波波速小。一般来说，前者约等于后者的二分之一。若某一扰动在介质中同时产生两种类型的波，则纵波迅速地超过横波，而且两者距离越来越远。应力波的波速与介质本身的性质有关，在各向同性匀质的介质中，它是一个确定的数值。一般金属的波速，对其介质的应力状态、温度、成分、机械过程与机械状态不太敏感，只有在高温或高压下才产生重要变化。在岩石介质中，当应力波通过岩石的细微裂纹、空隙与层理时，它们的波速受到这些因素的影响较大。如图3-7所示，在27℃时，白云岩的波速与约束压力之间的函数关系是变化的。由此可见，岩石介质的波速及其本身的应力状态、温度、成分、机械过程和机械状态的反应是敏感的。对于岩石的成分和结构，不同岩性之间，是非同性、非均质的，区别很大，因而其纵波波速变化很明显。

当瞬间应力波通过介质时，由于介质内部质点的相继运动，表明其应力不断地变化。瞬间应力波，正是依靠介质内部质点的非同时非等量的运动，实现了扰动的传递过程。介质中某一个动质点的即时速度 v，就叫做该质点的质点速度。在传播扰动的任何瞬间，介质内的一切动质点，均具有质点速度。在弹性介质中，波形上的任意点的质点速度均与该点的即时应力存在着线性关系。图3-8表

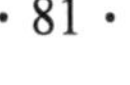

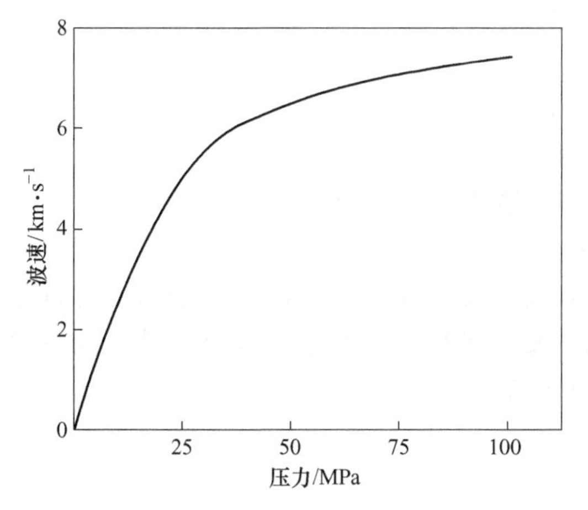

图 3-7 白云岩纵波波速与约束压力的函数

示在无限介质中，某一平面瞬间的应力波，当 $t=t_1$ 时；其波前抵达 MN 线。当 $t=t_1+\Delta t$ 时；波前运动了 Δx 距离，抵达 PQ 位置。

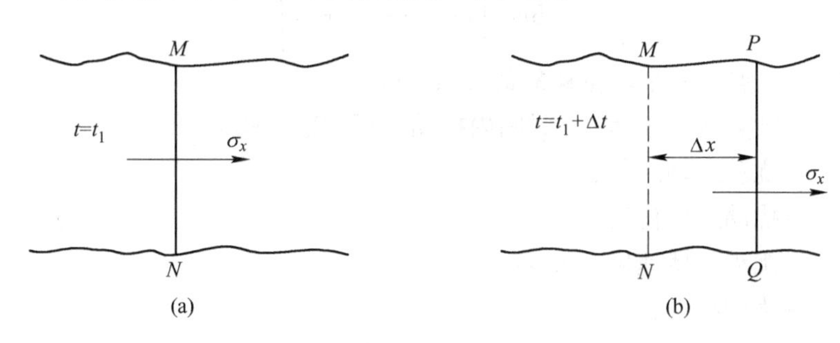

图 3-8 瞬间应力波的动量变化

（a）波前抵达 MN 线状态；（b）波前抵达 PQ 线状态

这时，由 MN 和 PQ 所包围的部分，介质的质点承受扰动状态的作用，获得冲量为 $\sigma_x\Delta t$。受作用的介质单位面积上的质量等于 $\rho\Delta x$，由冲量等于动量的变化量，可得：

$$\sigma_x\Delta t=\rho v_x\Delta x=\rho v_x c_P\Delta t$$

整理得：

$$\sigma_x=\rho v_x c_P \tag{3-12}$$

式中 σ_x——x 方向单位面积上的应力，Pa；

ρ——介质密度，kg/m^3；

v_x——x 方向传播波的质点速度，m/s；

c_P——纵波波速，m/s。

同理，可以证明横波为：

$$\tau_{yz} = \rho v_y c_s \tag{3-13}$$

式中　τ_{yz}——剪应力，Pa；

ρ——介质密度，kg/m^3；

v_y——y 方向传播波的质点速度，m/s；

c_s——横波波速，m/s。

必须强调，上述关系式是适合于无限介质的情况，并且介质中只传播一个单独的波，于是应力与质点速度是线性关系。其比值常数为密度与波速的乘积，即 ρc，通常称为材料的声阻比。

3.3.4　波的能量

在无限长的均质的金属杆里，传播着的扰动具有一定的能量。图 3-9 中，金属杆的截面积为 S、密度为 ρ、弹性模量为 E。在杆上 P 点取一小段，其长度为 Δx，质量 $\Delta m=\rho S\Delta x$ 该小段的运动方程为式（3-14）。

$$y = B\cos\left[\omega\left(t - \frac{x}{C_1}\right) + \phi\right] \tag{3-14}$$

式中　B——P 点后一小段位移的最大值，m；

ω——圆频率，表示 2π 时间内振动的周期数，Hz；

t——扰动运动时刻，s；

x——扰动运动位置，m；

C_1——扰动传播速度，m/s；

ϕ——扰动相位，(°)。

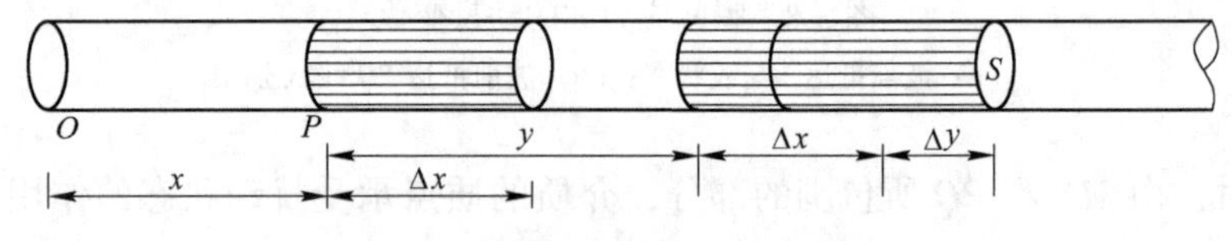

图 3-9　金属均质杆中微小段的形变

当它产生振动位移 y 时，具有形变量 Δy。由于形变在该段中产生的弹性力为 F，由虎克定律可知：

$$\frac{F}{S} = E\frac{\Delta y}{\Delta x} \tag{3-15}$$

式中　F——变形段产生的弹性力，N；

E——材料的弹性模量，Pa；

Δy——P 点后一小段振动位移 y 时的形变量，m；

S——金属杆的横截面积，m^2；

Δx——P 点后的一小段长度，m。

由此可求出该段金属杆刚性系数 K：

$$K = \frac{|F|}{\Delta y} = \frac{ES}{\Delta x} = \frac{E\Delta V}{\Delta x^2} \tag{3-16}$$

式中 K——金属杆的刚性系数；

F——变形段产生的弹性力，N；

Δy——P 点后一小段振动位移 y 时的形变量，m；

E——材料的弹性模量，Pa；

Δx——P 点后的一小段长度，m；

S——金属杆的横截面积，m^2；

ΔV——该小段的体积，$\Delta V = S\Delta x$，m^3。

Δx 段所具有的弹性位能 ΔW_P 为：

$$\Delta W_P = \frac{1}{2}K\Delta y^2 = \frac{1}{2}E\Delta V\left(\frac{\Delta y}{\Delta x}\right)^2 = \frac{1}{2}E\Delta V\left(\frac{\partial y}{\partial x}\right)^2 \tag{3-17}$$

式中 ΔW_P——Δx 段所具有的弹性位能，J；

K——金属杆的刚性系数；

Δy——P 点后一小段振动位移 y 时的形变量，m；

E——材料的弹性模量，Pa；

Δx——P 点后的一小段长度，m；

ΔV——该小段的体积，$\Delta V = S\Delta x$，m^3。

将函数式（3-14）代入式（3-17），由一维波速 $C_1 = \sqrt{\frac{E}{\rho}}$，整理得到该段的位能为：

$$\Delta W_P = \frac{1}{2}\rho\Delta V\omega^2 B^2 \sin^2\left[\omega\left(t - \frac{x}{C_1}\right) + \phi\right] \tag{3-18}$$

式中 ΔW_P——Δx 段所具有的弹性位能，J；

ρ——介质密度，kg/m^3；

ΔV——该小段的体积，$\Delta V = S\Delta x$，m^3；

ω——圆频率，表示 2π 时间内振动的周期数，Hz；

B——P 点后一小段位移的最大值，m；

t——扰动运动时刻，s；

x——扰动运动位置，m；

C_1——扰动传播速度，m/s；

ϕ——扰动相位，(°)。

Δy 段所具有的动能 ΔW_K 为：

$$\Delta W_K = \frac{1}{2}\Delta m\left(\frac{\partial y}{\partial t}\right)^2 \tag{3-19}$$

式中　ΔW_K——Δy 段所具有的动能，J；

Δm——金属杆的质量变化量，kg。

将函数式（3-14）代入公式（3-19），可得到该小段的动能为：

$$\Delta W_K = \frac{1}{2}\rho\Delta V\omega^2 B^2 \sin^2\left[\omega\left(t - \frac{x}{C_1}\right) + \phi\right] \tag{3-20}$$

式中　ΔW_K——Δy 段所具有的动能，J；

ρ——介质密度，kg/m^3；

ΔV——该小段的体积，$\Delta V = S\Delta y$，m^3；

ω——圆频率，表示 2π 时间内振动的周期数，Hz；

B——P 点后一小段位移的最大值，m；

t——扰动运动时刻，s；

x——扰动运动位置，m；

C_1——扰动传播速度，m/s；

ϕ——扰动相位，(°)。

因此，扰动在某一小段传播过程中，任意瞬间的动能和位能始终保持相等，并且和扰动的幅度的平方成正比。于是，在波动过程中，介质中任意质量 $\Delta m = \rho\Delta V$ 的小段所具有的波动能量为：

$$\Delta W = \Delta W_K + \Delta W_P = \rho\Delta V\omega^2 B^2 \sin^2\left[\omega\left(t - \frac{x}{C_1}\right) + \phi\right] \tag{3-21}$$

而单位体积中的能量为：

$$W_0 = \frac{\Delta W}{\Delta V} = \rho\omega^2 B^2 \sin^2\left[\omega\left(t - \frac{x}{C_1}\right) + \phi\right] \tag{3-22}$$

由式（3-14）与式（3-15），可以得到：

$$\sigma = \sqrt{\rho E}\,B\omega\sin\left[\omega\left(t - \frac{x}{C_1}\right) + \phi\right] \tag{3-23}$$

式中　σ——金属杆内部应力，Pa；

ρ——介质密度，kg/m^3；

E——材料的弹性模量，Pa；

B——P 点后一小段位移的最大值，m；

ω——圆频率，表示 2π 时间内振动的周期数，Hz；

t——扰动运动时刻，s；

x——扰动运动位置，m；

C_1——扰动传播速度，m/s；

ϕ——扰动相位，(°)。

将式（3-22）与式（3-23）比较可以得到：

$$W_0 = \frac{\sigma^2}{E} \tag{3-24}$$

式中 W_0——单位体积中的能量，J；

σ——金属杆内部应力，Pa；

E——材料的弹性模量，Pa。

从以上讨论可以发现，在传播扰动的瞬间，某小段介质的动能、位能与总能量都随时间作周期性的变化。波动与系统作纯振动的本质区别在于：波动的动能与位能的变化是同位相的，在任意时刻动能都等于位能；对任何一段介质来说，其能量是不守恒的，沿着波动传播的方向，该段先从波源方面获得能量，使其自身能量逐渐增大，又逐渐把自身能量传递给后面的介质，能量随着波动过程而有规律地传播。因此，波动是能量传递的一种方式。

3.3.5 波的衰减

扰动在介质中传播时，由于内外摩擦的存在而使应力振幅逐渐衰减。假如应力表达式为（3-25），波形的变化特性曲线，如图 3-10 所示。

$$\sigma_0 = A\sin\left[\omega\left(t - \frac{x}{C_1}\right) + \phi\right] \tag{3-25}$$

式中 σ_0——金属杆内部应力，Pa；

A——金属杆内部应力的最大值，Pa；

ω——圆频率，表示 2π 时间内振动的周期数，Hz；

t——扰动运动时刻，s；

x——扰动运动位置，m；

C_1——扰动传播速度，m/s；

ϕ——扰动相位，(°)。

倘若扰动每传递单位长度，它的衰减率为 η，那么由 x 到 $x+\Delta x$，其振幅缩减为：

$$\begin{cases} -\Delta A\sin\left[\omega\left(t - \dfrac{x}{C_1}\right) + \phi\right] = A\sin\left[\omega\left(t - \dfrac{x}{C_1}\right) + \phi\right]\eta\Delta x \\ \dfrac{\Delta A}{A} = -\eta\Delta x \end{cases} \tag{3-26}$$

式中 ΔA——应力幅值的衰减值，Pa；

A——金属杆内部应力的最大值，Pa；

ω——圆频率，表示 2π 时间内振动的周期数，Hz；
t——扰动运动时刻，s；
x——扰动运动位置，m；
C_1——扰动传播速度，m/s；
ϕ——扰动相位，(°)；
Δx——扰动传递位置增加值，m；
η——应力波的衰减率。

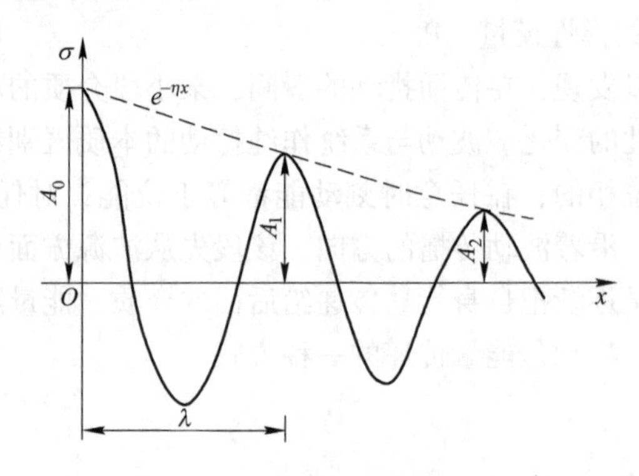

图 3-10 介质中的振幅衰减

当 $x=0$ 时，振幅为 A_0，积分上式得 x 处振幅为：

$$A = A_0 e^{-\eta x} \tag{3-27}$$

式中 A——金属杆内部应力的值，Pa；
A_0——金属杆内部应力的最大值，Pa；
η——应力波的衰减率；
x——扰动运动位置，m。

x 处的应力幅值为：

$$\sigma = A_0 e^{-\eta x} \sin\left[\omega\left(t - \frac{x}{C_1}\right) + \phi\right] \tag{3-28}$$

式中 σ——x 处的应力幅值，Pa；
A_0——金属杆内部应力的最大值，Pa；
η——应力波的衰减率；
x——扰动运动位置，m；
ω——圆频率，表示 2π 时间内振动的周期数，Hz；
t——扰动运动时刻，s；
C_1——扰动传播速度，m/s；
ϕ——扰动相位，(°)。

于是：

$$\Delta\sigma = A_0\Delta(e^{-\eta x})\sin\left[\omega\left(t-\frac{x}{C_1}\right)+\phi\right] \tag{3-29}$$

波在介质中的衰变率是一个常数，其振幅是按指数规律下降的。波的能量衰减率，根据式（3-24）及式（3-29），可得：

$$\frac{\Delta W}{\Delta x} = \frac{\sigma_0^2}{E}\frac{\Delta\ (e^{-\eta x})^2}{\Delta x} = W_0\frac{\Delta e^{-2\eta x}}{\Delta x} \tag{3-30}$$

由式（3-26）可以得到：

$$\frac{\Delta A}{\Delta x} = -A\eta \tag{3-31}$$

将式（3-27）代入式（3-26），则可以得到：

$$\begin{cases}\dfrac{\Delta e^{-\eta x}}{\Delta x} = -\eta e^{-\eta x}\\[2ex]\dfrac{\Delta e^{-2\eta x}}{\Delta x} = -2\eta e^{-2\eta x}\end{cases} \tag{3-32}$$

将式（3-32）代入式（3-30），则可以得到：

$$\frac{\Delta W}{\Delta x} = W_0(-2\eta e^{-2\eta x}) = -2\eta W \tag{3-33}$$

式中 ΔW——能量变化幅值，J；

η——应力波的衰减率；

W——x 处能量值，J。

由此可得出，能量的衰减率是振幅衰减率的两倍，即 $W=W_0e^{-2\eta x}$。为了测得衰减率，常用相邻周期的振幅缩减来计算。每个周期振幅衰减的相对量，如图3-11所示。

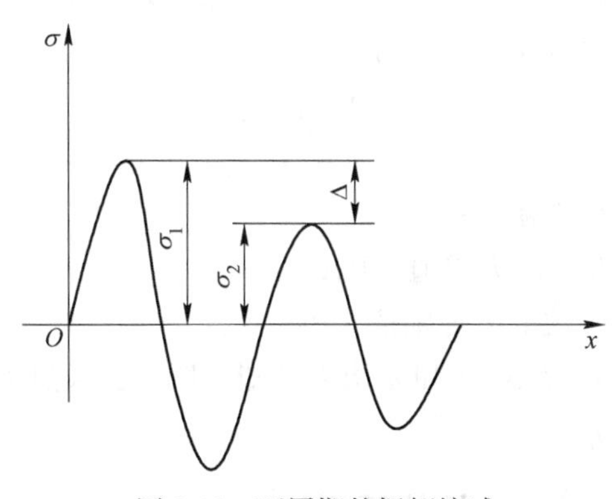

图 3-11 两周期的振幅缩减

$$\frac{\sigma_1}{\sigma_2} = \frac{\sigma_0 e^{-\eta x_1}}{\sigma_0 e^{-\eta x_2}} = \sigma_0 e^{\eta(x_2-x_1)} \tag{3-34}$$

式中 σ_1——第一个波的应力幅值，Pa；

σ_2——第二个波的应力幅值，Pa；

σ_0——应力波的初始应力幅值，Pa；

η——应力波的衰减率；

x_2-x_1——波长，其值为（C_1/f），m。

因此，有 $\dfrac{\sigma_1}{\sigma_2}=e^{\eta\left(\frac{C_1}{f}\right)}$ ，其对数形式，如式（3-35）所示。

$$\ln\left(\frac{\sigma_1}{\sigma_2}\right)=\eta\frac{C_1}{f}=\Delta' \tag{3-35}$$

式中 σ_1——第一个波的应力幅值，Pa；

σ_2——第二个波的应力幅值，Pa；

η——应力波的衰减率；

C_1——扰动传播速度，m/s；

f——扰动传播的频率，Hz；

Δ'——振幅的对数衰减系数。

同理，能量的衰减系数可用式（3-36）表示。

$$\ln\left(\frac{W_1}{W_2}\right)=2\Delta' \tag{3-36}$$

式中 W_1——第一个波的能量值，J；

W_2——第二个波的能量值，J；

Δ'——振幅的对数衰减系数。

对数缩减容易从衰减波形的示波图里量出来，衰减率 $\eta=\Delta'(f/C_1)$ 也便于计算。在波形图上，若间隔 n 个周期时：

$$\Delta'=\frac{1}{n}\ln\left(\frac{\sigma_1}{\sigma_{n+1}}\right) \tag{3-37}$$

式中 Δ'——振幅的对数衰减系数；

σ_1——第一个波的应力幅值，Pa；

σ_{n+1}——第 $n+1$ 个波的应力幅值，Pa。

根据具体条件，σ_1 及 σ_{n+1} 和 n 均为已知。所以，通过振幅的对数缩减系数 Δ'，便可求算衰减率 η。

3.4 爆炸应力波在岩石中的传播规律

3.4.1 爆炸应力波在岩石中的传播

由于岩土介质本身的复杂性，从理论上求解爆炸波在岩土介质中传播规律比空气和水更困难。所以，大多数关于岩土中爆炸波参数和传播的正确知识都是从相似模拟理论，由实验研究中得到。实验表明，在岩土中，爆炸波仍近似满足爆炸几何相似律。

3.4.1.1 超压和超压作用时间

对于球形 PETN 装药，岩石中爆炸应力波最大超压 ΔP_m 和超压作用时间 t_+ 为：

$$\begin{cases} \Delta P_m = 10^5 \dfrac{A_1}{\bar{r}^3} + 10^3 \dfrac{A_2}{\bar{r}^2} + 10 \dfrac{A_3}{\bar{r}} \\ t_+ = 10^{-3}(B_0 + B_1 \bar{r}) r_b \quad (5 \leqslant \bar{R} \leqslant 120) \end{cases} \tag{3-38}$$

式中 ΔP_m——岩石中爆炸应力波最大超压值，Pa；

$\bar{r}$——比例距离，$\bar{r} = r/r_b$；

r——药包中心到测点的距离，m；

r_b——装药半径，m；

t_+——岩石中爆炸波作用时间，s；

A_1，A_2，A_3，B_0，B_1——相关系数，见表 3-1。

表 3-1 A_1、A_2、A_3、B_0、B_1 系数表

岩石名称	A_1	A_2	A_3	B_0	B_1
辉绿岩	18.19	87.04	197.97	2.5	0.00455
花岗岩	1.24	19.77	37.82	4.4	0.134
大理岩	1.63	4.62	45.77	3.2	0.0529
石灰岩	−1.48	20.90	−3.82	4.1	0.193

实验研究表明，对于相等的相对距离，炸药的爆能越高，最大超压也越高，特别是在接近装药处更为明显，随着距离的增加，这方面的差别就急剧地降低。例如，梯恩梯（TNT）和泰安（PETN）装药在花岗岩中爆炸时，在 r_b 的距离处，由泰安装药爆炸产生的超压是梯恩梯装药爆炸产生超压的 5 倍。但在 $50r_b$ 的距离处，由这两种装药产生的超压几乎是相等的。

另外，实验研究还表明，在爆炸近区，爆炸波最大超压随着距离的增加衰减快些，在远区衰减慢些，可用下式表示：

$$\Delta P_m = P_b / \bar{r}^n \tag{3-39}$$

式中 P_b——岩石与炸药分界面处的压力，Pa；

n——衰减指数，$n = 2 \pm \nu/(1 - \nu)$，正号用于冲击波传播区（近区），负号用于压缩波传播区（远区）；

ν——岩石的泊松比，在冲击波区（塑性区），$\nu = 0.5$；

$\bar{r}$——比例距离，$\bar{r}=r/r_b$。

3.4.1.2　最大质点速度

岩石中爆炸波的最大质点速度，可由关系式 $u_m=\Delta P_m/\rho_0 c_P$，得到。如果用方程式（3-38）的最大超压来计算最大质点速度，则可以发现，在相同的装药条件下，对于所有的岩土，质点速度基本上是相同的，且主要取决于相对距离和炸药的种类，与岩土的性质关系不大。对于泰安的球形装药

$$u_m=\frac{C_1}{\bar{r}^3}+\frac{C_2}{\bar{r}^2}+\frac{C_3}{\bar{r}} \tag{3-40}$$

式中　u_m——岩石的最大质点速度，m/s；

$\bar{r}$——比例距离，$\bar{r}=r/r_b$；

C_i——常数，m/s。

其中，$C_1=332.1$m/s，$C_2=-3.96$m/s，$C_3=0.363$m/s。对于其他的炸药，常数 $C_i(i=1,2,3)$、$C(i=1,2,3)$ 有不同的数值。但是，当 $\bar{r}>50$ 时，对于各种类型的炸药，都可以取相同的 C_i 值。

根据超压一定，各种岩石中的最大质点速度是一个常数事实，可以得出最大超压的一般计算公式。各种类型的炸药在岩石中爆炸时，当 $\bar{r}>50$ 时，有下面的关系式。

$$\Delta P_m=\rho_0 c_P\left(\frac{C_1}{\bar{r}^3}+\frac{C_2}{\bar{r}^2}+\frac{C_3}{\bar{r}}\right) \tag{3-41}$$

式中　ΔP_m——岩石中爆炸应力波最大超压值，Pa；

ρ_0——岩石的初始密度；

c_P——岩石纵波速度；

$\bar{r}$——比例距离，$\bar{r}=r/r_b$；

C_i——经验系数，m/s。

3.4.1.3　波形曲线与比冲量

与水中爆炸波相比，岩石中爆炸波波形曲线特点是超压上升时间比较大，而且随爆心距的增加而较快地增加。在爆炸近区，工程上仍近似认为爆炸波波形曲线具有指数函数的形式，即：

$$\Delta P(t)=\Delta P_m e^{-t/t_+} \tag{3-42}$$

式中　$\Delta P(t)$——岩石中爆炸应力波值，Pa；

ΔP_m——岩石中爆炸应力波最大超压值，Pa；

t_+——超压上升沿时间，s；

t——爆炸应力波作用时刻，s。

比冲量 i_m 可按下式计算：

$$i_m=\int_0^{t_+}\Delta P(t)\,\mathrm{d}t=\rho_0 c_P\int_0^{t_+}u(t)\,\mathrm{d}t \tag{3-43}$$

式中　i_m——岩石中爆炸应力波波冲量值，Pa·s；

$\Delta P(t)$——岩石中爆炸应力波值，Pa；

ρ_0——岩石的初始密度；

c_P——岩石纵波速度；

t_+——超压上升沿时间，s；

$u(t)$——岩石质点运动速度，m/s。

对于球形装药在大理石中爆炸，比冲量也可用如下经验公式计算：

$$i_m = \left(\frac{D_1}{\bar{r}^3} + \frac{D_2}{\bar{r}^2} + \frac{D_3}{\bar{r}}\right) r_b \qquad (3\text{-}44)$$

式中　i_m——岩石中爆炸应力波波冲量值，Pa·s；

D_i——经验系数，m/s；

$\bar{r}$——比例距离，$\bar{r} = r/r_b$。

其中，经验系数 $D_1 = 7997$，$D_2 = -201.39$，$D_3 = 2.69$。

3.4.1.4　应变波在岩石中的传播

在岩石爆破过程中，岩石中表现的应力状态，尚无法用直接的方法测量出来，要通过应变换算出来，因为岩石在压力脉冲作用下在极短暂的瞬间与极小范围内的局部可以约略认为是弹性的。因此，可按弹性理论关于应力与应变的关系来换算。

A　应变的衰减规律

当压力波在压碎带以外的岩石中传播时，就使受到压力波的作用的质点产生位移或应变。这种现象已经受到了广泛与深入的研究。这些研究包含位移、速度、加速度以及应变与时间的函数关系。在压碎带与产生反射破裂的自由面之间的岩石的应变特别重要。根据实测，一般岩石的应变值约为 10^{-6}mm/mm。

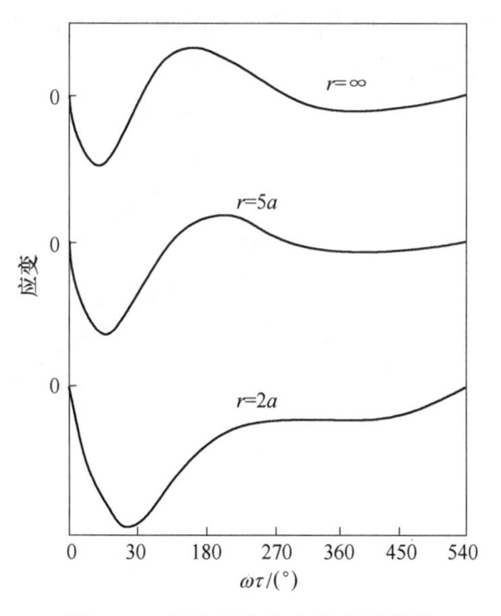

图 3-12　岩土介质中应变衰减曲线

相关研究表明，爆炸初压在最初的短距离内应变突然升高至最大值，然后在较长的时间内下降为零。但这种应变在这一带内并不是波动的，当距离增加时应变转变为波动的，至少要振荡一个循环，从爆炸点的距离的近或远以压碎带或爆炸空洞的半径为准。因此，它决定于装药量与岩石的性质。图 3-12 表示任意假设的爆炸初压，当距离为 $2a$、$5a$ 与无穷远时，应变随时间而变化的计算值。这些关系表示从非波动至波动特性的转变。

根据杜瓦尔（Duvall）与佩特科夫（Petkof）的研究，得出集中装药在岩石中爆破的应变波峰值的公式为：

$$\varepsilon = \frac{K_{\omega}}{\lambda} e^{-\alpha\lambda} \tag{3-45}$$

式中　ε——应变峰值；

λ——$R/W^{1/3}$，从装药点至测点的比例距离，$m \cdot kg^{-1/3}$；

R——从装药点至测点的距离，m；

W——装药量，kg；

α——岩石的吸收系数；

K_{ω}——炸药的爆轰压力与岩石的弹性参数的线性函数。

通常 $K_{\omega}=kP$；因此上式（3-45）可改写为：

$$\varepsilon = k\frac{P}{\lambda} e^{-\alpha\lambda} \tag{3-46}$$

式中　ε——应变峰值；

P——爆轰压力，Pa；

λ——$R/W^{1/3}$，从装药点至测点的比例距离，$m \cdot kg^{-1/3}$；

α——岩石的吸收系数，一般岩石的 α 值约为 0.03；

k——岩石系数。

若压缩波在岩石中的传播速度为 V_P，岩石的密度为 ρ 则 ρV_P^2 为岩石的弹性常数。K_{ω} 与 ρV_P^2 的关系，如图 3-13 所示。当炸药与岩石的性质为已知时，便具备了计算应变峰值所必需的资料。

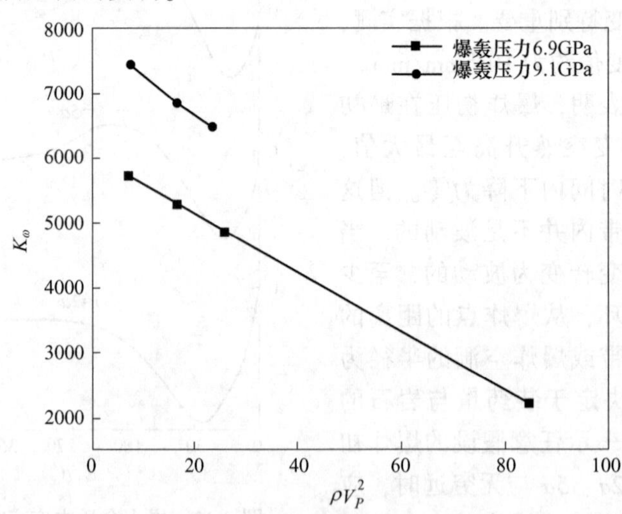

图 3-13　弹性常数 ρV_P^2 与 K_{ω} 的关系

B 岩石自由面剥落层数与位置

杜瓦尔（Duvall）与艾奇逊（Atchison）在实验中，找到下降应变与给定岩石破裂应变的比值，决定着该岩石因应变脉冲的反射所产生的剥落层数。剥落层数为应变比值减去小数剩下的整数。根据伊诺（Hino）在空气中试验的结果，提出了一个计算剥落片数与片厚的公式：

$$\begin{cases} T = \dfrac{\lambda \sigma_t}{2P_\alpha} \\ N = \dfrac{\lambda}{2T} = \dfrac{P_\alpha}{\sigma_t} \end{cases} \tag{3-47}$$

式中 T——剥落片厚度，m；

λ——空气冲击波的波长，m；

σ_t——岩石的抗拉强度，Pa；

P_α——冲击波在自由面上的压力峰值，Pa；

N——剥落片数。

从装药孔至发生片状剥落的自由面的最大距离 R，佩雷什（Peres）做了详细研究，并得出了比较精确的公式：

$$R = KD\left(\frac{P_s}{\sigma_t}\right)^{\frac{1}{2}} \tag{3-48}$$

式中 R——装药孔至发生片落的最大距离，m；

K——常数，决定于岩石的性质，对大多数岩石约为0.8；

D——装药直径，m；

P_s——爆炸反应的稳定压力，Pa；

σ_t——岩石的抗拉强度，Pa。

气体的膨胀：在大多数的工业爆破中，岩石在应变脉冲的作用下，除引起破裂外，均附带有爆成气体的膨胀所做的功。这些气体供给抛掷全部岩石所需要的能量。这些破碎岩石被抛出爆坑后，以碎片的形式散落到坑底与坑口的周围。

实验已证明，爆炸后的岩石的移动是在一定的间隔时间后开始的。间隔时间的长短与岩石的最小抵抗线的大小成比例，比冲击波到达自由面所需时间长好几倍。有些实验报告还提出岩石在抛掷过程中，还要发生石片之间的相互碰撞而进一步破碎。岩石的运动速度与岩石块的重量的平方成反比。

3.4.2 弹性波的波动方程

由弹性波引起的动态应力场，可用波动方程来描述。在这里不作任何假设，导出弹性波的波动方程，以便进一步了解弹性波的性质。从弹性力学中知道，物体内质点运动所需满足的平衡微分方程为（忽略体力）。

$$
\begin{cases}
\rho \dfrac{\partial^2 u}{\partial t^2} = \dfrac{\partial \sigma_x}{\partial x} + \dfrac{\partial \tau_{xy}}{\partial y} + \dfrac{\partial \tau_{xz}}{\partial z} \\
\rho \dfrac{\partial^2 v}{\partial t^2} = \dfrac{\partial \tau_{yx}}{\partial x} + \dfrac{\partial \sigma_y}{\partial y} + \dfrac{\partial \tau_{yz}}{\partial z} \\
\rho \dfrac{\partial^2 w}{\partial t^2} = \dfrac{\partial \tau_{zx}}{\partial x} + \dfrac{\partial \tau_{zy}}{\partial y} + \dfrac{\partial \sigma_z}{\partial z}
\end{cases}
\tag{3-49}
$$

式中 ρ——物体密度，kg/m^3；

u，v，w——空间直角坐标系中某点沿坐标轴的分量；

σ_x，σ_y，σ_z，τ_{xy}，τ_{yz}，τ_{zx}——该点的应力分量，Pa。

方程（3-49）适用于具有任何应力和应变关系的物体。若物体为各向同性的线弹性体，应力和应变间有以下关系：

$$
\begin{cases}
\sigma_x = \lambda\theta + 2\mu\varepsilon_x \\
\sigma_y = \lambda\theta + 2\mu\varepsilon_y \\
\sigma_z = \lambda\theta + 2\mu\varepsilon_z \\
\tau_{xy} = \mu\varepsilon_{xy} \\
\tau_{yz} = \mu\varepsilon_{yz} \\
\tau_{zx} = \mu\varepsilon_{zx}
\end{cases}
\tag{3-50}
$$

式中 σ_x，σ_y，σ_z，τ_{xy}，τ_{yz}，τ_{zx}——该点的应力分量，Pa；

θ——相对体积变形，$\theta = \varepsilon_x + \varepsilon_y + \varepsilon_z$；

ε_x，ε_y，ε_z——沿坐标轴的线应变分量；

λ，μ——拉梅常数。

拉梅常数与工程中常采用的线弹性模量 E、剪切模量 G、体积压缩模量 K 和泊松比 ν 之间有下列关系。

$$
\begin{cases}
E = \dfrac{\mu(3\lambda + 2\mu)}{\lambda + \mu} \\
G = \mu \\
K = \lambda + \dfrac{2}{3}\mu \\
\nu = \dfrac{\lambda}{2(\lambda + \mu)}
\end{cases}
\tag{3-51}
$$

式中 E——弹性模量，Pa；

G——剪切模量，Pa；

λ, μ——拉梅常数;

ν——泊松比。

$$\begin{cases} \lambda = \dfrac{E\nu}{(1+\nu)(1-2\nu)} \\ \mu = \dfrac{E}{2(1+\nu)} \end{cases} \tag{3-52}$$

式中 λ, μ——拉梅常数;

E——弹性模量, Pa;

ν——泊松比。

将式(3-50)代入式(3-49),可以导出下列方程:

$$\begin{cases} \rho \dfrac{\partial^2 u}{\partial t^2} = (\lambda + \mu) \dfrac{\partial \theta}{\partial x} + \mu \nabla u \\ \rho \dfrac{\partial^2 v}{\partial t^2} = (\lambda + \mu) \dfrac{\partial \theta}{\partial y} + \mu \nabla v \\ \rho \dfrac{\partial^2 w}{\partial t^2} = (\lambda + \mu) \dfrac{\partial \theta}{\partial x} + \mu \nabla w \end{cases} \tag{3-53}$$

式中 ρ——物体密度, kg/m^3;

u, v, w——x、y、z 方向的位移量, m;

∇——拉普拉斯算子, $\nabla = \partial^2/\partial x^2 + \partial^2/\partial y^2 + \partial^2/\partial z^2$;

λ, μ——拉梅常数;

θ——相对体积变形, $\theta = \varepsilon_x + \varepsilon_y + \varepsilon_z$。

该方程即各向同性线弹性体内质点运动的微分方程,也是控制扰动传播的运动方程,引入位移矢量 $\overline{U} = iu(x, y, z, t) + jv(x, y, z, t) + kw(x, y, z, t)$ 可将方程式(3-53)用下列矢量式来表示:

$$\rho \frac{\partial^2 \overline{U}}{\partial t^2} = (\lambda + \mu)\ \mathrm{grad\ div}\overline{U} + \mu \Delta \overline{U} \tag{3-54}$$

式中 ρ——物体密度, kg/m^3;

$\mathrm{div}\overline{U}$——相对体积变形, $\mathrm{div}\overline{U} = \partial u/\partial x + \partial v/\partial y + \partial w/\partial z = \theta$;

λ, μ——拉梅常数。

可以证明,方程式(3-53)或式(3-54)对应着两种弹性波的传播,利用 $\Delta \overline{U} = \mathrm{grad\ div}\overline{U} - \mathrm{rot\ rot}\overline{U}$ 将方程式(3-54)改写为:

$$\rho \frac{\partial^2 \overline{U}}{\partial t^2} = (\lambda + 2\mu)\ \mathrm{grad}\ \theta - \mu \mathrm{rot}\overline{\omega} \tag{3-55}$$

式中 ρ——物体密度，kg/m^3；

θ——相对体积变形，$\theta = \varepsilon_x + \varepsilon_y + \varepsilon_z$；

$\overline{\omega}$——旋转度，$\overline{\omega} = 1/2\ rot\ \overline{U}$；

λ，μ——拉梅常数。

若旋转度 $\overline{\omega}=0$ 则有：

$$\rho \frac{\partial^2 \overline{U}}{\partial t^2} = (\lambda + 2\mu)\Delta\overline{U} \quad 或 \quad \rho \frac{\partial^2 \overline{U}}{\partial t^2} = c_P^2 \Delta\overline{U} \tag{3-56}$$

式中 ρ——物体密度，kg/m^3；

c_P——岩石纵波速度，m/s；

λ，μ——拉梅常数。

方程式（3-56）即用位移矢量表示的波动方程。由于与旋转无关，所以，该方程描述的是无旋波。无旋波伴随有体积的变化，因此又称为胀缩波。在胀缩波中，质点运动方向与波传播方向相同或相反，故胀缩波即是纵波或 P 波。这种波不仅引起体积变化，而且也引起与剪应力有关的形状变化。

3.4.3 平面波、球面波、柱面波的解

装药爆炸在岩体内直接激起的应力波主要是纵波，但可以有不同的波面形状。例如：球状药于中心起爆时，激起的是球面波；柱状装药，若全长瞬间同时起爆，激起的则是柱面波（装药两端除外）；平面装药激起的是平面波，球面波或柱面波传播至较远距离处时，也可近似地看作是平面波。

3.4.3.1 平面波

在直角坐标系中，平面波中的质点位移只依赖于一个坐标（设 x 坐标），这时波动方程式（3-56）简化为式（3-57）。

$$\rho \frac{\partial^2 u}{\partial t^2} = c_P^2 \frac{\partial^2 u}{\partial x^2} \tag{3-57}$$

式中 ρ——物体密度，kg/m^3；

u——平面波的质点位移，m；

c_P——岩石纵波速度，m/s。

该方程式的通解是：

$$u(x,\ t) = f(x - c_p t) + F(x + c_p t) \tag{3-58}$$

式中 $u(x,\ t)$——平面波的质点位移，m；

f，F——由定解条件确定的任意函数；

c_P——岩石纵波速度，m/s。

f 对应于沿 x 轴正方向传播的平面波，F 则是沿反方向传播的平面波。按通

解来分析沿 x 轴正向传播的平面波，则有：

$$u(x,\ t)=f(x-c_Pt) \tag{3-59}$$

式中 $u(x,\ t)$——平面波的质点位移，m；

f——由定解条件确定的任意函数；

c_P——岩石纵波速度，m/s。

若某一时刻 t_1，u 是 x 的已知函数：

$$u=f(x-c_Pt_1) \tag{3-60}$$

式中 u——平面波的质点位移，m；

f——由定解条件确定的任意函数；

c_P——岩石纵波速度，m/s。

则在时刻 t_2 用 $x+c_P(t_2-t_1)$ 代换 f 函数中的 x，函数形式不变。这说明平面波的位移波形在 $\Delta t=t_2-t_1$ 时间内沿 x 轴方向移动了 $c_P\Delta t$ 的距离，c_P 显然是波速。方程式（3-57）两边对 t 求偏导，并注意到 $\partial u/\partial t=v$ 可以得：

$$\rho\frac{\partial v}{\partial t^2}=c_P\frac{\partial^2 v}{\partial x^2} \tag{3-61}$$

式中 v——平面波的质点速度，m/s；

ρ——物体密度，kg/m³；

c_P——岩石纵波速度，m/s。

方程式（3-57）两边对 x 求偏导并注意到 $\partial u/\partial x=\varepsilon$，$\varepsilon=\sigma/(\lambda+2\mu)$，得：

$$\begin{cases}\rho\dfrac{\partial^2\varepsilon}{\partial t^2}=c_P\dfrac{\partial^2\varepsilon}{\partial x^2}\\[2ex]\rho\dfrac{\partial^2\sigma}{\partial t^2}=c_P\dfrac{\partial^2\sigma}{\partial x^2}\end{cases} \tag{3-62}$$

式中 ε——平面波的应变值；

σ——平面波的应力值，Pa；

ρ——物体密度，kg/m³；

c_P——岩石纵波速度，m/s。

由此可见，平面波中质点速度 v、线应变 ε 和应力 σ 满足的波动方程与位移的波动方程一样。

根据动量守恒定律，可导出波传播方向上应力、质点速度和波速间的关系。设波在 t 时间内传播的距离为 dx，在波传播方向上的应力为 σ，则 dt 时间内，经单位截面传给物体的冲量为 σdt。按牛顿第二定律：冲量等于动量的变化，可写出下列关系：

$$\sigma \mathrm{d}t = \rho v \mathrm{d}x = \rho v c_P \mathrm{d}t \quad 或 \quad \sigma = \rho v c_P \tag{3-63}$$

平面应变波只在波传播方向上产生位移和应变，故平行波面取任意相互垂直的两个方向为 y 和 z 轴，则有：

$$\begin{cases} \sigma_y = \sigma_z \\ \varepsilon_y = \dfrac{\sigma_y}{E} = \nu \dfrac{\sigma_x + \sigma_z}{E} \end{cases} \tag{3-64}$$

式中　ε_y——平面波 y 方向的应变值；

σ_x，σ_y，σ_z——x、y、z 方向平面波的应力值，Pa；

E——弹性模量，Pa；

ν——泊松比。

由以上式，得：

$$\sigma_y = \frac{\nu}{1-\nu}\sigma_x \tag{3-65}$$

式中　σ_x，σ_y——x、y 方向平面波的应力值，Pa；

ν——泊松比。

因 y 方向是任意的，故 y 代表平行波面任意方向的侧向应力。对横波来说，剪应力 τ、质点速度 v 和波速 c_s 之间，也有类似的关系，即：

$$\tau = \rho c_s v \tag{3-66}$$

式中　τ——平面波的剪应力值，Pa；

c_s——岩石横波速度，m/s；

v——平面波的质点速度，m/s。

3.4.3.2　球面波

球面波是对称于一点的扰动波，其中，扰动参量（位移、应变、应力、质点速度）在球面坐标系中只依赖于由球面中心算起的矢径 r 和时间 t。对纵波来说，因位移矢量的旋度为零，故存在有位势函数 ϕ，（即有 $\overline{U} = \mathrm{grad}\phi$），而且它也满足位移矢量所需满足的波动方程，即：

$$\frac{\partial^2 \phi}{\partial t^2} = c_P^2 \nabla \phi \tag{3-67}$$

式中　ϕ——位移的势函数，m；

c_P——岩石纵波速度，m/s；

∇——拉普拉斯算子。

利用球面坐标系拉普拉斯算子 $\nabla = \dfrac{1}{r^2}\dfrac{\partial}{\partial r}\left(r^2 \dfrac{\partial}{\partial r}\right)$，可将波动方程（3-67）改写为：

$$\begin{aligned}\frac{\partial^2\phi}{\partial t^2} &= c_P^2\frac{1}{r^2}\frac{\partial}{\partial r}\left(r^2\frac{\partial\phi}{\partial r}\right)\\ &= c_P^2\left[\frac{1}{r^2}\left(r^2\frac{\partial^2\phi}{\partial r^2}+\frac{\partial\phi}{\partial r}2r\right)\right]\\ &= c_P^2\left(\frac{\partial^2\phi}{\partial r^2}+\frac{2}{r}\frac{\partial\phi}{\partial r}\right)\end{aligned} \tag{3-68}$$

式中 ϕ——位移的势函数，m；

c_P——岩石纵波速度，m/s；

r——球面中心算起的矢径，m。

其通解为：

$$r\phi = f(r-ct)+F(r+ct) \tag{3-69}$$

其中，f 和 F 是由定解条件确定的任意函数。f 对应于由中心向外传播的发散波，F 对应于传向中心的收敛波。从通解形式可以看出，扰动参量 ϕ 随传播距离 r 增大反比衰减，其他参量也将相应地衰减。这种衰减是由球面扩大而造成的，称为几何衰减。球面波产生几何衰减，是它区别于平面波的一个重要特点。

方程式（3-69）两边对 r 求导，并注意到 $\partial\phi/\partial r = u_r$，其中 u_r 为径向位移，得：

$$\begin{aligned}\frac{\partial}{\partial t^2}\frac{\partial\phi}{\partial r} &= c_P^2\frac{\partial}{\partial r}\left(\frac{\partial^2\phi}{\partial r^2}+\frac{2}{r}\frac{\partial\phi}{\partial r}\right)\\ &= c_P^2\left(\frac{\partial^2}{\partial r^2}\frac{\partial\phi}{\partial r}+\frac{2}{r}\frac{\partial}{r}\frac{\partial\phi}{\partial r}-\frac{\partial\phi}{\partial r}\right)\end{aligned} \tag{3-70}$$

式中 ϕ——位移的势函数，m；

c_P——岩石纵波速度，m/s；

r——球面中心算起的矢径，m。

方程式（3-70）即在球面坐标系中，用径向位移表示的球面波的波动方程。从弹性力学中知道，在球面坐标系中，位移与应力、应变之间存在着下列关系：

$$\begin{aligned}\sigma_r &= (\lambda+2\mu)\frac{\partial u_r}{\partial r}+\frac{2\lambda u_r}{r}\\ &= \frac{E(1-\nu)}{(1+\nu)(1-2\nu)}\frac{\partial u_r}{\partial r}+\frac{2\nu E u_r}{(1+\nu)(1-2\nu)r}\end{aligned} \tag{3-71}$$

式中 σ_r——球面波 r 方向的应力值，Pa；

λ，μ——拉梅常数；

r——球面中心算起的矢径，m；

E——弹性模量，Pa；

u_r——球面波 r 方向的质点位移，m；

ν——泊松比。

$$\begin{aligned}\sigma_\theta = \sigma_\phi &= \lambda \frac{\partial u_r}{\partial r} + \frac{2(\lambda + \mu) u_r}{r} \\ &= \frac{\nu E}{(1+\nu)(1-2\nu)} \frac{\partial u_r}{\partial r} + \frac{E}{(1+\nu)(1-2\nu)} \frac{u_r}{r}\end{aligned} \tag{3-72}$$

式中　σ_ϕ——球面波 θ 方向的应力值，Pa；

λ, μ——拉梅常数；

r——球面中心算起的矢径，m；

E——弹性模量，Pa；

u_r——球面波 r 方向的质点位移，m；

ν——泊松比。

$$\varepsilon_r = \frac{\partial u_r}{\partial r} = \frac{\sigma_r - 2\nu\sigma_\theta}{E} \tag{3-73}$$

式中　ε_r——球面波 r 方向的应变值；

u_r——球面波 r 方向的质点位移，m；

r——球面中心算起的矢径，m；

σ_r——球面波 r 方向的应力值，Pa；

σ_θ——球面波 θ 方向的应力值，Pa；

E——弹性模量，Pa；

ν——泊松比。

$$\varepsilon_\theta = \varepsilon_\phi = \frac{u_r}{r} = \frac{\sigma_\theta - 2\nu(\sigma_r + \sigma_\theta)}{E} \tag{3-74}$$

式中　ε_θ、ε_ϕ——球面波 θ、ϕ 方向的应变值；

u_r——球面波 r 方向的质点位移，m；

r——球面中心算起的矢径，m；

σ_r——球面波 r 方向的应力值，Pa；

σ_θ——球面波 θ 方向的应力值，Pa；

E——弹性模量，Pa；

ν——泊松比。

质点速度与位移间的关系为：

$$\nu_r = \frac{\partial u_r}{\partial t} \tag{3-75}$$

式中　ν_r——球面波 r 方向的速度值，m/s；

u_r——球面波 r 方向的质点位移，m；

t——球面波的传播时刻，s。

因此，由波动方程式（3-70）、定解条件式（3-71）~式（3-75），就能求得应力波所有扰动参量随距离 r 和时间 t 变化的函数。

对均匀加载的球形扰动源，方程式（3-70）的通解形式为：

$$u_r = -\frac{c_P^2}{r^2}\left[\psi_1\left(t - \frac{r - r_0}{c_P}\right) + \psi_2\left(t + \frac{r - r_0}{c_P}\right)\right] - \frac{c_P}{r}\left[\psi_1'\left(t - \frac{r - r_0}{c_P}\right) + \psi_2'\left(t + \frac{r - r_0}{c_P}\right)\right] \tag{3-76}$$

式中 u_r——应力波位移量，m；

r_0——球形扰动源的半径，m；

t——球面波的传播时刻，s；

r——球面中心算起的矢径，m；

c_P——岩石纵波速度，m/s。

ψ_1，ψ_2——变量 ζ 和 η 的任意函数，$\zeta = t - (r - r_0)/c_P$，$\eta = t + (r - r_0)/c_P$。

若只考虑发散波，并含 $\psi_1 = \psi$，$\psi_1' = \psi'$ 则有：

$$u_r = -\frac{c_P^2}{r^2}\psi''(\zeta) - \frac{c_P}{r}\psi'(\zeta) \tag{3-77}$$

式中 u_r——应力波位移量，m；

c_P——岩石纵波速度，m/s；

r——球面中心算起的矢径，m；

ψ——变量 ζ 的任意函数，$\zeta = t - (r - r_0)/c_P$。

应力波的其他参数可表示为 $\psi(\zeta)$ 函数的形式：

$$\begin{cases} v_r = -\dfrac{c_P}{r}\psi''(\zeta) - \dfrac{c_P^2}{r^2}\psi'(\zeta) \\ \sigma_r = \dfrac{1}{r}\left[(\lambda + 2\mu)\psi''(\zeta) + \dfrac{4\mu c_P}{r}\psi'(\zeta) + \dfrac{4\mu c_P^2}{r^2}\psi(\zeta)\right] \\ \varepsilon_r = \dfrac{1}{r}\psi''(\zeta) + \dfrac{2c_P}{r^2}\psi(\zeta) + \dfrac{2c_P^2}{r^3}\psi(\zeta) \\ \sigma_\theta = \sigma_\phi = \dfrac{1}{r}\left[\lambda\psi''(\zeta) - \dfrac{2\mu c_P}{r}\psi(\zeta) + \dfrac{4\mu c_P^2}{r^2}\psi(\zeta)\right] \\ \varepsilon_\theta = \varepsilon_\phi = -\dfrac{c_P}{r^2} - \dfrac{c_P^2}{r^8}\psi(\zeta) \end{cases} \tag{3-78}$$

式中 v_r——球面波 r 方向的速度值，m/s；

ψ——变量 ζ 的任意函数，$\zeta = t - (r - r_0)/c_P$；

r——球面中心算起的矢径，m；

c_P——岩石纵波速度，m/s；

σ_r ——球面波 r 方向的应力值，Pa；

λ，μ ——拉梅常数；

ε_r ——球面波 r 方向的应变值；

σ_θ，σ_ϕ ——球面波 θ 方向的应力值，Pa；

ε_θ，ε_ϕ ——球面波 θ 方向的应变值。

函数的形式决定于初始条件 $\sigma_r|_{r=r_0} = -P(t)$，其中 $P(t)$ 为扰动源压力随时间变化的函数，并规定压力为负。装药爆炸时，压力随时间的变化规律一般可表示为指数函数，见式（2-27）。

但实验表明，应力波波形主要决定于压力峰值，很少受压力随时间变化的影响。因此，初始条件可写成：

$$\sigma_r|_{r=r_0} = \begin{cases} 0 & t < 0 \\ P_m & t > 0 \end{cases} \tag{3-79}$$

式中 σ_r ——球面波 r 方向的应力值，Pa；

P_m ——峰值压力，Pa。

3.4.3.3 柱面波

柱面波是轴对称的扰动波，其中扰动参量在柱面坐标系中同样只依赖于矢径 r 和时间 t。利用柱面坐标系的拉普拉斯算子 $\nabla = 1/r(\partial/\partial r) + \partial^2/\partial r^2$，可将(3-67)波动方程改写为：

$$\frac{\partial^2 \phi}{\partial t^2} = c_P^2\left(\frac{\partial^2 \phi}{\partial r^2} + \frac{1}{r}\frac{\partial \phi}{\partial r}\right) \tag{3-80}$$

式中 ϕ ——位移的势函数，m；

c_P ——岩石纵波速度，m/s；

r ——柱面中心算起的矢径，m；

t ——柱面波的传播时刻，s。

方程式（3-80）两边对 r 求导，并注意到$\partial\phi/\partial r = u_r$，得：

$$\begin{aligned} \frac{\partial}{\partial t^2}\frac{\partial \phi}{\partial r} &= c_P^2\frac{\partial}{\partial r}\left(\frac{\partial^2 \phi}{\partial r^2} + \frac{1}{r}\frac{\partial \phi}{\partial r}\right) \\ &= c_P^2\left(\frac{\partial^2}{\partial r^2}\frac{\partial \phi}{\partial r} + \frac{1}{r}\frac{\partial}{r}\frac{\partial \phi}{\partial r} - \frac{1}{r^2}\frac{\partial \phi}{\partial r}\right) \end{aligned} \tag{3-81}$$

式中 ϕ ——位移的势函数，m；

c_P ——岩石纵波速度，m/s；

r ——柱面中心算起的矢径，m。

方程式（3-80）和式（3-81）即在柱面坐标系中，位势函数和位移函数所需满足的波动方程。在柱面坐标系中，位移与应力、应变之间的关系为：

$$\begin{aligned}\sigma_r &= \frac{\lambda + 2\mu}{r}\frac{\partial}{\partial r}(ru_r) - \frac{2\mu u_r}{r} \\ &= (\lambda + 2\mu)\theta - 2\mu\frac{u_r}{r} \\ &= \frac{(1-\nu)E}{(1+\nu)(1-2\nu)}\frac{\partial u_r}{\partial r} + \frac{\nu E}{(1+\nu)(1-2\nu)}\frac{u_r}{r}\end{aligned} \tag{3-82}$$

式中 σ_r——柱面波 r 方向的应力值，Pa；

λ，μ——拉梅常数；

r——柱面中心算起的矢径，m；

E——弹性模量，Pa；

u_r——柱面波 r 方向的质点位移，m；

ν——泊松比。

$$\begin{aligned}\sigma_\theta &= \frac{\lambda}{r}\frac{\partial}{\partial r}(ru_r) - \frac{2\mu u_r}{r} \\ &= \lambda\theta + 2\mu\frac{u_r}{r} \\ &= \frac{\nu E}{(1+\nu)(1-2\nu)}\frac{\partial u_r}{\partial r} + \frac{(1-\nu)E}{(1+\nu)(1-2\nu)}\frac{u_r}{r}\end{aligned} \tag{3-83}$$

式中 σ_θ——柱面波 θ 方向的应力值，Pa；

λ，μ——拉梅常数；

r——球面中心算起的矢径，m；

E——弹性模量，Pa；

u_r——球面波 r 方向的质点位移，m；

ν——泊松比。

$$\begin{aligned}\sigma_z &= \frac{\lambda}{r}\frac{\partial}{\partial r}(ru_r) = \lambda\theta \\ &= \frac{\nu E}{(1+\nu)(1-2\nu)}\frac{\partial u_r}{\partial r} + \frac{\nu E}{(1+\nu)(1-2\nu)}\frac{u_r}{r}\end{aligned} \tag{3-84}$$

式中 σ_z——柱面波 z 方向的应力值，Pa；

λ——拉梅常数；

r——球面中心算起的矢径，m；

E——弹性模量，Pa；

u_r——球面波 r 方向的质点位移，m；

ν——泊松比。

$$\varepsilon_{rr}=\frac{\partial u_r}{\partial r}\ ;\ \varepsilon_{\theta\theta}=\frac{u_r}{r}\ ;\ \varepsilon_{r\theta}=\frac{1}{r}\frac{\partial u_r}{\partial r}\ ;\ \varepsilon_{zr}=\frac{\partial u_r}{\partial z}\tag{3-85}$$

式中　ε_{rr}，$\varepsilon_{\theta\theta}$——柱面波 r、θ 方向的应变值；

$\varepsilon_{r\theta}$，ε_{zr}——柱面波 $r\theta$、zr 方向的应变值；

u_r——球面波 r 方向的质点位移，m；

r——球面中心算起的矢径，m。

方程式（3-80）和方程式（3-81）不可能给出解的解析表达式，只能利用数值方法求定解问题的数值解。由于这个原因，解决柱状装药在岩体中爆炸所形成的应力场时，通常把它分解成若干个等效的球状装药，并将柱状装药形成的应力场看成是这些等效球状装药爆炸所形成应力场的叠加。

数值计算结果表明，柱面波与球面波的特点基本类似：在波传播过程中，同样会发生几何衰减，但比球面波衰减得慢（与距离平方根成反比衰减）；当径向位移和质点速度增大到一定程度后，切向应力同样也会变成拉应力。

图 3-14 为柱状装药在岩体内激起的应力波形。

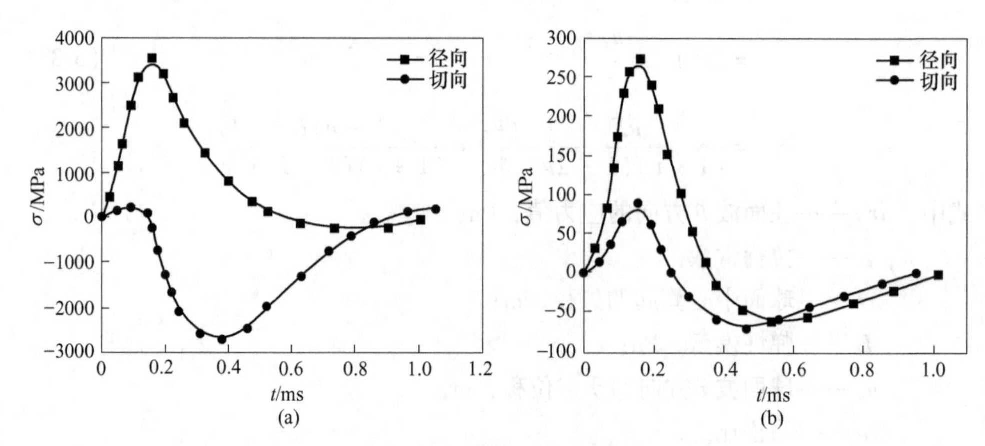

图 3-14　柱状装药在炮眼围岩内激起的应力波

（a）近炮眼处的应力波形；（b）较远处的应力波形

从图中可归纳出以下几点。

（1）近炮眼处切向拉应力幅值几乎与径向压应力幅值（绝对值）一样大，但随传播距离增大，前者衰减比后者快。

（2）无论是径向方向，还是切向方向，最初出现的都是压应力，而后转变成为拉应力。但是，在近炮眼处，径向方向以压应力为主，切向方向以拉应力为主。

（3）随距离增大，径向方向压应力和拉应力的幅值比值减小，而切向方向该比值则增大。

（4）径向压应力幅值与切向拉应力幅值不在同一时刻出现，前者较早，后者较晚。

根据径向应力是压应力，还是拉应力，相应地将应力波称为压缩波和拉伸波。压缩波内质点运动方向与波传播方向相同，拉伸波内质点运动方向与波传播方向相反。

3.4.3.4 理想弹性波波速

从波动方程式（3-56）中可以知道，纵波的传播速度为：

$$c_P = \sqrt{\frac{\lambda + 2\mu}{\rho}} = \sqrt{\frac{E(1 - \nu)}{\rho(1 + \nu)(1 - 2\nu)}} \tag{3-86}$$

式中 c_P ——岩石纵波速度，m/s；

λ，μ ——拉梅常数；

ρ ——物体密度，kg/m^3；

E ——弹性模量，Pa；

ν ——泊松比。

若不产生侧限应力和忽略横向变形的影响（$\nu = 0$），若 $\theta = 0$ 则式（3-86）将变为：

$$\begin{cases} \rho \dfrac{\partial^2 \overline{U}}{\partial t^2} = \mu \overline{U} \\ \rho \dfrac{\partial^2 \overline{U}}{\partial t^2} = c_s \overline{U} \end{cases} \tag{3-87}$$

方程式（3-87）即用矢量表示的另一个波动方程。由于与体积变化无关，所以该方程描述的是等体积波。等体积波只产生旋转和形状的改变，与纯剪切有关，所以又把它称为剪切波。在剪切波中，质点运动方向与波传播方向垂直，故剪切波即是横波或 S 波。从波动方程中可以知道，横波的传播速度为：

$$c_s = \sqrt{\frac{2\mu}{\rho}} = \sqrt{\frac{E}{2\rho(1 + \nu)}} \tag{3-88}$$

式中 c_s ——岩石横波速度，m/s；

μ ——拉梅常数；

ρ ——物体密度，kg/m^3；

E ——弹性模量，Pa；

ν ——泊松比。

在横波中，因质点可在波面（与波传播方向垂直的平面）上，作任何方向运动，故必须确定质点运动的方向。为此，可将横波产生的位移矢量看作是两个分量波产生位移的矢量和。若以波传播方向为水平轴，质点在垂直方向运动的分量波称为 SV 波；质点在水平方向运动的分量波称为 SH 波，如图 3-15 所示。

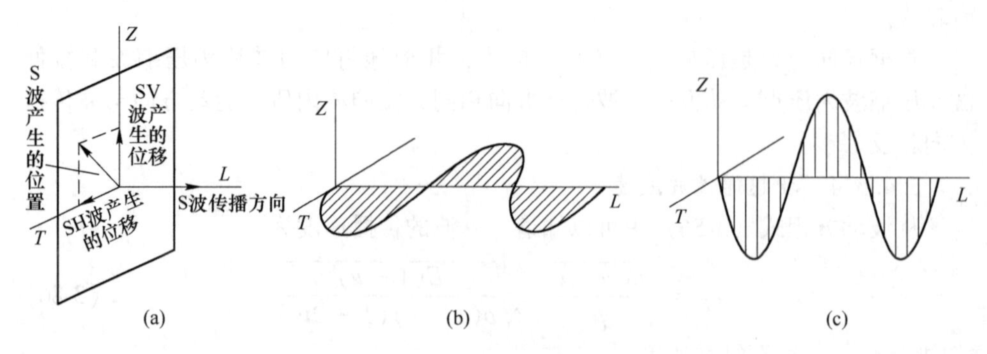

图 3-15　横波运动的形式

（a）横波矢量分解；（b）SH 波；（c）SV 波

综上所述，在弹性固体内部，能传播两种形式的弹性波，即纵波和横波。其中，纵波传播速度大于横波传播速度。一般情况下，可同时形成这两种波，但在特殊情况下，也可以只形成一种波。球状装药在岩体内爆炸时只激起纵波；柱状装药可同时激起纵波和横波，但起主要作用的还是纵波，横波一般可忽略不计。

必需指出，式（3-86）和式（3-88）中的弹性常数是动态弹性常数，实际上不能利用这些公式计算波速，而只能根据实际测定的波速来确定物体的动态弹性常数。

3.4.3.5　*岩石应力与比容关系*

设处于静止状态的半无限介质，其端面上受到载荷 σ 作用，于是在半无限介质中产生平面应变波。由弹性动力学理论可知，一维应变波波速由式（3-89）确定。

$$c = \sqrt{\frac{1}{\rho_0}\frac{\mathrm{d}\sigma}{\mathrm{d}\varepsilon}} = V_0\sqrt{\frac{\mathrm{d}\sigma}{\mathrm{d}V}} \tag{3-89}$$

式中　c——介质中的浓度，m/s；

ρ_0——介质初始密度，kg/m^3；

σ——介质所受的应力值，Pa；

ε——介质的应变值；

V_0——介质的初始体积值；

V——介质的体积值。

在理想的一维应变下，岩石一般有如图 3-16 所示的应力比容关系。根据该曲线确定的关系可知，岩石受爆炸应力波作用首先是处于弹性阶段，而后随着压力的增加开始压缩，当岩石空隙被压缩后表现为流体状态。将图 3-16 与式（3-89）结合讨论远离爆心一定距离处爆炸波的波速特征。

3.4.3.6　*不同应力状态爆炸应力波波速讨论*

（1）当 $0 < \sigma < \sigma_A$ 时，该区域的特点是应力-比容关系呈线性变化，波的传

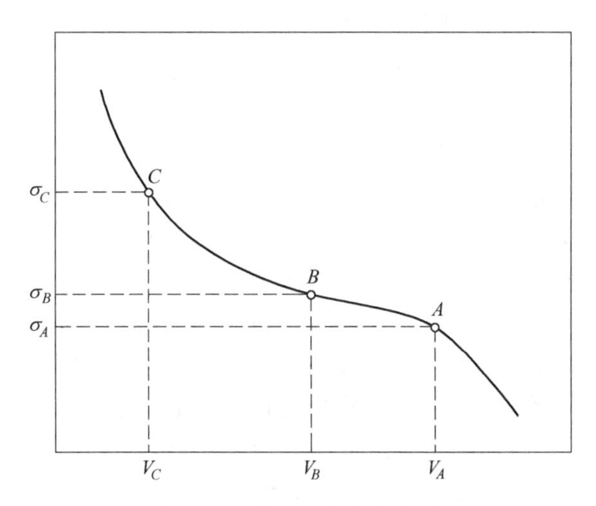

图 3-16 岩石应力比容关系

播速度 $c_0 = V_0\sqrt{\dfrac{\mathrm{d}\sigma}{\mathrm{d}V}}$ 为常数。因此，各种大小应力波扰动均以材料的声速传播，传播过程中波形不变，如图 3-17（d）所示。

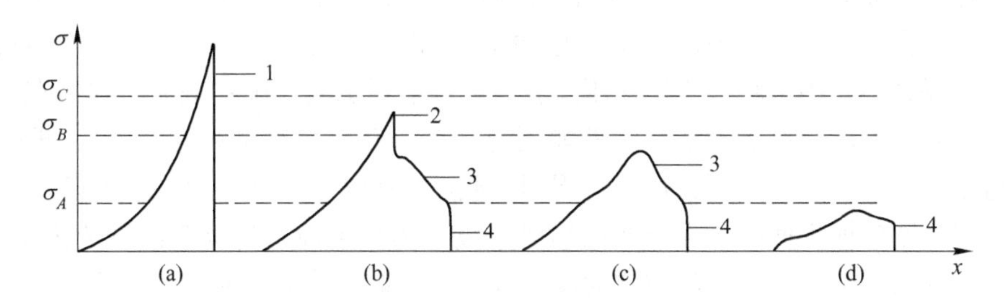

图 3-17 岩石介质中应力波类型

（a）稳定冲击波区；（b）不稳定冲击波区；（c）塑性区；（d）弹性区

1—冲击波；2—不稳定冲击波；3—塑性波；4—弹性波

（2）当 $\sigma_A < \sigma < \sigma_B$ 时，该区域的特点是应力-比容关系变成非线性的。从岩石结构看，岩石结构发生变化，即使压力增加不大，也会引起较大的质点位移。岩石抵抗剪应力的能力逐渐减弱，开始呈现出流体特性。从波的传播速度看，在该区域波速 $c_3 = V_0\sqrt{\dfrac{\mathrm{d}\sigma}{\mathrm{d}V}} < c_0$ 并且随应力的增加而减少。因此，在此区间里，高应力以小于低应力的速度传播，应力波的波形特征，如图 3-17（c）所示，由于塑性波速 c_3 小于弹性波速度 c_0，所以此时出现双波结构。

（3）当 $\sigma_B < \sigma < \sigma_C$ 时，该区域的特点是岩石介质表现为流体属性，波传播

速度 c_2 大于塑性波速度，但小于弹性波速度，即 $c_3 < c_2 < c_0$，并且 c_2 的速度随着应力增加而增大。说明在此应力区间内，高压应力大于低压应力的速度传播，但是比弹性状态的低压扰动传播还是要慢。应力波的波形特征，如图 3-17（b）所示。由于 $C_2 > C_3$，所以在这个区间会形成振面陡峭的间断波，但传播速度仍小于弹性波，所以这个区间传播的波称为亚声速冲击波。

（4）当 $\sigma > \sigma_C$ 时，岩石已经很难压缩，需要增加很大压力才能使体积变化。在该区波传播速度 $c_1 > c_0 > c_2 > c_3$，因此所有高应力扰动都将赶上前面应力波，最终形成稳定的超声速冲击波。波形特征如图 3-17（a）所示。

综上所述，研究的问题中可能出现冲击波、亚声速冲击波、塑性波、弹性波。显然在研究问题中，如果只有弹性波那么研究问题相对会简单得多。因此，可以适当调整裂纹与爆源的距离，使其处于弹性波传播区域，这样波速固定，但又不能使其峰值压力降低太多，这样裂纹不会扩展无法进行研究。因此，可以考虑将冲击波、亚声速冲击波、弹塑性双波区域用波阻抗低的介质替换，例如水、油等液体，具体位置与材料将在第 5 章中讨论。

3.4.4　爆炸应力波的相互作用

爆轰波或运动的爆轰产物与周围介质（例如空气、岩石、金属等）发生碰撞时，就会形成爆炸应力波在介质内传播。同时，根据炸药和介质的特性阻抗不同，在爆轰产物中也将产生反射压缩波，或反射稀疏波。确定碰撞时作用在炸药和介质界面上的初始扰动参量（例如压力、传给介质的冲量和能量等），即爆炸应力波的初始参量，是研究炸药对周围介质产生破坏作用所不可缺少的条件。

爆轰波碰撞界面时，在介质内形成的波称为折射波，原爆轰波称为入射波，自界面返回到爆轰产物中的波称为反射波。若入射波传播方向垂直界面，就称为正入射或正反射。否则，称之为斜入射或者斜反射。

3.4.4.1　弹性波的叠加原理

设原来处于静止无初始应力状态的弹性杆，其左端（$x=0$）和右端（$x=L$）分别受到突加恒值（矩形）冲击载荷，如图 3-18（a）所示。于是从杆的两端迎面传播着两个强间断弹性波（称为一次波），两波在杆中相遇时会发生相互作用，形成复合波。两波相遇前，右行简单波过后杆处于 u_1、ε_1、σ_1 的状态，而左行简单波过后杆处于 u_2、ε_2、σ_2 的状态，如图 3-18（b）所示。在（x，t）平面（物理平面）上它们分别处于 1 区和 2 区；在（u，σ）平面（速度平面）上，它们分别处于 1 点和 2 点。两波在杆内相互作用后，杆的状态将处于 u_3、ε_3、σ_3 的状态。在（x，t）平面上它们处于 3 区；在（u，σ）平面上，它处于 3 点。现在我们的任务就是要确定复合波区（3 区）的状态。下面按特征线法进行求解。

0 区为未扰动区，该区中状态为：

$$u_0 = \varepsilon_0 = \sigma_0 \tag{3-90}$$

式中 u_0——0 区域质点速度，m/s；

ε_0——0 区域应力波应变值；

σ_0——0 区域应力波值，Pa。

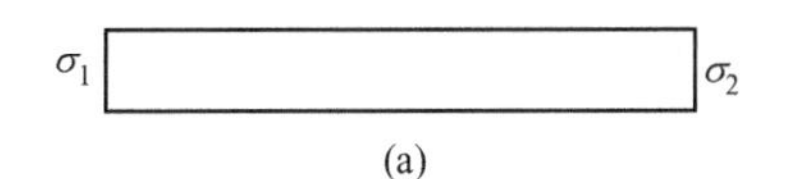

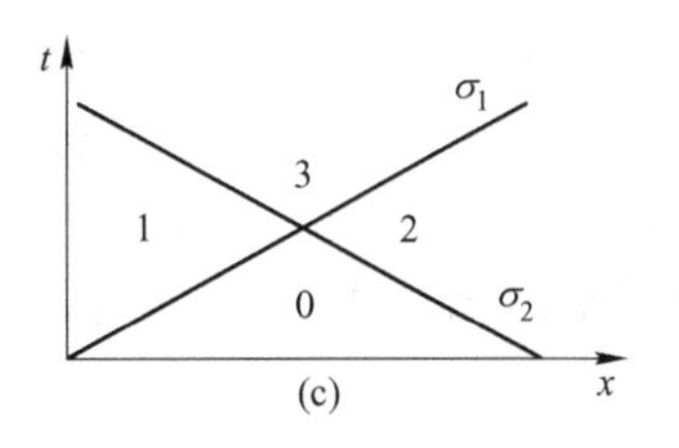

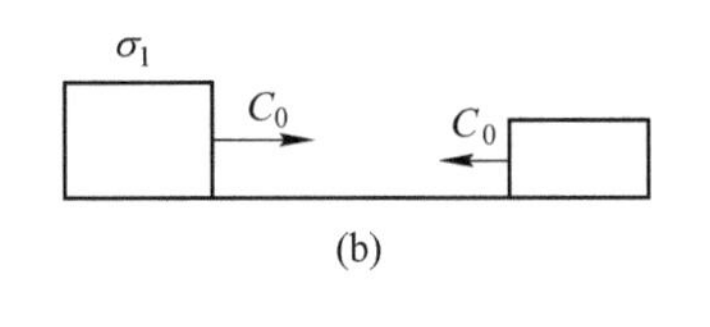

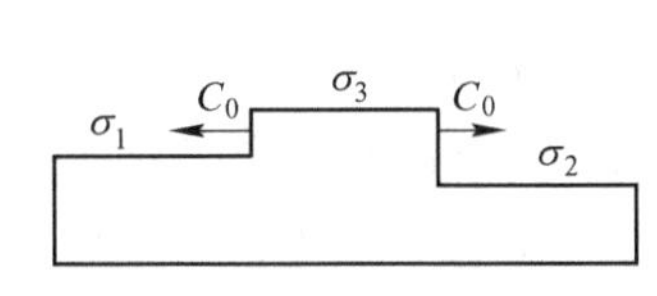

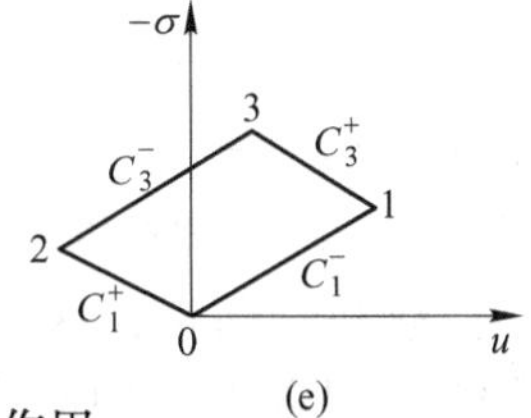

图 3-18 弹性波的相互作用

（a）两端受恒值载荷的杆；（b）两波相遇前杆中运动状态；

（c）两波相遇时杆中运动状态；（d）物理平面；（e）速度平面

1 区为右行简单波区，过 0 区做负向特征线 C_1^-，沿此特征线有：

$$\begin{cases} \sigma_0 + \rho_0 c_0 u_0 = \sigma_1 + \rho_0 c_0 u_1 \\ \sigma_1 = -\rho_0 c_0 u_1 \end{cases} \tag{3-91}$$

式中 σ_0，σ_1——0、1 区域介质所受的应力值，Pa；

u_0，u_1——0、1 区域质点速度，m/s；

ρ_0——0 区域介质初始密度，kg/m^3；

c_0——0 区域应力波波速，m/s。

2 区为左行简单波区，过 0 区做正向特征线 C_2^+，沿此特征线有：

$$\begin{cases} \sigma_0 - \rho_0 c_0 u_0 = \sigma_2 - \rho_0 c_0 u_2 \\ \sigma_2 = -\rho_0 c_0 u_2 \end{cases} \tag{3-92}$$

式中 σ_0，σ_2——0、2 区域介质所受的应力值，Pa；

u_0，u_2——0、2 区域质点速度，m/s；

ρ_0——0 区域介质初始密度，kg/m^3；

c_0——0 区域应力波波速，m/s。

3 区为复合波区，该区既有右行波 1 又有左行波 2。过 1 区做正向特征线 C_3^+，过 2 区做负向特征线 C_3^-，沿这两条特征线各有：

$$\begin{cases}\sigma_1 - \rho_0 c_0 u_1 = \sigma_3 - \rho_0 c_0 u_3 \\ \sigma_2 + \rho_0 c_0 u_2 = \sigma_3 + \rho_0 c_0 u_3\end{cases} \tag{3-93}$$

式中　σ_1，σ_3——1、3 区域介质所受的应力值，Pa；

u_1，u_3——1、3 区域质点速度，m/s；

ρ_0——0 区域介质初始密度，kg/m^3；

c_0——0 区域应力波波速，m/s。

把式（3-91）和式（3-92）分别代入以上两式可求得两弹性波相互作用后杆中质点速度 u_3 和应力 σ_3 分别为：

$$\begin{cases}\sigma_3 = \sigma_1 + \sigma_2 \\ u_3 = u_1 + u_2\end{cases} \tag{3-94}$$

式中　σ_1，σ_2，σ_3——1、2、3 区域介质所受的应力值，Pa；

u_1，u_2，u_3——1、2、3 区域质点速度，m/s。

由上式可知：两个弹性波相互作用时，其结果可由两个波分别单独传播时的结果叠加（代数和）而得，这就是弹性波叠加原理。叠加原理之所以成立是因为弹性介质的物理方程（即应力应变关系）是线性的，波动方程也是线性的。使用叠加原理时应注意应力和速度符号的规定：拉应力规定为正，压应力规定为负，质点速度方向和波传播方向都取与坐标轴正向一致为正。

3.4.4.2　弹性波在自由端与固定端的反射

A　弹性波在自由端的反射

首先讨论弹性波传播到有限长直杆自由端面后的情况。设在图 3-19 所示的直杆 AB 中有波长为 λ 的脉冲压缩波，以波速 c_0 从左向右传播，波所到之处，截面应力骤增至 $-\sigma_0$。当压缩波到达自由端 B 后，它必须满足自由端应力 σ 等于 0 的边界条件。我们现在要确定波到达自由端后杆的运动状态。下面我们用叠加原理来求解此问题，当然也可以用特征线法来求解。

设想，在以 B 为对称面的直杆 ABA' 内，如图 3-19（b）所示。从杆两端同时向中点 B 传来大小和波形均相同的两个波，但右行波为压缩波 $-\sigma_0$。左行波为拉伸波 $+\sigma_0$。二者相遇于 B 点，根据叠加原理有：

$$\begin{cases}\sigma = \sigma_1 + \sigma_2 = -\sigma_0 + (-\sigma_0) = 0 \\ u = u_1 + u_2 = -(-\sigma_0/\rho_0 c_0) + \sigma_0/\rho_0 c_0 = 2u_0\end{cases} \tag{3-95}$$

式中　σ——B 点处应力波值，Pa；

σ_1，σ_2——右、左行波的应力值，Pa；

u——B 点处质点速度，m/s；

u_1，u_2——右、左行波引起的 B 质点速度，m/s；

u_0——初始波质点速度，m/s。

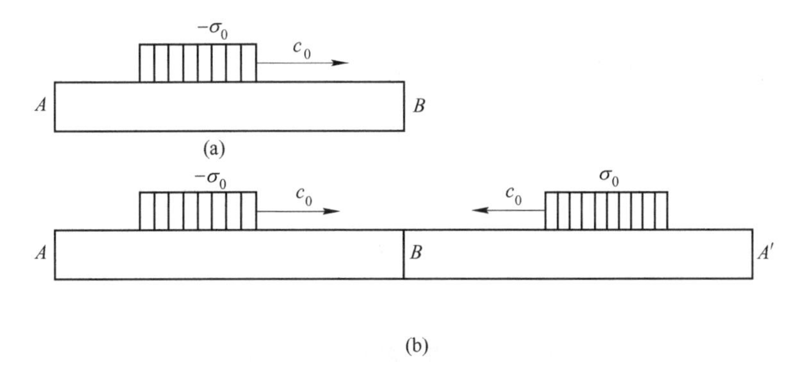

图 3-19 压缩波在自由端的反射

（a）压缩波在 *AB* 杆中传播；（b）压缩波在 *B* 端的反射

由式（3-95）可见，两波在 *B* 点相遇时，应力互相抵消等于零，这正是实际杆自由端所需满足的边界条件。所以一个压缩波遇到自由端后，会反射产生一个往回传播、大小相等的反射拉伸波，杆中的应力是入射波和反射波叠加的结果。在杆自由端处它们使应力为零，质点速度加倍，即满足所谓自由端速度倍增定律。同理，一个拉伸波遇到自由端时，会反射产生一个往回传播、大小相等的反射压缩波。可见，当入射波遇到自由端时，会产生一个反射波，反射波的波形及大小与入射波完全相同。但是，反射波需改变原来入射波的正负号，即压缩波反射为拉伸波，拉伸波反射为压缩波，出现波形转换。

B 弹性波在固定端的反射

如图 3-20 所示，当压缩波到达固定端 *B* 后，它必须满足质点速度等于零的边界条件。与处理自由端反射方法一样，我们也可以设想这种情况相当于在杆 *ABA′* 中，有两个从两端同时向中点 *B* 传来完全相同的压缩波，这两个波引起的质点速度大小相等，方向相反，相遇于 *B* 点，根据叠加原理，这两个波互相叠加的结果正好满足实际杆固定端质点速度等于零的边界条件。所以，一个压缩波遇到固定端后，会产生一个往回传播，大小相等的反射压缩波，杆中的应力是这两个波叠加的结果。在杆的固定端处它们使质点速度为零，应力增加一倍，即满足所谓固定端应力倍增定律。同理，一个拉伸波遇到固定端后也会反射回大小相等的反射拉伸波。与自由端反射不同是，固定端反射不会出现波形转换。

3.4.4.3 弹性波在界面上的反射和透射

A 弹性波在两种介质分界面的反射与透射

应力波从一种介质传到另一种介质时，在界面上会发生反射和透射，如图 3-21 所示。如果用下标 *I* 表示入射波的参量，下标 *R* 表示反射波参量，下标 *T* 表示透射波的参量，且设界面两边介质的波阻抗分别为 $\rho_1 c_1$ 和 $\rho_2 c_2$。当应力波从

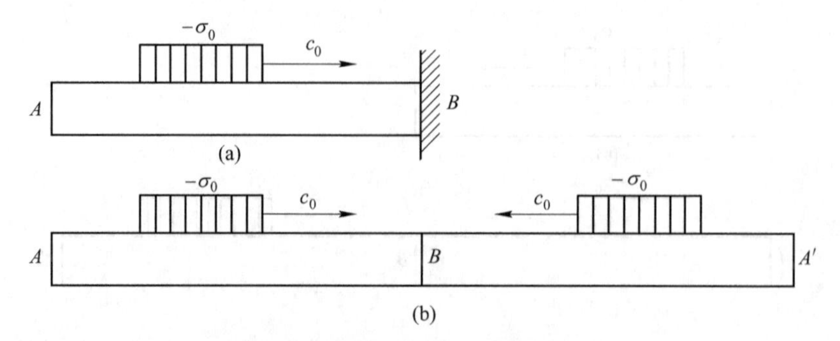

图 3-20　压缩波在固定端的反射
（a）压缩波在 AB 杆中传播；（b）压缩波在 B 端的反射

介质 1 传到界面时，由于两边介质的波阻抗不同，入射波 σ_I 将在界面上同时发生反射和透射。产生的反射波 σ_R。返回介质 1 与入射波叠加在一起；产生的透射波 σ_T 则穿过界面进入介质 2 继续向前传播，如图 3-21（b）所示。

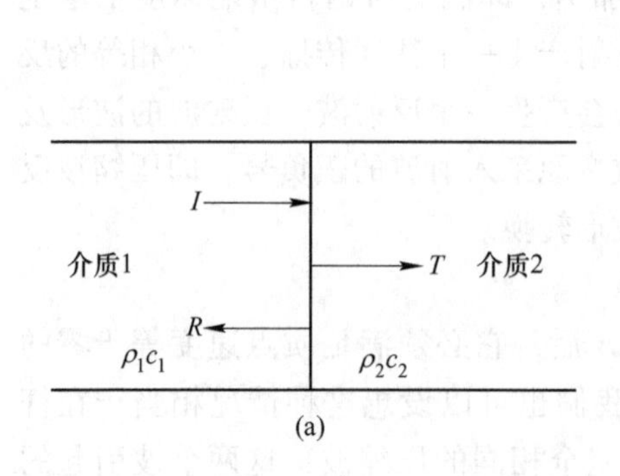

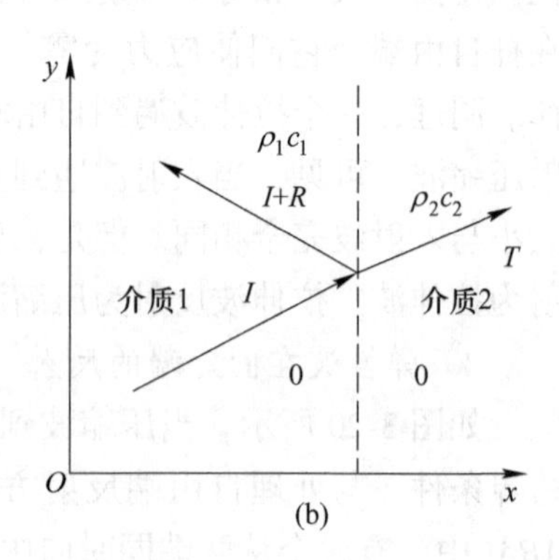

图 3-21　两种介质分界面的反射与透射
（a）分界面应力波状态；（b）分界面应力波的分解

根据波阵面上动量守恒方程（3-96）可得：

$$\begin{cases} u_I = \dfrac{\sigma_I}{\rho_1 c_1} \\ u_R = \dfrac{\sigma_R}{\rho_1 c_1} \\ u_T = \dfrac{\sigma_T}{\rho_2 c_2} \end{cases} \tag{3-96}$$

式中 u_I，u_R，u_T——入射、反射、透射应力波质点速度，m/s；

σ_I，σ_R，σ_T——入射、反射、透射应力波值，Pa；

ρ_1，ρ_2——介质 1、2 密度，kg/m^3；

c_1，c_2——介质 1、2 中应力波波速，m/s。

根据叠加原理和界面上两边的质点速度相等、应力相等条件，可得：

$$\begin{cases}\sigma_I + \sigma_R = \sigma_T \\ u_I + u_R = u_T\end{cases} \tag{3-97}$$

式中 σ_I，σ_R，σ_T——入射、反射、透射应力波值，Pa；

u_I，u_R，u_T——入射、反射、透射应力波质点速度，m/s。

将式（3-96）和式（3-97）联立解得：

$$\begin{cases}\sigma_R = F\sigma_I \\ u_R = - Fu_I\end{cases} \tag{3-98}$$

式中 σ_R，σ_I——反射、入射应力波值，Pa；

u_R，u_I——反射、入射应力波质点速度，m/s；

F——反射系数。

$$\begin{cases}\sigma_T = T\sigma_I \\ u_T = \dfrac{\rho_1 c_1}{\rho_2 c_2} Tu_I\end{cases} \tag{3-99}$$

式中 σ_T，σ_I——反射、入射应力波值，Pa；

u_T，u_I——反射、入射应力波质点速度，m/s；

ρ_1，ρ_2——介质 1、2 密度，kg/m^3；

c_1，c_2——介质 1、2 中应力波波速，m/s；

T——透射系数。

上式 F 与 T，分别称为反射系数和透射系数，其值由两种介质的波阻抗确定：

$$\begin{cases}F = \dfrac{\rho_2 c_2 - \rho_1 c_1}{\rho_2 c_2 + \rho_1 c_1} \\ T = \dfrac{2\rho_2 c_2}{\rho_2 c_2 + \rho_1 c_1} \\ T = 1 + F\end{cases} \tag{3-100}$$

式中 F，T——反射、入射系数；

ρ_1，ρ_2——介质 1、2 密度，kg/m^3；

c_1，c_2——介质 1、2 中应力波波速，m/s。

从式（3-100）可以看出，T 总是正号，因此透射波的应力和入射波的应力总是同号，波类型总是一样。F 的正负号取决于两种介质波阻抗的大小，分别有下列几种情况。

（1）当 $\rho_2 c_2 > \rho_1 c_1$ 时，$F > 0$ 且 $T > 1$，反射波的应力和人射波的应力同号。压缩波反射后仍为压缩波，并且反射后使杆中应力增大，形成反射加载。

（2）当 $\rho_2 c_2 < \rho_1 c_1$ 时，$F < 0$ 且 $T < 1$，反射波的应力和入射波的应力异号。只要接触面能保持接触（连续），压缩波反射后将产生反射拉伸波，并且反射后使杆中应力减小，形成反射卸。

（3）当 $\rho_2 c_2 = \rho_1 c_1$ 时 $F = 1$，$T = 1$ 没有反射波，入射波完全透射到第二种介质，这种现象称为阻抗匹配。

（4）当 $\rho_2 c_2 / \rho_1 c_1 \to \infty$ 时，$F = 1$，$T = 2$ 反射波的应力等于入射波的应力。这相当于应力波入射到完全刚性物体，刚性物体受到的应力刚好是入射应力的 2 倍。

（5）当 $\rho_2 c_2 / \rho_1 c_1 \to 0$ 时，$F = -1$，$T = 0$ 这就是自由表面的反射，入射波被完全反射，界面应力降为零，质点速度加倍。

B　弹性波在多层介质中的反射与透射

波在多层不同阻抗材料中传播时，会发生复杂的反射与透射现象，但处理方法与波在两种介质反射与透射一样。利用叠加原理和界面透射、反射关系式（3-98）、式（3-99）与式（3-100）就可得到波在多层不同阻抗材料中反射与透射时，材料中应力的分布情况。

下面以应力波通过夹层为例，说明此问题的解决方法。如图 3-22 所示，直杆 A、C 之间有厚度为 h 的夹层 B。当波到达分界面 1 时将发生反射与透射，透射波进入夹层后，到达分界面 2 时也发生反射与透射，分界面 2 的反射波返回分界面 1 时，又发生反射与透射，反射波将如此不断地在分界面 1 和分界面 2 之间来回发生反射与透射。

设 A 杆的波阻抗为 Z_A，C 杆的波阻抗为 Z_C，夹层 B 的波阻抗为 Z_B，则由 A 杆到夹层 B 的反射系数 F_{AB} 和透射系数 T_{AB} 分别为：

$$\begin{cases} F_{AB} = \dfrac{Z_B - Z_A}{Z_B + Z_A} = F_1 \\[2ex] T_{AB} = \dfrac{2Z_B}{Z_B + Z_A} = 1 + F_1 \end{cases} \tag{3-101}$$

式中　F_{AB}，F_1——$A \to B$ 介质反射系数；

T_{AB}——透射系数；

Z_A，Z_B——A、B 介质的波阻抗，$g/(cm^2 \cdot s)$。

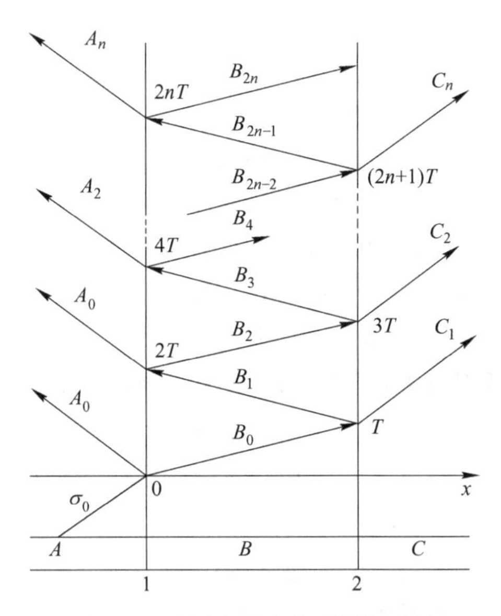

图 3-22 多层介质中的反射与透射

由夹层 B 到 C 杆的反射系数 F_{BC} 和透射系数 T_{BC} 分别为：

$$\begin{cases} F_{BC} = \dfrac{Z_C - Z_B}{Z_C + Z_B} \\ T_{BC} = \dfrac{2Z_C}{Z_C + Z_B} \end{cases} \tag{3-102}$$

式中 F_{BC} —— $B \to C$ 介质反射系数；

T_{BC} —— $B \to C$ 介质透射系数；

Z_B，Z_C —— B 、C 介质的波阻抗，$g/(cm^2 \cdot s)$。

由夹层 B 到 A 杆的反射系数 F_{BA} 和透射系数 T_{BA} 。分别为：

$$\begin{cases} F_{BA} = \dfrac{Z_A - Z_B}{Z_A + Z_B} \\ T_{BA} = \dfrac{2Z_A}{Z_A + Z_B} \end{cases} \tag{3-103}$$

式中 F_{BA} —— $B \to A$ 介质反射系数；

T_{BA} —— $B \to A$ 介质透射系数；

Z_B，Z_A —— B 、A 介质的波阻抗，$g/(cm^2 \cdot s)$。

现设 $Z_A = Z_C$ ，则由夹层 B 到 A 杆和夹层 B 到 C 杆的反射系数 F_2 和透射系数 T_2 可统一写为：

$$\begin{cases} F_2 = F_{BA} = F_{BC} = -F_1 \\ T_2 = T_{BA} = T_{BC} = 1 - F_1 \end{cases} \tag{3-104}$$

式中 F_2，F_{BA} —— $B \to A$ 介质反射系数；

F_{BC} —— $B \to C$ 介质反射系数；

F_1 —— $A \to B$ 介质反射系数；

T_2，T_{BA}，T_{BC} —— $B \to C$、$B \to A$、$B \to C$ 介质透射系数。

如果在 $t = 0$ 时，有突加恒定压力 σ_0，脉冲波从杆 A 到达界面 1，产生透射波 $B0$，进入夹层 B，同时产生反射波 $A0$ 返回到介质 A，根据式（3-98）、式（3-99）与式（3-100）可得透射波 $B0$ 的强度 σ_{B0} 和反射波 $A0$ 的强度 σ_{A0} 分别为：

$$\begin{cases} \sigma_{B0} = T_1 \sigma_0 \\ \sigma_{A0} = F_1 \sigma_0 \end{cases} \tag{3-105}$$

式中 σ_0——恒定应力波，Pa；

σ_{B0} —— B 介质中的透射应力波，Pa；

σ_{A0} —— A 介质中的反射应力波，Pa；

F_1 —— $A \to B$ 介质反射系数；

T_1 —— $A \to B$ 介质透射系数。

当 $t = h/c_b = T$ 时（c_b 为夹层的波速），夹层中的透射波 $B0$。达到界面 2，在杆 C 中产生第 1 道透射波 $C1$，同时在夹层 B 产生第 1 道反射波 $B1$，它们的强度分别为：

$$\begin{cases} \sigma_{C1} = T_2 \sigma_{B0} = \sigma_0 T_1 T_2 \\ \sigma_{B1} = F_2 \sigma_{B0} = F_2 T_1 \sigma_0 \end{cases} \tag{3-106}$$

式中 σ_{C1}，σ_{B0} —— C、B 介质中的透射应力波，Pa；

σ_0 ——恒定应力波，Pa；

T_1，T_2 —— $A \to B$、$B \to C$ 介质透射系数；

σ_{B1} —— B 介质中第 1 道反射应力波，Pa；

F_2 —— $B \to C$ 介质反射系数。

当 $t = 2T$ 时，夹层中第 1 道反射波 $B1$ 返回界面 1，向 A 杆产生第 1 道透射波 $A1$，同时在夹层中产生第 2 道反射波 $B2$，其强度分别为：

$$\begin{cases} \sigma_{A1} = T_2 \sigma_{B1} = \sigma_0 T_1 T_2 F_2 \\ \sigma_{B2} = F_2 \sigma_{B1} = F_2^2 T_1 \sigma_0 \end{cases} \tag{3-107}$$

式中 σ_{A1} —— A 介质第 1 道透射应力波，Pa；

σ_0 ——恒定应力波，Pa；

T_1，T_2 —— $A \to B$、$B \to C$ 介质透射系数；

F_2 —— $B \to C$ 介质反射系数；

σ_{B1}，σ_{B2} —— B 介质中第 1、2 道反射应力波，Pa。

当 $t=3T$ 时，夹层中第 2 道反射波 $B2$ 达到界面 2，在杆 C 中产生第 2 道透射波 $C2$，同时，在夹层 B 产生第 3 道反射波 $B3$，它们的强度分别为：

$$\begin{cases}\sigma_{C2}=T_2\sigma_{B2}=\sigma_0T_1T_2F_2^2\\ \sigma_{B3}=F_2\sigma_{B2}=F_2^3T_1\sigma_0\end{cases}\tag{3-108}$$

式中 σ_{C2} —— C 介质第 2 道透射应力波，Pa；

σ_{B2}，σ_{B3} —— B 介质中第 2、3 道反射应力波，Pa；

σ_0 ——恒定应力波，Pa；

T_1，T_2 —— $A\rightarrow B$、$B\rightarrow C$ 介质透射系数；

F_2 —— $B\rightarrow C$ 介质反射系数。

当 $t=4T$ 时，夹层中第 3 道反射波 $B3$ 达到界面 1，在杆 A 中产生第 2 道透射波 $A2$，同时，在夹层 B 产生第 4 道反射波 $B4$，它们的强度分别为：

$$\begin{cases}\sigma_{A2}=T_2\sigma_{B3}=\sigma_0T_1T_2F_2^3\\ \sigma_{B4}=F_2\sigma_{B3}=F_2^4T_1\sigma_0\end{cases}\tag{3-109}$$

式中 σ_{A2} —— A 介质第 2 道透射应力波，Pa；

σ_{B3}，σ_{B4} —— B 介质中第 3、4 道反射应力波，Pa；

σ_0 ——恒定应力波，Pa；

T_1，T_2 —— $A\rightarrow B$、$B\rightarrow C$ 介质透射系数；

F_2 —— $B\rightarrow C$ 介质反射系数。

以此类推，当 $t=(2n-1)T$ 时，夹层中第 $2n-2$ 道反射波 $B(2n-2)$ 达到界面 2，在 C 杆中产生第 n 道透射波 Cn 。同时，在夹层 B 产生第 $2n-1$ 道反射波 $B(2n-1)$ ，它们的强度分别为：

$$\begin{cases}\sigma_{Cn}=T_2\sigma_{B(2n-2)}=\sigma_0T_1T_2F_2^{2n-2}\\ \sigma_{B(2n-1)}=F_2\sigma_{B(2n-2)}=F_2^{2n-1}T_1\sigma_0\end{cases}\tag{3-110}$$

式中 σ_{Cn} —— C 介质第 n 道透射应力波，Pa；

$\sigma_{B(2n-2)}$，$\sigma_{B(2n-1)}$ —— B 介质中第 $2n-2$、$2n-1$ 道反射应力波，Pa；

σ_0 ——恒定应力波，Pa；

T_1，T_2 —— $A\rightarrow B$、$B\rightarrow C$ 介质透射系数；

F_2 —— $B\rightarrow C$ 介质反射系数。

当 $t=2nT$ 时，夹层中第 $2n-1$ 道反射应力波 $B(2n-1)$ 达到界面 1，在 A 杆中产生第 n 道透射波 $A2n$ ，同时，在夹层 B 产生第 $2n$ 道反射波 Bn ，它们的强度分别为：

$$\begin{cases}\sigma_{A2n}=T_2\sigma_{B(2n-1)}=\sigma_0T_1T_2F_2^{2n-1}\\ \sigma_{B2n}=F_2\sigma_{B(2n-1)}=F_2^{2n}T_1\sigma_0\end{cases}\tag{3-111}$$

式中　σ_{A2n} ——A 介质第 2n 道透射应力波，Pa；

$\sigma_{B(2n-1)}$，σ_{B2n} ——B 介质中第 2n - 1、2n 道反射应力波，Pa；

σ_0 ——恒定应力波，Pa；

T_1，T_2 ——$A \to B$ 、$B \to C$ 介质透射系数；

F_2 ——$B \to C$ 介质反射系数。

如果脉冲长度足够大，则当 $t = t_1$，而 $2nT < t_1 < 2(n+1)T$ 时，根据叠加原理，A 杆中靠近界面 1 处应力 σ_A 为历次透射波 Ak 和初始入射波 σ_0 及初次反射波 A0 应力之和，即：

$$
\begin{aligned}
\sigma_A &= \sigma_0 + F_1\sigma_0 + \sum_{k=1}^{n}\sigma_0 T_1 T_2 F_2^{2k-1} \\
&= \sigma_0(1 + F_1^{2n-1})
\end{aligned}
\tag{3-112}
$$

式中　σ_A ——A 介质第 2n 道透射应力波，Pa；

σ_0 ——恒定应力波，Pa；

T_1，T_2 ——$A \to B$、$B \to C$ 介质透射系数；

F_1 ——$A \to B$ 介质反射系数；

F_2 ——$B \to C$ 介质反射系数。

C 杆中靠近界面 2 处应力 σ_C 为历次透射波 C_k 应力之和，即：

$$
\begin{aligned}
\sigma_C &= \sum_{k=1}^{n}\sigma_0 T_1 T_2 F_2^{2k-2} \\
&= \sigma_0(1 + F_1^{2n})
\end{aligned}
\tag{3-113}
$$

式中　σ_C ——C 介质第 2n 道透射应力波，Pa；

σ_0 ——恒定应力波，Pa；

T_1，T_2 ——$A \to B$、$B \to C$ 介质透射系数；

F_1 ——$A \to B$ 介质反射系数；

F_2 ——$B \to C$ 介质反射系数。

夹层中靠近界面 2 处应力 σ_B 为历次反射波 B_k 和初始透射波 B_0 应力之和，即：

$$
\begin{aligned}
\sigma_B &= T_1\sigma_0 + \sum_{k=1}^{2n}\sigma_0 T_1 F_2^{k} \\
&= \sigma_0(1 + F_1^{2n+1})
\end{aligned}
\tag{3-114}
$$

式中　σ_B ——B 介质第 2n 道反射应力波，Pa；

σ_0 ——恒定应力波，Pa；

T_1，T_2 ——$A \to B$、$B \to C$ 介质透射系数；

F_1 ——$A \to B$ 介质反射系数；

F_2 —— $B \to C$ 介质反射系数。

由于 $|F| < 1$，因此，在多层介质中，当夹层的厚度 h 与应力波的波长 λ 相比很小时（相当于 n 很大），夹层的应力状态与两杆中分界面处应力状态相同。也就是说，若夹层的厚度 h 与应力波的波长 λ 相比很小，可以忽略夹层内波传播过程以及对波传播的影响。

C 杆截面不同时弹性波的反射与透射

如果杆的截面积发生间断，即使杆的材料波阻抗相同，应力波通过时，也要发生反射和透射，如图 3-23 所示。这时分界面的力连续条件应该是总作用力相等，即：

$$A_1(\sigma_I + \sigma_R) = A_2\sigma_T \tag{3-115}$$

式中 A_1，A_2——间断杆两边的截面积，m^2；

σ_I ——入射应力波，Pa；

σ_R ——反射应力波，Pa。

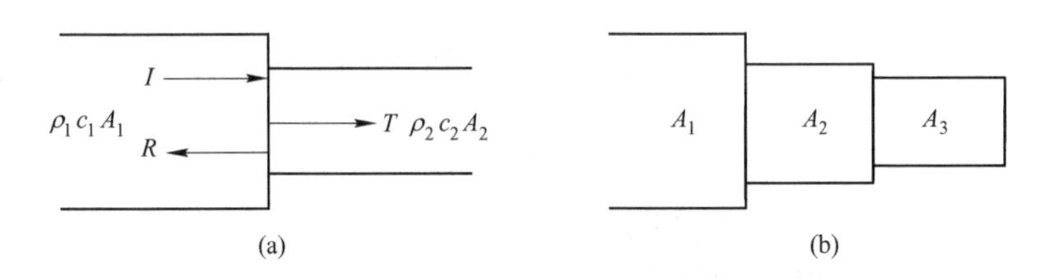

图 3-23 应力波通过截面有间断的直杆

（a）两杆分界面应力波状态；（b）三杆分界面应力波状态

用与前述一样的方法可得到：

$$\begin{cases} \sigma_R = F'\sigma_I \\ \sigma_T = \dfrac{A_1}{A_2}T'\sigma_I \\ F' = \dfrac{\rho_2 c_2 A_2 - \rho_1 c_1 A_1}{\rho_2 c_2 A_2 + \rho_1 c_1 A_1} \end{cases} \tag{3-116}$$

式中 σ_R，σ_I，σ_T ——反射、入射、透射应力波，Pa

F'，T' ——反射、透射系数；

A_1，A_2 ——间断杆两边的截面积，m^2；

ρ_1，ρ_2 ——介质 1、2 的密度，kg/cm^3；

c_1，c_2 ——介质 1、2 的波速，m/s。

$$
\begin{cases}
u_R = -F'u_I \\
u_T = \dfrac{\rho_1 c_1 A_1}{\rho_2 c_2 A_2} T' u_I \\
T' = \dfrac{2\rho_2 c_2 A_2}{\rho_2 c_2 A_2 + \rho_1 c_1 A_1}
\end{cases}
\tag{3-117}
$$

式中　u_R，u_I，u_T——反射、入射、透射质点速度，m/s；

F'，T'——反射、透射系数；

A_1，A_2——间断杆两边的截面积，m^2；

ρ_1，ρ_2——介质 1、2 的密度，kg/cm^3；

c_1，c_2——介质 1、2 的波速，m/s。

当杆的声阻抗相同，仅截面积间断而引起弹性波的反射和透射时：

$$
\begin{cases}
F' = \dfrac{A_2 - A_1}{A_2 + A_1} \\
T' = \dfrac{2A_2}{A_2 + A_1}
\end{cases}
\tag{3-118}
$$

式中　F'，T'——反射、透射系数；

A_1，A_2——间断杆两边的截面积，m^2。

可以看出：T 恒为正号，所以透射波的应力与入射波的应力同号，而 F' 的符号取决于截面积 A_1 和 A_2 的相对大小有下列几种情况。

（1）当 $A_2 > A_1$ 时，即应力波从小截面杆传入大截面杆，$F' > 0$ 对于小截面杆是反射加载；对于大截面，由于透射波的应力为 $\sigma_T = (A_1/A_2)T'\sigma_I < \sigma_I$，因而透射波比入射波弱。

（2）当 $A_2 < A_1$ 时，即应力波从大截面杆传入小截面 $F' < 0$，对于大截面杆是反射卸载，但透射波比入射波强。

（3）当 $A_2/A_1 \to 0$ 时，$\sigma_T = (A_1/A_2)T'\sigma_I \to 2\sigma_I$，所以单级应力放大倍数的极限为 2。

当大轴的一端受冲击时，另一端如有一小轴相连接，将起到“集波（捕波）”器的作用。但是如果总的截面积减少相同，两级阶梯轴比一级阶梯轴应力增强倍数大。例如在图 3-23（b）中，设 $A_1/A_3 = 4$，$A_1/A_2 = A_2/A_3 = 2$。则对于强度为 σ_I 入射压缩波，在截面 A_2 的透射应力 σ_{T2}；在 A_3 截面的透射应力为 σ_{T3}；如果 A_2 段被省略，入射压缩波直接从 A_1 截面进入 A_3，截面，则透射应力为 σ'_{T3}。

$$\begin{cases}\sigma_{T2} = \dfrac{2A_1}{A_2 + A_1}\sigma_I = \dfrac{2 \times 2\sigma_I}{2 + 1} = \dfrac{4}{3}\sigma_I \\ \sigma_{T3} = \dfrac{2A_2}{A_2 + A_3}\sigma_{T2} = \dfrac{2 \times 2}{2 + 1} \times \dfrac{4}{3}\sigma_I = \dfrac{16}{9}\sigma_I \\ \sigma'_{T3} = \dfrac{2A_1}{A_1 + A_3}\sigma_I = \dfrac{2 \times 4}{4 + 1}\sigma_I = \dfrac{8}{5}\sigma_I \end{cases} \tag{3-119}$$

参 考 文 献

[1] Whitham Gerald Beresford. Linear and nonlinear waves [M]. John Wiley & Sons, 2011.
[2] 朱兆祥．爆炸、冲击和非线性波 [J]. 爆炸与冲击，1982，2 (4)：1-12.
[3] 周听清．爆炸动力学及其应用 [M]. 合肥：中国科学技术大学出版社，2001.
[4] 戴宏亮．弹性动力学 [M]. 长沙：湖南大学出版社，2014.
[5] 杨桂通，等．弹性动力学 [M]. 北京：中国铁道出版社，1988.
[6] 阿肯巴赫．弹性固体中波的传播 [M]. 上海：同济大学出版社，1992.
[7] 考尔斯基．固体中的应力波 [M]. 北京：科学出版社，1958.
[8] 杨善元．岩石爆破动力学基础 [M]. 北京：煤炭工业出版社，1993.
[9] 王礼立．应力波基础 [M]. 北京：国防工业出版社，2005.
[10] 王文龙．钻眼爆破 [M]. 北京：煤炭工业出版社，1984.
[11] 钮强．爆炸波的含义及其作用 [J]. 爆破器材，1990 (6)：7-9.
[12] 徐小荷，余静．岩石破碎学 [M]. 北京：煤炭工业出版社，1984.
[13] 杨仲耆．大学物理学 [M]. 北京：人民教育出版社，1980.
[14] 佩因．振动与波动物理学 [M]. 北京：人民教育出版社，1980.
[15] 陈宝心，等．爆破动力学基础 [M]. 武汉：湖北科学技术出版社，2005.

4 岩石动态线弹性断裂理论基础

4.1 引言

断裂力学是20世纪50年代以来发展起来的一门新兴学科，它针对固体材料和构件不可避免地会存在缺陷或裂纹这一事实，利用弹性力学和塑性力学的分析方法，研究带裂纹固体材料和结构的强度和裂纹传播规律。由于它与材料或工程结构的安全设计直接有关，因此，受到国内外广泛重视而迅速发展，它的实验和理论已经越来越多地应用到生产实际中。

随着各国，特别是发达的工业国家工业生产突飞猛进，生产力水平高速发展，如船舶、飞机、大型机械、大型焊接结构的制造；原子工业、宇宙航空、火箭与导弹等近代新兴工业的发展；新工艺、新材料、高强度材料、高压、高速、高温与低温的采用等，使得传统的强度科学如材料力学、结构力学等，无法适应当前新的生产水平提高的需要。按照以往材料力学等强度科学的强度准则与强度条件，设计制造出的各种工程结构及其零件，好像是完全可靠的，可是却往往在载荷或应力低于许可值的低应力状况下发生突然的脆性断裂，有时甚至造成生产上意外的灾难性事故，导致生命财产的巨大损失。例如，美国第二次世界大战期间约计5000艘自由轮货船，在使用过程中发生1000多次脆性断裂事故，其中238艘完全报废；又如日本1968年曾发生两起大型球罐爆炸事故，两合球罐直径分别为16100mm和12450mm，爆炸发生在水压试验过程中；再如1973年我国广西使用的日本阪神Z6L27ASH柴油机桂海461*、桂海462*，在两年内连续发生8次中间轴螺旋桨叶片折断事故。从最近几年的情况看，生产中的断裂事故越来越多，如不及时加以解决，将会严重地阻碍生产发展。

工程结构及其零件的断裂事故，性质是十分严重的，影响也十分广大，几乎涉及了工业建设的一切方面。因此，为了促进工农业生产不断地发展，从20世纪20年代起至50年代末期，在工业发达国家逐渐形成断裂力学这样一门新兴的强度科学。大量破坏断裂事故分析表明，断裂皆起源于构件有缺陷处。在传统的设计思想中存在一个严重问题，即把材料视为无缺陷的均匀连续体，而实际上构件总是存在着形式不同的缺陷。因而，实际材料的强度大大低于理论模型的强度。断裂力学恰恰就是为了弥补传统设计思想这一严重不足而产生的。

4.2 岩石破坏力学特征与断裂模式

4.2.1 岩石破坏力学特征

4.2.1.1 岩石结构的不均匀性和力学特征

岩石大体分火成岩和水成岩，火成岩由多种不同的矿物晶体混合胶结而成。图4-1为一个青砂岩（自贡）的切片显微观察照片。该样品未经任何加载。从中可以看出，多种矿物颗粒、颗粒之间的胶结物和孔隙，这些晶体是按照不同方向杂乱排列的，中间还有结晶状或沉积状填充物，晶体内部存在大量的缺陷和位错，结晶面之间的结合部位有许多孔隙。微裂纹既在晶面之间存在，也在晶体内部穿过。这些结晶、微裂纹、缺陷的排布在方向上是各向异性的，在原始状态下，中间还有孔隙流体的存在。水成岩还具有成层结构。这样，岩石的宏观物理性质就和这许多复杂的因素有关。部分矿物颗粒或结晶的彩色是光的偏振形成的。晶面和裂纹面是相对薄弱的部分，造成了该尺度上的不连续性和各向异性，由于这些晶体分布的随机性，在分米或米级尺度上，岩石大致可以看成均匀、连续的，但又由裂缝、节理、层面和断层所分割。

图4-1 砂岩（自贡）的切片显微观察照片

岩石的不连续性在任何一个尺度上都是存在的。但是，当这种不连续性结构对于所考察的岩体尺度来说很小时，就可以将该岩体看成大致连续、均匀的。岩石断裂力学的宗旨，就是研究这些不连续结构的力学行为。在研究的过程中，将断层或裂纹等不连续结构的周围介质作为大致均匀、连续来处理。

岩石断裂力学的宗旨，就是引入断裂力学的原理，来解释岩石强度实验中遇到的部分现象。从岩石的强度实验中发现，许多现象都和岩石内部不同尺度的裂纹发育过程有密切关系。为了理解这些联系，首先需要对岩石强度的实验现象和初步解释有一些必要的了解。

材料强度的试验的研究最早是从金属开始的。在金属材料的强度研究中定义了一系列术语。然而这些观念和术语对于岩石来说并不适当。无论是宏观还是微观，这两类材料都非常不同。因此，对岩石材料力学性能的研究，只能建立在岩石真实行为的基础上，不能参照金属强度的研究结果。

本章涉及岩石应力应变曲线的性质，并由此讨论术语“脆性”“塑性”“延性”“破坏”“破裂”和“强度”的定义。这些术语在文献中往往被赋予不同的意义。“破裂”一般指裂纹端部内聚力完全损失的脆性破裂。至于破坏与破裂的区别，必须结合应力应变曲线的讨论进行。“塑性”通常指包括屈服的过程，主要用于晶体之间和晶体内部分子之间产生不可恢复的滑移的现象。而“延性”则主要和微观、细观的大量破裂的群体可延展性有关。“塑性”的本构关系往往被用于描述岩石的延性行为。然而，这只是在数学表达上的一致，二者的物理意义并不相同。因此，斯科尔茨曾专门就此详细讨论，主张在岩石力学中严格界定“延性”与“塑性”，指出地壳岩石在深部高温高压条下实际是向塑性转换。

大多数实验是用三轴实验进行的。在三轴实验中，通常称主应力 $\sigma_1 > \sigma_2 > \sigma_3$ 的条件为真三轴实验，称 $\sigma_1 > \sigma_2 = \sigma_3$ 的条件为“伪三轴”实验。“伪三轴”实验实际是将实验样品置于以固体（如叶蜡石）油或氦气为传压介质的压力容器中，同时加上轴压。

断裂力学从根本上来说，就是给出一定条件下材料的破坏准则。在破坏准则的讨论中，我们经常采用二维模型。为了和一般情况比较，我们采用最大和最小主应力 σ_1 和 σ_3 表示，中间主应力 σ_2 往往不出现。但必须指出，中间主应力 σ_2 的作用实际上是不可忽视的。陈颙等通过实验发现，应力途径对岩石断裂有重要影响。岩石破坏情况不仅与应力场有关系，而且和应力场的变化方式有关系。其中，中间主应力的作用也是十分重要的。

4.2.1.2　岩石的全应力-应变曲线

研究岩石力学性质的最普通方法，是采用长度为其直径的 2~3 倍的圆柱的轴向压缩。圆柱体的应力用串接在样品和压头之间的压力传感器测量，轴向和侧向应变可用粘贴在圆柱体上的应变片来测量。或者通过位移计来测量。将应力对应变作图，就得到应力-应变曲线，见图 4-2。

完全理想的线弹性体的应力-应变曲线，如图 4-2（a）的直线所示。“线弹性”指外加载荷不超过某一值时，载荷与受力物体的变形成线性关系（即材料服从胡克定律），若将外加载荷去除后，物体的变形可全部恢复，这类物体称为线性弹性体。常温下的玻璃的行为基本符合这种情况，它在 F 点以突然破坏而终结，这可用式（4-1）来表示。

$$\sigma = E\varepsilon \tag{4-1}$$

式中　σ ——岩石中的应力，Pa；

E——岩石弹性模量，Pa；

ε——岩石的对应应变值。

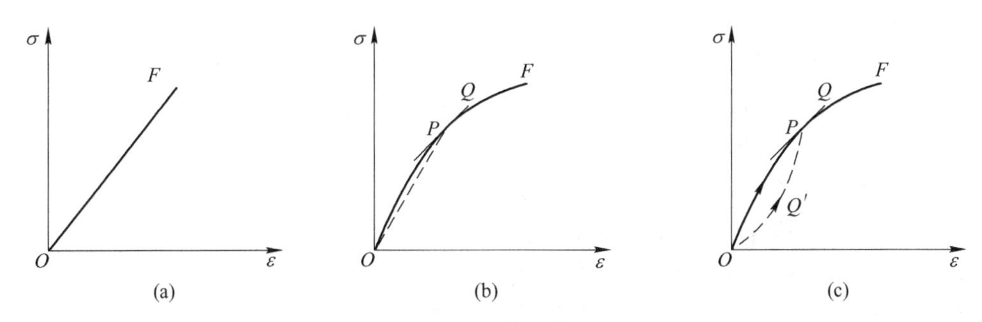

图 4-2　不同类型弹性介质的应力-应变曲线

（a）线弹性材料；（b）非线弹性材料；（c）有滞变弹性材料

然而，绝大多数岩石的行为都不完全是这种线弹性的，实际上只有在应力-应变曲线的某一段近似符合这种关系。如果在应力和应变之间，有唯一的如式（4-2）的关系。

$$\sigma = f(\varepsilon) \tag{4-2}$$

它不一定是线性的，如图 4-2（b）所示，那么材料就是完全弹性的。“加载”定义为实验中向试件施加逐渐增加的应力，“卸载”用于实验中减小该应力的过程。完全弹性意味着，如果材料加载，接着卸载，则经历由方程式（4-2）给出的相同过程；并且在加载时，储存在试样中的全部能量，在卸载时释放。弹性模量的定义有三种。一种是切线模量、它定义为相应于某一 P 点的 σ 值，曲线的切线 PQ 的斜率：

$$E_{切} = \mathrm{d}\sigma/\mathrm{d}\varepsilon \tag{4-3}$$

第二种是割线模量，定义为割线 OP 的斜率：

$$E_{割} = \sigma/\varepsilon \tag{4-4}$$

如果在加载后接着卸载到零应力，应变回到零，但可能经过不同的路线、称为滞变。这种弹性称为滞弹性。在该过程中，加载时对物体所做的功比卸载时所做的功大。因此，在加载和卸载的循环中，在物体内要消耗能量，其消耗能量的数值就是加、卸载曲线所包围的面积。由此导出第三种模量-卸载模量，它定义为曲线在任意点 P 的切线 PQ' 的斜率。

耶格（Jaeger）给出了一个岩石样品的全应力-应变，如图 4-3 所示。它给出了大多数岩石的本构关系、对岩石的更真实行为按五个区域描述如下：

（1）OA 段，这部分曲线向上凹；（2）AB 段，这部分常接近直线；（3）BC 段，这一部分向下凹，在 C 点达到最大；（4）下降的区域 CD，岩石在这些不同区域的表现，由微观机制所决定，特别是和微裂纹的行为有关；（5）DE 区域，岩石破坏完成的阶段。针对图 4-3 岩石的全应力-应变曲线，不同文献，对此的划分略有不同。例如，耶格和库克将其划分为四个阶段，而陈颙和黄庭芳则划分为五个阶段。

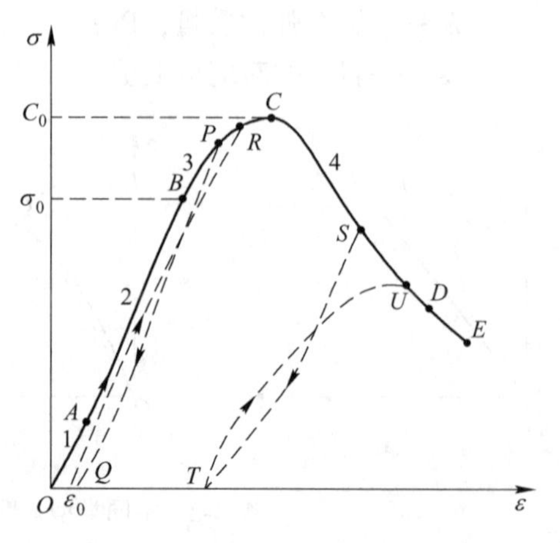

图 4-3　岩石的全应力-应变曲线

(1) *OA* 段。随应力增加，应变增长速度减慢，仿佛岩石随应力增加 (做功) 而变硬被称为“做功硬化”阶段。从微观机制上看，*OA* 段的弯曲实际是岩石中存在的大量裂纹，在压应力作用下闭合所造成的。

(2) *AB* 段。岩石的行为非常接近于线弹性，该段的斜率称为有效杨氏模量。在区域加载和卸载，可以观察到轻微的滞变，但岩石的结构和性质基本上是可逆的。

(3) *BC* 段。点 *B* 通常位于 *C* 点应力的 2/3 处，在该段中岩石出现非弹性变形，应力应变的斜率随着应力的增加逐渐地减少到零，称为“软化”。岩石表现为延性，它定义为材料能够维持永久变形而不失去其抵抗载荷能力。称 *B* 为软化点，它定义为发生弹性到延性行为的过渡点。在 *BC* 段中，非弹性体积应变增加，即出现体积膨胀。从微观机制来看，岩石的体积膨胀是由于应力差导致微裂纹加速萌生和张性扩展所引起，这个阶段也称作损伤的发育阶段。令 *B* 所对应的应力为 σ_0。在 *BC* 区域，在岩石中引起不可逆变化，并且连续的加载和卸载循环画出不同的曲线。一个卸载循环 *PQ* ，在应力回零时出现永久变形 ε_0。如果材料重新加载，则画出曲线 *QR* ，它位于曲线 *OABC* 的下面，但最后和它连接。

研究 *AB*、*BC* 段岩石微破裂萌生、发育导致膨胀的机理，是岩石断裂力学极为重要的课题。这部分内容和地质工程的岩体损伤与构造地震的孕育过程有密切联系。

(4) *CD* 段。开始点为应力-应变曲线的最大值 *C* 点。*C* 点表示岩石在一定条件下所能承受的最大荷载，*C* 点所对应的应力 C_0 是峰值应力，称作岩石的强度或破坏应力。*C* 点将应力-应变曲线分成两个部分，*C* 点以前称为破坏前区域，*C* 点以后称为破坏后区域。在破坏后区域，应力应变的斜率变为负。卸载循环 *ST* 经常导致较大的永久变形，而接着的重新加载循环 *TU*，在低于与 *S* 相应的应力时，会趋近于曲线 *CD* 。在 *CD* 区域里，材料抵抗载荷的能力随变形的增加而减少，称这种行为为脆性。

因此，*C* 点也成为延性向脆性的过渡点，*CD* 段的研究包括岩石破坏的稳定性，岩样变形的局部化，损伤破坏导致的失稳等。*CD* 段的研究与地质工程破坏的发生，地震的发生过程有密切的联系。

在岩石力学实验中，能够得到岩石破坏后的应力-应变曲线，是 20 世纪 70 年代后期。在试验机中采用电液闭环伺服控制技术之后才实现的。用通试验机对样品加载时，一旦达到岩石的破坏强度（ *C* 点），样品的承受能力下降，应变加速，储存在压机中的弹性能快速释放出来，结果造成在 *C* 点岩样发生猛烈的破坏，实验只能得到破坏前的应力-应变曲线。

(5) *DE* 段。岩石的宏观破裂已经完成，断裂面已经形成，岩石的应力-应变曲线所表示的是沿断裂面两侧岩石的摩擦滑动。

4.2.2 岩石的破坏类型

4.2.2.1 *岩石纵向破裂*

纵向破裂主要出现在单轴压力下，表现为不规则的纵向裂缝，与 σ_1 作用方向平行。位移方向与 σ_1 作用方向垂直，如图 4-4（a）所示。这种类型的破坏常出现在煤矿中，表现为煤层柱的劈裂或巷道片帮。在构造运动的踪迹中，这种现象则不多见。纵向破裂其实也是一种张破裂，这是泊松效应的结果。

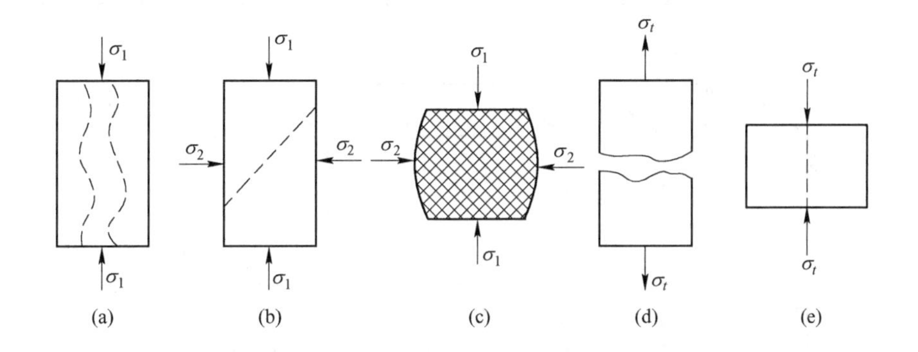

图 4-4 岩石破坏类型

（a）纵向破裂；（b）单一剪切破裂；（c）网状剪切破裂；（d）（e）拉伸破裂

4.2.2.2 *岩石剪切破坏*

剪切破坏一般在中等围压和单轴压力下出现，在单轴压力下的部分样品中也可发生。破裂面与 σ_1 作用方向成 β_m 角，通常称为优势角。其特征为沿破裂面的剪切位移和沿破裂面所在平面扩展，也叫做自相似扩展，如图 4-4（b）所示。断层运动和地破裂多出现这种形式。

如果增加围压，材料将变成完全延性的，则出现网格状的剪切破裂，并伴随个别晶体的塑性变形，如图 4-4（c）所示。

4.2.2.3　岩石拉伸破裂

拉伸破裂典型地出现在单轴拉伸，其破裂面明显分离，在表面间没有错动，如图 4-4（d）所示。如果平板受到线载荷压力，则在载荷之间发生拉伸破裂，如图 4-4（e）所示。仔细查看图 4-4（a）的破裂面时，会发现一些部分呈剪切破裂状态，而其他一些部分呈拉伸破裂。如何解释这些类型破坏的机制，是岩石断裂力学的重要课题。

4.2.3　裂纹的分类及其断裂模式

4.2.3.1　裂纹的分类

按裂纹的几何特征可以分为穿透裂纹、表面裂纹和深埋裂纹，如图 4-5 所示。图 4-5（a）穿透裂纹：贯穿构件厚度的裂纹称为穿透裂纹。通常把裂纹延伸到构件厚度一半以上的都视为穿透裂纹，并常作理想尖裂纹处理，即裂纹尖端的曲率半径趋近于零，这种简化是偏于安全的。穿透裂纹可以是直线的，曲线的或其他形状的。

图 4-5（b）表面裂纹：裂纹位于构件表面，或裂纹深度相对构件厚度比较小就作为表面裂纹处理。对于表面裂纹常简化为半椭圆形裂纹。

图 4-5（c）深埋裂纹：裂纹位于构件内部，常简化为椭圆片状裂纹或圆片裂纹。

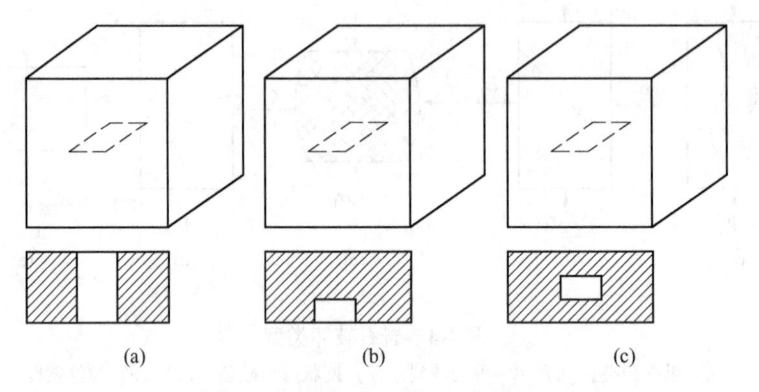

图 4-5　裂纹的几何特征分类图

（a）贯通裂纹；（b）表面裂纹；（c）埋藏裂纹

4.2.3.2　裂纹的断裂模式

在实际构件中的裂纹，由于外加作用力的不同，可以分为三种基本状态，即张开型裂纹、滑开型裂纹和撕开型裂纹，如图 4-6 所示。

图 4-6（a）张开型（Ⅰ型）断裂模型：裂纹受垂直于裂纹面的拉应力，使裂纹面产生张开位移。

图 4-6（b）滑开型（Ⅱ型）断裂模型：裂纹受平行于裂纹面并且垂直于裂纹前缘的剪应力，使裂纹在平面内相对滑开。图 4-6（c）撕开型（Ⅲ型）断裂模型：裂纹受平行于裂纹面，并且平行于裂纹前缘的剪应力，使裂纹相对错开。

如果裂纹同时受正应力和剪应力的作用，或裂纹与正应力形成角度，这时就同时存在Ⅰ型和Ⅱ型，或Ⅰ型和Ⅲ型，称为复合型裂纹。实际裂纹体中的裂纹可能是两种或两种以上基本型的组合，其中Ⅰ型裂纹是低应力断裂的主因，是最危险的，也是多年来实验和理论研究的主体。当实际裂纹是复合型裂纹时，往往作为Ⅰ型处理，这样更安全些。因此，张开型（Ⅰ型）断裂模型是我们研究的重点。

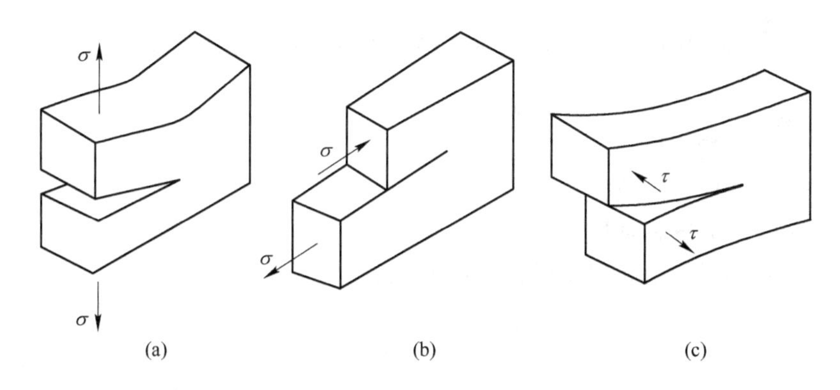

图 4-6 裂纹的断裂模式分类图

（a）张开型断裂模型；（b）滑开型断裂模型；（c）撕开型断裂模型

4.3 裂纹尖端渐进场与应力强度因子理论

物体发生脆性断裂时，若物体不产生塑性变形，则理想化地认为物体是弹性的。物体变形时，若服从胡克定律，则可认为它是线弹性体。于是问题归结为含裂纹物体的线弹性力学分析；Ⅰ型和Ⅱ型的脆断问题，归结为平面问题下含裂纹的线弹性体的线弹性力学分析；Ⅲ型则归结为反平面问题的分析。

4.3.1 张开型与滑开型裂纹尖端渐进场

弹性力学平面问题，归结为选取应力函数 $U(x, y)$，使其满足双调和方程式（4-5）和边界条件。

$$\nabla^2\nabla^2 U = 0 \tag{4-5}$$

式中 ∇——拉普拉斯算子，$\nabla = \partial^2/\partial x^2 + \partial^2/\partial y^2 + \partial^2/\partial z^2$；

$U(x, y)$——应力函数。

分析图 4-7 所示的平面裂纹体。裂纹面应力自由，远场有给定的面内外力或面内位移。直角坐标系及极坐标系原点，都选在裂纹右尖端 O 处。只要把裂纹看作一部分边界，就可用弹性力学的方法，求得裂纹体的应力场和位移场。裂纹处边界条件由式（4-6）确定。

$$\sigma_\theta = \tau_{r\theta} = 0(\theta = \pm \pi) \tag{4-6}$$

式中　σ_θ——极坐标中的周向正应力，Pa；

$\tau_{r\theta}$——极坐标中的剪应力，Pa。

用分离变量法，令 $U(r, \theta) = \sum\limits_{\lambda=-\infty}^{\infty} r^{\lambda+1}F_\lambda(\theta)$，并代入式（4-5），得关于 F_λ 的微分控制方程式（4-7）。

$$\sum_{\lambda=-\infty}^{\infty} r^{\lambda-3}[F_\lambda''''(\theta) + 2(\lambda^2+1)F_\lambda''(\theta) + (\lambda^2-1)^2F_\lambda(\theta)] = 0 \tag{4-7}$$

式中　F_λ——λ 的分离变量函数；

λ——特征根；

$U(x, y)$——应力函数；

θ——r 与 x 轴夹角，(°)；

r——微元中心到坐标原点距离，m。

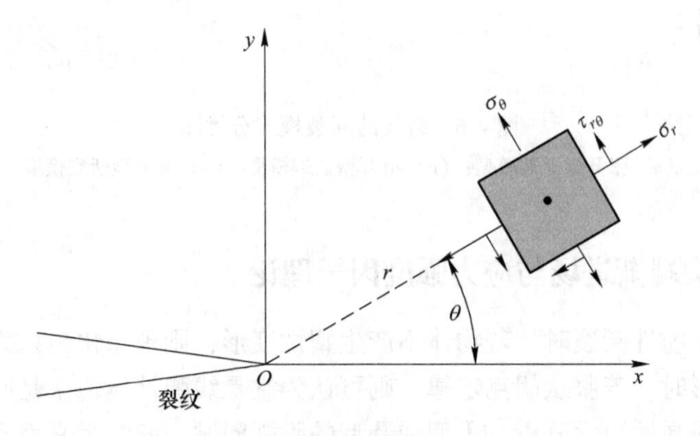

图 4-7　裂纹顶端与坐标系

解关于 $F_\lambda(\theta)$ 的微分控制方程式（4-7），可以得式（4-8）。

$$\begin{aligned}F_\lambda(\theta) = A_\lambda\cos(\lambda+1)\theta + B_\lambda\sin(\lambda+1)\theta + \\ C_\lambda\sin(\lambda-1)\theta + D_\lambda\sin(\lambda-1)\theta\end{aligned} \tag{4-8}$$

式中　F_λ——λ 的分离变量函数；

λ——特征根；

θ——r 与 x 轴夹角，(°)；

A_λ，B_λ，C_λ，D_λ——待定的实常数，由远场边界条件确定。

于是，应力分量的极坐标形式为式（4-9）。

$$
\begin{cases}
\sigma_r = \dfrac{1}{r^2}\dfrac{\partial^2 U}{\partial\theta^2} + \dfrac{1}{r}\dfrac{\partial U}{\partial r} = \sum\limits_{\lambda=-\infty}^{\infty} r^{\lambda-1}\left[F''_\lambda(\theta) + (\lambda+1)F_\lambda(\theta)\right] \\
\sigma_\theta = \dfrac{\partial^2 U}{\partial r^2} = \sum\limits_{\lambda=-\infty}^{\infty} r^{\lambda-1}\left[\lambda(\lambda+1)F_\lambda(\theta)\right] \\
\tau_{r\theta} = -\dfrac{\partial}{\partial r}\left(\dfrac{1}{r}\dfrac{\partial U}{\partial\theta}\right) = \sum\limits_{\lambda=-\infty}^{\infty} -r^{\lambda-1}\left[\lambda F'_\lambda(\theta)\right]
\end{cases}
\tag{4-9}
$$

式中 σ_r，σ_θ，$\tau_{r\theta}$——分别为 r、θ、$r\theta$ 方向的应力，Pa；

r——微元中心到坐标原点距离，m；

U——应力函数；

λ——特征根；

F_λ——λ 的分离变量函数；

θ——r 与 x 轴夹角，(°)；

A_λ，B_λ，C_λ，D_λ——待定的实常数，由远场边界条件确定。

利用边界条件公式（4-6），可以得到式（4-10）将其代入式（4-8），可以得到关于待定系数 A_λ、B_λ、C_λ 和 D_λ 的两个线性齐次代数方程组式（4-11）与式（4-12）。

$$
F_\lambda(\pm\pi) = 0\ ,\ F'_\lambda(\pm\pi) = 0 \tag{4-10}
$$

式中 F_λ——λ 的分离变量函数。

$$
\begin{cases}
A_\lambda\cos\lambda\pi + C_\lambda\cos\lambda\pi = 0 \\
A_\lambda(\lambda+1)\sin\lambda\pi + C_\lambda(\lambda-1)\sin\lambda\pi = 0
\end{cases}
\tag{4-11}
$$

式中 λ——特征根；

A_λ，C_λ——待定的实常数，由远场边界条件确定。

$$
\begin{cases}
B_\lambda\sin\lambda\pi + D_\lambda\sin\lambda\pi = 0 \\
B_\lambda(\lambda+1)\cos\lambda\pi + D_\lambda(\lambda-1)\cos\lambda\pi = 0
\end{cases}
\tag{4-12}
$$

式中 λ——特征根；

B_λ，D_λ——待定的实常数，由远场边界条件确定。

方程组式（4-11）与式（4-12）要有非零解的充要条件，即它们的系数行列式分别为零，由此可以得到一个相同的特征方程式（4-13）。

$$
\sin 2\lambda\pi = 0 \tag{4-13}
$$

式中 λ——特征根。

当 $\lambda = \pm\dfrac{n}{2}(n = 0，1，2，\cdots)$ 时，式（4-13）成立，λ 为其特征根。鉴于物体的应变能必须是有界的，因此必须大于零，由此可得式（4-14），相关证明可以参考沈成康的相关专著。

$$\lambda = \frac{n}{2}(n = 0,\ 1,\ 2,\ \cdots) \tag{4-14}$$

由式（4-14）可以得，当 $n = 1,\ 3,\ 5,\ \cdots$ 可得式（4-15）。

$$\begin{cases} C_\lambda = -\dfrac{\lambda + 1}{\lambda - 1}A_\lambda = -\dfrac{n + 2}{n - 2}A_\lambda \\ D_\lambda = -B_\lambda \end{cases} \tag{4-15}$$

式中　A_λ，B_λ，C_λ，D_λ ——待定的实常数，由远场边界条件确定；

λ ——特征根；

n ——奇自然数。

当 $n = 1,\ 3,\ 5,\ \cdots$ 可得式（4-16）。

$$\begin{cases} C_\lambda = -A_\lambda \\ D_\lambda = -\dfrac{n + 2}{n - 2}B_\lambda \end{cases} \tag{4-16}$$

式中　A_λ，B_λ，C_λ，D_λ ——待定的实常数，由远场边界条件确定；

n——奇自然数。

由这组关系和式（4-8），得出满足双调和方程和裂纹处应力自由边界的应力函数 $U(r,\ \theta)$，由式（4-17）确定。

$$U(r,\ \theta) = \sum_{n=1}^{\infty} C_n r^{\frac{n}{2}+1}\left[\cos\left(\frac{n}{2} - 1\right)\theta - \frac{\frac{n}{2} + (-1)^n}{\frac{n}{2} + 1}\cos\left(\frac{n}{2} + 1\right)\theta\right] + \sum_{n=1}^{\infty} D_n r^{\frac{n}{2}+1}\left[\sin\left(\frac{n}{2} - 1\right)\theta - \frac{\frac{n}{2} + (-1)^n}{\frac{n}{2} + 1}\sin\left(\frac{n}{2} + 1\right)\theta\right] \tag{4-17}$$

式中　$U(r,\ \theta)$ ——应力函数；

C_n，D_n ——待定的实常数，由远场边界条件确定；

r ——微元中心到坐标原点距离，m；

θ —— r 与 x 轴夹角，(°)；

n ——奇自然数。

这个应力函数是威廉姆斯（M. L. Williams）于 1957 年提出的，现称为威廉姆斯应力函数。关于这个函数的特征根值，级数展开的收敛性还没有得到证明，然而这是一个实用方法，边界配置法就是以此作为理论基础的。可通过此方法，讨论界面裂纹的奇异性。由式（4-17）代入式（4-9）得极坐标下的应力分量表达式（4-18）、式（4-19）与式（4-20）。

$$\sigma_r = \sum_{n=1}^{\infty} \frac{n}{2} C_n r^{\frac{n}{2}-1} \left\{ \left[\frac{n}{2} + (-1)^n \right] \cos\left(\frac{n}{2} + 1 \right)\theta - \left(\frac{n}{2} - 3 \right) \cos\left(\frac{n}{2} - 1 \right)\theta \right\} + \sum_{n=1}^{\infty} \frac{n}{2} D_n r^{\frac{n}{2}-1} \left\{ \left[\frac{n}{2} - (-1)^n \right] \sin\left(\frac{n}{2} + 1 \right)\theta - \left(\frac{n}{2} - 3 \right) \sin\left(\frac{n}{2} - 1 \right)\theta \right\} \tag{4-18}$$

式中 σ_r——r 方向的应力，Pa；
C_n，D_n——待定的实常数，由远场边界条件确定；
r——微元中心到坐标原点距离，m；
θ——r 与 x 轴夹角，(°)；
n——奇自然数。

$$\sigma_\theta = \sum_{n=1}^{\infty} \frac{n}{2} C_n r^{\frac{n}{2}-1} \left\{ -\left[\frac{n}{2} + (-1)^n \right] \cos\left(\frac{n}{2} + 1 \right)\theta + \left(\frac{n}{2} + 1 \right) \cos\left(\frac{n}{2} - 1 \right)\theta \right\} + \sum_{n=1}^{\infty} \frac{n}{2} D_n r^{\frac{n}{2}-1} \left\{ -\left[\frac{n}{2} - (-1)^n \right] \sin\left(\frac{n}{2} + 1 \right)\theta + \left(\frac{n}{2} + 1 \right) \sin\left(\frac{n}{2} - 1 \right)\theta \right\} \tag{4-19}$$

式中 σ_θ——θ 方向的应力，Pa；
C_n，D_n——待定的实常数，由远场边界条件确定；
r——微元中心到坐标原点距离，m；
θ——r 与 x 轴夹角，(°)；
n——奇自然数。

$$\tau_{r\theta} = -\sum_{n=1}^{\infty} \frac{n}{2} C_n r^{\frac{n}{2}-1} \left\{ \left[\frac{n}{2} + (-1)^n \right] \sin\left(\frac{n}{2} + 1 \right)\theta - \left(\frac{n}{2} - 1 \right) \sin\left(\frac{n}{2} - 1 \right)\theta \right\} - \sum_{n=1}^{\infty} \frac{n}{2} D_n r^{\frac{n}{2}-1} \left\{ -\left[\frac{n}{2} - (-1)^n \right] \cos\left(\frac{n}{2} + 1 \right)\theta + \left(\frac{n}{2} - 1 \right) \cos\left(\frac{n}{2} - 1 \right)\theta \right\} \tag{4-20}$$

式中 $\tau_{r\theta}$——$r\theta$ 方向的应力，Pa；
C_n，D_n——待定的实常数，由远场边界条件确定；
r——微元中心到坐标原点距离，m；
θ——r 与 x 轴夹角，(°)；
n——奇自然数。

利用应力转轴公式，可求得直角坐标系下的应力分量表达式，再利用物理方程和几何方程，求出位移分量表达式。也可利用复变函数解法的公式。双调和函数 U 可以用两个复变解析函数 $\varphi(z)$ 和 $\eta(z)$ 表示为式（4-21）。

$$U = \mathrm{Re}\left[z\varphi(z) + \eta(z)\right] \tag{4-21}$$

式中 U——应力函数；

$\varphi(z)$，$\eta(z)$——复变解析函数。

应力和位移表示成式（4-22）与式（4-23）。

$$\begin{cases}\sigma_x + \sigma_y = 4\mathrm{Re}\left[\varphi(z)\right] \\ \sigma_y - \sigma_x + 2i\tau_{xy} = 2\left[z\varphi''(z) + \varphi'(z)\right]\end{cases} \tag{4-22}$$

式中 σ_x，σ_y——x、y 方向应力，Pa；

$\varphi(z)$——复变解析函数。

$$\begin{cases}2G(u + iv) = \chi\varphi(z) - z\overline{\varphi'(\bar{z})} - \overline{\phi(\bar{z})} \\ \phi(z) = \eta'(z)\end{cases} \tag{4-23}$$

式中 G——剪切模量，Pa；

u，v——x、y 方向位移，m；

χ——平面应力与平面应变系数；

$\varphi(z)$，$\eta(z)$——复变解析函数。

$$\chi = \begin{cases}\dfrac{3 - \nu}{1 + \nu}(\text{平面应力}) \\ 3 - \nu(\text{平面应变})\end{cases} \tag{4-24}$$

式中 χ——平面应力与平面应变系数；

ν——泊松比。

对照式（4-8）与式（4-22）则可得式（4-25）。

$$\begin{cases}\varphi(z) = \sum\limits_{\lambda=1}^{\infty}(C_\lambda - iD_\lambda)z^\lambda = \sum\limits_{\lambda=1}^{\infty}(C_\lambda - iD_\lambda)r^\lambda e^{i\lambda\theta} \\ \eta(z) = \int\phi(z)\mathrm{d}z = \sum\limits_{\lambda=1}^{\infty}(A_\lambda - iB_\lambda)z^{\lambda+1} \\ \qquad = \sum\limits_{\lambda=1}^{\infty}(A_\lambda - iB_\lambda)r^{\lambda+1}e^{i(\lambda+1)\theta}\end{cases} \tag{4-25}$$

式中 $\varphi(z)$，$\eta(z)$——复变解析函数；

A_λ，B_λ，C_λ，D_λ——待定的实常数，由远场边界条件确定；

r——微元中心到坐标原点距离，m；

θ——r 与 x 轴夹角，(°)；

λ——特征根。

代入式（4-22）、式（4-23），并利用式（4-15）与式（4-16）的关系，得直角坐标系下的应力场和位移场，式（4-26）~式(4-30)。

$$\sigma_x = \sum_{n=1}^{\infty} \frac{n}{2} C_n r^{\frac{n}{2}-1} \left\{ \left[\frac{n}{2} + (-1)^n \right] \cos\left(\frac{n}{2} - 1 \right)\theta - \left(\frac{n}{2} - 1 \right) \cos\left(\frac{n}{2} - 3 \right)\theta \right\} + \sum_{n=1}^{\infty} \frac{n}{2} D_n r^{\frac{n}{2}-1} \left\{ \left[\frac{n}{2} + 2 - (-1)^n \right] \sin\left(\frac{n}{2} - 1 \right)\theta - \left(\frac{n}{2} - 1 \right) \sin\left(\frac{n}{2} - 3 \right)\theta \right\} \tag{4-26}$$

式中 σ_x——x 方向应力，Pa；

θ——r 与 x 轴夹角，(°)；

C_n，D_n——待定的实常数，由远场边界条件确定；

n——自然数。

$$\sigma_y = \sum_{n=1}^{\infty} \frac{n}{2} C_n r^{\frac{n}{2}-1} \left\{ - \left[\frac{n}{2} - 2 + (-1)^n \right] \cos\left(\frac{n}{2} - 1 \right)\theta + \left(\frac{n}{2} - 1 \right) \cos\left(\frac{n}{2} - 3 \right)\theta \right\} + \sum_{n=1}^{\infty} \frac{n}{2} D_n r^{\frac{n}{2}-1} \left\{ - \left[\frac{n}{2} - 2 - (-1)^n \right] \sin\left(\frac{n}{2} - 1 \right)\theta + \left(\frac{n}{2} - 1 \right) \sin\left(\frac{n}{2} - 3 \right)\theta \right\} \tag{4-27}$$

式中 σ_y——x 方向应力，Pa；

θ——r 与 x 轴夹角，(°)；

r——微元中心到坐标原点距离，m；

C_n，D_n——待定的实常数，由远场边界条件确定；

n——自然数。

$$\tau_{xy} = \sum_{n=1}^{\infty} \frac{n}{2} C_n r^{\frac{n}{2}-1} \left\{ - \left[\frac{n}{2} + (-1)^n \right] \sin\left(\frac{n}{2} - 1 \right)\theta + \left(\frac{n}{2} - 1 \right) \sin\left(\frac{n}{2} - 3 \right)\theta \right\} + \sum_{n=1}^{\infty} \frac{n}{2} D_n r^{\frac{n}{2}-1} \left\{ \left[\frac{n}{2} - (-1)^n \right] \cos\left(\frac{n}{2} - 1 \right)\theta - \left(\frac{n}{2} - 1 \right) \cos\left(\frac{n}{2} - 3 \right)\theta \right\} \tag{4-28}$$

式中 τ_{xy}——xy 方向应力，Pa；

r——微元中心到坐标原点距离，m；

θ——r 与 x 轴夹角，(°)；

C_n，D_n——待定的实常数，由远场边界条件确定；

n——自然数。

$$2Gu = \sum_{n=1}^{\infty} C_n r^{\frac{n}{2}} \left\{ \left[\chi + \frac{n}{2} + (-1)^n \right] \cos \frac{n}{2}\theta - \frac{n}{2} \cos\left(\frac{n}{2} - 2 \right)\theta \right\} + \sum_{n=1}^{\infty} \frac{n}{2} D_n r^{\frac{n}{2}} \left\{ \left[\chi + \frac{n}{2} - (-1)^n \right] \sin \frac{n}{2}\theta - \frac{n}{2} \sin\left(\frac{n}{2} - 2 \right)\theta \right\} \tag{4-29}$$

式中 G——材料的剪切模量，Pa；

u ——x 方向位移，m；

r ——微元中心到坐标原点距离，m；

θ —— r 与 x 轴夹角，(°)；

C_n，D_n ——待定的实常数，由远场边界条件确定；

χ ——平面应力与平面应变系数，见公式（4-24）；

n ——自然数。

$$2Gv = \sum_{n=1}^{\infty} C_n r^{\frac{n}{2}} \left\{ \left[\chi - \frac{n}{2} - (-1)^n \right] \sin \frac{n}{2}\theta + \frac{n}{2} \sin\left(\frac{n}{2} - 2\right)\theta \right\} + \sum_{n=1}^{\infty} \frac{n}{2} D_n r^{\frac{n}{2}} \left\{ - \left[\chi - \frac{n}{2} + (-1)^n \right] \cos \frac{n}{2}\theta - \frac{n}{2} \cos\left(\frac{n}{2} - 2\right)\theta \right\} \tag{4-30}$$

式中　G ——材料的剪切模量，Pa；

v —— y 方向位移，m；

r ——微元中心到坐标原点距离，m；

θ —— r 与 x 轴夹角，(°)；

C_n，D_n ——待定的实常数，由远场边界条件确定；

χ ——平面应力与平面应变系数，见式（4-24）；

n ——自然数。

这是裂纹体应力和位移的全场表达式。其中应力分量的第一项（$n=1$），r 的指数小于零，为-1/2，其余各项 r 的指数大于或等于零。在裂纹尖端附近（$r \to 0$），第一项为主项，其余各项可忽略不计。

令 $K_{\mathrm{I}} = C_1\sqrt{2\pi}$，$K_{\mathrm{II}} = D_1\sqrt{2\pi}$，如果远场的边界条件使得 $K_{\mathrm{I}} \neq 0$，$K_{\mathrm{II}} = 0$ 则可得式（4-31）与式（4-32）。

$$\begin{cases} \sigma_x = \dfrac{K_{\mathrm{I}}}{4\sqrt{2\pi r}}\left(3\cos\dfrac{\theta}{2} + \cos\dfrac{5\theta}{2}\right) = \dfrac{K_{\mathrm{I}}}{\sqrt{2\pi r}}\cos\dfrac{\theta}{2}\left(1 - \sin\dfrac{\theta}{2}\sin\dfrac{3\theta}{2}\right) \\ \sigma_y = \dfrac{K_{\mathrm{I}}}{4\sqrt{2\pi r}}\left(5\cos\dfrac{\theta}{2} - \cos\dfrac{5\theta}{2}\right) = \dfrac{K_{\mathrm{I}}}{\sqrt{2\pi r}}\cos\dfrac{\theta}{2}\left(1 + \sin\dfrac{\theta}{2}\sin\dfrac{3\theta}{2}\right) \\ \tau_{xy} = \dfrac{K_{\mathrm{I}}}{4\sqrt{2\pi r}}\left(\sin\dfrac{\theta}{2} - \sin\dfrac{5\theta}{2}\right) = \dfrac{K_{\mathrm{I}}}{\sqrt{2\pi r}}\cos\dfrac{\theta}{2}\sin\dfrac{\theta}{2}\cos\dfrac{3\theta}{2} \end{cases} \tag{4-31}$$

式中　σ_x，σ_y，τ_{xy} —— x、y、xy 方向应力，Pa；

K_{I} —— Ⅰ裂纹的应力强度因子值，$\mathrm{Pa \cdot m^{1/2}}$；

r ——微元中心到坐标原点距离，m；

θ —— r 与 x 轴夹角，(°)。

$$\begin{cases} u = \dfrac{K_{\mathrm{I}}}{4G}\sqrt{\dfrac{r}{2\pi}}\left[(2\chi - 1)\cos\dfrac{\theta}{2} - \cos\dfrac{3\theta}{2}\right] \\ v = \dfrac{K_{\mathrm{I}}}{4G}\sqrt{\dfrac{r}{2\pi}}\left[(2\chi + 1)\sin\dfrac{\theta}{2} - \sin\dfrac{3\theta}{2}\right] \end{cases} \tag{4-32}$$

式中 u，v——x、y 方向位移，m；

K_{I}——Ⅰ裂纹的应力强度因子值，Pa·m$^{1/2}$；

G——材料的剪切模量，Pa；

χ——平面应力与平面应变系数，见式（4-24）；

r——微元中心到坐标原点距离，m；

θ——r 与 x 轴夹角，(°)。

裂纹表面处 $\theta = \pm\pi$ 的位移为

$$\begin{cases} u = 0 \\ v = \pm\dfrac{K_{\mathrm{I}}}{4G}\sqrt{\dfrac{r}{2\pi}}(2\chi + 1) \end{cases} \tag{4-33}$$

式中 u，v——x、y 方向位移，m；

K_{I}——Ⅰ裂纹的应力强度因子值，Pa·m$^{1/2}$；

G——材料的剪切模量，Pa；

χ——平面应力与平面应变系数，见式（4-24）；

r——微元中心到坐标原点距离，m。

这种位移形式是张开型的（Ⅰ），所以式（4-31）和式（4-32）是裂纹尖端邻域的应力场和位移场表达式。如果远场的边界条件使得 $K_{\mathrm{I}} = 0, K_{\mathrm{II}} \neq 0$ 则可得式（4-34）与式（4-35），这就是Ⅱ型裂纹尖端邻域的应力场和位移场表达式。

$$\begin{cases} \sigma_x = -\dfrac{K_{\mathrm{II}}}{4\sqrt{2\pi r}}\left(7\sin\dfrac{\theta}{2} + \sin\dfrac{5\theta}{2}\right) = -\dfrac{K_{\mathrm{II}}}{\sqrt{2\pi r}}\sin\dfrac{\theta}{2}\left(2 + \cos\dfrac{\theta}{2}\cos\dfrac{3\theta}{2}\right) \\ \sigma_y = \dfrac{K_{\mathrm{II}}}{4\sqrt{2\pi r}}\left(\sin\dfrac{\theta}{2} - \sin\dfrac{5\theta}{2}\right) = \dfrac{K_{\mathrm{II}}}{\sqrt{2\pi r}}\sin\dfrac{\theta}{2}\cos\dfrac{\theta}{2}\cos\dfrac{3\theta}{2} \\ \tau_{xy} = \dfrac{K_{\mathrm{II}}}{4\sqrt{2\pi r}}\left(3\cos\dfrac{\theta}{2} + \cos\dfrac{5\theta}{2}\right) = \dfrac{K_{\mathrm{II}}}{\sqrt{2\pi r}}\cos\dfrac{\theta}{2}\left(1 - \sin\dfrac{\theta}{2}\cos\dfrac{3\theta}{2}\right) \end{cases} \tag{4-34}$$

式中 σ_x，σ_y，τ_{xy}——x、y、xy 方向应力，Pa；

K_{II}——Ⅱ裂纹的应力强度因子值，Pa·m$^{1/2}$；

r——微元中心到坐标原点距离，m；

θ——r 与 x 轴夹角，(°)。

$$\begin{cases} u = \dfrac{K_{\mathrm{II}}}{4G}\sqrt{\dfrac{r}{2\pi}}\left[(2\chi + 3)\sin\dfrac{\theta}{2} + \sin\dfrac{3\theta}{2}\right] \\ v = \dfrac{K_{\mathrm{II}}}{4G}\sqrt{\dfrac{r}{2\pi}}\left[(2\chi - 3)\cos\dfrac{\theta}{2} + \cos\dfrac{3\theta}{2}\right] \end{cases} \tag{4-35}$$

式中　u，v——x、y 方向位移，m；

K_{II}——Ⅱ裂纹的应力强度因子值，Pa · $m^{1/2}$；

G——材料的剪切模量，Pa；

χ——平面应力与平面应变系数，见式（4-24）；

r——微元中心到坐标原点距离，m；

θ——r 与 x 轴夹角，(°)。

4.3.2　撕开型裂纹尖端渐进场

Ⅲ型问题是反平面应变问题。设有一个无限大板，中心有一长为 $2a$ 的裂纹，无限远处受沿 z 轴方向的均匀剪应力作用，如图 4-8 所示。其位移特点是 $u = v = 0$，沿 z 轴位移 $w \neq 0$，且仅是 x，y 的函数，即 $\varepsilon_z = 0$。应变分量只有两个，见式（4-36）。

$$\begin{cases} \gamma_{xz} = \dfrac{\partial w}{\partial x} \\ \gamma_{yz} = \dfrac{\partial w}{\partial y} \end{cases} \tag{4-36}$$

式中　γ_{xz}，γ_{yz}——xz、yz 方向应变；

w——z 方向位移，m。

应力分量也同样只有两个，如式（4-37）所示。

$$\begin{cases} \tau_{xz} = G\gamma_{xz} = G\dfrac{\partial w}{\partial x} \\ \tau_{yz} = G\gamma_{yz} = G\dfrac{\partial w}{\partial y} \end{cases} \tag{4-37}$$

式中　τ_{xz}，τ_{yz}——xz、yz 方向应力，Pa；

G——材料的剪切模量，Pa；

γ_{xz}，γ_{yz}——xz、yz 方向应变；

w——z 方向位移，m。

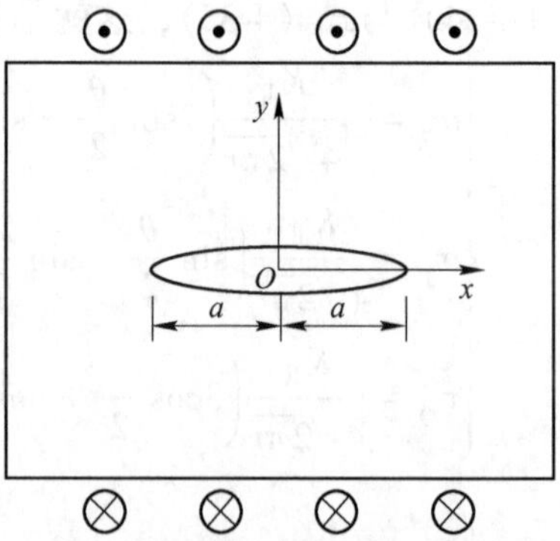

图 4-8　反平面问题

平衡方程只剩下一个，如式（4-38）所示。

$$\frac{\partial \tau_{xz}}{\partial x} + \frac{\partial \tau_{yz}}{\partial y} = 0 \tag{4-38}$$

式中 τ_{xz}，τ_{yz} —— xz、yz 方向应力，Pa。

将式（4-37）代入式（4-38），有式（4-39）。

$$\nabla^2 w = 0 \tag{4-39}$$

式中 ∇——拉普拉斯算子，$\nabla = \partial^2/\partial x^2 + \partial^2/\partial y^2 + \partial^2/\partial z^2$；

w ——z 方向位移，m。

用极坐标解此方程，将坐标原点移至裂纹右尖端，并令 $w = \sum_{\lambda=-\infty}^{\infty} r^{\lambda} f_{\lambda}(\theta)$ 代入式（4-38）得式（4-40）。

$$\sum_{\lambda=-\infty}^{\infty} r^{\lambda-2}[\lambda^2 f_{\lambda}(\theta) + f''_{\lambda}(\theta)] = 0 \tag{4-40}$$

式中 r ——微元中心到坐标原点距离，m；

λ ——特征根；

f_{λ} —— λ 的分离变量函数；

θ —— r 与 x 轴夹角，(°)。

解关于 $f_{\lambda}(\theta)$ 的微分方程，可以得到 w 如式（4-41）所示，且有式（4-42）的几何关系。

$$w(r, \theta) = \sum_{\lambda=-\infty}^{\infty} r^{\lambda}(A_{\lambda}\sin\lambda\theta + B_{\lambda}\cos\lambda\theta) \tag{4-41}$$

式中 w ——z 方向的位移，m；

r ——微元中心到坐标原点距离，m；

λ ——特征根；

θ —— r 与 x 轴夹角，(°)；

A_{λ}，B_{λ} ——待定的实常数，由远场边界条件确定。

$$\begin{cases} \dfrac{\partial r}{\partial x} = \dfrac{x}{r} = \cos\theta, & \dfrac{\partial \theta}{\partial x} = -\dfrac{\sin\theta}{r} \\ \dfrac{\partial r}{\partial y} = \dfrac{y}{r} = \sin\theta, & \dfrac{\partial \theta}{\partial y} = \dfrac{\cos\theta}{r} \end{cases} \tag{4-42}$$

式中 r ——微元中心到坐标原点距离，m；

θ —— r 与 x 轴夹角，(°)。

由式（4-37）、式（4-41）与式（4-42）可以得剪应力关系式（4-43）。

$$\begin{cases} \tau_{xz} = \sum_{\lambda=-\infty}^{\infty} G\lambda r^{\lambda-1}[A_{\lambda}\sin(\lambda-1)\theta + B_{\lambda}\cos(\lambda-1)\theta] \\ \tau_{yz} = \sum_{\lambda=-\infty}^{\infty} G\lambda r^{\lambda-1}[A_{\lambda}\cos(\lambda-1)\theta - B_{\lambda}\sin(\lambda-1)\theta] \end{cases} \tag{4-43}$$

式中　τ_{xz}，τ_{yz} —— xz、yz 方向的应力，Pa；

G ——材料的剪切模量，Pa；

λ ——特征根；

r ——微元中心到坐标原点距离，m；

θ —— r 与 x 轴夹角，(°)；

A_λ，B_λ ——待定的实常数，由远场边界条件确定。

由裂纹处 $\theta = \pm\pi$ 应力自由的边界条件 $\tau_{xz} = \tau_{yz} = 0$，可以确定 λ 的特征方程：

$$\sin 2\pi\lambda = 0 \tag{4-44}$$

式中　λ ——特征根。

当 $\lambda_n = \pm\dfrac{n}{2}(n = 0, 1, 2, \cdots)$ 时，上式成立。根据应变能有界的条件，知 $\lambda > 0$。事实上，由式（4-41）可见，当 $\lambda = 0$ 时，对应于刚体位移；当 $\lambda < 0$ 时，裂纹尖端的位移趋于无限大，这是不可能的，这两种情况不是我们所需要的，故 $\lambda > 0$，或 $n > 0$。

当 $n = 1, 3, 5, \cdots$ 时，$A_\lambda \neq 0$，$B_\lambda = 0$，可以得式（4-45）。

$$w(r, \theta) = \sum_{n=1, 3, 5, \cdots}^{\infty} r^{\frac{n}{2}} A_{n/2} \sin\frac{n}{2}\theta \tag{4-45}$$

式中　w —— z 方向的位移，m；

r ——微元中心到坐标原点距离，m；

θ —— r 与 x 轴夹角，(°)；

$A_{n/2}$ ——待定的实常数，由远场边界条件确定；

n ——自然数。

当 $n = 2, 4, 6, \cdots$ 时，$A_\lambda = 0$，$B_\lambda \neq 0$，可以得式（4-46）。

$$w(r, \theta) = \sum_{n=2, 4, 6\cdots}^{\infty} r^{\frac{n}{2}} B_{n/2} \cos\frac{n}{2}\theta \tag{4-46}$$

式中　w —— z 方向的位移，m；

r ——微元中心到坐标原点距离，m；

θ —— r 与 x 轴夹角，(°)；

$B_{n/2}$ ——待定的实常数，由远场边界条件确定；

n ——自然数。

裂纹体的应力分布为

$$\begin{cases} \tau_{xz} = G\sum\limits_{n=1}^{\infty}\left[\left(n - \dfrac{1}{2}\right) r^{n-\frac{3}{2}} A_{2n-1} \sin\left(n - \dfrac{3}{2}\right)\theta + n r^{n-1} B_{2n} \cos(n-1)\theta\right] \\ \tau_{yz} = G\sum\limits_{n=1}^{\infty}\left[\left(n - \dfrac{1}{2}\right) r^{n-\frac{3}{2}} A_{2n-1} \cos\left(n - \dfrac{3}{2}\right)\theta + n r^{n-1} B_{2n} \sin(n-1)\theta\right] \end{cases} \tag{4-47}$$

式中 τ_{xz}，τ_{yz} —— xz、yz 方向的应力，Pa；

G ——材料的剪切模量，Pa；

n ——自然数；

r ——微元中心到坐标原点距离，m；

θ —— r 与 x 轴夹角，(°)；

A_{2n-1}，B_{2n} ——待定的实常数，由远场边界条件确定。

式（4-46）和式（4-47）是Ⅲ型裂纹的应力、位移全场解。当 $r \to 0$（接近裂纹尖端）时，应力式中 A_1 项的值比其余各项大得多，即 A_1 项为主项，其余项可忽略不计。令 $K_{\mathrm{III}} = \frac{G}{2}A_1\sqrt{2\pi}$，可以得到Ⅲ型裂纹尖端邻域的应力场和位移场式（4-48）。

$$\begin{cases} \tau_{xz} = -\dfrac{K_{\mathrm{III}}}{\sqrt{2\pi r}}\sin\dfrac{\theta}{2} \\ \tau_{yz} = \dfrac{K_{\mathrm{III}}}{\sqrt{2\pi r}}\cos\dfrac{\theta}{2} \\ w = \dfrac{2K_{\mathrm{III}}}{G}\sqrt{\dfrac{r}{2\pi}}\sin\dfrac{\theta}{2} \end{cases} \tag{4-48}$$

式中 τ_{xz}，τ_{yz} —— xz、yz 方向的应力，Pa；

w —— z 方向的位移，m；

K_{III} —— Ⅲ 裂纹的应力强度因子值，Pa · $m^{1/2}$；

G ——材料的剪切模量，Pa；

r ——微元中心到坐标原点距离，m；

θ —— r 与 x 轴夹角，(°)；

4.4 应力强度因子理论

4.4.1 应力强度因子的定义

上一节导出的三种类型裂纹尖端邻域的应力场，与位移场公式有相似之处，可把它们写成如下形式，式（4-49）与式（4-50）。

$$\sigma_{ij}^{(N)} = \frac{K_N}{\sqrt{2\pi r}} f_{ij}^{(N)}(\theta) \tag{4-49}$$

式中 σ_{ij} ——应力分量，Pa；

K_N ——裂纹动态强度因子值 N = Ⅰ，Ⅱ，Ⅲ，Pa · $m^{1/2}$；

r ——微元中心到坐标原点距离，m；

$f_{ij}(\theta)$ ——极角 θ 的函数。

$$u_i^{(N)} = K_N \sqrt{\frac{r}{\pi}} g_i^{(N)}(\theta) \tag{4-50}$$

式中　u_i ——位移分量，m；

K_N ——裂纹动态强度因子值 N = Ⅰ，Ⅱ，Ⅲ，$\mathrm{Pa \cdot m^{1/2}}$；

r ——微元中心到坐标原点距离，m；

$g_i(\theta)$ ——极角 θ 的函数。

通过观察应力场公式（4-49）有如下特点：

（1）应力与 $\sqrt{r}$ 成反比。在裂纹尖端处（$r=0$），应力为无限大，即在裂纹尖端应力出现奇点，应力场具有 $1/\sqrt{r}$ 的奇异性。只要存在裂纹，不管外荷载多么小，裂纹尖端应力总是无限大，按照传统的观点，就应发生破坏，当然这与事实不符。这意味着，不能再用应力的大小来判断裂纹是否扩展，破坏是否发生。

（2）应力与参量 K_N 成正比。在同一变形状态下，不论其他条件怎样不同，只要 K_N 值相同，则裂纹尖端邻域的应力场强度完全相同。所以 K_N（N = Ⅰ，Ⅱ，Ⅲ）反映了裂纹尖端邻域的应力场强度，称为裂纹尖端应力场强度因子，简称为应力强度因子。应力强度因子可由相应的应力场和位移场公式定义，如式（4-51）与式（4-52）。

$$\begin{cases} K_{\mathrm{I}} = \lim\limits_{r \to 0} \sqrt{2\pi r}\,\sigma_y(r,\ 0) \\ K_{\mathrm{II}} = \lim\limits_{r \to 0} \sqrt{2\pi r}\,\tau_{xy}(r,\ 0) \\ K_{\mathrm{III}} = \lim\limits_{r \to 0} \sqrt{2\pi r}\,\tau_{yz}(r,\ 0) \end{cases} \tag{4-51}$$

式中　K_{I}，K_{II}，K_{III} ——裂纹动态Ⅰ、Ⅱ、Ⅲ强度因子值，$\mathrm{Pa \cdot m^{1/2}}$；

r ——微元中心到坐标原点距离，m；

σ_y，τ_{xy}，τ_{yz} —— y、xy、yz 方向的应力，Pa。

或者

$$\begin{cases} K_{\mathrm{I}} = \dfrac{2G}{\chi + 1}\sqrt{2\pi} \lim\limits_{r \to 0} \dfrac{v(r,\ \pi)}{\sqrt{r}} \\ K_{\mathrm{II}} = \dfrac{2G}{\chi + 1}\sqrt{2\pi} \lim\limits_{r \to 0} \dfrac{u(r,\ \pi)}{\sqrt{r}} \\ K_{\mathrm{III}} = \dfrac{G}{2}\sqrt{2\pi} \lim\limits_{r \to 0} \dfrac{w(r,\ \pi)}{\sqrt{r}} \end{cases} \tag{4-52}$$

式中　K_{I}，K_{II}，K_{III} ——裂纹动态Ⅰ、Ⅱ、Ⅲ强度因子值，$\mathrm{Pa \cdot m^{1/2}}$；

G ——材料的剪切模量，Pa；

χ ——平面应力与平面应变系数，见式（4-24）；

r ——微元中心到坐标原点距离，m；

v，u，w —— y、x、z 方向的位移，m。

K_{I} 和 K_{II} 也可用复变解析函数 $\varphi(z)$ 的一阶导数来表示。从式（4-25）和 $\lambda = \frac{n}{2}$，可以得到式（4-53）。

$$\varphi'(z) = \sum_{n=1}^{\infty} (C_n - iD_n) \frac{n}{2} z^{\frac{n}{2}-1} \tag{4-53}$$

式中 $\varphi(z)$ ——复变解析函数；

C_n，D_n ——待定的实常数，由远场边界条件确定；

n ——自然数。

当 $z \to 0$（即趋向于裂纹尖端）时，$n=1$ 为主项，仅保留主项，又由 $K_{\mathrm{I}} = C_1 \sqrt{2\pi}$，$K_{\mathrm{II}} = D_1 \sqrt{2\pi}$ 得复应力强度因子 K 的表达式（4-54）。

$$K = K_{\mathrm{I}} - iK_{\mathrm{II}} = 2\sqrt{2\pi} \lim_{z \to 0} [\sqrt{z} \varphi'(z)] \tag{4-54}$$

式中 K ——复应力强度因子值，$\mathrm{Pa \cdot m^{1/2}}$；

K_{I}，K_{II} ——裂纹动态Ⅰ、Ⅱ强度因子值，$\mathrm{Pa \cdot m^{1/2}}$；

$\varphi(z)$ ——复变解析函数。

当边界条件使得 $K_{\mathrm{II}} = 0, K_{\mathrm{I}} \neq 0$ 或 $K_{\mathrm{I}} = 0, K_{\mathrm{II}} \neq 0$ 时，则分别有强度因子表达式（4-55）。

$$\begin{cases} K_{\mathrm{I}} = 2\sqrt{2\pi} \lim\limits_{z \to 0} [\sqrt{z} \varphi'(z)] \\ K_{\mathrm{II}} = i2\sqrt{2\pi} \lim\limits_{z \to 0} [\sqrt{z} \varphi'(z)] \end{cases} \tag{4-55}$$

式中 K_{I}，K_{II} ——裂纹动态Ⅰ、Ⅱ强度因子值，$\mathrm{Pa \cdot m^{1/2}}$；

$\varphi(z)$ ——复变解析函数。

可见，K_N 与裂纹尖端邻域内点的位置坐标（r，θ）无关，它只是表征裂纹体弹性应力场强度的量，而不表征各种裂纹变形状态下的应力分布。由于 K_N 由问题的远场边界条件确定，所以一般说来与受载方式、荷载大小、裂纹长度及裂纹体的形状有关，有时还与材料的弹性性能有关。

应力强度因子的量纲为［力］×［长度］$^{-3/2}$，国际单位为牛顿×米$^{-3/2}$（$\mathrm{N \cdot m^{-3/2}}$）；工程制单位为千克×毫米$^{-3/2}$（$\mathrm{kg \cdot mm^{-3/2}}$）。应注意应力强度因子与应力集中因子的区别，前者描述了裂纹尖端邻域应力场的强弱，后者只是反映了某一确定点的应力集中程度，而且前者是有量纲的量，后者却是无量纲量。

4.4.2　确定应力强度因子的分析方法

对试样进行断裂分析时，常用应力强度因子脆断准则 $K_{\mathrm{I}}=K_{\mathrm{IC}}$，一方面需要根据构件的尺寸、形状和所受的荷载去计算构件的 K_{I} 值；另一方面，需用实验测定材料的断裂初度 K_{IC} 值。在测定 K_{IC} 时，须先确定试件的 K_{IC} 标定式。因而，计算应力强度因子是线弹性断裂力学中十分重要的内容。

确定应力强度因子的方法有三大类：解析法、数值解法和实验方法，每一类中又有若干种方法。解析法只能计算简单问题，大多数问题需要采用数值解法。当前，工程中广泛采用的数值解法是有限单元法。但是，由于需要计算机容量较大、精度尚不够等原因，人们正在探索其他有效的数值解法，奇异和超奇异积分方程直接数值解法就是其中的一种。对于复杂问题，用数值解法仍有困难，往往用光弹实验等实验方法。

4.4.2.1　*威斯特嘎德（Westergaard）应力函数法*

威斯特嘎德应力函数法是解析法中最简单的一种。控制方程和全部边界条件需要精确地得到满足。优点是可得到应力强度因子的解析表达式，但只有较简单几何构形物体可用解析法。威斯特嘎德应力函数法，可以解一些简单的平面问题和反平面问题。

A　*Ⅰ型裂纹的威斯特嘎德应力函数解法*

威斯特嘎德取一复变解析函数 $Z_{\mathrm{I}}(z)$，令其一次积分 $\tilde{Z}_{\mathrm{I}}(z)$ 和二次积分 $\tilde{\tilde{Z}}_{\mathrm{I}}(z)$ 的实部和虚部组成如下的艾雷（Airy）应力函数 U：

$$U=\mathrm{Re}\tilde{\tilde{Z}}_{\mathrm{I}}(z)+y\mathrm{Im}Z_{\mathrm{I}}(z) \tag{4-56}$$

式中　U——艾雷应力函数；

$Z_{\mathrm{I}}(z)$——复变解析函数。

根据解析函数理论，若 $f(z)$ 是复变解析函数，则其实部和虚部均为调和函数，且 $f(z)$ 的各阶导数和各次积分都是解析函数，各阶导数和各次积分的实部和虚部也都是调和函数；若调和函数 $f_1(x,\ y)$，$f_2(x,\ y)$，$f_3(x,\ y)$ 按下述形式组合：

$$U(x,\ y)=f_1(x,\ y)+xf_2(x,\ y)+yf_3(x,\ y) \tag{4-57}$$

式中　U——艾雷应力函数；

$f_1(x,\ y)$，$f_2(x,\ y)$，$f_3(x,\ y)$——调和函数。

则 U 必为一双调和函数。因而，按式（4-56）右端形式组合的函数 U 一定满足双调和方程。利用柯西-黎曼（Cauchy-Riemann）条件：

$$\begin{cases}\dfrac{\partial \mathrm{Re}Z_{\mathrm{I}}}{\partial x}=\dfrac{\partial \mathrm{Im}Z_{\mathrm{I}}}{\partial y}=\mathrm{Re}Z'_{\mathrm{I}}\\[2ex]\dfrac{\partial \mathrm{Im}Z_{\mathrm{I}}}{\partial x}=-\dfrac{\partial \mathrm{Re}Z_{\mathrm{I}}}{\partial y}=\mathrm{Im}Z'_{\mathrm{I}}\end{cases}\tag{4-58}$$

式中　$Z_{\mathrm{I}}(z)$——复变解析函数。

容易求得应力分量：

$$\begin{cases}\sigma_x=\dfrac{\partial U}{\partial y^2}=\mathrm{Re}Z_{\mathrm{I}}-y\mathrm{Im}Z'_{\mathrm{I}}\\[2ex]\sigma_y=\dfrac{\partial U}{\partial x^2}=\mathrm{Re}Z_{\mathrm{I}}+y\,\mathrm{Im}Z'_{\mathrm{I}}\\[2ex]\tau_{xy}=\dfrac{\partial^2 U}{\partial x\partial y}=-y\mathrm{Re}Z'_{\mathrm{I}}\end{cases}\tag{4-59}$$

式中　σ_x，σ_y，τ_{xy}——x、y、xy 方向的应力，Pa；

U——艾雷应力函数；

Z_{I}——复变解析函数。

上式中，上标的撇表示导数。此解有在 $y=0$ 的线上，$\tau_{xy}=0$ 和 $\sigma_x=\sigma_y$ 的性质，用威斯特嘎德应力函数 Z，只能求解应力分量具有这个特点的 I 型问题。对照式（4-59）与式（4-22），易得：

$$\varphi(z)=\frac{1}{2}\widetilde{Z}_{\mathrm{I}}(z),\ \phi(z)=-\frac{1}{2}zZ_{\mathrm{I}}(z)+\frac{1}{2}\widetilde{Z}_{\mathrm{I}}(z)\tag{4-60}$$

式中　$\varphi(z)$——相关函数；

$Z_{\mathrm{I}}(z)$——复变解析函数。

代入式（4-23），得用表示的位移场：

$$2G(u+iv)=\frac{\chi-1}{2}\mathrm{Re}\widetilde{Z}_{\mathrm{I}}-y\mathrm{Im}Z_{\mathrm{I}}+i\left(\frac{\chi+1}{2}\mathrm{Im}\widetilde{Z}_{\mathrm{I}}-y\mathrm{Re}Z_{\mathrm{I}}\right)\tag{4-61}$$

式中　G——材料的弹性模量，Pa；

u，v——x、y 方向位移，m；

χ——平面应力与平面应变系数，见式（4-24）；

Z_{I}——复变解析函数。

由式（4-55）和式（4-60）的第一式，并将变量 Z 改用 ζ，可得用 Z_1 表示的应力强度因子：

$$K_{\mathrm{I}}=\lim_{|\zeta|\to 0}\sqrt{2\pi\zeta}\,Z_{\mathrm{I}}(\zeta)\tag{4-62}$$

式中　K_{I}——裂纹动态 I 强度因子值，$\mathrm{Pa}\cdot\mathrm{m}^{1/2}$；

Z_{I}——复变解析函数。

对于具体问题，只要找到满足全部边界条件的 $Z_{\mathrm{I}}(z)$，用式（4-59）、式

（4-61）和式（4-62）就可求得问题的应力、位移和应力强度因子。

B　Ⅱ型裂纹的威斯特嘎德应力函数解法

Ⅱ型裂纹问题，对 x 轴是反对称荷载，在 $y=0$ 处，应该有 $\sigma_y=0$ 的性质。取艾雷应力函数：

$$U=-y\mathrm{Re}\widetilde{Z}_{\mathrm{II}}(z) \tag{4-63}$$

式中　U——艾雷应力函数；

$Z_{\mathrm{II}}(z)$——复变解析函数。

函数 $Z_{\mathrm{II}}(z)$ 称为Ⅱ型裂纹的威斯特嘎德应力函数，$Z_{\mathrm{II}}(z)$ 是复变解析函数。利用柯西-黎曼条件，得应力分量表达式：

$$\begin{cases}\sigma_x=2\mathrm{Im}Z_{\mathrm{II}}-y\mathrm{Re}Z'_{\mathrm{II}}\\ \sigma_y=-y\mathrm{Im}Z'_{\mathrm{II}}\\ \tau_{xy}=\mathrm{Re}Z_{\mathrm{II}}-y\mathrm{Im}Z'_{\mathrm{II}}\end{cases} \tag{4-64}$$

式中　σ_x，σ_y，τ_{xy}——x、y、xy 方向的应力，Pa；

Z_{II}——复变解析函数。

将式（4-64）代入式（4-22），可得：

$$\varphi'(z)=-\frac{1}{2}iZ_{\mathrm{II}}(z),\ \phi'(z)=\frac{1}{2}izZ'_{\mathrm{II}}(z)+iZ_{\mathrm{II}}(z) \tag{4-65}$$

式中　$\varphi(z)$——相关函数；

Z_{II}——复变解析函数。

对公式（4-65）进行积分，并代入式（4-23），得位移表达式：

$$2G(u+iv)=y\mathrm{Re}Z_{\mathrm{II}}+\frac{\chi+1}{2}\mathrm{Im}\widetilde{Z}_{\mathrm{II}}-i\left(y\mathrm{Im}Z_{\mathrm{II}}+\frac{\chi-1}{2}\mathrm{Re}\widetilde{Z}_{\mathrm{II}}\right) \tag{4-66}$$

式中　G——材料的弹性模量，Pa；

u，v——x、y 方向位移，m；

χ——平面应力与平面应变系数，见式（4-24）；

Z_{II}——复变解析函数。

从式（4-55）第二式及式（4-65），并将变量 Z 改用 ζ，得应力强度因子表达式：

$$K_{\mathrm{II}}=\lim_{|\zeta|\to 0}\sqrt{2\pi\zeta}\,Z_{\mathrm{II}}(\zeta) \tag{4-67}$$

式中　K_{II}——裂纹动态Ⅱ强度因子值，$\mathrm{Pa\cdot m^{1/2}}$；

Z_{II}——复变解析函数。

C　Ⅲ型裂纹的威斯特嘎德应力函数解法

对于Ⅲ型裂纹问题，位移分量 w 应满足调和方程 $\nabla^2w=0$，取 $w=\dfrac{1}{G}\mathrm{Im}\widetilde{Z}_{\mathrm{III}}$，

代入式（4-37），并利用柯西-黎曼条件，得：

$$\begin{cases}\tau_{xz} = y\mathrm{Im}Z_{\mathrm{III}} \\ \tau_{yz} = \mathrm{Re}Z_{\mathrm{III}}\end{cases} \tag{4-68}$$

式中 τ_{xz}，τ_{yz}——xz、yz 方向的应力，Pa；

Z_{III}——复变解析函数。

故 $Z_{\mathrm{III}} = \mathrm{Re}Z_{\mathrm{III}} + i\mathrm{Im}Z_{\mathrm{III}} = \tau_{yz} + i\tau_{xz}$，注意到式，并令 $\zeta = re^{i\theta}$，于是在裂纹尖端附近有 $Z_{\mathrm{III}} = \dfrac{K_{\mathrm{III}}}{\sqrt{2\pi r}}\left(\cos\dfrac{\theta}{2} - i\sin\dfrac{\theta}{2}\right) = \dfrac{K_{\mathrm{III}}}{\sqrt{2\pi\zeta}}$，当 $|\zeta| \to 0$（裂纹尖端）时可以得：

$$K_{\mathrm{III}} = \lim_{|\zeta| \to 0} \sqrt{2\pi\zeta}\, Z_{\mathrm{III}}(\zeta) \tag{4-69}$$

式中 K_{III}——裂纹动态Ⅲ强度因子值，$\mathrm{Pa \cdot m^{1/2}}$；

Z_{III}——复变解析函数。

4.4.2.2 积分变换法

积分变换法是解偏微分方程边值问题的一种有效方法。对于第一类边值问题和第二类边值问题，其解可以通过反演积分表示成封闭形式；对于第三类边值问题（混合边值问题），将导出一组对偶积分方程，积分方程中的未知函数是个积分变换式。用积分变换法求应力强度因子的基本思路是把裂纹问题所需满足的微分方程作积分变换，使原方程的阶数降低一阶，求出变换后的方程的形式解；应力场和位移场作相应的变换，通过逆变换将应力场和位移场用形式解表示，根据混合边界条件，归结为一组对偶积分方程，解出这组对偶积分方程，即可确定应力场、位移场及应力强度因子对偶积分方程的求解一般有两种方法：一是利用超越函数的性质直接求解的所谓运算方法，在某些简单情况下可能得到封闭形式解；二是把对偶积分方程化为弗雷德霍姆（Fredholm）积分方程或奇异积分方程求解。

4.4.2.3 格林函数法

考虑一个线性的非齐次微分方程式（4-70）。

$$Lu(x) = [a_0(x)D^n + \cdots + a_{n-1}(x)D + a_n(x)]u(x) = f(x) \tag{4-70}$$

式中 L——微分算子；

$u(x)$——位移函数；

$a_n(x)$——位移函数系数；

D——$\dfrac{\mathrm{d}}{\mathrm{d}x}$；

$f(x)$——一连续函数。

其中，$f(x)$ 是一连续函数，它可写成：

$$f(x) = \int_{-\infty}^{\infty} \delta(x - y) f(y) \mathrm{d}y \tag{4-71}$$

其中，δ 称为 δ 函数（或脉冲函数），即：

$$\begin{cases} \delta(x) = \begin{cases} 0 & (x \neq 0) \\ \infty & (x = 0) \end{cases} \\ \int_{-\infty}^{\infty} \delta(x) \mathrm{d}x = 1 \end{cases} \tag{4-72}$$

因为方程是线性的，可用叠加原理。如果 u_1 和 u_2 分别是 $Lu = f_i(i = 1, 2)$ 的解，则 $c_1u_1 + c_2u_2 = u$ 是 $Lu = f = c_1f_1 + c_2f_2$ 的解（c_1，c_2 为常数）。这样的叠加可推广到 $i \to \infty$，即连续分布情形。而式（4-71）左边的可看成右边一系列连续分布之和，所以得解便是：

$$u(x) = \int_{-\infty}^{\infty} g(x; y) f(y) \mathrm{d}y \tag{4-73}$$

式中　$u(x)$ ——位移函数；

$g(x; y)$，$f(y)$ ——连续函数。

$$Lg(x; y) = \delta(x - y) \tag{4-74}$$

式中　L——微分算子；

$g(x; y)$ ——连续函数；

δ——脉冲函数。

其中，g 是方程式（4-74）的解，那么每一个这样的 g 乘上任意常数并相加（即对 y 积分），按叠加原理，应有：

$$\begin{cases} f(x) = \int_{-\infty}^{\infty} \delta(x - y) f(y) \mathrm{d}y = \int_{-\infty}^{\infty} Lg(x; y) f(x) \mathrm{d}y \\ L\int_{-\infty}^{\infty} g(x; y) f(y) \mathrm{d}y = Lu \end{cases} \tag{4-75}$$

式中　$f(x)$ ——连续函数；

δ——脉冲函数；

$g(x; y)$，$f(y)$ ——连续函数；

L——微分算子；

u——位移函数。

这就表明，若能求出方程（4-74）的解 g，则对于任何非齐次项 $f(x)$ 的微分方程（4-70）的解，便立即可由式（4-73）求出。可见方程（4-74）的解 g 很重要，称 g 为算子 L 的基本解。

通常，微分方程边值问题总是和边界条件相联系的。因此，应选择满足边界条件的基本解来解微分方程边值问题，这类满足边界条件的基本解就称为格林函数。

微分方程 $Lu=f$ 的非齐次项 f 在力学含义上常称为强迫力项。格林函数 g 是 $Lg=\delta(x-y)$ 的解，按 δ 函数的意义（式（4-72）），g 是由 $x=y$ 作用一个集中的源（力、温度等）引起的响应，这就是格林函数的物理意义。

由一个任意位置的点力所得到的某一裂纹体的解（或是复势或是应力强度因子等）可以用来构成格林函数，去解同一裂纹体在任意分布荷载下的问题。这就是解裂纹问题的格林函数法。

4.4.2.4 连续位错模型法

将裂纹用连续分布的位错来表示，是一种有效的分析方法，称为连续位错模型法。

A 位错及位错的应力场

位错是晶体中的一种缺陷，会引起晶体的弹性变形，影响晶体的力学性能。晶体中的位错有两种基本型式：刃型位错和螺型位错。刃型位错的原子（线的交点为原子位置）排列，如图 4-9（a）所示。整个半晶体在 E 处多出一排原子，与纸面垂直并且过 BC 线的平面把原子分成两部分，这两部分原子沿 BC 面产生相对的位移，使晶格发生畸变，好像上半部受到压缩，下半部受到拉伸。上半部晶体比下半部晶体多半个晶面 EF，称为正刃型位错，用符号（⊥）表示，竖线表示多余半个晶面的方向，横线表示两部分晶体相对滑移的方向。反之，为负刃型位错，用符号（⊤）表示。

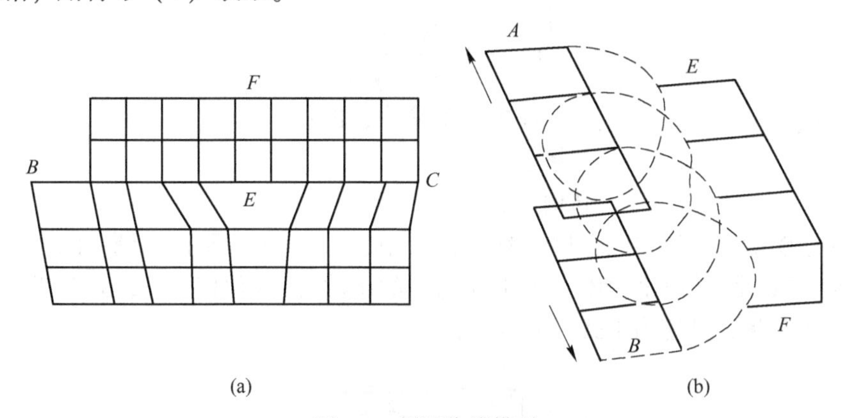

图 4-9 原子位错排列
（a）刃型位错；（b）螺旋型位错

螺旋型位错的原子排列，如图 4-9（b）所示。EF 面的右方晶格不动，但 EF 面的左方晶格的上平面 A 及其以上部分向后移动，下平面 B 及以下部分向前移动。如果固定不动的原子与相邻的移动原子在滑移前坐落在许多相互平行的圆周上，则在滑移后这些圆周变成一根螺旋线，如图 4-9（b）中虚线所示。螺旋型位错不含有额外的半个晶面，比刃型位错受到的限制少，容易产生滑移。图 4-9

(b) 所示的螺旋型位错是左旋的，若按相反方向滑移的螺旋型位错则是右旋的。

如果把晶体看成连续介质，晶体中的位错看成在晶体上切割平面，使平面分割的两部分发生相对位移，然后把裂纹焊好，或填上少量的材料，于是在晶体中将产生内应力，所产生的内应力可用弹性理论去研究，这内应力场称为位错的应力场。

表征位错的柏格斯（Burgers）矢量 $\boldsymbol{b}$ 是三种单位位错的矢量和，这三种单位位错是刃型位错的滑移（$\boldsymbol{b}_1$），刃型位错的攀移（$\boldsymbol{b}_2$），螺旋型位错的滑移（$\boldsymbol{b}_3$），即：

$$\boldsymbol{b} = \boldsymbol{b}_1 i + \boldsymbol{b}_2 j + \boldsymbol{b}_3 k \tag{4-76}$$

式中　$\boldsymbol{b}$——三种单位位错的矢量和，m；

$\boldsymbol{b}_1$——刃型位错的滑移，m；

$\boldsymbol{b}_2$——刃型位错的攀移，m；

$\boldsymbol{b}_3$——螺旋型位错的滑移，m。

刃型位错的应力场分别可以由式（4-77）表示。

$$\begin{cases} \sigma_x = -A\dfrac{y(3x^2+y^2)}{(x^2+y^2)^2} \\ \sigma_y = A\dfrac{y(x^2-y^2)}{(x^2+y^2)^2} \\ \tau_{xy} = A\dfrac{x(x^2-y^2)}{(x^2+y^2)^2} \end{cases} \tag{4-77}$$

式中　σ_x，σ_y，τ_{xy}——x、y、xy 方向的应力，Pa；

A——位移系数；

x，y——位移值，m。

对于螺旋型位错情况，比刃型位错情况简单，属于反平面问题。此时，位移 $u=v=0$，w 是 r 与 θ 的函数（或是 x 与 y 的函数）。这种情况下，只有两个不为零的应力分量，其应力由式（4-78）表示。

$$\begin{cases} \tau_{xz} = -A\dfrac{y}{x^2+y^2} \\ \tau_{yz} = A\dfrac{x}{x^2+y^2} \end{cases} \tag{4-78}$$

式中　τ_{xz}，τ_{yz}——xz、yz 方向的应力，Pa；

A——位移系数；

x，y——位移值，m。

B　位错塞积群与裂纹

分布在一条直线上的位错，若前方受阻碍，则构成位错塞积群。在位错塞积群中，位错可按间断的或连续的分布处理。按连续分布处理，能利用微积分，较方便。通常以$f(x)$表示连续分布的位错密度，即单位长中的位错数目。在微元素 $\mathrm{d}x$ 上，位错数应为$f(x)\mathrm{d}x$。在线段 $a \leqslant x \leqslant a_1$ 内，位错总数为：

$$N = \int_a^{a_1} f(x)\,\mathrm{d}x \tag{4-79}$$

式中 N——位错总数；

$f(x)$——连续分布的位错密度。

裂纹可以用位错塞积群表示。图 4-10 的（a），（b），（c）分别表示裂纹位移的三种形式：张开型、滑开型、撕开型，并分别与位错的三种位移-刃型位错的攀移、刃型位错的滑移、螺旋型位错的滑移相当。根据裂纹表面不受力的条件，连续分布位错在裂纹表面处形成的应力 σ_{ij}^D 必须与由外力在裂纹表面处形成的应力 $P(x)$（按无裂纹时计算的应力）相抵消，即满足式（4-80）。

$$\sigma_{ij}^D(x) = P(x) \quad |x| < a \tag{4-80}$$

式中 σ_{ij}^D——位错在裂纹表面应力，Pa；

$P(x)$——外力在裂纹表面形成的应力，Pa。

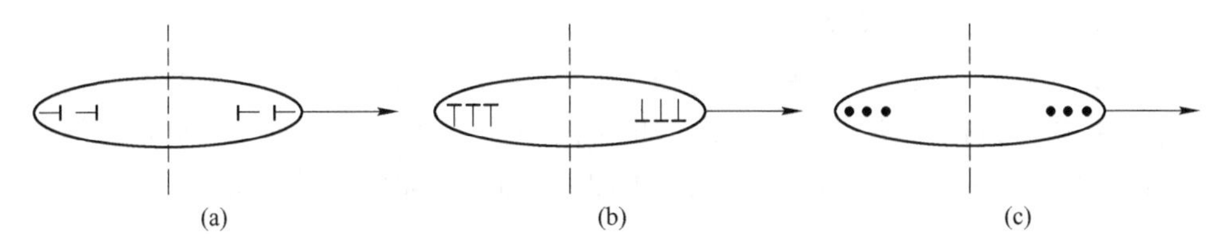

图 4-10 裂纹位移的三种形式

（a）刃型位错的攀移；（b）刃型位错的滑移；（c）螺旋型位错的滑移

这里假设裂纹表面沿 x 轴，裂纹长为 $2a$。对于裂纹内任意一个位错（设其坐标为 t），它对 x 轴上坐标值为 x 的点所产生的内应力应为 $\dfrac{A}{x-t}$，于是有式（4-81），如果给定 $P(x)$，解奇异积分方程式（4-81），可以求出位错密度$f(x)$。

$$\int_{-a}^{a} \frac{f(t)\,\mathrm{d}t}{x-t} = -\frac{P(x)}{A}, \quad |x| < a \tag{4-81}$$

式中 a——裂纹半长，m；

$f(t)$——位错密度函数；

$P(x)$——外力在裂纹表面形成的应力，Pa；

A——位移系数。

由位错定义，线段两端点的相对位移应为 $b_i N$，这里，$b_i (i = 1, 2, 3)$ 为单位柏格斯矢量，位错形成的应力场由式（4-82）求出。

$$\sigma_{ij}^{D}(\boldsymbol{r}) = \int_{-a}^{a} f(t)\,\mathrm{d}t\,\sigma_{ij}^{0}(\boldsymbol{r}) \tag{4-82}$$

式中　σ_{ij}^{D}——位错在裂纹表面应力，Pa；

σ_{ij}^{0}——单位位错的应力场，Pa；

$f(t)$——位错密度函数；

a——裂纹半长，m；

$\boldsymbol{r}$——应力场的点矢径，m。

C　应力强度因子与位错密度关系

奇异积分方程式（4-81）的解为式（4-83）。

$$f(x) = \frac{1}{\pi^2 A}\int_{-a}^{a}\sqrt{\frac{a^2 - t^2}{a^2 - x^2}}\,\frac{P(t)\,\mathrm{d}t}{x - t} + \frac{C}{\pi\sqrt{a^2 - x^2}} \tag{4-83}$$

式中　$f(x)$——位错密度函数；

A——位移系数；

a——裂纹半长，m；

C——$-a < x < a$间的位错总数；

$P(t)$——给定函数。

由式（4-83）看出，位错密度$f(x)$在裂纹尖端（$x = \pm a$）为无穷大。现在求裂纹尖端附近的位错密度表达式。此时，$x \approx a$，取$s = (x - a) \ll a$，得到$x + a \approx 2a$，$a^2 - x^2 \approx -2as$代入式（4-83）有式（4-84），其中K由式（4-85）确定。

$$f(x) = \frac{1}{\pi^2 A}(-s)^{-\frac{1}{2}}\int_{-a}^{a}\sqrt{\frac{a + t}{a - t}}P(t)\,\mathrm{d}t = \frac{K}{\pi A\sqrt{2\pi}}(-s)^{-\frac{1}{2}} \tag{4-84}$$

式中　$f(x)$——位错密度函数；

A——位移系数；

a——裂纹半长，m；

$P(t)$——给定函数；

K——应力强度因子，$\mathrm{Pa \cdot m^{1/2}}$；

s——变换系数，$s = x - a$。

$$K = \frac{1}{\sqrt{\pi A}}\int_{-a}^{a}\sqrt{\frac{a + t}{a - t}}P(t)\,\mathrm{d}t = 2\sqrt{\frac{a}{\pi}}\int_{-a}^{a}\frac{P(t)}{\sqrt{a^2 - t^2}}\mathrm{d}t \tag{4-85}$$

式中　K——应力强度因子，$\mathrm{Pa \cdot m^{1/2}}$；

A——位移系数；

a——裂纹半长，m；

$P(t)$——给定函数。

4.4.2.5 复变函数边界配置法

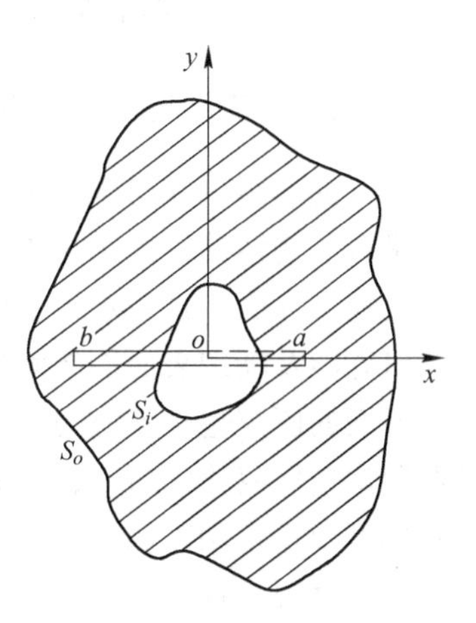

图 4-11 多连通二维裂纹体

图 4-11 表示一个多连通二维裂纹体，外边界 S_o，内边界 S_i，坐标原点设在 S_i 内部，沿 x 轴有一裂纹，两尖端坐标分别为（a，0）和（b，0）。假设在 S_i 上受到平衡力系作用，裂纹面上无外荷载。用复变应力函数的边界配置法，可求解此类问题的应力强度因子。应力分量、位移分量和应力强度因子可用复变解析函数 $\Phi(z)$ 和 $\Omega(z)$ 表示，它们的表达式分别是式（2-53）、式（2-56）和式（2-70）。

$$\begin{cases}\Phi(z) = \sum\limits_{-\infty}^{\infty} \dfrac{A_m Z^m}{\sqrt{(z-a)(z-b)}} + \sum\limits_{-\infty}^{\infty} B_m z^m \\ \Omega(z) = \sum\limits_{-\infty}^{\infty} \dfrac{A_m Z^m}{\sqrt{(z-a)(z-b)}} - \sum\limits_{-\infty}^{\infty} B_m z^m\end{cases} \tag{4-86}$$

式中 $\Phi(z)$，$\Omega(z)$——复变解析函数；

A_m，B_m——一般复数；

a——裂纹半长，m；

其中，A_m、B_m 一般为复数，则相应的应力满足平衡方程、应力协调条件以及裂纹面应力自由的条件，但还应满足由复应力函数表示的位移单值条件。

$$\chi\oint_{S_i} \Phi(z)\mathrm{d}z - \oint_{S_i} \Phi(\bar{z})\mathrm{d}\bar{z} = 0 \tag{4-87}$$

式中 χ——平面应力与平面应变系数，见公式（4-24）；

$\Phi(z)$，$\Omega(z)$——复变解析函数；

S_i——围绕每个内部边界的积分围路。

一旦求得 A_m 应力强度因子可由式（4-88）求得，系数 A_m 一般是复数，但在单轴对称或反对称条件下，这些系数或是纯虚数或是纯实数。

$$\begin{cases}(K_{\mathrm{I}} - iK_{\mathrm{II}})_{z=a} = \dfrac{2\sqrt{2\pi}}{\sqrt{a-b}} \sum\limits_{-\infty}^{\infty} A_m a^m \\ (K_{\mathrm{I}} - iK_{\mathrm{II}})_{z=b} = \dfrac{2\sqrt{2\pi}}{\sqrt{b-a}} \sum\limits_{-\infty}^{\infty} A_m b^m\end{cases} \tag{4-88}$$

式中 K_{I}，K_{II}——裂纹动态Ⅰ、Ⅱ强度因子值，$\mathrm{Pa\cdot m^{1/2}}$；

A_m——一般复数；

a，b——裂纹尖端坐标，m。

4.5　岩石试样的断裂判据

4.5.1　岩石断裂理论的研究概述

岩石的断裂机理与判据可以从微观、亚微观和宏观三方面进行研究，所谓微观就是涉及物体的终极结构单元发生相对运动时其间内聚力的破坏。亚微观涉及颗粒及粒间界面，这一水平上的破坏。宏观涉及肉眼可以看得见的破坏。微观方面的研究涉及断裂表面能的测量，化学键吸附现象的研究和位错理论的探讨。亚微观方面的研究包括差应力作用下的体应变，电阻率和声学性质的研究，对宏观破坏前渗透性变化的研究，对循环加载的研究，各种直接的显微镜观测以及利用光弹模型或直接用玻璃作实验，研究应力场的变化和裂纹如何传播等。

岩石微观、亚微观的断裂机理与判据不但与所处的应力状态有关，还与温度、化学作用、应力梯度、应变率及含水量，岩样的矿物组成及粒尺寸，岩样的几何形态等诸多因素有关。由于目前对这些因素还研究得不够。因此，它们对岩石的断裂究竟产生怎样的影响，还有待进一步的研究。

岩石断裂的研究最早是由宏观开始的，但由于压力机刚度的提高，主断裂面的发展比较容易控制。由实验结果发现，对于许多岩石宏观主断裂发生在应力差达到极大值之后，在主断裂发生之前岩石内产生许多微破裂，且以张性破裂为主，很少甚至没有剪切破裂现象。而这些实验现象，都不是能由库仑-莫尔所提出的简单的剪切破裂机制所能解答的，于是出现了格里菲斯理论。

格里菲斯通过对玻璃等脆性材料破裂过程的详细研究，提出了脆性材料的破坏，是由于存在于物体内部的众多的微裂隙所决定，这些微裂隙随机地分布于物体内部。由于微裂隙的存在，在外力作用下，微裂隙的尖端产生应力集中现象，引起微裂隙的不稳定扩张，最终导致岩石破坏。基于这一理由，提出了脆性材料的格里菲斯判据。

1921 年，格里菲斯根据微裂隙控制断裂和渐近破坏的概念，提出了格里菲斯脆性断裂破坏理论，为后人深入研究岩石的断裂破坏机理提供了一个重要途径。布雷斯（Brace）、邦巴拉基斯（Bombalakis）、胡克（Hoek）和比尼卡斯基（Binicaski）早已提出，在压应力作用下，宏观断裂破坏不能由单预先存在的微裂隙扩展而形成，而必定是各微裂隙、颗粒边界及孔洞集聚的结果。彭松等人利用双目实体显微镜对各级应力状态下圆柱形试件，径向剖面的微裂隙分布直接地进行了观测，并得出了切姆斯福德（Chelmsford）花岩在单轴应力作用下的微断裂发展过程。永广等人对 ϕ19.2mm×39.4mm 的硬质页岩进行了侧压为 30～300MPa 的三轴压缩试验，并在实验过程中把同一岩样在几个变形阶段取出来，采用双目实体显微镜观测各个阶段岩样表面呈现出来的微裂隙。结果发现，在各样断裂破坏之前发育有两组共轭的剪断性微裂隙，其数目随变形的发展面增多，已经生成的这些微裂隙在长度上部是有限的。呈雁行排列，而且当变形进一步发展时，相邻的微裂隙就相互联络，形成与 σ_1 成较大角度的剪切带。罗伯特（Roberter）通过对巴里（Barre）花岗岩因应力作用产生的微裂隙扩展的扫描电子显微镜观测，提出了微裂隙相互作用的三种基本类型：雁行型、牵引型、裂纹-孔穴型。陈容等人利用金相显微镜、偏光显微镜及硝化纤维印膜等实验手段，对圆柱形试件剖面的微裂隙分布，进行了多种渠道的观测。结果发现，在岩石矿物的晶体颗粒内产生的微裂隙及其扩展方向主要是由晶体结构确定，当外力达到破坏强度的 70%~80%时，微裂隙开始逐渐向试件一对角线中心部位集聚，产生一系列相平行的穿过若干晶体颗粒的断层。比尼亚夫斯基（Bieniawski）等人利用编光显微镜及醋酸纤维印膜，对不同应力级下受单轴应力作用的砂岩试件径向剖面的微观断裂进行了分析。结果发现，微裂隙的数目及长度均随应力的增加而增加，尤其是在应力超过 $0.85\sigma_c$ 时则更加明显，而且岩石的宏观断裂破坏正是颗粒内部的微裂隙和胶结物中，以及颗粒之间的微裂隙发展为微断层并进而相互作用、串联的渐进破坏过程。为便于进行理论上的分析，戴伊等人利用前人研究的成果，根据因邻近颗粒间的弹性性质的差异及颗粒间点接触所产生的尖劈作用形成的应力非均匀分布，提出了两种应力非均布数学模型。并对微裂隙的雁行状排列机理作了一些初步探讨。巴茨勒（Batzle）等人也在电子显微镜中，直接观测到了因邻近颗粒间的弹性性质差异及颗粒间的点接触所产生的尖劈作用而致使裂隙扩展的情况。此外，斯科尔茨（Scholz）利用几种不同的换能器测得弹性波到达的时间，测定了岩样内部微断裂活动的剧烈程度。洛伊陶伊通过对熟石膏裂纹试件的研究，提出了在三轴应力条件下的微断裂发展过程。赖海辉也首次尝试用扫描电子显微镜研究了岩石破碎机理。对前人研究成果的回顾与总结可以发现，岩石的最终宏观断裂破坏与其内部微裂隙的发展与集聚有着极为密切的联系，要想彻底弄清岩石的断裂机理，就必须从岩石的微观断裂发展过程的分析入手，并进一步弄清微观断裂与宏观断裂之间的本质联系。尽管前人对此也已作了大量的研究工作，并取得了十分优异的成果，但迄今为止，在国内外还没有人对岩石试件在各种不同应力条件下（其中包括单轴应力、双轴平应力及平面应交状态下，等围压三轴应力及真三轴应力状态下）的微观断裂发展的全过程及其与宏观断裂破坏的内在的本质关系作全面系统的研究。这种研究无论是对玻璃工业、陶瓷工业、水泥工业及采矿界都是很有益的，很重要的。

4.5.2 应力强度因子准则

应力强度因子 K，是描述裂纹尖端附近应力场强弱程度的参量，爆炸应力波下裂纹是否发生失稳扩展取决于其值的大小，由此建立断裂准则称为 K 准则。

$$K = K_{IC} \tag{4-89}$$

式中　K_{IC}——静态断裂韧性，$Pa \cdot m^{1/2}$。

爆炸应力波作用下裂纹发生动态起裂，稳定裂纹的动态起始扩展临界条件由式（4-90）确定。

$$K_{ID}(\sigma, a, t) = K_{ID}(\dot{K}) \tag{4-90}$$

式中　$K_{ID}(\sigma, a, t)$——动态应力强度因子，$Pa \cdot m^{1/2}$；

$K_{ID}(\dot{K})$——动态裂纹起始韧性，$Pa \cdot m^{1/2}$。

它表征了材料在爆炸、冲击等动荷载作用下抵抗裂纹动态起始扩展能力，是个与加载率$\dot{\sigma}$相关的量，用$K_{ID}(\dot{\sigma})$或者$K_{ID}(\dot{K})$表示。而对于传播、运动裂纹的传播生长，也存在一个与裂纹运动速度V相关的动态裂纹生长韧性$K_{ID}(V)$，于是裂纹传播生长准则，可以表示为式（4-91），类似地也存在一个动态止裂韧度，其相应的准则为式（4-92）。

$$K_{ID}(\sigma, a, t, V) = K_{ID}(V) \tag{4-91}$$

式中　$K_{ID}(\sigma, a, t, V)$——动态应力强度因子，$Pa \cdot m^{1/2}$；

$K_{ID}(V)$——与裂纹运动速度相关的动态裂纹生长韧性，$Pa \cdot m^{1/2}$。

$$K_{ID}(\sigma, a, t) < K_I \tag{4-92}$$

式中　$K_{ID}(\sigma, a, t)$——动态应力强度因子，$Pa \cdot m^{1/2}$；

K_I——动态止裂韧度，$Pa \cdot m^{1/2}$。

4.5.3　格里菲斯能量准则

对含缺陷物体的强度远小于完整体强度问题的讨论中，格里菲斯提出了裂纹扩展的能量平衡准则，经典弹性理论给出长度为$2a$的板，与裂纹垂直方向上受到均匀分布的单轴拉应力σ，如图4-12所示。

设对应的无裂纹板中的应变能为U_0，用经典弹性力学平面问题的复变函数方法可以得到，对给定的外加荷载σ，裂纹板的应变能由式（4-93）给出，式中B为板的厚度，E为材料的弹性模量。

$$U = U_0 \pi \sigma^2 a^2 B / E \tag{4-93}$$

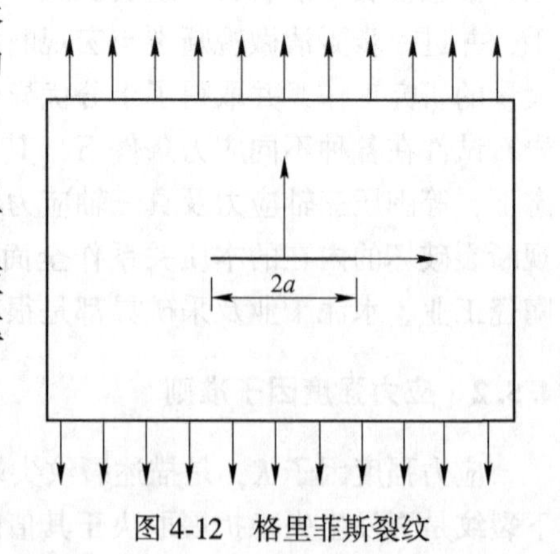

图4-12　格里菲斯裂纹

式中　U——裂纹板的应变能，J；

U_0——无裂纹板的应变能，J；

σ——给定的外加荷载，Pa；

B——板的厚度，m；

E——材料的弹性模量，Pa。

裂纹半长 a 产生增量 Δa，保持外加荷载 σ 不变，应变能的增量为 ΔU。

$$\Delta U = U(a + \Delta a) - U(a) = 2\pi\sigma^2 aB\Delta a/E \tag{4-94}$$

式中 ΔU——应变能的增量，J；

σ——给定的外加荷载，Pa；

B——板的厚度，m；

a——裂纹半长，m；

Δa——裂纹半长的增量，m；

E——材料的弹性模量，Pa。

裂纹长度的增加导致物体的自由表面增加，因此，表面自由能增加，物体的全表面能为 E_B。

$$E_B = 4aB\gamma + E_0 \tag{4-95}$$

式中 E_B——物体的全表面能，J；

B——板的厚度，m；

a——裂纹半长，m；

E_0——第 1 项为其余表面能，J；

γ——单位表面积对应的表面自由能，J/m^2。

裂纹半长增加 Δa 对应的表面能，由式（4-96）给出。

$$E_B(a + \Delta a) - E_B(a) = 4aB\gamma \tag{4-96}$$

式中 E_B——物体的全表面能，J；

B——板的厚度，m；

a——裂纹半长，m；

γ——单位表面积对应的表面自由能，J/m^2。

格里菲斯认为，裂纹半长增量 Δa 相应的应变能增量与相应的表面能增量相等即可以得到式（4-97）。

$$\Delta U = E_B(a + \Delta a) - E_B(a) \tag{4-97}$$

式中 ΔU——应变能的增量，J；

E_B——物体的全表面能，J；

a——裂纹半长，m。

由式（4-94）、式（4-96）、式（4-97）可以得到裂纹扩展的能量平衡准则，式（4-98）。

$$2\pi\sigma^2 aB\Delta a/E = 4aB\gamma \tag{4-98}$$

式中 σ——给定的外加荷载，Pa；

B——板的厚度，m；

a——裂纹半长，m；

Δa——裂纹半长的增量，m；

E——材料的弹性模量，Pa。

γ——单位表面积对应的表面自由能，J/m^2。

根据这一准则，对应的临界应力为式（4-99）。

$$\sigma_c = \sqrt{\frac{2\gamma E}{\pi a}} \tag{4-99}$$

式中 σ_c——对应临界应力，Pa；

a——裂纹半长，m；

E——材料的弹性模量，Pa；

γ——单位表面积对应的表面自由能，J/m^2。

4.5.4 最大周向应力准则

无论是格里菲斯能量准则，还是应力强度因子准则，都只能判断预制裂纹在什么条件下起裂，而无法回答破裂会朝着哪个方向发展。因此，在以上两个准则的基础上埃尔多安（Erdogan）和希赫（Sih）通过大量的实验，观察到裂纹的破裂方向往往都是垂直于最大周向拉应力方向。为此，提出了最大周向拉应力准则。

不失一般性考虑 K_{II}，利用坐标变化，由裂纹尖端的渐进场的直角坐标系解式（4-31），可以得到在极坐标中的裂纹尖端渐进场的解为式（4-100）。

$$\begin{cases} \sigma_{rr} = \dfrac{1}{2\sqrt{2\pi r}}\left[K_{\mathrm{I}}(3-\cos\theta)\cos\dfrac{\theta}{2} + \right. \\ \qquad \left. K_{\mathrm{II}}(3\cos\theta - 1)\sin\dfrac{\theta}{2}\right] \\ \sigma_{\theta\theta} = \dfrac{1}{2\sqrt{2\pi r}}\cos\dfrac{\theta}{2}\left[K_{\mathrm{I}}(1+\cos\theta - 3K_{\mathrm{II}}\sin\theta)\right] \\ \tau_{r\theta} = \dfrac{1}{2\sqrt{2\pi r}}\cos\dfrac{\theta}{2}\left[K_{\mathrm{I}}\sin\theta + K_{\mathrm{II}}(3\cos\theta - 1)\right] \end{cases} \tag{4-100}$$

式中 σ_{rr}，$\sigma_{\theta\theta}$，$\tau_{r\theta}$——r、θ、$r\theta$ 方向的应力，Pa；

r——距离裂纹尖端的极径，m；

θ——极径与水平方向的夹角，(°)；

K_{I}，K_{II}——Ⅰ、Ⅱ强度因子值，$Pa \cdot m^{1/2}$；

对式（4-100）中的 $\sigma_{\theta\theta}$ 进行求导，可以得到最大周向应力的拉应力准则需要满足的条件式（4-101）。

$$\partial\sigma_{\theta\theta}/\partial\theta = 0,\ \partial^2\sigma_{\theta\theta}/\partial\theta^2 < 0 \tag{4-101}$$

式中 $\sigma_{\theta\theta}$——θ 方向的应力，Pa；

θ——极径与水平方向的夹角，(°)。

当 $\sigma_{\theta\theta}$ 达到最大临界值时，试样的预制裂纹开始稳定扩展，即 $r \to 0$ 时，$\sigma_{\theta\theta} \to \infty$。因此，一般不能用临界值来表征，可以利用Ⅰ型裂纹的起裂韧度进行参照，由 $\theta = 0$ 与式（4-100）及式（4-101）可以得到式（4-102）。

$$\frac{1}{2}\cos\frac{\theta_0}{2}[K_{\mathrm{I}}(1 + \cos\theta_0) - 3K_{\mathrm{II}}\sin\theta_0] = K_{\mathrm{IC}} \tag{4-102}$$

式中 K_{I}，K_{II}——Ⅰ、Ⅱ强度因子值，$\mathrm{Pa \cdot m^{1/2}}$；

K_{IC}——起裂韧度值，$\mathrm{Pa \cdot m^{1/2}}$；

θ——材料断裂角，(°)。

其中，材料断裂角 θ_0，由式（4-103）确定。

$$K_{\mathrm{I}}\sin\theta_0 + K_{\mathrm{II}}(3\cos\theta_0 - 1) = 0 \tag{4-103}$$

式中 K_{I}，K_{II}——Ⅰ、Ⅱ强度因子值，$\mathrm{Pa \cdot m^{1/2}}$；

θ_0——材料断裂角，(°)。

4.5.5 应变能密度因子准则

早在1973年，希赫（Sih）通过对最普遍的复合型裂纹进行了研究分析，由克拉贝龙公式，推出线弹性体的应变能密度 W 由式（4-104）确定。

$$W = \frac{1}{2}\sigma_{ij}\varepsilon_{ij} \tag{4-104}$$

式中 W——应变能密度，J；

σ_{ij}——裂纹尖端应力，Pa；

ε_{ij}——裂纹尖端应变。

由式（4-104）可以得到单位体积内的应变能为式（4-105）。

$$W = \frac{1}{2E}[\sigma_{xx}^2 + \sigma_{yy}^2 + \sigma_{zz}^2 - 2\nu(\sigma_{xx}\sigma_{yy} + \sigma_{yy}\sigma_{zz} + \sigma_{zz}\sigma_{xx}) + 2(1 + \nu)(\tau_{xy}{}^2 + \tau_{yz}{}^2 + \tau_{zx}{}^2)] \tag{4-105}$$

式中 W——应变能密度，J；

E——材料弹性模量，Pa；

σ_{xx}，σ_{yy}，σ_{zz}——正应力，Pa；

τ_{xy}，σ_{yz}，σ_{zx}——剪应力，Pa；

ν——材料的泊松比。

将式（4-105）代入强度因子 K，当 r 趋近于裂纹尖端时，可以得到裂纹端部

各点的应变能密度 W 为式（4-106）。

$$W=\frac{1}{r}(a_{11}K_{\mathrm{I}}^2+2a_{12}K_{\mathrm{I}}K_{\mathrm{II}}+a_{22}K_{\mathrm{II}}^2+a_{33}K_{\mathrm{III}}^2) \tag{4-106}$$

式中　W——应变能密度，J；

r——距离裂纹尖端的极径，m；

K_{I}，K_{II}，K_{III}——分别为Ⅰ、Ⅱ、Ⅲ强度因子值，Pa · m$^{1/2}$；

$a_{11},a_{12},a_{22},a_{33}$——相关系数。

其中，a_{11}、a_{12}、a_{22}、a_{33} 由式（4-107）确定。

$$\begin{cases}a_{11}=\dfrac{1}{16\pi\mu}[(3-4\nu-\cos\theta)(1+\cos\theta)]\\ a_{12}=\dfrac{1}{16\pi\mu}(\cos\theta-1+2\nu)\times 2\sin\theta\\ a_{22}=\dfrac{1}{16\pi\mu}[4(1-\nu)(1-\cos\theta)+(1+\cos\theta)(3\cos\theta-1)]\\ a_{33}=\dfrac{1}{4\pi\mu}\end{cases} \tag{4-107}$$

式中　a_{11}，a_{12}，a_{22}，a_{33}——相关系数。

μ——拉梅常数；

θ——极径与水平方向的夹角，(°)；

ν——材料的泊松比。

将式（4-106）改写为式 $W=S/r$，其中 S 称为应变能密度因子，由式（4-108）确定。

$$S(\theta)=a_{11}K_{\mathrm{I}}^2+2a_{12}K_{\mathrm{I}}K_{\mathrm{II}}+a_{22}K_{\mathrm{II}}^2+a_{33}K_{\mathrm{III}}^2 \tag{4-108}$$

式中　$S(\theta)$——应变能密度因子，J；

r——距离裂纹尖端的极径，m；

K_{I},K_{II},K_{III}——Ⅰ、Ⅱ、Ⅲ强度因子值，Pa · m$^{1/2}$；

$a_{11},a_{12},a_{22},a_{33}$——相关系数。

裂纹沿着 $S=S(\theta)_{\min}$ 的方向扩展，即裂纹的扩展方向 θ，由式（4-109）确定，裂纹的临界值 $S_{\min}$，由式（4-110）确定。

$$\partial S/\partial\theta=0\ ,\ \partial^2 S/\partial\theta^2>0 \tag{4-109}$$

式中　S——应变能密度因子，J；

θ——极径与水平方向的夹角，(°)。

$$S=S(\theta_0)=S_c \tag{4-110}$$

式中　S——应变能密度因子，J；

θ_0——材料断裂角，(°)。

当其为Ⅰ型裂纹时，其临界应变能密度因子 S_c 由式（4-111）确定。

$$S_c = \frac{1-2\nu}{4\pi\mu}K_{IC}^2 \tag{4-111}$$

式中 S_c——应变能量密度因子；

μ——拉梅常数；

ν——材料的泊松比。

参考文献

[1] Ben-Dor Gabi, Igra Ozer, Elperin Tov. Handbook of shock waves, three volume set [M]. Elsevier, 2000.

[2] Batzle M., Simmons G., Siegfried R. Direct observation of fracture closure in rocks under stress [J]. Eos Trans. AGU, 1979, 60: 380.

[3] Scholz Christopher H. The mechanics of earthquakes and faulting [M]. Cambridge university press, 2019.

[4] 陈颙，姚孝新，耿乃光．应力途径、岩石的强度和体积膨胀 [J]. 中国科学，1979 (11): 57-64.

[5] Jaeger John Conrad, Cook Neville Gw, Zimmerman Robert. Fundamentals of rock mechanics [M]. John Wiley & Sons, 2009.

[6] 耶格，库克．岩石力学基础 [M]. 北京：科学出版社，1981.

[7] 陈颙，黄庭芳．岩石物理学 [M]. 北京：北京大学出版社，2001.

[8] 沈成康．断裂力学 [M]. 上海：同济大学出版社，1996.

[9] Williams M. L. The stresses around a fault or crack in dissimilar media [J]. Bulletin of the seismological society of America, 1959, 49 (2): 199-204.

[10] Wang T C, Shih C F, Suo Z. Mechanics of interface crack extension and kinking in anisotropic solids [J]. Int. J. Solids Struct., 1992, 29: 327-344.

[11] Suo Zhigang. Singularities, interfaces and cracks in dissimilar anisotropic media [J]. Proceedings of the Royal Society of London. A. Mathematical and Physical Sciences, 1990, 427 (1873): 331-358.

[12] Griffith Alan Arnold. The phenomena of rupture and flow in solids [J]. Philosophical Transactions of the Royal Society of London. Series A, Containing Papers of a Mathematical or Physical Character, 1921, 221 (582-593): 163-198.

[13] Brace W F, Bombolakis E G A note on brittle crack growth in compression [J]. Journal of Geophysical Research, 1963, 68 (12): 3709-3713.

[14] Hoek Evert, Bieniawski Z. T. Brittle fracture propagation in rock under compression [J]. International Journal of Fracture Mechanics, 1965, 1 (3): 137-155.

[15] Peng S, Johnson A M. Crack growth and faulting in cylindrical specimens of chelmsford granite [J]. International Journal of Rock Mechanics and Mining Sciences & geomechanics abstracts,

1972, 9 (1): 37-86.

[16] Kranz R L. Crack-crack and crack-pore interactions in stressed granite [J]. International journal of rock mechanics and mining sciences & geomechanics abstracts, 1979, 16 (1): 37-47.

[17] Chen Rong, Yao Xiao-Xin, Xie Hung-Sen. Studies of the fracture of gabbro [J]. International Journal of Rock Mechanics and Mining Sciences & Geomechanics Abstracts, 1979, 16 (3): 187-193.

[18] Bieniawski Z T. Mechanism of brittle fracture of rock: part Ⅰ—theory of the fracture process [C]. International Journal of Rock Mechanics and Mining Sciences & Geomechanics Abstracts, 1967: 395-406.

[19] Dey T N, Wang C. Some mechanisms of microcrack growth and interaction in compressive rock failure [J]. International Journal of Rock Mechanics and Mining Sciencs & Geomechanics Abstracts, 1981, 18 (3): 199-209.

[20] Scholz C H. Experimental study of the fracturing process in brittle rock [J]. Journal of Geophysical Research, 1968, 73 (4): 1447-1454.

[21] Lajtai E Z. Brittle fracture in compression [J]. International Journal of Fracture, 1974, 10 (4): 525-536.

[22] 赖海辉．岩石破碎机理的显微研究［J］. 金属矿山, 1981, 7: 2-5.

[23] Griffith A. The theory of rupture [C]. First Int. Cong. Appl. Mech, 1924: 55-63.

[24] 张晓敏．断裂力学［M］. 北京: 清华大学出版社, 2012.

[25] Erdogan Fazil, Sih G C. On the crack extension in plates under plane loading and transverse shear [J]. Journal of basic engineering, 1963, 85 (4): 519-525.

[26] Sih George C. Methods of Analysis and Solution of Crack Problems: Recent Developments in Fracture Mechanics, Theory and Methods of Solving Crack Problems [M]. Springer, 1973.

5 爆炸应力波下岩石 I 型断裂韧性测试实验系统与数值方法

5.1 引言

爆炸加载技术是所需资金投入最少的加载技术之一，因此，它是进行高加载率加载项目的首选方案。当然，前提是假设使用者能够熟练地使用爆炸物品，严格遵守爆炸的安全守则。爆炸加载技术，往往都是由点爆轰（由雷管起爆产生）转换成为平面爆轰。近些年来，各国学者们研究了不同的爆炸加载实验组合，以克服爆炸加载技术的不稳定性。在此，只对其中的几种最常见的方法进行介绍，并简述爆炸加载是如何设计的。由于炸药的反应区时间仅为 0.1μs，使得整个爆炸过程非常短暂往往仅为 μs 量级，这就使得对爆炸测试的设备要求极高，要求其能够有足够的动态响应能力与一定的采样率，来保证能够准确地捕捉到爆炸信号。同时，爆炸过程具破坏性。在进行测试的同时，也要考虑如何来保证仪器设备与人员的安全性。本书中所有的测试均在 2.5kg 梯恩梯当量爆炸塔内进行，如图 5-1 所示。塔外测试间的测试人员，通过测试线缆对测试设备进行控制，这样既能保证测试的稳定性，同时又保证了实验过程的安全性。

图 5-1　2.5kg 梯恩梯当量爆炸塔

本章将从加载系统的设计、测试系统的选择与组建、动态应力强度因子的计算方法选择、AUTODYN 的基本原理介绍等几个方面进行阐述。

5.2　爆炸应力波实验加载技术

5.2.1　膨胀环加载技术

早在1963年，由约翰逊（Johnson）等人提出的爆炸膨胀环高速加载技术，其加载应变率可高达$10^4 s^{-1}$量级。随后，霍格特（Hoggatt）和雷希特（Recht）运用爆炸膨胀环技术，获得了大量工程材料的动态拉伸本构参数。由于测试技术的限制，他们当时只能通过测量径向位移，来计算膨胀环中的环向应力。这需要对位移进行二阶微分。因此数据精度较低。1980年，沃思斯（Warnes）等人把激光测速仪（VISAR）引入爆炸膨胀环系统，直接测量膨胀环的径向速度，极大地提高了数据的精度。近年来，多位研究者尝试使用传统加载技术（如霍普金森压杆、轻气炮），实现试样环的高应变率膨胀变形。梁民族在驱动器内填充低密度软材料，利用轻气炮驱动同样材料的子弹冲击该填充物，受到轴向冲击加载后，填充物沿径向膨胀，挤压驱动器，驱动试样环高速膨胀运动。郑宇轩等使用霍普金森压杆挤压液压腔，利用液体的近似不可压缩特性，将对活塞较低速度的冲击转化为圆环试件的高速膨胀，实现对膨胀环的高应变率加载，该技术有一些显著的优点，如安全性好、易于技术推广、无应力波效应等，但其实验设计在破片回收、实时测速、试样环与套筒的摩擦消除等方面，还有巨大的改进空间。

膨胀环技术是一项已取得实质性成功的测试技术，图5-2为膨胀环的一种安装形式。在钢筒的中心放置炸药，爆炸后，冲击波向外传并传入金属环，沿膨胀半径的轨迹推动金属环，如图5-2（c）所示。应用激光干涉法可以测定膨胀速度历程，从而确定在所施加应变率下膨胀环的应力-应变曲线。这些方程的数学推导简单明了，下面将给出。先分析半径为r的圆环中的一小部分，如图5-2（c）所示。该金属环飞行期间与其他任何运动物体一样，也遵循牛顿第二定律。

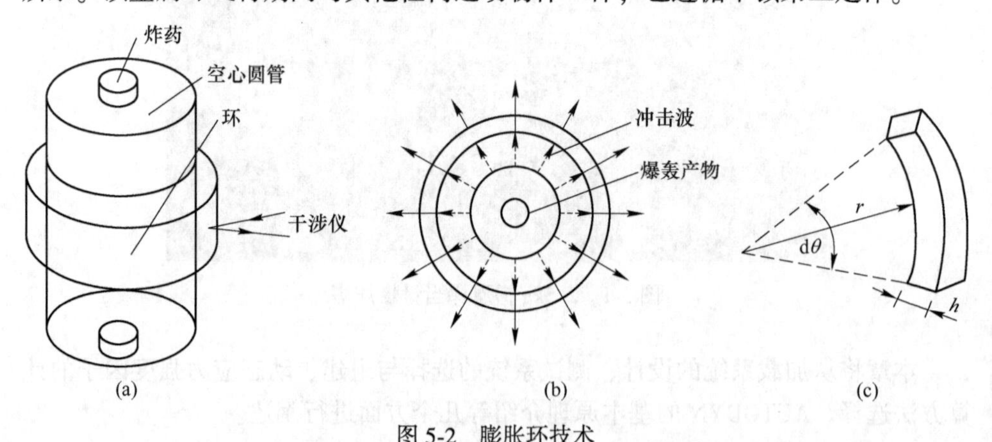

图5-2　膨胀环技术

（a）膨胀环整体；（b）膨胀环剖面；（c）膨胀环微元

作用于这个圆环端部的应力σ，如果瞬时横截面边长为h，移动位置为r。若材料的密度为ρ，则有：

$$\begin{cases} \sum F_r = ma_r \\ 2\sigma h^2 \sin \dfrac{d\theta}{2} = \rho r d\theta h^2 \ddot{r} \end{cases} \tag{5-1}$$

式中 F_r——膨胀环r方向受到的压力，N；

m——膨胀环的质量，kg；

a_r，$\ddot{r}$——膨胀环r方向的加速度，m/s^2；

σ——膨胀环θ方向的应力，Pa；

h——膨胀环断面边长，m；

r——膨胀环膨胀位置，m；

θ——膨胀环两端部与膨胀中心连线夹角，(°)；

ρ——膨胀环的密度，kg/m^3。

当$d\theta$很小时，有$\sin \dfrac{d\theta}{2} \approx \dfrac{d\theta}{2}$，$2\sigma h^2 \dfrac{d\theta}{2} = \rho r d\theta h^2 \ddot{r}$可以得到：

$$\sigma = \rho r \ddot{r} \tag{5-2}$$

式中 σ——膨胀环θ方向的应力，Pa；

ρ——膨胀环的密度，kg/m^3；

r——膨胀环膨胀位置，m；

$\ddot{r}$——膨胀环r方向的加速度，m/s^2。

该式表明，如果已知膨胀环的减速历程及其密度，则可确定膨胀环中的应力。应用速度激光干涉仪，可以得到有关速度与时间的函数关系。

对于真实应变，有（假设为单轴应变）：

$$\varepsilon = \ln \frac{r}{r_0} \tag{5-3}$$

式中 ε——膨胀环应变值；

r——膨胀环膨胀位置，m；

r_0——膨胀环的初始半径，m。

由式（5-3）可得应变率为：

$$\frac{d\varepsilon}{dt} = \frac{1}{r}\frac{dr}{dt} = \frac{\dot{r}}{r} \tag{5-4}$$

式中 ε——膨胀环膨应变值；

r——膨胀环膨胀位置，m；

$\dot{r}$——膨胀环的速度，m/s。

应该注意到，由环中反射应力脉冲产生的膨胀环的初始速度是连续下降的。因此，应变率不停地在发生变化，必须对不同装药进行一系列的测试，才能得到同一应变率下的应力-应变曲线。图 5-3 为激光干涉仪测量获得的特征速度-时间历程。

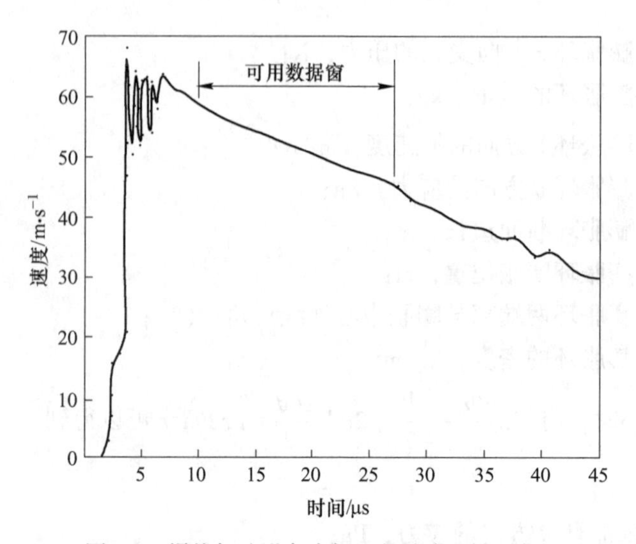

图 5-3　爆炸加速设备中铜环的速度-时间历程

还有其他方法对环进行加速。以法伊夫（Fyfe）和拉金德兰（Rajeudram）为典型的研究人员，就曾使用金属丝爆炸（电容放电）产生的能量。古尔丁（Gourdint）则使用非常强的电磁脉冲，其中电流产生的热是不可以忽略的。

如图 5-3 所示，从激光干涉仪信号，确定用膨胀环技术检测到的铜试件应力-应变曲线。膨胀环的初始直径为 50. 8mm。可以看到，速度值很快升至 70m/s，然后，可以观察到由于波的反射形成的应力波的早期环。在这些波相互作用发生：减振之后，在第一个 45μs 当中，膨胀环才慢慢地减速。可以采用有效的方式对数据进行归纳，并将其列入表中。通过方程式（5-5）可以确定位置。

$$r - r_0 = \int_{t_0}^{t_1} v\mathrm{d}t \tag{5-5}$$

式中　r——膨胀环膨胀位置，m；

r_0——膨胀环的初始半径，m；

v——膨胀环的速度，m/s。

用图解法对时间 5μs、10μs、15μs、…、40μs 分别积分。由图 5-3 中的斜率可以得到加速度。该加速度实质上是个常数，为 $9.1\times10^5\,\mathrm{m/s^2}$。计算结果见表 5-1。

表 5-1 膨胀环数据列表

时间/μs	速度/m · s^{-1}	位置 $r-r_0$ /mm	加速度/m · s^{-2}	应力/MPa	应变
5	65	0.17	9.1×10^5	206.0	0.677×10^{-2}
10	58	0.47	9.1×10^5	208.5	1.83×10^{-2}
15	54	0.75	9.1×10^5	210.8	2.93×10^{-2}
20	50	1.01	9.1×10^5	212.9	3.89×10^{-2}
25	47	1.26	9.1×10^5	214.9	4.84×10^{-2}
30	42	1.48	9.1×10^5	216.6	5.66×10^{-2}
35	38	1.68	9.1×10^5	218.3	6.40×10^{-2}
40	34	1.86	9.1×10^5	219.7	7.07×10^{-2}

5.2.2 爆炸驱动装置

爆炸驱动系统是所需资金投入最少的技术。因此，它是高速加载项目的首选方案。当然，这要假设使用者熟悉爆炸的安全守则。特别在对新系统进行测试时，处理炸药的过程中要万分小心。在由点爆轰（由雷管起爆产生）转换成为平面爆轰所经历的这些年中，人们研究了不同的实验组合。在此只对其中的几种方法进行介绍，并简述如何设计的。首先，介绍点爆轰转化为线形波发生器；其次，介绍通过平面波发生器将线形转化为平面爆轰。

5.2.2.1 线形波发生器和平面波发生器

A 线形波发生器

在所设计的各种系统中，穿孔式三角形是最为普通的线形波发生器。穿孔式三角形，在其中一个顶端处起爆，爆轰波阵面必须在孔间传播，以使弯曲轨迹 D_1 与边界处轨迹 D_2 相等，如图 5-4 所示。因而，波阵面便成为直线。该条件也决定了小圆孔直径和间隙的大小。杜邦（Dupont）公司使线形波发生器具有商业价值，且应用带有适当孔形图案的钢模也很容易制作。可将片状炸药放在模具之间，采用冲头给炸药打孔。典型尺寸为：$A=0.64$cm，$B=0.76$cm。对杜邦公司的线形波发生器进行测试，会发现在从起爆顶点到达对边的时间上存在有 0.5μs 的偏差，这相当于对直线波约偏离 3.4mm。当然，还有其他类型的线形波发生器：如凯斯滕巴赫（Kestnbach）和迈耶斯（Meyers）讨论的那种；以及贝内迪克（Benedick）、德卡利（Decarli）、迈耶斯（Meyers）描述的另外一种。

B 平面波发生器

为了向飞板或系统传入一个平面冲击波阵面，或将一点爆轰转化为所期望的平面式爆轰，这就要求使用特定的实验结构。下面就讨论这些系统。如图 5-5 所示的爆炸透镜的一种可能设计形式。雷管将波阵面传入两种不同爆速的炸药中。内部炸药的爆速 V_{d2} 小于外部炸药的爆速 V_{d1}，夹角 θ 为：

$$\sin\theta = \frac{V_{d2}}{V_{d1}} \tag{5-6}$$

式中 θ——锥形透镜的夹角，(°)；

V_{d1}——外部炸药的爆速，m/s；

V_{d2}——内部炸药的爆速，m/s。

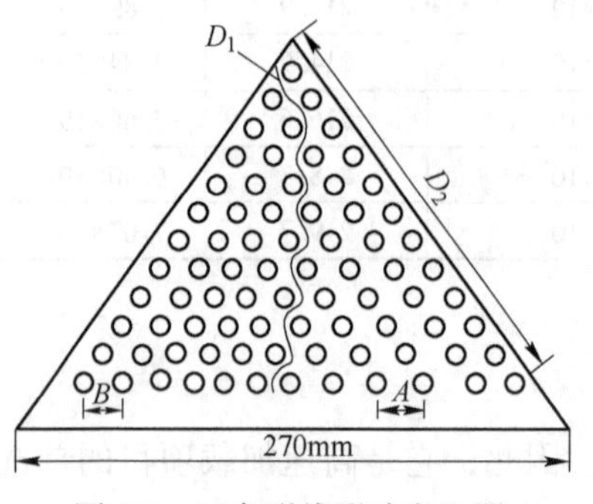

图 5-4 三角形线形波发生器

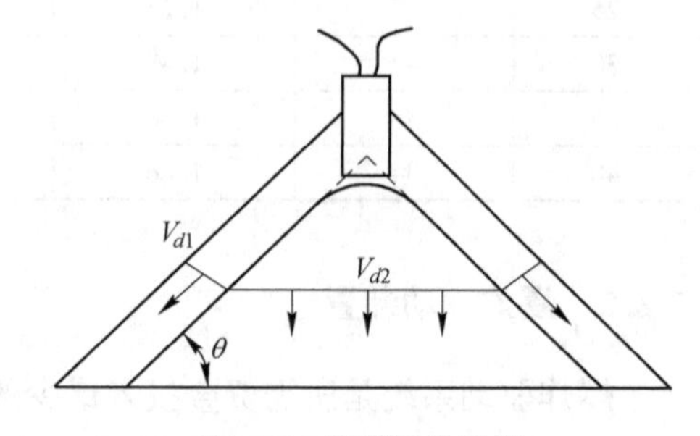

图 5-5 锥形爆炸透镜

锥体的顶部并不十分水平，引入一定的曲率，其作用是对起爆现象的某些不足予以补偿（稳定爆速不能瞬间达到）。实际上，爆源也不是无限小的点源，因为，这与炸药的铸装精密度要求以及其他一些复杂因素有关。因此，炸药透镜的制造最好还是由有关专家来解决。

C 捕鼠式平面波发生器

捕鼠式平面波发生装置常用于冶金行业，图 5-6 是较为普通的装置。其中，3mm 厚的玻璃板与主装药所成的倾角为 α。玻璃板的顶部放置了两层覆板 C-2（每层 2mm 厚）。炸药爆轰将推动玻璃板向主装药运动，所有的玻璃板碎片都应当同时撞击主装药的上表面，从而引起平面爆轰。实验发现，仅仅用一层覆板 C-2 炸药并不能推动玻璃破片产生足够大的速度，从而引爆主装药。角度 α 值可由爆速 V_d 和破片 V_f 速度计算得到。玻璃破片速度可由格尼方程算得到。对于图5-6所示的系统，实验发生在 α=11°时，可以得到个很好的平面度。线形波发生器的末端应该插在两平面波发生器的薄片之间。通常把玻璃板切开，以使将线形波发生器，传爆药以及平面波发生器固定粘在一起。也可以用金属板代替玻璃板。

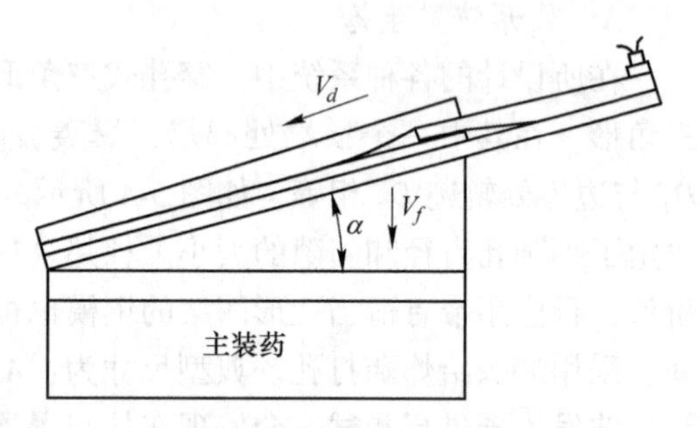

图 5-6 捕鼠式平面波发生器

5.2.2.2 飞板加速器

平面波发生器可以在主装药的整个平面同时起爆，所产生的能量可以推动平板以高达 3km/s 的速度飞行。图 5-7 给出了两个系统，其中一个飞板平行撞击另一个系统。在第一个系统中，飞板和靶板之间有一个夹角。该夹角使得飞板速度 V_p 对靶板形成一个正平行撞击。其条件为：

$$\sin\alpha = \frac{V_p}{V_d} \tag{5-7}$$

式中 α——飞板的水平夹角，(°)；

V_p——飞板的垂直运动速度，m/s；

V_d——飞板 α 方向的运动速度，m/s。

对于比较大的装药，通常使用捕鼠式平面波发生器，如图 5-7（b）所示。

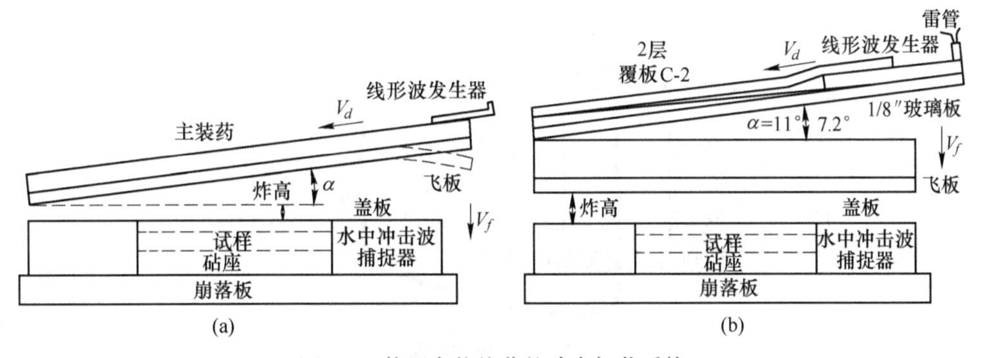

图 5-7 使用高能炸药的冲击加载系统

（a）斜板几何构型；（b）带有捕鼠式平面波发生器的平行板几何构型

还可以将炸药用在不同的构型上。在图 5-8（a）中，飞板由主装药爆炸驱动

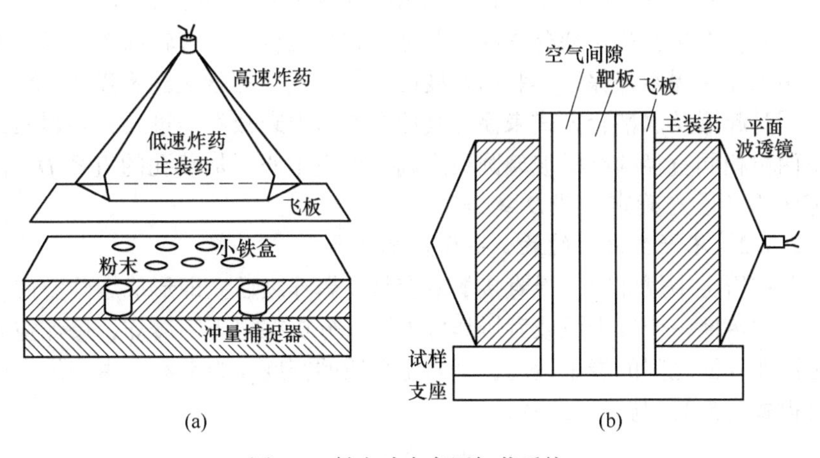

图 5-8 粉末冲击高压加载系统

（a）产生穿过小盒冲击波系统；（b）产生叠加冲击波系统

主装药由平面波透镜引爆。该系统是由泽冈（Sawaoka）及其同事（格雷厄姆（Graham）和泽冈中有介绍）研制而成，主要用于研究粉末的冲击响应。靶板中装有许多粉末小盒。泽冈获得了 1～2kms 量级的速度。吉田（Yoshida）研制了一种炸药驱动系统，该系统包括两个同时起爆的平面波透镜，并驱动两个飞板，如图 5-8（b）所示。这些飞板同时撞击主靶板相对的两个面，产生两个冲击波，并在主靶板中心处叠加，产生一个相应的压力增长。被研究的试件放在冲击叠加区。

5.2.3　钻孔爆破加载技术

5.2.3.1　导爆索加载系统

本次设计的导爆索加载系统，如图 5-9 所示。由固定导爆索位置的有机玻璃圆板、工业导爆索、水、引爆雷管与砂岩试样构成。

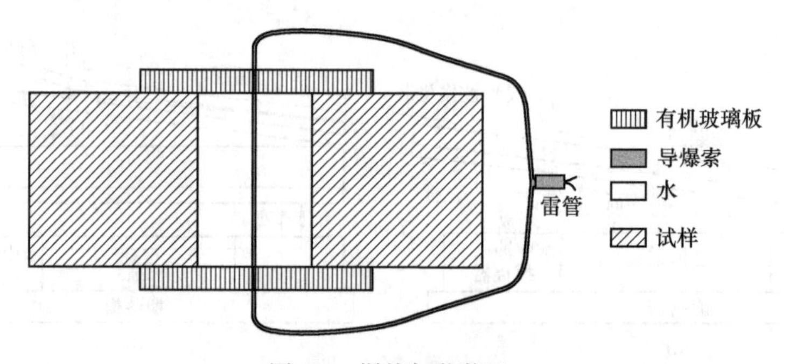

图 5-9　爆炸加载装置

化爆试验的装药密度、起爆方式以及其与试样的耦合方式的不同，会导致其加载效果不同，为了保证化爆产生的冲击波到岩石壁面压力稳定，且已经衰减为爆炸应力波，确保其值已经不能将加载试样直接压裂，同时又要能够使预制裂纹起裂。因此，本次实验对装药密度、起爆方式与耦合方式有较高的要求。本次主装药采用工业导爆索来保证其装药密度的均匀，其导爆索装药密度为 12g/m。采用两端同时起爆及水耦合方式来保证其冲击波压力衰减不会过大，导爆索的位置由上下两块相同直径的有机玻璃圆板来确保加载中心，加载孔的直径 D，由不产生裂隙区的半径 r_c 确定，即 $D \geqslant 2r_c$ 。

5.2.3.2　不产生裂纹的最小半径 r_c 的计算

炸药在岩土中爆炸时，最直接的效应是在爆炸之后立即形成爆炸空腔，并同时向岩土中传播一个冲击波或者爆炸应力波。分析在岩土中爆炸，爆炸空腔表面与冲击波波阵面之间的岩土运动，令岩土介质的密度 ρ 为常数，由一维平面流动方程可得式（5-8）与式（5-9）。

$$\frac{\partial u}{\partial r} + \frac{Nu}{r} = 0 \tag{5-8}$$

$$\frac{\partial u}{\partial t} + u\frac{\partial u}{\partial r} + \frac{1}{\rho}\frac{\partial p}{\partial r} = 0 \tag{5-9}$$

式中 u——岩土中质点速度，m/s；

r——距炮孔中心距离，m；

p——距炮孔中心 r 岩土中的压力，Pa；

ρ——岩土介质密度，kg/m^3。

N=0，1，2 分别对应于平面，柱面、球面方程，其方程式（5-8）、式（5-9）的解为式（5-10）、式（5-11）。

$$u = f(t)/r^N \tag{5-10}$$

式中 u——岩土中质点速度，m/s；

$f(t)$——时间 t 的任意函数，由边界条件确定；

r——距炮孔中心距离，m；

N——指数。

$$p = \frac{\rho}{(N-1)r^{N-1}}\frac{df(t)}{dt} - \rho\frac{f^2(t)}{2r^{2N}} + \varphi(t) \tag{5-11}$$

式中 p——距炮孔中心 r 岩土中的压力，Pa；

$f(t)$，$\varphi(t)$——时间 t 的任意函数，由边界条件确定；

r——距炮孔中心距离，m；

ρ——岩土介质密度，kg/m^3。

N——指数。

考虑导爆索加载为柱形装药，其方程为柱面方程，本书 $N=1$，由式（5-10）可得岩土质点速度 u，见式（5-12）。

$$u = u_x\frac{r_e}{r} \tag{5-12}$$

式中 u——岩土中质点速度，m/s；

u_x——分界面的初始速度，m/s；

r_e——炸药直径，m；

r——距炮孔中心距离，m。

假设炸药为瞬间爆轰，则炸药能量瞬时转换为介质中的爆炸波能量。对于柱状装药爆炸问题，根据能量守恒定律可得式（5-13）。

$$\pi r_e^2 h\rho_e Q_v\eta = n\pi r_e^3\rho_e Q_v\eta = 4\pi\int_{r_e}^{\infty} r^2\frac{\rho u^2}{2}dr \tag{5-13}$$

式中 r_e——炸药直径，m；

h——炸药高度，m；

ρ_e——导爆索密度，取 $1.7g/cm^3$；

n——系数；

η——能量转换系数；

Q_v——导爆索的爆热，取 5737kJ/kg；

r——距炮孔中心距离，m；

ρ——岩土介质密度，kg/m^3；

u——岩土中质点速度，m/s。

将式（5-12）代入式（5-13），并对其积分，可以得到分界面的初始速度 u_x。

$$u_x = \sqrt{\frac{\rho_e r_e}{2\rho}\eta Q_v} \tag{5-14}$$

式中　u_x——分界面的初始速度，m/s；

ρ_e——导爆索密度，取 1.7g/cm^3；

r_e——炸药直径，m；

ρ——岩土介质密度，kg/m^3；

η——能量转换系数；

Q_v——导爆索的爆热，取 5737kJ/kg。

设岩土材料强度极限为 σ_c，与其对应的临界速度为 $u_c = \sigma_c / \rho c$，即当岩土介质的速度 u 大于等于 u_c 时，岩土介质发生破坏，破坏的半径为 r_c。

$$r_c = \frac{u_x r_e}{u_c} = r_e\sqrt{\frac{\rho_e r_e}{2\rho}\eta Q_v \frac{\rho^2 c^2}{\sigma_c^2}} = r_e\sqrt{\frac{\rho_e r_e}{2}\eta Q_v \frac{\rho c^2}{\sigma_c^2}} \tag{5-15}$$

式中　r_c——岩土介质的破坏半径，m；

u_x——分界面的初始速度，m/s；

r_e——炸药直径，m；

ρ——岩土介质密度，kg/m^3；

η——能量转换系数；

Q_v——导爆索的爆热，取 5737kJ/kg；

c——岩土介质的波速，m/s。

5.3　爆炸应力波下动态断裂韧性实验测试系统

5.3.1　爆炸荷载的测定

5.3.1.1　应变片法回推爆炸荷载

A　爆炸荷载作用下砂岩动态应变测试

爆炸实验往往是破坏性实验，且其近区会产生高温高压，对测试会带来很大的困难，测试成本也非常高。因此，学者们通过粘贴应变片这种低成本高效的测试方式，来对其动态应变进行测试。本次实验测试，采用江苏东华 DH5939 高速数据采集系统，采样频率为 10MHz，应变放大器频响频率为 DC-1MHz，测试应变系统图，如图 5-10 所示。

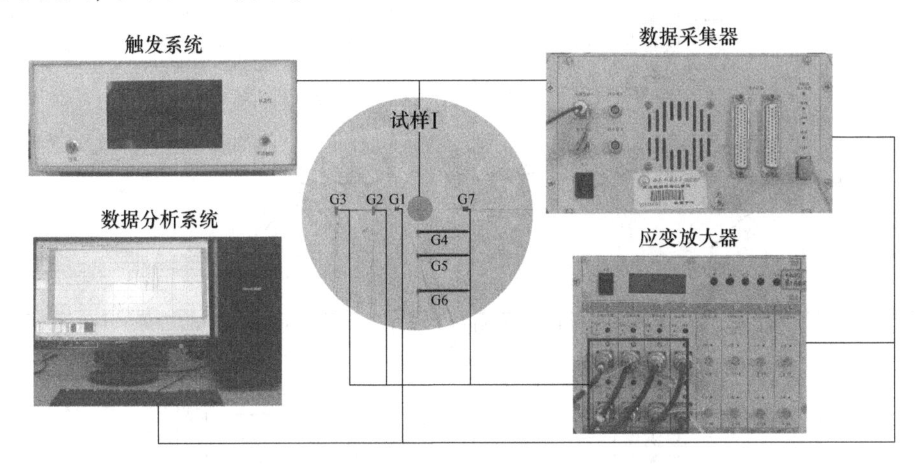

图 5-10 应变测试系统示意图

裂纹的动态断裂时间的确定是本次实验的关键，本次实验采用两种应变片来进行测试，一种应变片栅长为 9. 8mm×3. 0mm、一种应变片栅长为 1mm×2. 2mm，小尺寸应变片有着较高的频率响，应用于测试近区的弹性应变波，大尺寸应变片用于确定裂纹断裂起始时间。在爆炸近区应变测试时采用中航工业电测仪器生产的 BA120-1AA 型箔式应变片，远区的裂纹尖端起裂时间测试采用 BA120-10AA 型箔式应变片，应变片参数见表 5-2。

表 5-2 电阻应变片尺寸及参数

型号	敏感栅/mm	基底/mm	电阻值/Ω	灵敏度/%
BA120-10AA	9. 8×3. 0	15. 0×5. 0	120±0. 2	2. 21±1
BA120-1AA	1. 0×2. 2	4. 3×3. 5	120±0. 2	2. 21±1

B 砂岩动态应变测试结果分析

距装药中心距离与药包半径的比值，定义为比例距离 $\bar{r}=r/r_0$，应变测试容易受电磁干扰，应变曲线表现为零线上下波动，选择应变起始点会非常困难。因此，以应变曲线曲率最大点对应的时刻，作为应变的起始作用时刻。爆炸应变曲线峰值衰减至零，为应变作用终止时间。加载时间为应变峰值对应时间与应变作用起始时间之差，卸载时间为应变作用终止时间与应变峰值对应时间之差。爆炸径向应变峰值 ε_r 与比例距 $\bar{r}$ 呈幂指数衰减，随着比例距离的增加，应变峰值衰减非常快，平均衰减系数为 0. 78。但应变峰值过后，应变值在较长一段时间内才会逐渐降低为零，应变测试典型时程曲线，如图 5-11 所示。

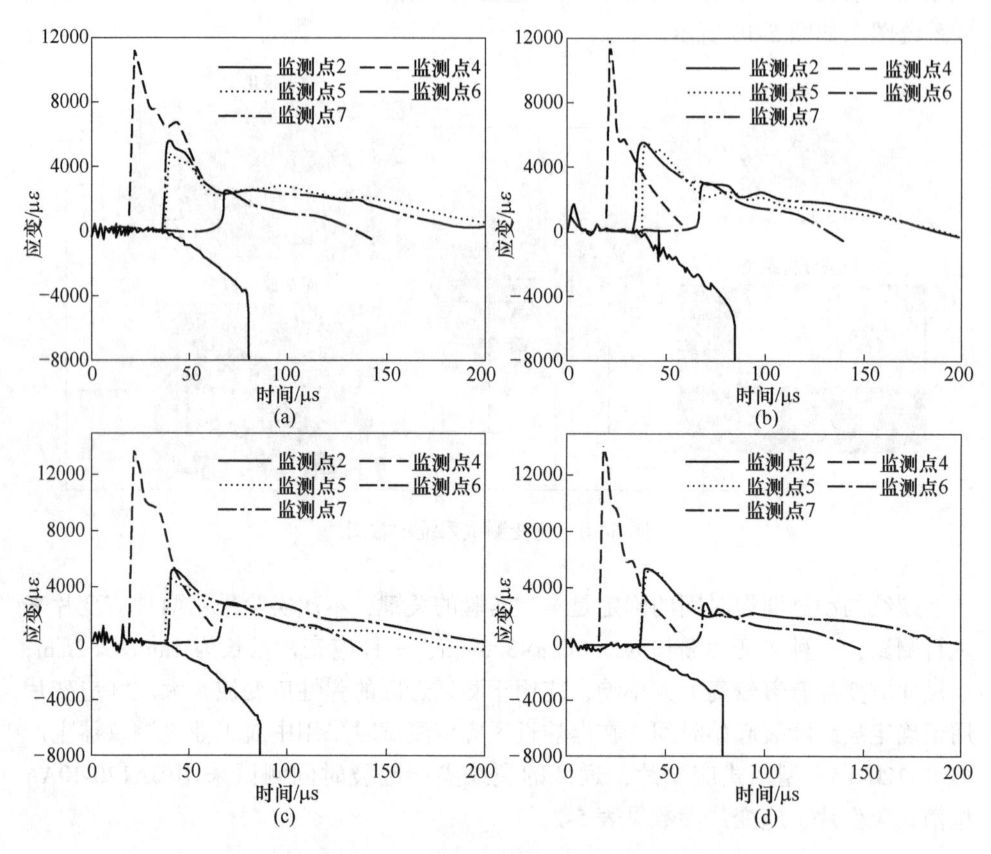

图 5-11　炮孔近区典型应变波形图

(a) 试样 1；(b) 试样 2；(c) 试样 3；(d) 试样 4

C　加载孔壁应力的理论推算

为了简化问题，在砂岩上的钻孔爆破可以将问题简化为均匀、弹性介质中圆柱形空腔受到突加载荷 $p(t)$ 作用，使得柱腔周围产生径向位移。于是，此问题简化为轴对称线弹性平面应变问题。根据弹性动力学理论，其波动方程如下。

$$\begin{cases} \dfrac{\partial^2 \Phi(r,\ t)}{\partial r^2} + \dfrac{1}{r}\dfrac{\partial \Phi(r,\ t)}{\partial r} = \dfrac{1}{c_P^2}\dfrac{\partial^2 \Phi(r,\ t)}{\partial t^2} & \text{(5-16a)} \\ \Phi(r,\ 0) = \dot{\Phi}(r,\ 0) = 0 \quad r \geqslant r_0 & \text{(5-16b)} \\ \lim\limits_{r \to \infty} \Phi(r,\ t) = 0 \quad t > 0 & \text{(5-16c)} \\ \sigma_r(r_0,\ t) = p(t) & \text{(5-16d)} \end{cases}$$

式中　$\Phi(r,\ t)$ ——势函数；

r——应力波传播位置，m；

c_P——纵波波速，m/s；

$\sigma_r(r_0, t)$——径向应力，Pa；

$p(t)$——炮孔载荷，Pa；

r_0——炮孔半径，m；

t——应力波传播时刻，s。

对式（5-16a）关于 t 进行拉普拉斯（Laplace）变换得

$$\frac{\mathrm{d}^2\overline{\Phi}(r, s)}{\mathrm{d}r^2} + \frac{1}{r}\frac{\mathrm{d}\overline{\Phi}(r, s)}{\mathrm{d}r} = k_d^2\overline{\Phi}(r, s) \tag{5-17}$$

式中 $\overline{\Phi}(r, s)$——势函数 $\Phi(r, t)$ 的拉普拉斯变换函数；

r——应力波传播位置，m；

c_P——纵波波速，m/s；

k_d，s——拉普拉斯变化参数，$k_d = s/c_P$。

式（5-17）有以下通解：

$$\overline{\Phi}(r, s) = A(s)I_0(k_d r) + B(s)K_0(k_d r) \tag{5-18}$$

式中 $\overline{\Phi}(r, s)$——势函数 $\Phi(r, t)$ 的拉普拉斯变换函数；

r——应力波传播位置，m；

c_p——纵波波速，m/s；

$A(s)$，$B(s)$——方程系数；

I_0，K_0——0 阶第一类和第二类贝赛尔函数；

k_d，s——拉普拉斯变化参数，$k_d = s/c_p$。

当 $r \sim \infty$ 时，$\lim\limits_{r\sim\infty}\overline{\Phi}(r, s) = 0$，为满足这一条件需 $A(s) = 0$，其中 I_0、K_0 分别为变形后的零阶第一类和第二类贝赛尔函数，则由式（5-18）以及位移与势函数之间关系 $u = u_r = \dfrac{\partial\Phi}{\partial r}$ 可得：

$$\overline{\Phi}(r, s) = B(s)K_0(k_d r) \tag{5-19}$$

式中 $\overline{\Phi}(r, s)$——势函数 $\Phi(r, t)$ 的拉普拉斯变换函数；

r——应力波传播位置，m；

$B(s)$——方程系数；

K_0——0 阶第二类贝赛尔函数；

k_d，s——拉普拉斯变化参数，$k_d = s/c_p$。

$$\begin{cases}\sigma_r = \lambda \nabla^2 \Phi + 2\mu \dfrac{\partial^2 \Phi}{\partial r^2} \\ \sigma_\theta = \lambda \nabla^2 \Phi + (2\mu/r) \dfrac{\partial \Phi}{\partial r} \\ \sigma_z = \nu(\sigma_r + \sigma_\theta)\end{cases} \tag{5-20}$$

式中 σ_r，σ_θ，σ_z——径向、切向与 z 方向应力，Pa；

λ，μ——拉梅常数；

r——应力波传播位置，m；

$\Phi(r, t)$——势函数；

∇——拉普拉斯算子，$\nabla = \partial^2/\partial x^2 + \partial^2/\partial y^2 + \partial^2/\partial z^2$；

ν——泊松比。

式中，$\nabla^2\Phi$ 由方程式（5-16a）左边给出，对式（5-20）中 σ_r 进行拉普拉斯变换，并代入式（5-18）可得：

$$\bar{\sigma}(r, s) = \left[(\lambda + 2\mu) k_d^2 K_0(k_d r) + \frac{\lambda}{r} k_d K_1(k_d r)\right] B(s) \tag{5-21}$$

式中 $\bar{\sigma}(r, s)$——σ_r 的拉普拉斯变换函数，Pa；

λ，μ——拉梅常数；

r——应力波传播位置，m；

k_d，s——拉普拉斯变化参数，$k_d = s/c_p$；

K_0——0 阶第二类贝塞尔函数；

$B(s)$——方程系数。

由在炮孔处需满足 $\bar{\sigma}(r_0, s) = L(p(t)) = \bar{p}(s)$ 可得：

$$B(s) = \frac{\bar{p}(s)}{(\lambda + 2\mu) F^*(s)} \tag{5-22}$$

式中 $B(s)$——方程系数；

λ，μ——拉梅常数；

$\bar{p}(s)$——$p(t)$ 的拉普拉斯变换函数，Pa；

$F^*(s)$——方程变换参数。

其中 $F^*(s) = k_d^2 K_0(k_d r_0) + \dfrac{2}{r_0 D^2} k_d K_1(k_d r_0)$，$D^2 = \dfrac{\lambda + 2\mu}{\mu} = \dfrac{c_p^2}{c_s^2}$，由式（5-19）与式（5-22）可得：

$$\bar{\Phi}(r, s) = \frac{\bar{p}(s)}{(\lambda + 2\mu) F^*(s)} K_0(k_d r) \tag{5-23}$$

式中 $\bar{\Phi}(r, s)$——势函数 $\Phi(r, t)$ 的拉普拉斯变换函数；

$\bar{p}(s)$ —— $p(t)$ 的拉普拉斯变换函数，Pa；

$F^*(s)$ ——方程变换参数；

r——应力波传播位置，m；

λ，μ——拉梅常数；

K_0——0 阶第二类贝塞尔函数；

k_d——拉普拉斯变化参数，$k_d = s/c_p$ 。

$$\bar{\varepsilon}(r,\ s) = \frac{\partial^2 \bar{\Phi}(r,\ s)}{\partial r^2} \tag{5-24}$$

式中 $\bar{\varepsilon}(r,\ s)$ ——势函数 $\varepsilon(r,\ t)$ 的拉普拉斯变换函数；

$\bar{\Phi}(r,\ s)$ ——势函数 $\Phi(r,\ t)$ 的拉普拉斯变换函数；

r——应力波传播位置，m。

本书在试样弹性区上，任意径向位置测量径向应变-时间曲线 $\varepsilon(r_b,\ t)$ ，对其做拉普拉斯变换得 $\bar{\varepsilon}(r_b,\ s)$ ，然后代入式（5-23）和式（5-24），经过整理就可以获得拉普拉斯域内压力表达式（5-25）。

$$\bar{p}(s) = \frac{\bar{\varepsilon}(r_b,\ s)(\lambda + 2\mu)F^*(s)}{k_d^2\left[K_0(k_d r_b) + \dfrac{K_1(k_d r_b)}{k_d r_b}\right]} \tag{5-25}$$

式中 $\bar{p}(s)$ —— $p(t)$ 的拉普拉斯变换函数，Pa；

$\bar{\varepsilon}(r_b,\ s)$ ——势函数 $\varepsilon(r_b,\ t)$ 的拉普拉斯变换函数；

λ，μ——拉梅常数；

$F^*(s)$ ——方程变换参数；

k_d——拉普拉斯变化参数，$k_d = s/c_P$ ；

r_b——测试点到炮孔中心的距离，m；

K_0，K_1——0、1 阶第二类贝塞尔函数。

公式（5-25）经过拉普拉斯逆变换可得压力-时间表达式（5-26），通过此方程实测应变曲线，就可以回推出加载孔壁压力时程曲线 $p(t)$。

$$p(t) = \frac{1}{2\pi i}\int_{c-i\infty}^{c+i\infty} \bar{p}(s) e^{st} \mathrm{d}s \tag{5-26}$$

式中 $p(t)$ ——加载孔的压力时程，Pa；

$\bar{p}(s)$ —— $p(t)$ 的拉普拉斯变换函数，Pa；

s——拉普拉斯变化参数。

D 数值反演法求解炮孔径向应力

拉普拉斯变换的数值反演方法很多，如 Stehfest 算法、Dubner 和 Abate 算法、

Crump 算法等。本书采用 Stehfest 算法，通过 MATLAB 程序对公式（5-26）进行数值反演，通过反演应变曲线与实测应变曲线对比以验证反演方法的正确性，距离炮孔中心 80mm 应变测试曲线与反演曲线，如图 5-12 所示。可见数值反演方法会产生一些数据震荡，但总体与实测曲线吻合。

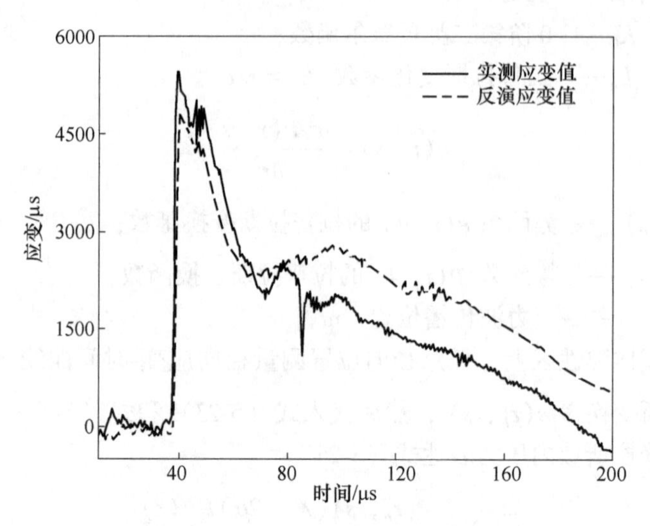

图 5-12　反演与实测应变对比曲线

用距炮孔中心相同距离监测点 5 与监测点 7 方向应变曲线进行应力反演，砂岩的动力学参数由声波测试给出，反演出加载孔壁压力曲线如图 5-13 所示。可见通过监测点 5 反演应力曲线在 87.5μs 后离散性大。由图 5-11 知，尽管监测点 5 与监测点 7 距加载孔中心相同距离其测得的应变曲线也不尽相同，且由于监测点 5 应变片更靠近于裂纹尖端，因此裂纹尖端起裂时对其影响更大。

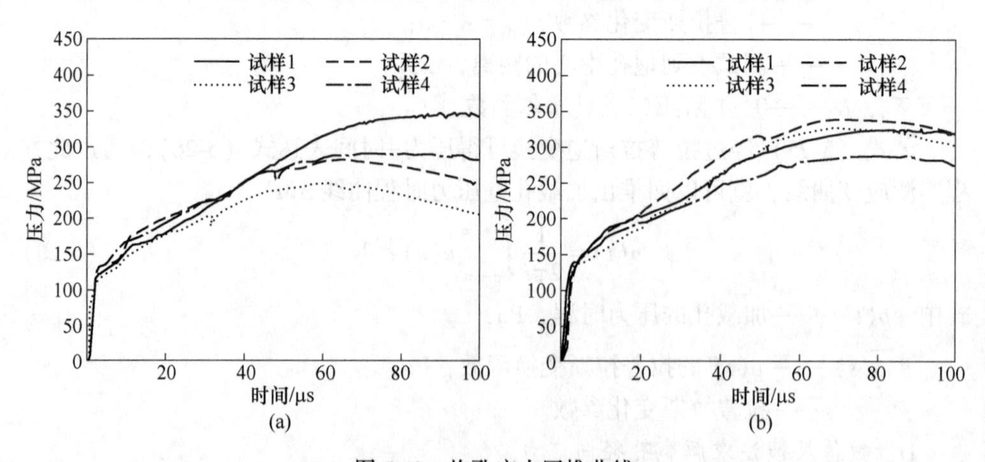

图 5-13　炮孔应力回推曲线

（a）监测点 5 回推曲线；（b）监测点 7 回推曲线

5.3.1.2 PVDF 压力计测试爆炸荷载

A PVDF 的测试原理介绍

PVDF 压力计，在动态测试特别是爆炸测试中的应用，最早可以追溯到 20 世纪 80 年代中期。目前，国外已经对其进行了大量的商品化，而国内对 PVDF 的研究也取得了丰硕的成果。但是，在实际应用时仍然以单个研究个体为主，其使用方向与性能差异较大，现场的应用还不够成熟。近几年，PVDF 压力计被大量应用于爆炸与冲击动态测试之中。PVDF 压力传感器受到动荷载 $\sigma(t)$ 作用，由于压电效应在膜的两侧急速产生电荷，通过测量电路将电荷量转换为电压量，再利用示波器，测出其电压变化时程，如图 5-14 所示。并通过某时刻电流、电压、电荷满足，见式（5-27）。

$$\frac{\mathrm{d}Q(t)}{\mathrm{d}t} = \frac{U(t)}{R} + C\frac{\mathrm{d}U(t)}{\mathrm{d}t} \tag{5-27}$$

式中 Q——电荷量，C；

U——测得电压，V；

R——与 PVDF 并联电阻，Ω；

C——电流模式测量电流的总电容，F。

因此，使得 $C\mathrm{d}U(t)/\mathrm{d}t \ll U(t)/R$，式（5-27）可以忽略 $C\mathrm{d}U(t)/\mathrm{d}t$。

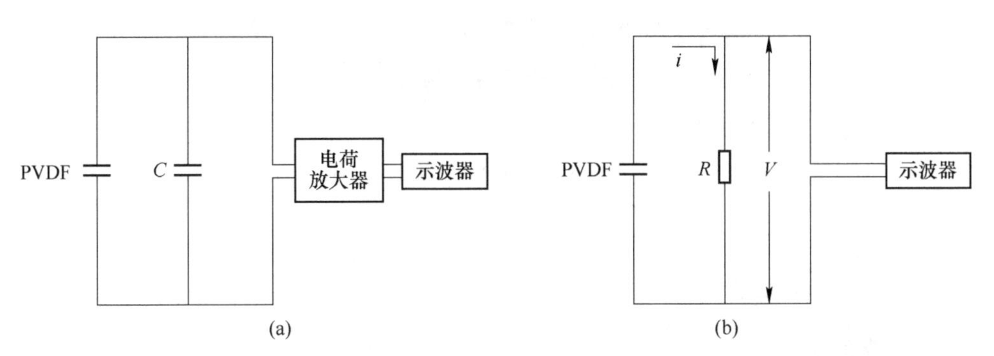

图 5-14 测量电路示意图
（a）电荷模式；（b）电流模式

大量研究表明，PVDF 的电荷信号 $Q(t)$ 与动荷载的压力信号 $\sigma(t)$ 有着良好的线性关系。根据这一特性，运用 PVDF 压电膜的压电效应，通过霍普金森压杆或者一级轻气炮来对 PVDF 压力传感器进行不同应变率下的标定工作，其灵敏度系数满足式（5-28）。

$$k = \frac{Q(t)}{\sigma(t)A} = \frac{\int i(t)\mathrm{d}t}{\sigma(t)A} = \frac{\int U(t)\mathrm{d}t}{\sigma(t)AR} \tag{5-28}$$

式中　k——灵敏度系数，C/N；

A——PVDF 膜的面积，m^2；

$i(t)$——电流的变化量，A；

$\sigma(t)$——作用到 PVDF 上的应力，Pa；

R——与 PVDF 并联电阻，Ω。

本实验采用辽宁锦州科信电子材料有限公司生产的 PVDF 膜的材料，参数见表 5-3。

表 5-3　PVDF 压电薄膜主要参数

静态压电系数 d33（pC/N）	厚度 /μm	密度 /g · cm^{-3}	声速 /m · s^{-1}	弹性模量 /GPa	泊松比	使用温度范围 /℃
9	10	1.78	2000	2.4~2.6	0.35	-40~80

B　PVDF 的压力计的标定

将 PVDF 膜裁切成面积为 10mm×10mm 的正方形，并用环氧树脂通过聚酰亚胺薄膜将其封装铜箔进行引线便于以后的焊接，且 PVDF 与铜箔之间必须以搭接的形式不能焊接。为了减小其接触面积，可以将铜箔搭接头裁剪为细长的三角形分别搭接于 PVDF 膜的上下面，如图 5-15 所示，其标定系统，如图 5-16 所示。

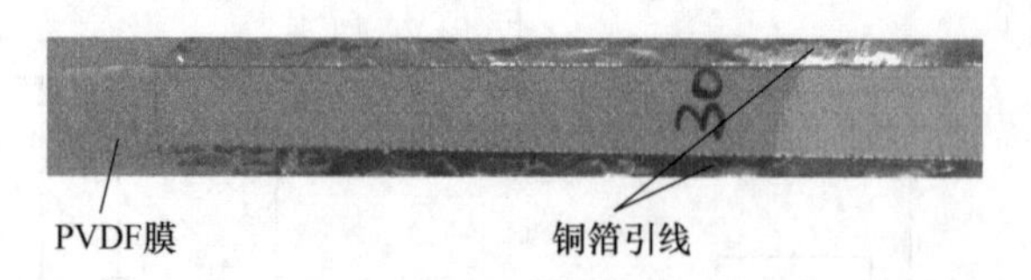

图 5-15　自制 PVDF 压力计实物图

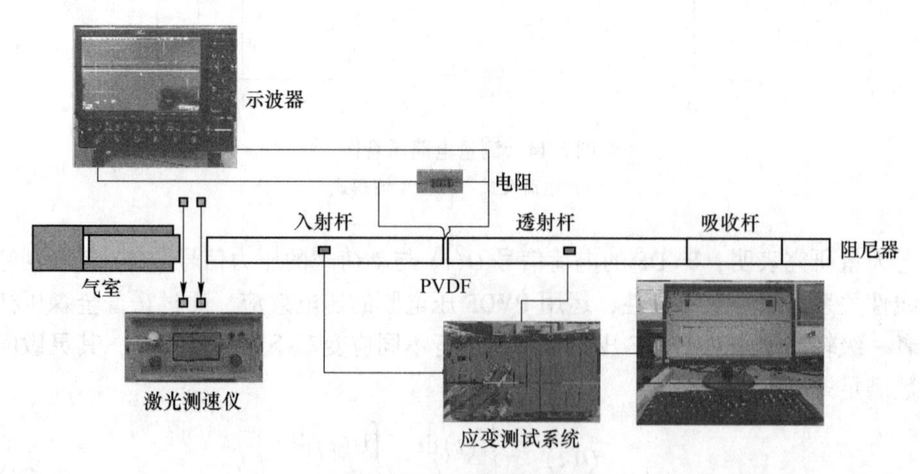

图 5-16　PVDF 标定系统

由图 5-16 所示的霍普金森压杆标定系统产生的已知大小为 $\sigma(t)$ 压力波对 PVDF 压力计进行标定，所测得的典型压力波曲线如图 5-17 所示。由示波器所测得其电压信号变化量，再由式（5-28）已知，对信号积分可以得到 PVDF 传感器所产生的电荷量，并计出 PVDF 的灵敏度系数 k，其灵敏度标定曲线，如图 5-18 所示。本次实验所得 PVDF 的灵敏度系数 k = 14. 5PC/N。

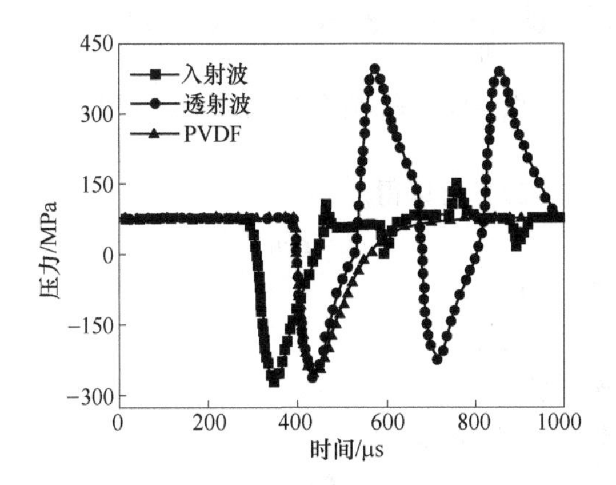

图 5-17　典型的 PVDF 标定曲线

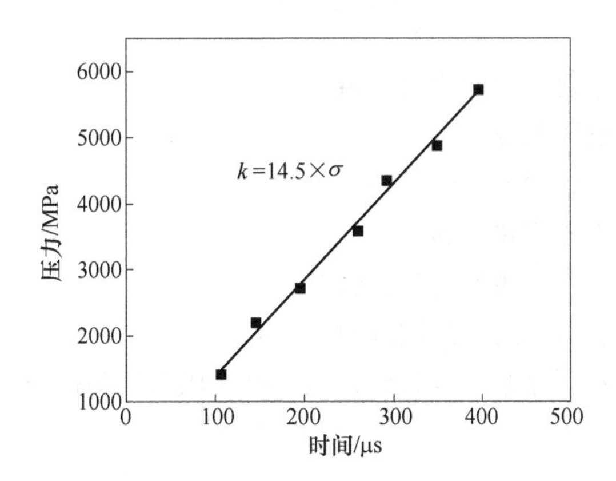

图 5-18　PVDF 压力计灵敏度标定曲线

C　炮孔壁压力时程曲线

爆炸冲击波经水介质 1 衰减为爆炸应力波后传播到岩石介质 2 中时，由于水与岩石介质的波阻抗不同，入射爆炸应力波 σ_i 将在水与岩石介质的界面上同时发生反射与透射。产生的反射爆炸应力波 σ_r 返回水介质中，与入射爆炸应力波叠加在一起，产生的透射爆炸应力波 σ_t 则穿过水与岩石界面进入岩石介质中继续向前传播，如图 5-19 所示。

据叠加原理，可以得界面处的压力关系满足 $\sigma_i + \sigma_r = \sigma_t$，并由应力 σ、速

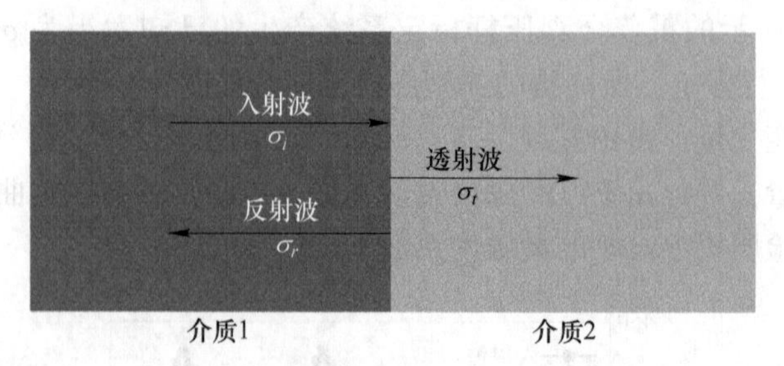

图 5-19　爆炸应力波透射反射示意图

度 u、波速 c 关系式（5-29）可以得。

$$\sigma = \rho c u \tag{5-29}$$

式中　σ——应力波值，Pa；

ρ——介质密度，kg/m³；

c——应力波波速，m/s；

u——介质质点速度，m/s。

$$\begin{cases} \sigma_t = T\sigma_i \\ T = \dfrac{2\rho_2 c_2}{\rho_1 c_1 + \rho_2 c_2} \end{cases} \tag{5-30}$$

式中　σ_t，σ_i——透射、入射应力波值，Pa；

T——透射系数；

ρ_1——水的密度，kg/m³；

c_1——水的波速，m/s；

ρ_2——岩石介质的密度，kg/m³；

c_2——岩石介质的纵波波速，m/s。

因此，可以得透射系数 $T = 1.51$，由 PVDF 压力计测得 σ_i，可以算出透射压力 σ_t 。

5.3.2　动态断裂测试系统

5.3.2.1　爆炸应力波下断裂韧性测试系统工作原理

本测试系统主要包括：触发系统、断裂测试系统、应变测试系统、爆炸压力测试系统组成，主要设备有纳秒延迟触发器、恒压源、示波器、应变放大器、数据采集仪、计算机等。测试系统的各功能仪器组合，如图 5-20 所示。

爆炸实验过程往往只有几百微秒甚至几十微秒，因此，要及时准确的获取爆炸实验数据，测试系统的选择至关重要。本书采用的实验系统依据所需要的测试目的，而自主选择不同的测试设备组合构成测试系统。本书实验采用的超动态应

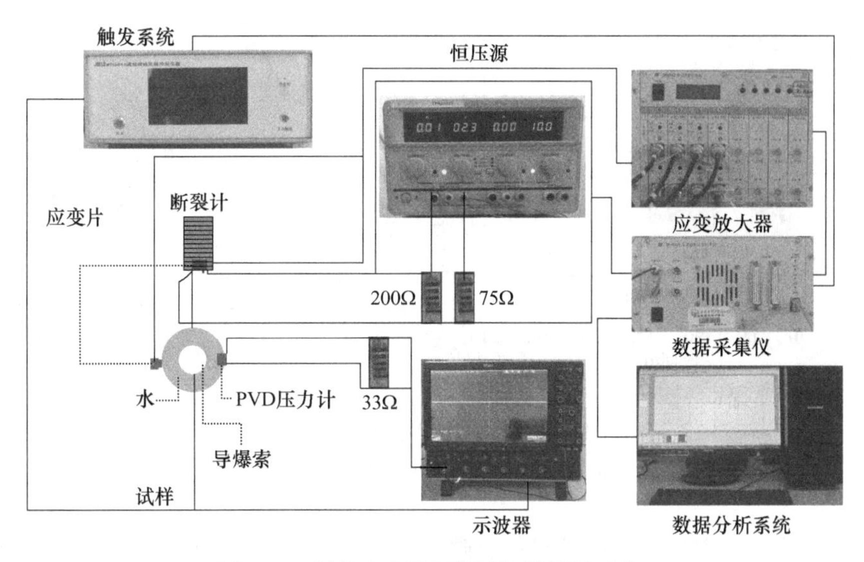

图 5-20 爆炸应力波下断裂韧性测试系统

变仪采集试样的应变数据，该仪器由东华 DH5939 高速数据采集记录仪和 DH3842 程控应变放大器组成，试验中采样频率为 10MHz，即采样间隔为 0.1μs，采集时长为 20ms 足以满足爆炸测试要求；断裂计也由 DH5939 高速数据采集记录仪采集，其外接恒流电压设置为 10V；PVDF 压力信号，由力科高性能示波器采集，其采样率为 1GHz，采集时长为 1ms。

5.3.2.2 触发系统

由于爆炸测试系统均为超高速采集系统其储存空间有限，因此，如果靠爆炸信号自行触发往往会由环境干扰提前触发测试系统，进而无法获取测试数据。本测试系统采用纳秒延时触发器，再对雷管进行引爆的同时，输出触发信号对数据采集仪与示波器进行同步外触发，以达到稳定地获取爆炸数据的目的。

5.3.2.3 断裂测试系统

采用如图 5-20 所示的测试系统，测得的砂岩 I 预制裂纹在爆炸应力波作用下的断裂信号。断裂测试系统由断裂计（Crack Propagation Gauge）、恒压源、外接固定电阻、数据采集仪构成。当爆炸应力波通过裂纹面到达预制裂纹尖端，若其使裂纹尖端的应力集中程度达到裂纹起裂条件时，裂纹起裂并扩展，致使粘贴在裂纹扩展路径上断裂计的金属丝栅相继断裂，每一条金属丝栅为一不同阻值的固定并联电阻，使得其断裂计的总电阻逐步增大，从而导致断裂计两端分得恒压源上的电压呈逐个增大的台阶信号，如图 5-21（a）所示，将此台阶信号，通过数据采集仪捕捉到，并通过对电压台阶信号进行求导，从而获取丝栅断裂时刻即为每一个台阶信号的起始时刻，如图 5-21（a）所示。

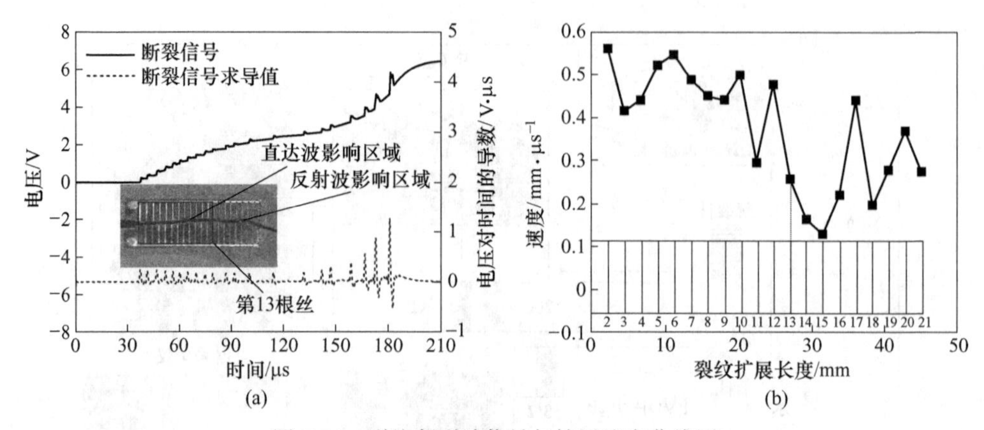

图 5-21　裂纹断裂计信号与扩展速度曲线图

（a）砂岩断裂信号；（b）砂岩的扩展速度

本实验采用深圳微量电子科技有限公司生产的断裂计，断裂计的相邻丝栅的固定间距为 2. 25mm，总丝栅长度为 45mm，共计 21 根丝栅。根据断裂测试系统可以测得，如图 5-21（a）所示的相邻丝栅的断裂时差；与已知的相邻丝栅之间的固定距离，便可以计算出相邻丝栅间距内的裂纹扩展平均速度，如图 5-21（b）所示。

5. 3. 2. 4　应变测试系统

触发系统引爆雷管由雷管再引燃导爆索，导爆索产生的爆轰波通过水介质透射入岩石试样，使孔壁与裂纹尖端的应变片产生变形引起其电阻变化。利用桥盒与应变放大器转变为电压变化量，由数据采集仪记录并显示出来。裂纹尖端的应变片信号用于确定起裂时间与入射波到达时间。

5. 3. 2. 5　爆炸压力测试系统

爆炸压力测试系统由自制 PVDF 压力计、电阻、示波器构成。由于 PVDF 膜非常薄，该实验采用 PVDF 膜仅 20μm 厚其响应时间短、价格低，常常用于近区爆炸压力的测试。该系统将 PVDF 贴于试样加载孔壁，爆炸压力通过水耦合介质传到 PVDF 薄膜上。其压电效应其薄膜两面会迅速极化，产生电荷，而且通过外接电阻形成电压，由示波器测得其电压变化，并通过积分得到水中的爆炸压力，再运用透射定理计算出试样的压力时程。

5. 4　确定砂岩 I 型动态断构型强度因子曲线方法

动态起裂韧度值，是由试验材料中的预制裂纹开始扩展时刻，对应的动态强度因子值。因此，要确定材料的起裂韧度值，就要确定在爆炸荷载下裂纹起裂时刻的动态应力强度因子值。应力强度因子一般很难直接测量，而在高速的动态加载过程中，动态应力强度因子是一个与时间相关的变量，因此，更加难以直接测量。

含预制裂纹的岩石材料，在动荷载作用下何时起裂是由该种材料的动态起裂韧度所决定的是材料本身性质，而其岩石材料的裂纹尖端的动态强度因子值是刻画裂纹尖端应力的集中程度随时间的变化过程，起裂时刻对应的应力强度因子值的大小即为其动态起裂韧度。用实验的方法对动态应力强度因子进行直接测量测量非常困难。因此，常常用间接的方法进行计算得到。例如，应变片法、光学测试法、分析法、实验-数值法等方法进行计算。本节介绍几种确定应力强度因子的常见方法。

5.4.1 应变片法确定动态应力强度因子

应变片法是将应变片粘贴在试样的裂纹尖端附近，并绕过裂纹的塑性区，如图5-22所示。基于裂纹尖端的应力应变分析，通过应变片信号可以计算得到试样裂尖的应力强度因子，进而求出起裂韧度。图5-22给出了裂纹尖端坐标示意图。

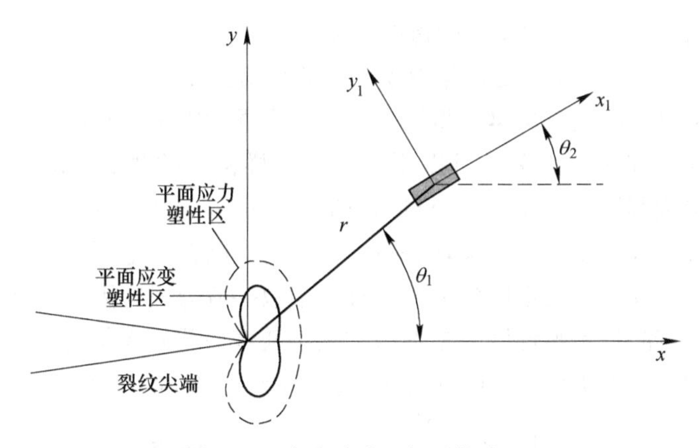

图5-22 应变片法坐标系的建立

其中，$x-y$ 是裂尖坐标系，x_1-y_1 是应变片坐标系。角度 θ_1 和 θ_2 只依赖于材料的泊松比，其相互关系由式（5-31）、式（5-32）给出。

$$\cos 2\theta_1 = -\frac{1-\nu}{1+\nu} \tag{5-31}$$

式中 θ_1——裂纹尖端坐标系角度，(°)；

ν——介质泊松比。

$$\tan\frac{\theta_1}{2} = -\cot 2\theta_2 \tag{5-32}$$

式中 θ_1——裂纹尖端坐标系角度，(°)；

θ_2——应变坐标系角度，(°)。

本测试砂岩材料的泊松比 $\nu = 0.24$，可以计算出应变片的粘贴角 $\theta_1 = \theta_2 = 64°$，裂尖的应力强度因子为：

$$K_{\mathrm{I}}(t) = E_d\sqrt{\frac{8}{3}\pi r}\,\varepsilon_{x_1x_1} \tag{5-33}$$

式中　$K_{\mathrm{I}}(t)$——裂纹动态强度因子，$\mathrm{Pa \cdot m^{1/2}}$；

E_d——试样的动态弹性模量，Pa；

$\varepsilon_{x_1x_1}$——测得的应变；

r——应变片与裂纹尖端的距离，m。

若采用双应变片（$\theta_1^A = \theta_2^A = \theta_1^B = \theta_2^B = 64°$），裂尖应力强度因子为：

$$K_{\mathrm{I}}(t) = E_d\sqrt{\frac{8}{3}\pi r_A r_B}\,\frac{\varepsilon_{x_1x_1}^A r_B - \varepsilon_{x_1x_1}^B r_A}{r_B^{3/2} - r_A^{3/2}} \tag{5-34}$$

式中　$K_{\mathrm{I}}(t)$——裂纹动态强度因子，$\mathrm{Pa \cdot m^{1/2}}$；

E_d——试样的动态弹性模量，Pa；

$\varepsilon_{x_1x_1}^A$，$\varepsilon_{x_1x_1}^B$——A、B 应变片测得的应变；

r_A，r_B——A、B 应变片与裂纹尖端的距离，m。

由式（5-33）与式（5-34）得知，动态应力强度因子只与应变片的位置和方向有关，而与试样构型无关，可以用于任意试样构型的测试。应变片粘贴的位置、角度的精确程度、应变片大小对动态应力强度因子的测试值影响较大。这种实验方法中应变片必须与裂纹尖端保持一定距离，贴在一定距离外，贴在试样的弹性变形区内，在弹性变形区应力场由唯一参数—应力强度因子控制。在弹性区内侧的裂纹尖端附近是塑性区，塑性区的大小随着加载的变化而变化，典型塑性区的位置，如图 5-22 所示。对于理想弹塑性材料，塑性区尺寸为：

$$r_p = \begin{cases} \dfrac{1}{2\pi}\left(\dfrac{K_{\mathrm{IC}}}{\sigma_Y}\right)^2 & \text{平面应力} \\ \dfrac{1}{2\pi}\left[(1-2\nu)\dfrac{K_{\mathrm{IC}}}{\sigma_Y}\right]^2 & \text{平面应变} \end{cases} \tag{5-35}$$

式中　r_p——塑性区半径，m；

K_{IC}——起裂韧度，$\mathrm{Pa \cdot m^{1/2}}$；

σ_Y——von Mises 屈服应力，Pa；

ν——泊松比。

经过应力松弛修正，后裂纹前方的塑性区尺寸的理论值将扩大一倍。一般来讲，实际的塑性区要略大于该理论值。另外，也可以通过在有限元数值分析中设置非线性材料模型来模拟试样表面的应力场。在实际操作中要注意避开塑性区粘贴应变片。在动态实验中，将式（5-35）中裂尖应力强度因子及等效屈服应力替换为动态加载下的值，即可估算塑生区的半径。其中，K_{IC}换成动态起裂韧度的预估值K_{IC}^{D}。

前面的分析是建立在各向同性材料的基础之上的，舒克拉（Shukla）等将应变片法进行拓展，用于各向异性材料之间的界面、各向同性材料之间的界面，以及各向同性材料与各向异性材料之间的界面上的动态应力强度因子测量。

里特尔（Rittel）将之拓展到Ⅱ型裂纹条件下应力强度因子的测量，应变片的粘贴位置如图5-23所示。

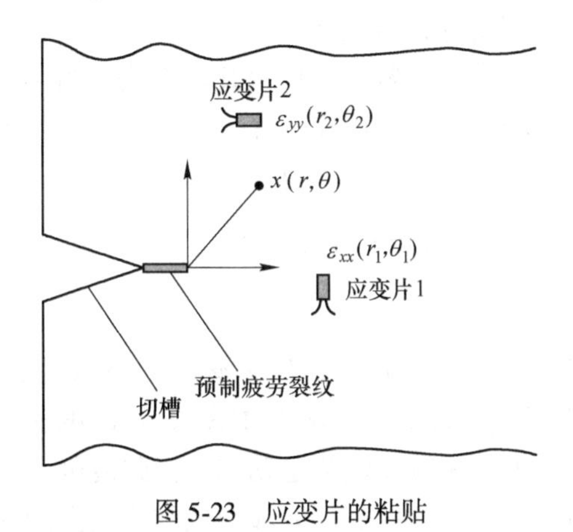

图5-23 应变片的粘贴

通过应变片得到的应变时程与裂尖应力强度因子时程的关系为：

$$\varepsilon_{xx}(t)=\frac{1}{E}\left\{\frac{K_{\mathrm{I}}(t)}{\sqrt{\pi r_1}}\cos\frac{\theta_1}{2}\left[(1-\nu)-(1+\nu)\sin\frac{\theta_1}{2}\sin\frac{3\theta_1}{2}\right]-\frac{K_{\mathrm{II}}(t)}{\sqrt{\pi r_1}}\sin\frac{\theta_1}{2}\left[2+(1+\nu)\cos\frac{\theta_1}{2}\cos\frac{3\theta_1}{2}\right]\right\} \tag{5-36}$$

式中 $\varepsilon_{xx}(t)$——x方向的应变值；

K_{I}，K_{II}——Ⅰ、Ⅱ型裂纹强度因子值，$\mathrm{Pa\cdot m^{1/2}}$；

r_1——应变片1与裂纹尖端的距离，m。

θ_1——应变片1与裂纹尖端坐标系夹角，(°)；

ν——泊松比。

$$\varepsilon_{yy}(t)=\frac{1}{E}\left\{\frac{K_{\mathrm{I}}(t)}{\sqrt{\pi r_2}}\cos\frac{\theta_2}{2}\left[(1-\nu)-(1+\nu)\sin\frac{\theta_2}{2}\sin\frac{3\theta_2}{2}\right]-\frac{K_{\mathrm{II}}(t)}{\sqrt{\pi r_2}}\sin\frac{\theta_2}{2}\left[2+(1+\nu)\cos\frac{\theta_2}{2}\cos\frac{3\theta_2}{2}\right]\right\} \tag{5-37}$$

式中 $\varepsilon_{yy}(t)$——y 方向的应变值；

K_{I}，K_{II}——Ⅰ、Ⅱ型裂纹强度因子值，$\mathrm{Pa}\cdot\mathrm{m}^{1/2}$；

r_2——应变片 2 与裂纹尖端的距离，m；

θ_2——应变片 2 与裂纹尖端坐标系夹角，(°)；

E——试样的弹性模量，Pa；

ν——泊松比。

此外，还可以通过实验数值法，运用实验杆端的加载历史和有限元程序，计算试样的应力强度因子历史。

由粘贴在试样上的应变片，可直接得到试样尖端的信息。一般认为该方法得到的应力强度因子值比较准确，常用来标定其他方法。当然，应变片法也有不足之处，在高温等特殊环境中不适合用应变片。另外，对于强度和模量均比较小的材料，粘贴应变片后会改变材料的力学特性。

5.4.2 光学测试方法确定动态应力强度因子

5.4.2.1 动态焦散法

早在 1950 年，沙尔丁（Schardin）便创建了焦散线法，随后逐渐被马诺格（Manogg），西奥卡里斯（Theocaris）和卡尔索夫（Kalthoff）等人应用起来，并进行了大量的改进和发展。焦散线法测定动态应力强度因子时，一般要求测试试样的材料为透明材料，或者材料的表面能够磨成类似镜面的材料。由于应力的集中效应，会在试样的裂纹尖端产生一个微小凹陷区，当外置的平行光源照射到测试试样的表面时，这一凹陷区会发生散射，其反射光线在凹陷区会发生散射，在像平面上形成一个阴影区，称之为焦散区。焦散区为近似的一个圆，当材料各向同性时，取与裂纹垂直方向的直径记为焦散区直径；当材料各向异性时，透射型焦散区有两个圆，取与裂纹垂直方向的直径，并分别记为焦散区内直径和外直径。用高速相机记录焦散区直径的变化，而直径与应力强度因子存在式（5-38）的关系。

$$K_{\mathrm{I}}(t)=\frac{2\sqrt{2\pi}F(V)}{3cd_{eff}z_0}\left(\frac{D}{f_{0,\ i}}\right)^{5/2} \tag{5-38}$$

式中 $K_{\mathrm{I}}(t)$——Ⅰ型裂纹强度因子值，$\mathrm{Pa}\cdot\mathrm{m}^{1/2}$；

f_0，f_i——光学各向异性材料中外、内焦散区对应数值参数；

c——光弹参数；

d_{eff}——试样有效厚度，透射焦散法时取试样厚度 d，反射焦散法时取 $d/2$，m；

D——焦散区的直径，m；

z_0——试样与像平面距离，m；

$F(V)$ ——不同裂纹速度时的修正系数，$F(V) \ll 1$；

V——裂纹速度，m/s。

各参数取值如表 5-4 所示。

表 5-4 不同缝长试样参数

材料		弹性参数		光学参数					
				平面应力			平面应变		
		E/GPa	ν	c/m^2 · N^{-1}	f_0	f_i	c/m^2 · N^{-1}	f_0	f_i
透射：(z<0)									
光学各向异性材料	树脂 B	3.66	0.392	-0.970×10^{-10}	3.31	3.05	-0.580×10^{-10}	3.41	2.99
	CR-39 树脂镜片	2.58	0.443	-1.200×10^{-10}	3.25	3.10	-0.560×10^{-10}	3.33	3.04
	平板玻璃	73.9	0.231	-0.027×10^{-10}	3.43	2.98	-0.017×10^{-10}	3.62	2.97
	Homalite 100	4.82	0.310	-0.920×10^{-10}	3.23	3.11	-0.767×10^{-10}	3.24	3.10
光学各向同性材料	有机玻璃	3.24	0.350	−1.080	3.17		-0.750×10^{-10}	3.17	

5.4.2.2 动光弹法

另一种常用的光学测试方法为光弹法（photoelastic method）。达利（Dally）等使用光弹法测量动态应力强度因子，并研究了动态应力强度因子和裂纹传播速度之间的关系。光弹法的基本原理是：光弹材料在不同应力条件下透光性不同，用高速相机记录试样的表面云纹，就能推出试样应力集中区的变化，从而计算得到试样的应力强度因子。典型的光弹条纹照片，如图 5-24 所示。

图 5-24 典型光弹条纹照片

对于Ⅰ型裂纹，由单条纹法求解裂尖应力强度因子的公式为：

$$K_{\mathrm{I}} = \frac{(Nf_\sigma/B)\sqrt{2\pi r_m}}{\sin\theta_m}\left[1 + \frac{3\tan(3\theta_m/2)}{3\tan\theta_m}\right]\left[1 + \left(\frac{2}{3\tan\theta_m}\right)^2\right]^{1/2} \tag{5-39}$$

式中 K_{I}——Ⅰ型裂纹强度因子值，Pa · $m^{1/2}$；

f_σ——光弹材料应力指数；

N——条纹的阶数；

B——试样厚度，m；

θ_m——极径 r_m 与 x 轴夹角，(°)；

r_m——条纹 m 对应的极径，m。

$$\sigma_{0x} = -\frac{(Nf_\sigma/B)\cos\theta_m}{\cos(3\theta_m/2)\,(\cos^2\theta_m + 2.25\sin^2\theta_m)^{1/2}} \tag{5-40}$$

式中 σ_{0x}——远场应力，Pa。

f_σ——光弹材料应力指数；

N——条纹的阶数；

B——试样厚度，m；

θ_m——极径 r_m 与 x 轴夹角，(°)。

θ_m 及 r_m 如图 5-25 所示，图中 τ_m 为条纹 m 对应的剪应力。式（5-39）成立的条件是 $73° < \theta_m < 139°$。

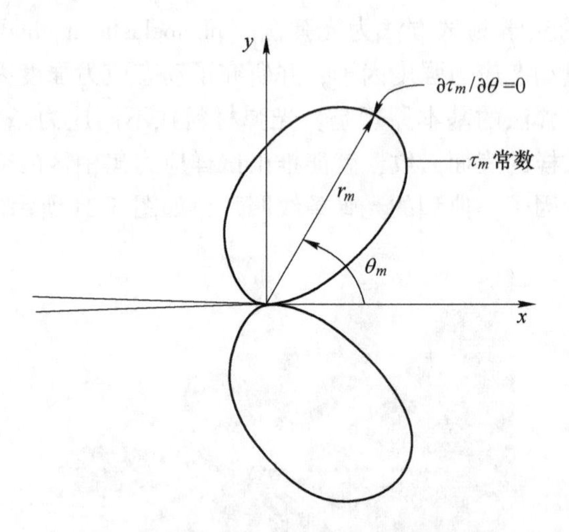

图 5-25 光弹条纹示意及裂尖坐标系

布拉德利（Bradley）和小林（Kobayashi）指出，采用单条纹法时，K_{I} 值对 θ_m 值相当敏感，因此，提出双条纹的方法。双条纹方法的实验部分与单条纹方法没有区别，在数据处理时，取图像中的任意两个等色条纹的信息进行分析，将应力强度因子写成差分形式：

$$K_{\mathrm{I}}=\frac{2\sqrt{2\pi}(N_2-N_1)\sqrt{r_1r_2}(f_\sigma/B)}{f_2\sqrt{r_1}-f_1\sqrt{r_2}} \tag{5-41}$$

式中 K_{I}——Ⅰ型裂纹强度因子值，$\mathrm{Pa\cdot m^{1/2}}$；

f_σ——光弹材料应力指数；

N_1，N_2——条纹 1 与条纹 2 的阶数；

B——试样厚度，m；

r_1，r_2——条纹 1、与条纹 2 对应的极径，m；

f_1，f_2——条纹 1、与条纹 2 的参数。

其中，f_1、f_2 分别通过下式代入两个条纹的相关参数算出：

$$f(\theta, r, a)=\left[\sin2\theta+(2\sqrt{2r}/a)\sin\theta\sin\frac{3\theta}{2}+2r/a\right] \tag{5-42}$$

式中 $f(\theta, r, a)$——条纹的参数；

a——初始裂纹长度，m；

θ——极径 r 与 x 轴夹角，(°)；

r——条纹对应的极径，m。

常用光弹材料的光弹常数，如表 5-5 所示。

表 5-5 常用光弹材料的光弹参数

材料	弹性参数		应力指数		
	E/GPa	ν	弹性极限/MPa	f_σ/（N/mm/fringe）	成像指数/$\mathrm{mm^{-1}}$
聚碳酸酯塑料	2.6	0.28	3.5	8	325
环氧树脂	3.3	0.37	35	12	275
玻璃	70	0.25	60	324	216
Homalite 100	3.9	0.35	48	26	150
Homalite 911	1.7	0.4	21	17	100
树脂玻璃	2.8	0.38	—	140	20
聚氨酯塑料	0.003	0.46	0.14	0.2	15
凝胶	0.0003	0.5	—	0.1	3

5.4.3 荷载分析法确定动态应力强度因子

荷载分析法是首先确定试样承受的冲击载荷、加载点的位移以及起裂时间，再通过近似的计算方法，求得动态应力强度因子历史，最终确定动态起裂韧度。长久以来许多学者认为，将冲击载荷代入静态计算公式，可以确定试样内的应力强度因子，再确定外力 $P(t)$ 随时间变化曲线上的最大值，将其代入静态公式，就可以得到动态应力强度因子的最大值，即动态起裂初度。然而，这种错误认识于20世纪90年代，被大量的试验结果及计算结果所否定。实际上，载荷的最大值点并不定是裂纹的起裂点，也不一定是动态应力强度因子的最大值点。最典型的结果为横滨（Yokoyama）和基希达（Kishida）的试验结果。他们利用霍普金森杆技术，加载铝合金及钛合金材料三点弯试样，并确定载荷与时间历程，将载荷历史代入准静态公式确定准静态应力强度因子。同时，又使用动态有限元方法求得试样内真实的动态应力强度因子值。结果表明，起裂并不发生在载荷的最大值点，准静态应力强度因子和试样内的动态应力强度因子的变化趋势完全不同，如图5-26所示。准静态计算的应力强度因子峰值点在24s，而动态计算下其应力强度因子是不断增加的，实验监测的起裂时间为42s，与之对应的静态应力强度因子值也大于动态值。

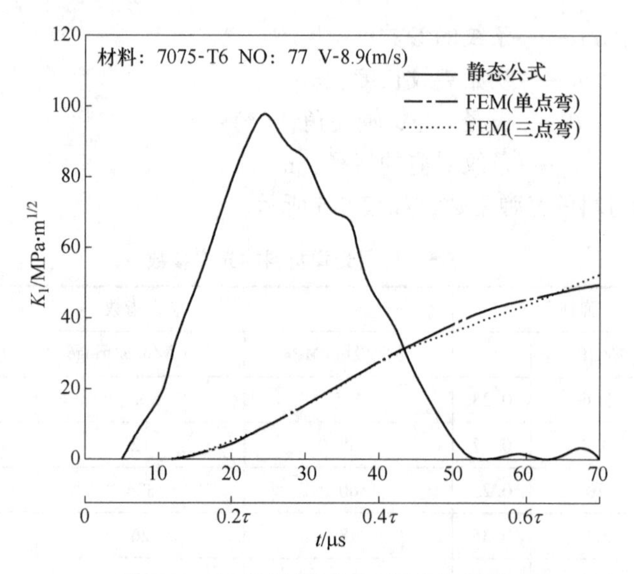

图5-26　断裂试样的应力强度因子历史

实验结果表明，在所试验的载荷速率范围内，铝合金的动态起裂韧度与准静态起裂韧度近似相等，而钛合金材料的动态断裂韧度比准静态起裂韧度降低40%左右。对于大多数材料，在落锤试验得到的中等加载率范围内，动态起裂韧度随着加载率的增加而显著降低。最新实验结果表明，随着加载率的进一步增加，在霍普金森杆实验的加载率范围内，起裂韧度会随着加载率的增加而增加。

李玉龙也曾对三点弯试样进行了动态分析，使试样承受三种不同的正弦脉冲载荷的作用。研究结果表明，准静态应力强度因子的变化与载荷的变化规律相同，呈周期变化，但动态应力强度因子却呈单调变化，两者达到最大值所需要的时间完全不同，后者由试样的固有特性控制。

为了回避这个问题，在美国材料实验协会（ASTM）的推荐标准中规定，当起裂时间 $t>3\tau$（τ 为试样的特征振动周期）时，可以用准静态方法确定试样内的动态应力强度因子值。但是，卡尔索夫（Kalthoff）的研究结果表明，在摆锤冲击加载三点弯试样时，载荷及准静态应力强度因子均发生振荡变化，但试样内的动态应力强度因子有一个稳定的增长过程。在较短的时间范围内，两者完全不同，随着时间的增加，差别有变小的趋势。但是，即便是在 $t>3\tau$ 时，两者的差别还是很明显的，如图 5-27 所示。所以，在不考虑应力平衡的前提下，用准静态方法确定动态起裂韧度的做法是不合适的。动态起裂切度的分析法主要有三种：关键曲线法、近似公式法和实验数值法。

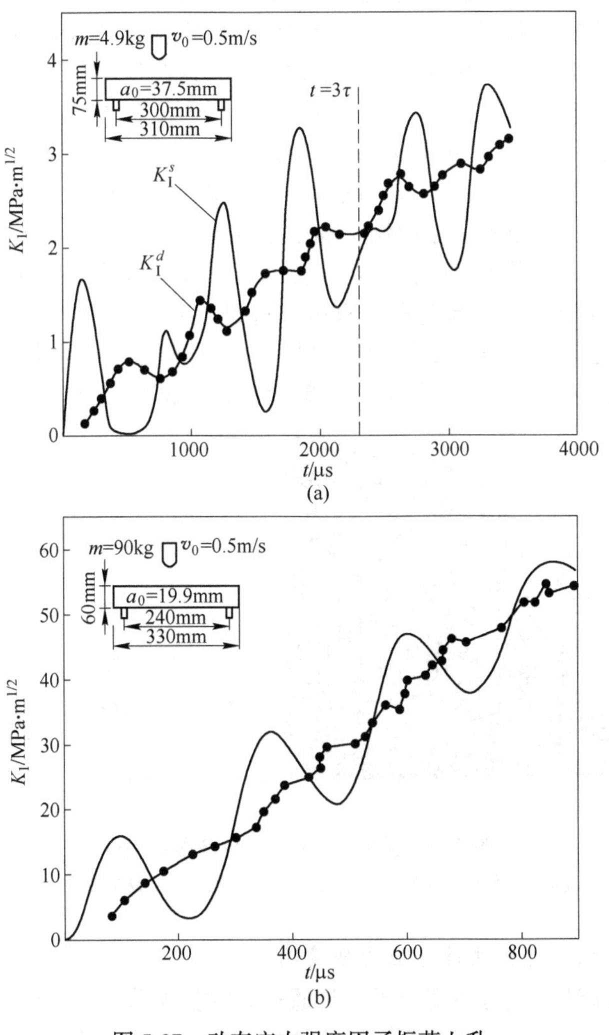

图 5-27 动态应力强度因子振荡上升

（a）环氧树脂；（b）高强度钢

5.4.4　数值实验法确定动态应力强度因子

通过实验的方法，我们可以确定岩石试样的起裂时间与其加载荷载的曲线，如位移时间曲线、应力时间曲线等。以位移时间曲线或与应力时间曲线为边界条件输入，对测试模型采用有限元等数值方法进行计算，获取试样裂纹尖端的动态应力强度因子时程曲线，最后由实验测试的裂纹起裂时间在计算得到的动态应力强度因子曲线上确定岩石试样材料的起裂韧度。这种利用实验获取加载曲线与起裂时间，通过数值方法计算动态应力强度因子曲线的方法，称为实验数值法。

王启智通过霍普金森压杆加载平台对各种测试试样进行加载，成功地将这种方法应用于岩石的起裂、扩展与止裂韧度的测试之中，并做了大量的推广应用。实验数值法是实验与数值计算相结合的方法。由实验方法可以确定容易的量，如载荷、位移等随时间的变化曲线及起裂时间；以这些量为输入，借助于有限元等数值计算方法，确定试样内的动态应力强度因子历史，再由起裂时刻确定起裂韧度。横滨（Yokoyama）和基希达（Kishida）成功地使用这种方法，对铝合金及钛合金材料动态起裂韧度进行了测试。随着有限元分析软件的普及，该方法得到了推广应用。下面介绍实验数值法，确定半圆盘三点弯试样的无量纲裂尖应力强度因子的过程，对于其他试样构型与此类似。试样通过霍普金森压杆加载，由于的对称性，选取四分之一圆盘进行模拟。材料单元选取八节点的 PLAIN82 单元为了更好地描述裂纹尖端 $r/2$ 处的应力状态的奇异性（r 为裂纹尖端半径），采 1/4 节点单元，又称奇异单元划分裂尖单元，如图 5-28 所示。

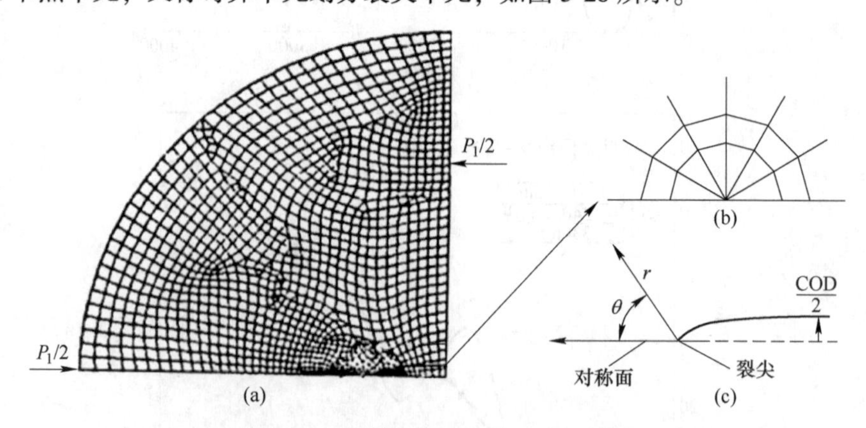

图 5-28　数值模拟中的 NSCB 裂纹尖端

（a）半模型网格图；（b）裂纹尖端网格；（c）裂纹尖端坐标

5.4.4.1　位移外推法计算应力强度因子

位移外推法计算应力强度因子，是通过裂纹尖端节点位移间接推出应力强度因子，根据第 4 章裂纹尖端的渐进场的位移公式，应用有限元法求出 v 后，便可

求得应力强度因子 K，见式（5-43）。

$$K_{\mathrm{I}} = \frac{E}{(1+\nu)(1+\chi)}\sqrt{\frac{2\pi}{r}}v(r,\ \pi) \tag{5-43}$$

式中 K_{I}——Ⅰ型裂纹强度因子值，$\mathrm{Pa}\cdot\mathrm{m}^{1/2}$；

E——材料弹性模量，Pa；

ν——材料的泊松比；

χ——平面应力与平面应变系数，见式（4-24）；

r——距裂纹尖端极径，m；

$v(r,\ \pi)$——y 方向的位移，m。

由于节点的位移在裂纹尖端处最为明显，所以式（5-43）只有在裂纹尖端（$r\to0$）时才能获得较为准确的结果。但当 $r\to0$ 时，$K_{\mathrm{I}}\to\infty$，这在数值模拟中是很难完成的。但在 r 很小的范围内，可近似地把 r 与 K_{I} 看成线性关系。因此，需要沿裂纹面选取多个较小的 r 值计算节点位移，从而得到多个相应的 K_{I}，然后将这些 K_{I} 值，运用曲线拟合或插值的方法最终外推到 $r\to0$，便可得到裂纹尖端的 K_{I} 值。陈礼松通过计算出图 5-29 的 H、D 两 1/4 分点处的应力强度因子，进行插值得到更为精确的应力强度因子表达式（5-44）。

$$K_{\mathrm{I}} = \frac{\sqrt{2\pi}E}{24(1-\nu^2)}\frac{8v_H - v_G}{\sqrt{r_{OB}}} \tag{5-44}$$

式中 K_{I}——Ⅰ型裂纹强度因子值，$\mathrm{Pa}\cdot\mathrm{m}^{1/2}$；

E——材料弹性模量，Pa；

ν——材料的泊松比；

v_H，v_G——H 与 G 节点 y 方向的位移，m；

r_{OB}——奇异单元边长 r_{OA} 的 1/4。

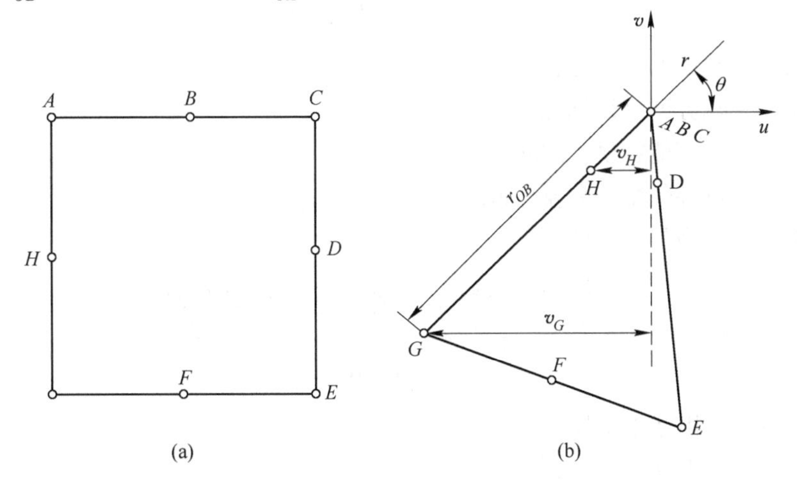

图 5-29 正常单元退化为奇异单元

（a）正常单元；（b）奇异单元

式（5-44）较于式（5-43），将裂纹尖端附近1/4点处节点作为一个插值点，与裂纹尖端附近应力和应变场奇异性的特点相符合。因此，式（5-44）的计算结果更为精确。这种由裂纹尖端附近的节点位移，间接推导出裂纹尖端应力强度因子的方法就是位移外推法。

5.4.4.2 相互作用积分法计算应力强度因子

通过位移与应力进行数值求解动态应力强度因子的方法，通常称为直接方法；用J积分与相互作用积分方法，对动态应力强度因子进行求解称为间接法。相互作用积分法是通过对裂纹尖端进行绕线积分，分别建立其辅助应力场与真实应力场的平衡条件，通过两次积分对真实应力场进行求解的方法。

根据断裂力学基本原理，以及赖斯（Rice）对J积分的定义如式（5-45）所示。Γ是积分回路，是从裂纹下表面上一点起，沿逆时针方向，绕过裂纹端点，止于裂纹上表面上一点的任意一光滑曲线，如图5-30所示。相互作用积分I定义见式（5-46），σ_{ij}，ε_{ij}，u_i是真实应力，真实应变，真实位移；σ_{ij}^{aux}，ε_{ij}^{aux}，u_i^{aux}是辅助应力，辅助应变，辅助位移；q_i是裂纹扩展矢量。采用相互作用积分法求解应力强度因子时，引入辅助应力-位移场、真实应力-位移场，则其共同作用J^s积分为真实应力场J积分与辅助应力场积分J^{aux}及二者相互作用积分I之和，如式（5-47）所示。

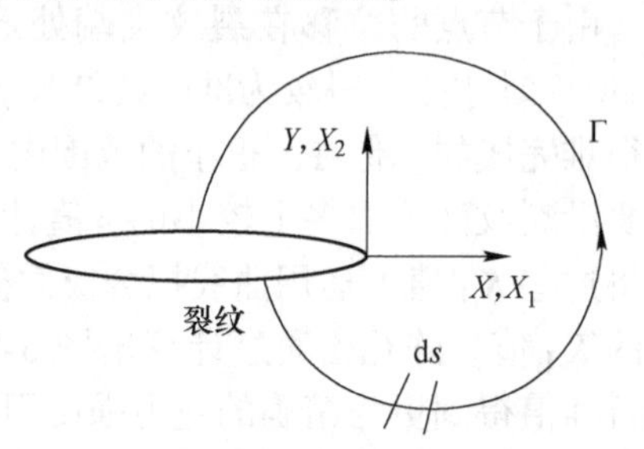

图5-30 J积分的定义简图

$$J = \int_{\Gamma} \left(W \mathrm{d}x_2 - T_i \frac{\partial u_i}{\partial x_1} \mathrm{d}x \right) \tag{5-45}$$

式中 J——裂纹的J积分；

Γ——积分的绕线回路；

W——应变能密度，J/m；

u_i——位移矢量的分量，m；

T_i——张力矢量，N。

$$I = \frac{\int_V q_{ij} (\sigma_{ki} \varepsilon_{ki}^{aux} \delta_{kj} - \sigma_{kj}^{aux} u_{ki} - \sigma_{kj} u_{ki}^{aux}) \mathrm{d}V}{\int_s \delta q_n \mathrm{d}s} \tag{5-46}$$

式中 I——相互作用积分；

V——积分体积，m^3；

s——积分面积，m^2；

q_{ij}，q_n——裂纹扩展矢量，m；

σ_{ki}，σ_{kj}^{aux}——真实、辅助应力，Pa；

ε_{ki}^{aux}——辅助应变；

u_{ki}，u_{ki}^{aux}——真实、辅助位移，m；

δ_{kj}——裂纹位移矢量，m。

$$J^s = J + J^{aux} + I \tag{5-47}$$

式中 J^s——真实场与辅助场共同作用积分；

J——裂纹的 J 积分；

J^{aux}——裂纹的辅助场 J 积分；

I——相互作用积分。

可由平面应变模型 J 积分与 G 能量释放率，并与应力强度因子 K 的关系 $J = G = (K_{\mathrm{I}}^2 + K_{\mathrm{II}}^2)/E$，可得式（5-48）。由式（5-47）可以得到分离出辅助场与真实场 J 积分的关系为式（5-48），并由此可得相互作用积分为式（5-49）。

$$J^s = \frac{1}{E}[(K_{\mathrm{I}} + K_{\mathrm{I}}^{aux})^2 + (K_{\mathrm{II}} + K_{\mathrm{II}}^{aux})^2] \tag{5-48}$$

式中 J^s——真实场与辅助场共同作用积分；

K_{I}，K_{II}——裂纹真实场Ⅰ、Ⅱ应力强度因子，$\mathrm{Pa \cdot m^{1/2}}$；

K_{I}^{aux}，K_{II}^{aux}——裂纹的辅助场Ⅰ、Ⅱ应力强度因子，$\mathrm{Pa \cdot m^{1/2}}$；

$$I = \frac{2}{E}(K_{\mathrm{I}} K_{\mathrm{I}}^{aux} + K_{\mathrm{II}} K_{\mathrm{II}}^{aux}) \tag{5-49}$$

式中 I——相互作用积分；

K_{I}，K_{II}——裂纹真实场Ⅰ、Ⅱ应力强度因子，$\mathrm{Pa \cdot m^{1/2}}$；

K_{I}^{aux}，K_{II}^{aux}——裂纹的辅助场Ⅰ、Ⅱ应力强度因子，$\mathrm{Pa \cdot m^{1/2}}$；

E——材料弹性模量，Pa。

可以取恰当的辅助应力场强度因子 $K_{\mathrm{I}}^{aux} = 1$，$K_{\mathrm{II}}^{aux} = 0$，则 $K_{\mathrm{I}} = \mathrm{E}I_{\mathrm{I}}/2$，若 $K_{\mathrm{I}}^{aux} = 0$，$K_{\mathrm{II}}^{aux} = 1$，则 $K_{\mathrm{II}} = \mathrm{E}I_{\mathrm{II}}/2$。因此，可以通过两次相互作用积分，可分别得到 K_{I}，K_{II}。

5.4.5 Chen 问题的验证

数值计算精度问题是有限元分析不可避免的问题，其精度不仅与单元的大小有关，也与采用的方法有一定关系。为了保证计算的精度，通过经典的 Chen 问题对相互作用计算方法进行有限元验证。Chen 问题模型是一个含预制中心裂纹薄板，边界受到一个阶跃荷载作用的平面应变问题，模型示意图，如图 5-31 所示。阶跃荷载的大小为 0.4MPa，薄板长 40mm、宽 20mm，中心裂纹 $2a = 4.8\mathrm{mm}$，弹性模量 $E = 2000\mathrm{GPa}$，泊松比 $\nu = 0.23$，$\rho = 5000\mathrm{kg/m^3}$。

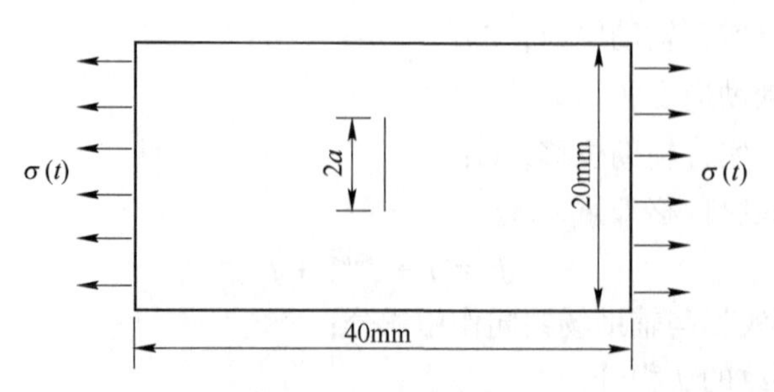

图 5-31　Chen 问题模型

早在 1975 年，陈宇明用 HEMP 编码对含有中心裂纹的矩形板的 Chen 问题进行了研究，讨论了应力波对动态应力强度因子影响，并给出了计算的动态应力强度因子的结果。后来，阿伯森（Aberson）和布里克斯塔（Brickstad）用有限元法，伊斯拉伊尔（Israil）用时间域边界元法，对这一问题进行了重新研究。他们基本得到了相同的应力强度因子曲线结果。但其结果与陈宇明有些不一致，曲线出现了一些明显的拐点。2008 年，林晓也对 Chen 问题进行了重新研究，并指出了陈宇明之所以没有得到曲线的拐点是因为其网格数量不够。

运用相互作用积分法，利用 Chen 问题对相互作用积分法进行了有限元计算验证，得到动态应力强度因子曲线，如图 5-32 所示。这与林晓得到的曲线一致，如图 5-33 所示。林晓对裂纹面的应力波进行了分析，将应力强度因子曲线上出现的拐点含义进行了详细解释，分析了拐点出现的原因。

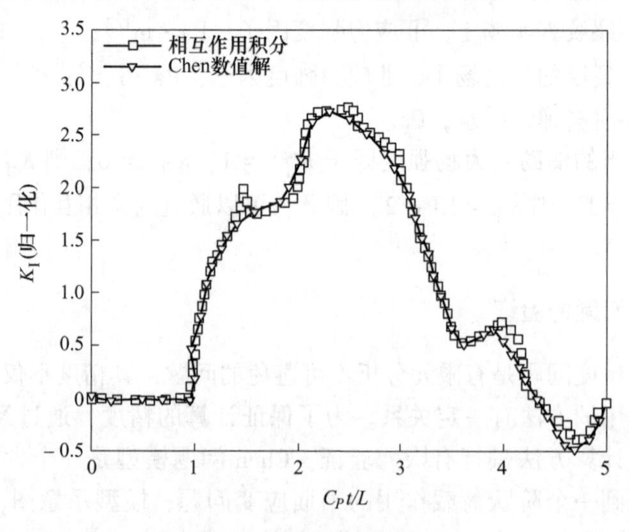

图 5-32　Chen 问题的验证

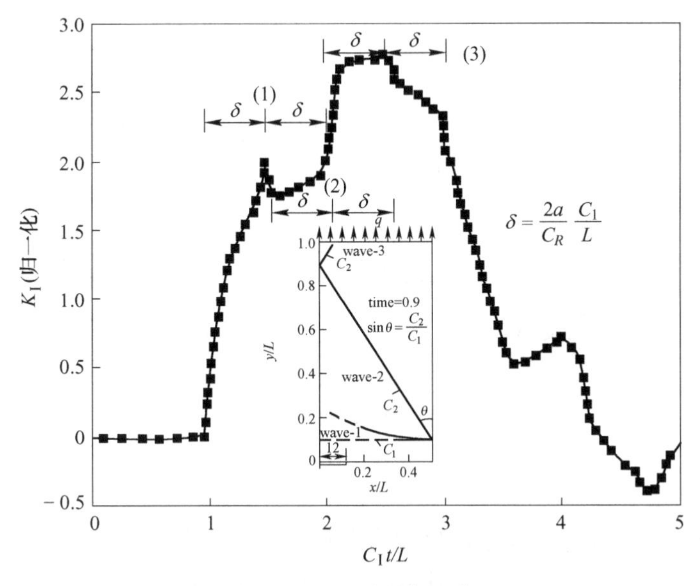

图 5-33 Chen 问题 Lin 解

5.5 爆炸应力波下 I 型裂纹起裂与扩展数值模拟基础及验证

5.5.1 爆炸动态模拟基本过程

5.5.1.1 AUTODYN 基本原理

AUTODYN 作为一款显示动态计算软件，其数值算法为有限差分法，基本思想是：根据单元的精度要求将模型空间进行离散，把几何模型剖分成有限个网格；同时在时间上也进行离散，为获得稳定的运行和准确的计算结果，最小时间步需要综合考虑网格的大小，应力波波速等参数。然后，物理问题的偏微分方程由网格节点上的差分形式代替，从而把偏微分方程离散为若干个代数方程组，得到待求的未知函数，并利用本构方程，几何方程等计算出节点处的节点力、位移和加速度，以及单位内的应力、应变以及应变率等物理量。

5.5.1.2 爆炸问题的分析步骤

AUTODYN 是一款高度非线性显示有限差分单元分析程序，由美国 Century Dynamics 公司开发，发展至今一直致力于爆炸与冲击的模拟与开发。爆炸问题的主要分析步骤，如图 5-34 所示。

由图 5-34 得知首先建立有限单元模型，并划分合理的网格，选择合适的材料模型与强度准则并输入实测参数，根据实际情况设置边界条件与初始条件，设置接触与控制参加后进行计算与后处理。

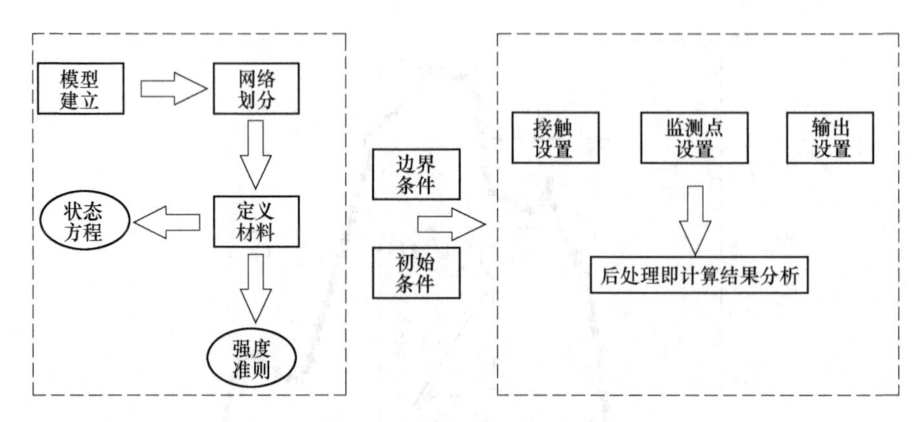

图 5-34 爆炸问题分析流程

A 前处理

有限单元的前处理过程主要分为物理几何模型的确定与建立、模型各个材料属性与相关参数的确定、网格形状的选择与划分、位移与力的边界条件的确定等几个步骤，并最终形成有限元软件计算所需要的格式数据。前处理完成的工作一般称为数值建模。在前处理中，可以用图形显示所建立的几何模型、单元网格、约束条件等，以便用可视化的方法检查所建立的数值模型。

B 求解计算

求解计算是数值模拟程序核心部分，完成数值模型的力学计算，即根据前处理形成的初始模型数据，计算单元刚度矩阵，计算节点荷载，组装总体刚度矩阵，将荷载等效简化到节点上，形成总体平衡方程，求解节点位移，计算应力、应变、内力等。

C 后处理

完成有限元计算后应该对计算的结果的准确性进行检查、分析、整理、打印输出等，这一步骤称为后处理。求解器求得的计算结果都是以数据形式存放在硬盘上的，而且数据量非常大，以人工方式从庞大的数据中找出关键数据，分析位移、应力等的变化规律是一件繁琐的、不容易做的工作。

5.5.2 有限差分计算原理与爆炸应力波数值算法

5.5.2.1 AUTODYN 有限差分计算原理

AUTODYN 采用有限差分方法对爆炸问题进行计算，结合其节点关系图，如图 5-35 所示。

1~4 表示单元编号，$A \sim F$ 表示节点编号。对其计算原理进行介绍，在一个单元内定义密度（ρ）、应力（σ）、应变（ε）、应变率（$\dot{\varepsilon}$）、压力（P）、温度（T）和质量（m），且单元内应力处处相等，坐标（x，y）、位移（u，v）、速度（$\dot{u}$，$\dot{v}$）、加速度（$\ddot{u}$，$\ddot{v}$）和节点力（F_x，F_y）定义在节点上，如图 5-35 所示。节点 A 的加速度分量 $\ddot{u}$ 和 $\ddot{v}$，根据牛顿第二运动定律可以由式（5-50）确定。

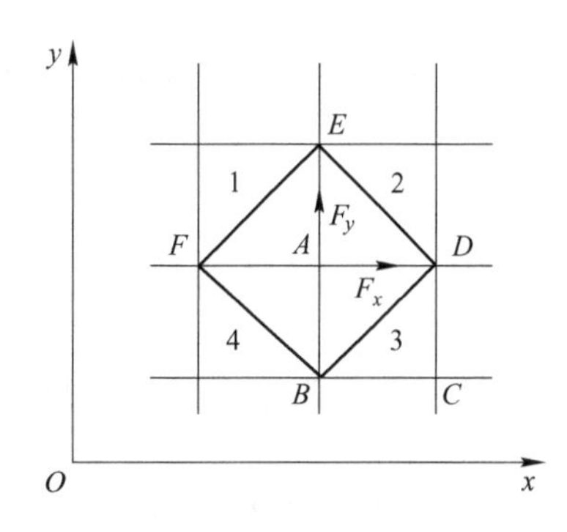

图 5-35　AUTODYN 有限差分法节点关系图

$$\begin{cases} \ddot{u} = \dfrac{F_x}{m} \\ \ddot{v} = \dfrac{F_y}{m} \end{cases} \tag{5-50}$$

式中　$\ddot{u}$，$\ddot{v}$——x、y 方向加速度，m/s²；

F_x，F_y——x、y 方向受力，N；

m——$BDEF$ 区域的质量和，kg。

$n+1/2$ 时刻，节点速度表示为式（5-51）。

$$\begin{cases} \dot{u}^{n+\frac{1}{2}} = \dot{u}^{n-\frac{1}{2}} + \ddot{u}^{n}\Delta t \\ \dot{v}^{n+\frac{1}{2}} = \dot{v}^{n-\frac{1}{2}} + \ddot{v}^{n}\Delta t \end{cases} \tag{5-51}$$

式中　$\dot{u}$，$\dot{v}$——x、y 方向速度，m/s；

$\ddot{u}$，$\ddot{v}$——x、y 方向加速度，m/s²；

n——时间步数；

Δt——时间步长，s。

$n+1$ 时刻，节点位移表示为式（5-52）。

$$\begin{cases} u^{n+1} = u^{n} + \dot{u}^{n+\frac{1}{2}}\Delta t \\ v^{n+1} = v^{n} + \dot{v}^{n+\frac{1}{2}}\Delta t \end{cases} \tag{5-52}$$

式中　u，v——x、y 方向位移，m；

$\dot{u}$，$\dot{v}$——x、y 方向速度，m/s；

n——时间步数；

Δt——时间步长，s。

根据格林积分公式，对单元 $ABCD$ 的 4 个节点速度，可以得到该单元的应变率 $\dot{\varepsilon}_x$，$\dot{\varepsilon}_y$ 和 $\dot{\gamma}_{xy}$ 可分别表示为式（5-53）。

$$
\begin{cases}
\dot{\varepsilon}_x = \dfrac{\partial \dot{u}}{\partial x} = \dfrac{1}{2A_E^{n+\frac{1}{2}}}[(\dot{u}_A - \dot{u}_C)(y_B - y_D) - (\dot{u}_B - \dot{u}_D)(y_A - y_C)] \\
\dot{\varepsilon}_y = \dfrac{\partial \dot{v}}{\partial y} = \dfrac{1}{2A_E^{n+\frac{1}{2}}}[(\dot{v}_A - \dot{v}_C)(x_B - x_D) - (\dot{v}_B - \dot{v}_D)(x_A - x_C)] \\
\dot{\gamma}_{xy} = \dfrac{\partial \dot{u}}{\partial y} + \dfrac{\partial \dot{v}}{\partial x} = \dfrac{1}{2A_E^{n+\frac{1}{2}}}[(\dot{v}_A - \dot{v}_C)(y_B - y_D) - (\dot{v}_B - \dot{v}_D)(y_A - y_C) + \\
\quad (\dot{u}_A - \dot{u}_C)(x_B - x_D) - (\dot{u}_B - \dot{u}_D)(y_A - y_C)]
\end{cases}
\tag{5-53}
$$

式中　$\dot{\varepsilon}_x$，$\dot{\varepsilon}_y$，$\dot{\gamma}_{xy}$——x、y、xy 方向应变率；

$\dot{u}$，$\dot{v}$——x、y 方向速度，m/s；

$\dot{u}_A$，$\dot{u}_B$，$\dot{u}_C$，$\dot{u}_D$——A、B、C、D 节点 x 方向速度，m/s；

$\dot{v}_A$，$\dot{v}_B$，$\dot{v}_C$，$\dot{v}_D$——A、B、C、D 节点 y 方向速度，m/s；

y_A，y_B，y_C，y_D——A、B、C、D 节点 y 方向位移，m；

n——时间步数；

A_E——单元 $ABCD$ 的面积，m^2。

根据式（5-53），由本构方程可计算出 $n+1$ 步时的应力偏量 S_x、S_y、S_{xy}。

$$
\begin{cases}
S_x^{n+1} = S_x^n + 2G\left(\dot{\varepsilon}_x^{n+\frac{1}{2}} - \dfrac{1}{3}\dot{e}\right)^{n+\frac{1}{2}}\Delta t \\
S_y^{n+1} = S_y^n + 2G\left(\dot{\varepsilon}_y^{n+\frac{1}{2}} - \dfrac{1}{3}\dot{e}\right)^{n+\frac{1}{2}}\Delta t \\
S_{xy}^{n+1} = S_{xy}^n + 2G\dot{\gamma}_{xy}^{n+\frac{1}{2}}\Delta t
\end{cases}
\tag{5-54}
$$

式中　S_x，S_y，S_{xy}——x、y、xy 方向的应力偏量，Pa；

ε_x，ε_y，γ_{xy}——x、y、xy 方向应变；

$\dot{e}$——单元的体积应变率，$\dot{e} = \dot{\varepsilon}_x + \dot{\varepsilon}_y$，$s^{-1}$；

G——材料的剪切模量，Pa；

n——时间步数；

Δt——时间步长，s。

在二维平面模型下，单元的应力可以表示为式（5-55）。

$$
\begin{cases}
\sigma_x = P + S_x \\
\sigma_y = P + S_y \\
\tau_{xy} = S_{xy}
\end{cases}
\tag{5-55}
$$

式中　σ_x，σ_y，τ_{xy}——x、y、xy 方向的应力，Pa；

S_x，S_y，S_{xy}——x、y、xy 方向的应力偏量，Pa；

P——平均应力，Pa。

其中，材料模型的状态方程可以确定平均应力 P，对式（5-55）平衡微分方程进行积分，再利用格林公式可求得节点力。

$$\begin{cases} \iint_S \left(\frac{\partial \sigma_x}{\partial x} + \frac{\partial \tau_{xy}}{\partial y} \right) \mathrm{d}x\mathrm{d}y = \iint_S \rho \frac{\partial^2 u}{\partial t^2} \mathrm{d}x\mathrm{d}y \\ \iint_S \left(\frac{\partial \sigma_y}{\partial y} + \frac{\partial \tau_{xy}}{\partial x} \right) \mathrm{d}x\mathrm{d}y = \iint_S \rho \frac{\partial^2 v}{\partial t^2} \mathrm{d}x\mathrm{d}y \end{cases} \tag{5-56}$$

式中 σ_x，σ_y，τ_{xy}——x、y、xy 方向的应力，Pa；

u，v——x、y 方向的位移，m；

S——图 5-35 中区域 $BDEF$ 的面积，m^2。

根据格林积分公式，式（5-56）可改写为式（5-57）。

$$\begin{cases} \iint_S \left(\frac{\partial \sigma_x}{\partial x} + \frac{\partial \tau_{xy}}{\partial y} \right) \mathrm{d}x\mathrm{d}y = \int_L \sigma_x \mathrm{d}y - \tau_{xy} \mathrm{d}x \\ \iint_S \left(\frac{\partial \sigma_y}{\partial y} + \frac{\partial \tau_{xy}}{\partial x} \right) \mathrm{d}x\mathrm{d}y = \int_L \tau_{xy} \mathrm{d}x - \sigma_y \mathrm{d}y \end{cases} \tag{5-57}$$

式中 σ_x，σ_y，τ_{xy}——x、y、xy 方向的应力，Pa；

S——图 5-35 中区域 $BDEF$ 的面积，m^2；

L——闭合曲线 $BDEF$，m。

根据牛顿第二定律，由式（5-56）以及式（5-57）可得式（5-58）。

$$\begin{cases} \int_L \sigma_x \mathrm{d}y - \tau_{xy} \mathrm{d}x = \iint_S \rho \frac{\partial^2 u}{\partial t^2} \mathrm{d}x\mathrm{d}y = 2m\rho \frac{\partial^2 u}{\partial t^2} = 2F_x \\ \int_L \tau_{xy} \mathrm{d}x - \sigma_y \mathrm{d}y = \iint_S \rho \frac{\partial^2 v}{\partial t^2} \mathrm{d}x\mathrm{d}y = 2m\rho \frac{\partial^2 v}{\partial t^2} = 2F_y \end{cases} \tag{5-58}$$

式中 σ_x，σ_y，τ_{xy}——x、y、xy 方向的应力，Pa；

u，v——x、y 方向的位移，m；

S——图 5-35 中区域 $BDEF$ 的面积，m^2。

L——闭合曲线 $BDEF$，m；

F_x，F_y——x、y 方向受力，N；

ρ——单元密度，kg/m^3；

m——$BDEF$ 区域的质量和，kg。

结合式（5-58）与图 5-35 所示的网格，可得到如下差分方程，式（5-59）。

$$
\begin{cases}
F_x = \frac{1}{2}[\sigma_x^1(y_F - y_E) - \tau_{xy}^1(x_F - x_E) + \sigma_x^2(y_B - y_F) - \tau_{xy}^2(x_B - x_F) + \\
\quad \sigma_x^3(y_D - y_B) - \tau_{xy}^3(x_D - x_B) + \sigma_x^4(y_E - y_D) - \tau_{xy}^4(x_E - x_D)] \\
F_y = \frac{1}{2}[\tau_{xy}^1(y_F - y_E) - \sigma_y^1(x_F - x_E) + \tau_{xy}^2(y_B - y_F) - \sigma_y^2(x_B - x_F) + \\
\quad \tau_{xy}^3(y_D - y_B) - \sigma_y^3(x_D - x_B) + \tau_{xy}^4(y_E - y_D) - \sigma_y^4(x_E - x_D)]
\end{cases}
\tag{5-59}
$$

式中　F_x，F_y——x、y 方向受力，N；

σ_x，σ_y，τ_{xy}——x、y、xy 方向的应力，Pa；

y_B，y_D，y_E，y_F——B、D、E、F 节点 y 方向位移，m；

x_B，x_D，x_E，x_F——B、D、E、F 节点 x 方向位移，m。

节点力除了式（3-35）的力，还包括黏性力、沙漏（Hourglass）阻尼修正力和外力。式（5-50）~式（5-59）为一个循环计算过程，并通过控制时间步长大小实现计算过程收敛。通过相同流程的重复迭代计算，我们就可以得到有限元网格中的各个节点的速度、位移、加速度以及各单元的应力、应变率、内能等计算结果。

5.5.2.2　爆炸应力波数值算法

A　拉格朗日算法

AUTODYN 的拉格朗日算法主要计算流程，如图 5-36 所示，其为一个典型的计算循环，采用拉克斯-温德洛夫法（LAX-Wendroff）差分格式进行计算，并通过控制时间步长即改变时间步长大小，来实现计算过程的收敛。

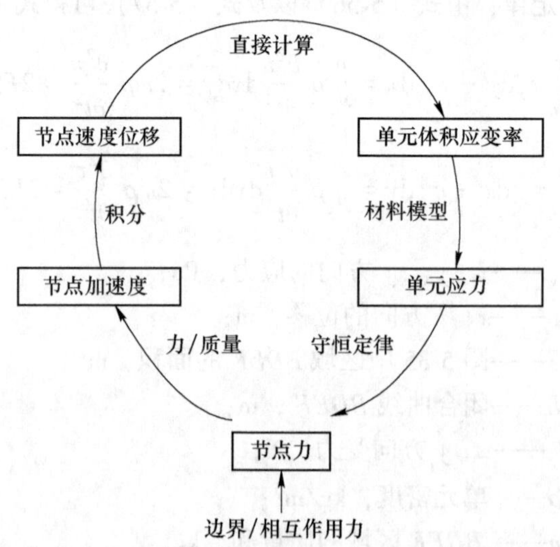

图 5-36　拉格朗日（Lagrange）算法的主要步骤

拉格朗日方法是在爆炸与冲击问题中应用最为广泛的一种通过观察材料中固定质点运动的方法，即所研究的是给定质点上各物理量随时间的变化以及这些物理量由一点转移到另一质点上的变化。拉格朗日方法主要用于描述固体材料行为，该算法具有计算速度快的优点。但是，过大的变形会造成网格的扭曲，因此，AUTODYN 提供了网格重画（Rezoning）和侵蚀（Erosion）两种方法，以克服大变形带来的网格畸变问题。

B 欧拉算法

欧拉（Euler）方法是一种建立在固定空间坐标系，研究通过该固定空间点不同质点各物理量随时间的变化的一种算法。因此，相比较于拉格朗日网格，其网格是固定的，并不存在网格变形和移动的问题，也不会出现网格畸变。欧拉方法主要采用网格平滑和网格输运算法来处理网格，由于采用了比较复杂的算法来追踪质点的运动。因此，其计算工作量较大，计算时间也相对较长。欧拉方法主要用于描述大变形材料，适合于对液体和气体的计算。

C ALE 算法

ALE 算法是一种耦合了欧拉和拉格朗日算法优点的一种算法，即该算法的网格可随质点一起运动也可固定不动。因此，具有较强的网格灵活性。对于爆炸模拟而言，通常用拉格朗日网格描述岩石材料等，而用欧拉网格描述空气和炸药等，而在岩石和空气或炸药之间则用 ALE 耦合算法，以解决两种网格之间的变形接触问题。

5.5.3 爆炸应力波下材料模型与失效准则确定

5.5.3.1 岩石动态材料参数选择

线性状态方程是最简单的状态方程，其假设压力和内能无关，并且材料的密度变化小，变化过程是可逆的（等熵的），通常用于对固体材料的描述，其状态方程为式（5-60）。

$$P = K\mu = K\left(\frac{\rho}{\rho_0} - 1\right) \tag{5-60}$$

式中 P——材料的压力，Pa；

K——岩石的体积模量，Pa；

ρ/ρ_0——压缩后的密度与初始状态的密度比值。

5.5.3.2 炸药材料参数选择

JWL 状态方程用来描述炸药爆炸后爆轰产物系统中压力、体积以及温度等物理量之间的关系，它表征了炸药做功的能力，由于 JWL 状态方程能比较精确的描述爆炸过程。因此，是目前应用最广泛的炸药状态方程。AUTODYN 提供了多种炸药的 JWL 状态方程，此外，还可以根据试验测量的炸药数据对软件内置的

JWL 参数进行修改和补充。另外，对爆轰产物还可选择炸药爆炸后转变为理想气体，AUTODYN 提供的 JWL 状态方程见式（5-61）。

$$P = A\left(1 - \frac{\omega}{R_1 V}\right) e^{-R_1 V} + B\left(1 - \frac{\omega}{R_2 V}\right) e^{-R_2 V} + \frac{\omega e}{V} \tag{5-61}$$

式中　P——炸药爆炸压力，Pa；

e——爆轰产物初始内能，J；

V——相对体积，m^3；

A，B，R_1，R_2，ω——炸药参数。

式（5-61）压力计算式中所含的三项，$A(1 - \omega/R_1 V)e^{-R_1 V}$，$B(1 - \omega/R_2 V)e^{-R_2 V}$，$\omega e/V$ 分别在爆炸过程中的高、中、低的压力范围内起主要作用，其详细分解过程，如图 5-37 所示。

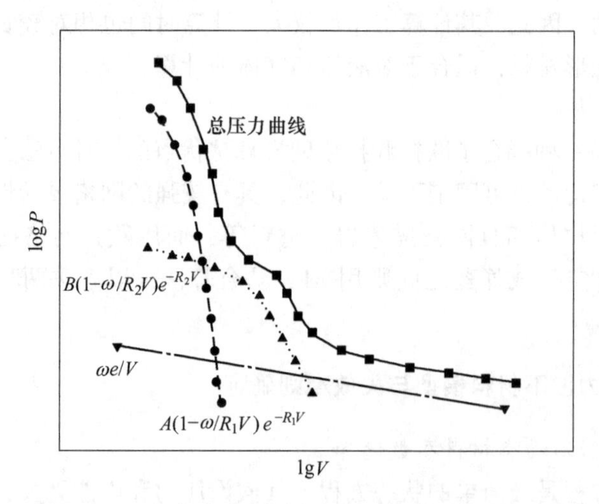

图 5-37　JWL 状态方程压力与相对体积函数关系曲线

5.5.3.3　失效准则与选取

为了能准确描述爆炸载荷作用下预制裂缝的动态扩展行为，需要选用合适的材料失效准则，对于砂岩等（准）脆性材料，最大主应力准则能较好的模拟爆炸荷载下的裂缝失效行为。基于此，本次有限元计算采用修正后的最大主应力准则。当材料岩石试样的材料最大主应力达到其设置的动态抗拉强度后，有限元的单元将失去承受抗拉的能力，但其仍然可以承受压应力其准则为式（5-62）。

$$\sigma_{max} \geqslant \sigma_{td} \tag{5-62}$$

式中　σ_{max}——岩石材料的最大主应力，Pa；

σ_{td}——岩石材料的动态抗拉强度，Pa。

在 AUTODYN 中，单个循环的应力、应变、应变率等在单元内为常数，按照修正的最大主应力准则，在爆炸荷载作用下，一旦单元应力达到材料动态强度时，整个单元直接失效，如此将造成计算结果对网格的依赖性。实际上，裂缝穿过单元的过程，单元是逐渐失去承载能力的，即整个分析过程中单元的最大主应力 $\sigma_{max} < \sigma_{td}$ 时，单元处于完整状态；当单元最大主应力 $\sigma_{max} \geqslant \sigma_{td}$ 时，裂缝开始形成并处于损伤状态；当裂缝贯穿整个单元后即为完全失效，此时单元的 $\sigma_{max} = 0$，图 5-38 描述了单元失效的整个过程。

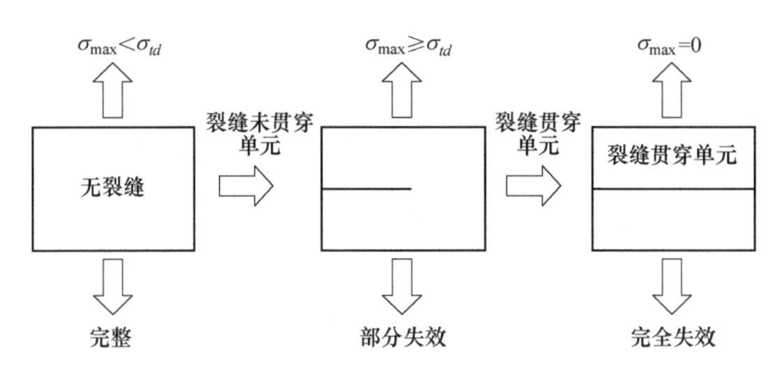

图 5-38 单元失效过程

根据线弹性断裂力学中裂缝的应力强度因子及临界应力判定式（5-63），可以计算出单元临界应力与裂缝长度的关系式（5-64）。

$$K = 1.12\sigma_{max}\sqrt{\pi a} = K_{IC}^{d} \tag{5-63}$$

式中 K，K_{IC}^{d}——岩石的动态起裂韧度，Pa · m$^{1/2}$；

σ_{max}——岩石材料的最大主应力，Pa；

a——裂缝长度，m。

$$\sigma_{max} = \frac{K_{IC}^{d}}{1.12\sqrt{\pi a}} = \frac{\sqrt{E_d G_{cd}}}{1.12\sqrt{\pi a}} \tag{5-64}$$

式中 σ_{max}——岩石材料的最大主应力，Pa；

K_{IC}^{d}——岩石的动态起裂韧度，Pa · m$^{1/2}$；

G_{cd}——裂缝动态扩展单位长度需要的能量，J/m；

E_d——岩石的动态弹性模量，Pa；

a——裂缝长度，m。

为了描述单元逐渐失效的现象，本书采用了线性拉伸断裂软化损伤模型，图 5-39 给出了该方法的单元，能承受的最大拉伸应力和应变的关系曲线。

单元完全断裂动态应变 ε_u，定义为裂缝动态扩展单位长度需要的能量 G_{cd} 与材料的动态拉伸强度 σ_{td}，以及最大主应力方向上的特征尺寸 L 的 1/2 乘积的比值。

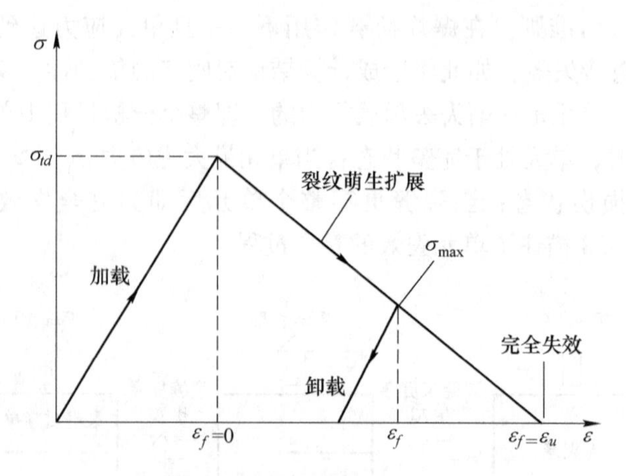

图 5-39　断裂软化损伤模型的应力-应变关系

$$\varepsilon_u = \frac{2G_{cd}}{\sigma_{td}L} \tag{5-65}$$

式中　ε_u——岩石材料的动态应变；

G_{cd}——裂缝动态扩展单位长度需要的能量，J/m；

L——最大主应力方向上的特征尺寸，m。

单元的损伤变量 D_{am} 定义为单元的断裂应变 ε_f 与单元完全断裂应变 ε_u 的比值，其中单元的断裂应变 ε_f 采用隐式欧拉法（Backward-Euler）方法得到。

$$D_{am} = \frac{\varepsilon_f}{\varepsilon_u} = \frac{\varepsilon_f \sigma_{td} L}{2G_{cd}} \tag{5-66}$$

式中　D_{am}——岩石材料的损伤变量；

G_{cd}——裂缝动态扩展单位长度需要的能量，J/m；

ε_f——单元的断裂应变；

ε_u——岩石材料的动态应变；

σ_{td}——岩石材料的动态抗拉强度，Pa。

进入损伤阶段的单元，能够承受的最大拉应力 σ_{max} 定义为材料的动态抗拉强度 σ_{td}、损伤变量的 D_{am} 函数。

$$\sigma_{max} = \sigma_{td}(1 - D_{am}) \tag{5-67}$$

式中　σ_{max}——岩石材料的最大主应力，Pa；

D_{am}——岩石材料的损伤变量；

σ_{td}——岩石材料的动态抗拉强度，Pa。

5.5.4　数值起裂与扩展模型的合理化验证

由于爆炸问题的几何、材料、边界非线性，以及涉及超高速、高温、高压条件下气体、液体和固体的多种介质的相互耦合作用，这使得用理论与实验研究爆炸问题存在诸多的难题，大量学者只能借助数值模拟方法来研究爆炸问题。然而，数值计算的参数是否合理正确对计算结果有显著的影响。其中，网格的形式与网格的大小对计算结果影响最为显著。减小网格的最大尺寸，即大量增加网格规模是各位学者们常用的一种增加计算精度的方法。然而，大规模地增加网格规模势必会增加计算量，并且大大地耗费的计算时间。普通的计算机已经不能满足要求，这时需要工作站或者计算服务器，这又会增加硬件成本同时消耗大量时间增加时间成本。因此，恰当的网格尺寸、合理的网格规模，既可以保证计算精度又能兼顾到计算效率。

（1）基本材料参数确定。

根据实测与计算砂岩模型的材料参数为：密度 $\rho = 2163\text{kg/m}^3$，纵波速度 $c_P = 2174\text{m/s}$，横波速度 $c_s = 1279\text{m/s}$，动泊松比 $\nu_d = 0.24$，动弹性模量 $E_d = 8.74\text{GPa}$，动剪切模量 $G_d = 3.54\text{GPa}$ 与体积模量 $K_d = 5.51\text{GPa}$。许多学者对岩石的动态抗拉强度随应变率的变化做了大量研究，并都得到了其抗拉强度与荷载应变率呈幂指数变化，其系数与岩石的种类有关系，见式（5-68）。

$$\sigma_{td} = 4.78\dot{\varepsilon}^{0.333} \tag{5-68}$$

式中 σ_{td}——青砂岩的动态抗拉强度，Pa；

$\dot{\varepsilon}$——荷载的应变率，s^{-1}。

根据第3章的验证试样测试测定其加载率 $\dot{\varepsilon} = 8504\text{s}^{-1}$，计算得本实验爆炸荷载作用下岩石的动态抗拉强度为97MPa，且其计算的起裂时间与时间测得起裂时间一致。

（2）网格尺寸大小确定。

本小节选取实验构型试样 300mm×300mm，预制裂纹 2a = 11.8mm。采用AUTODYN软件进行模拟，对不同尺寸单元网格进行划分，并对计算结果进行比较。如图5-40所示，网格尺寸分别为0.25mm、0.5mm、0.75mm、1mm的模型裂其网格数量分别为25万个、21万个、13万个、12万个、5万个。四种不同尺寸网格模型的裂纹尖端的起裂时间分别为18μs、18μs、21μs、21μs，该模型实验测得起裂时间为18.2μs。由此可知，要对爆炸荷载下本次试样构型的预制裂纹起裂与扩展进行模拟网格尺寸必须小于等于0.5mm。此外，为了验证其网格的合理性，对模型裂面上固定点进行了爆炸应力波监测，分析了爆炸应力波的峰值与到达时间，确保模型网格能够达到分析爆炸应力波传播规律的尺度。

因此，选取了裂纹面上5个距离加载孔心分别为20mm、22mm、24mm、26mm、28mm处的监测点进行了监测。图5-41、图5-42显示了不同网格尺寸分别为0.25mm、0.50mm、0.75mm、1.00mm，这5个监测点爆炸应力波到达的峰值与到达时间。

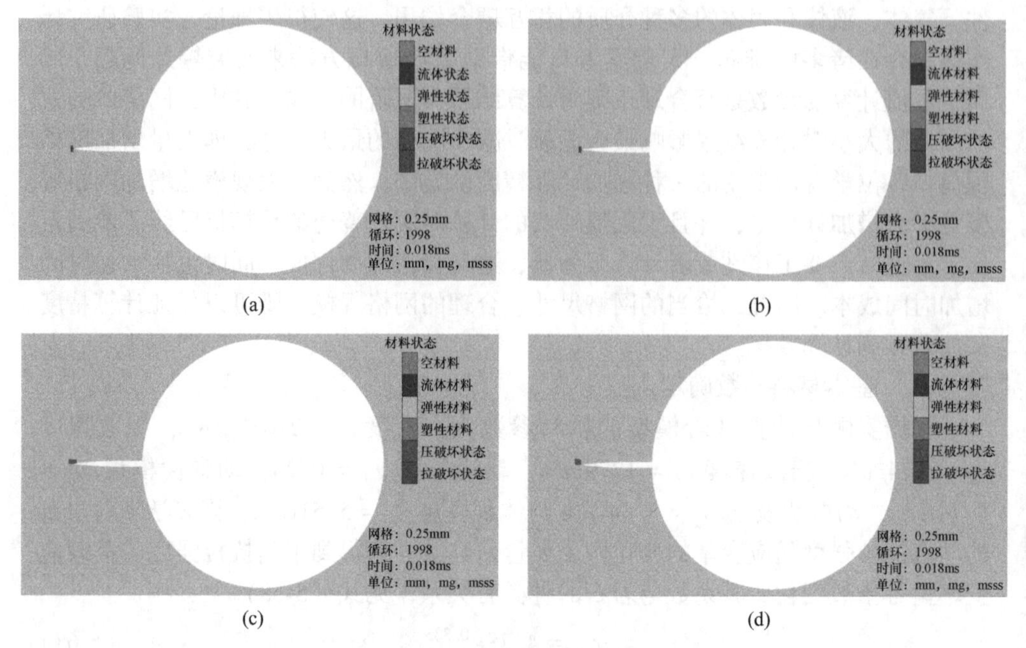

图 5-40　起裂时刻对比图

（a）网格尺寸＝0.25mm；（b）网格尺寸＝0.50mm；（c）网格尺寸＝0.75mm；（d）网格尺寸＝1.00mm

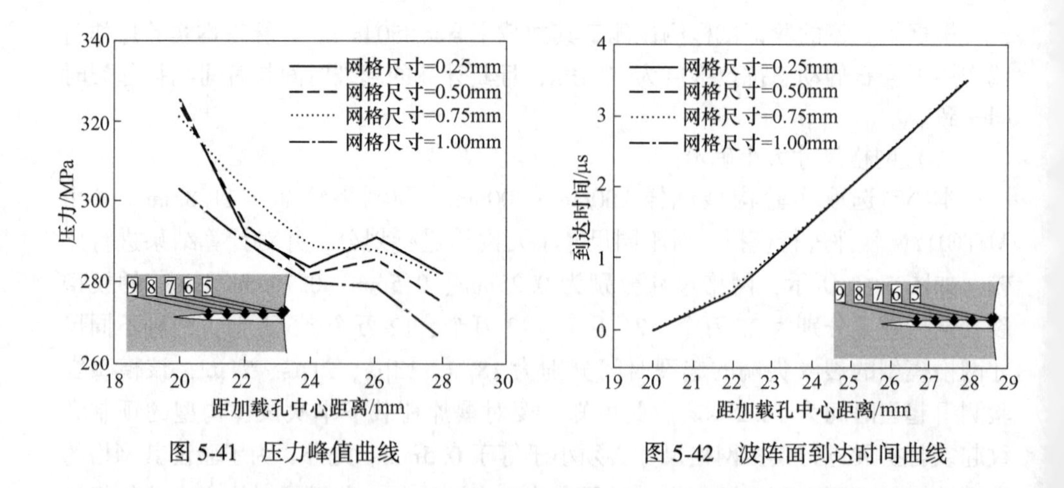

图 5-41　压力峰值曲线　　　　图 5-42　波阵面到达时间曲线

可见网格尺寸在 0.25～1.00mm 之间的爆炸应力波到达的时间基本都一致，但其峰值压力随着网格尺寸的增加离散性非常明显。受裂纹尖端影响，在 26mm 处应力出现了上升趋势；网格尺寸在 0.25mm 与 0.5mm 时其峰值压力值基本一致，变化规律也一致。因此，可认为当网格尺寸小于等于 0.5mm 时，可以保证研究爆炸应力波传播规律问题的精度。

综上所述，当网格尺寸达到 0.5mm 及以下时，其预制裂纹的起裂时间以及爆炸应力波的到达时间与峰值都较为稳定，且起裂时间与模型实验时间较为一致。因此，为了保证精度同时提高计算效率，本书采用 AUTODYN 软件模拟时网格尺寸均为 0.5mm。

参 考 文 献

[1] Johnson P C, Stein B A, Davis R S. Measurement of dynamic plastic flow properties under uniform stress [C]. Symposium on the Dynamic Behavior of Materials, 1963: 195-198.

[2] Hoggatt C R, Recht R F. Stress-strain data obtained at high rates using an expanding ring [J]. Experimental Mechanics, 1969, 9 (10): 441-448.

[3] Warnes R H, Duffey T A, Karpp R R., et al. An improved technique for determining dynamic material properties using the expanding ring [M]//Shock Waves and High-Strain-Rate Phenomena in Metals. Springer, 1981: 23-36.

[4] Warnes R H, Karpp R R, Follansbee P S. The Freely Expanding Ring Test-A Test to Determine Material Strength at High Strain Rates [J]. Le Journal de Physique Colloques, 1985, 46 (C5): C5-C583.

[5] 王永刚，周风华．径向膨胀 Al_2O_3 陶瓷环动态拉伸破碎的实验研究 [J]. 固体力学学报，2008，29 (3)：245-249.

[6] 张佳．基于 SHPB 的液压膨胀环实验研究 [D]. 宁波：宁波大学，2017.

[7] Liang M Z, Li X Y, Qin J G, et al. Improved expanding ring technique for determining dynamic material properties [J]. Review of Scientific Instruments, 2013, 84 (6): 65114.

[8] 郑宇轩，周风华，胡时胜．一种基于 SHPB 的冲击膨胀环实验技术 [J]. 爆炸与冲击，2014，34 (4)：483-488.

[9] Aydelotte B. Analysis of the explosively driven expanding ring tension test [M]. Dynamic Behavior of Materials, Volume 1. Springer, 2021: 73-77.

[10] Jones D R, Eakins D E, Savinykh A S, et al. The effects of axial length on the fracture and fragmentation of expanding rings [C]. EPJ Web of Conferences, 2012: 1032.

[11] 刘明涛，汤铁钢，郭昭亮，等．膨胀环实验平台及其在材料动力学行为研究中的应用 [J]. 实验力学，2016，31 (1)：47-56.

[12] 汤铁钢，李庆忠，陈永涛，等．爆炸膨胀环一维应力假定的分析与讨论 [J]. 爆炸与冲击，2010，30 (6)：577-582.

[13] Fyfe I M, Rajendran A M. Dynamic pre-strain and inertia effects on the fracture of metals [J]. Journal of the Mechanics and Physics of Solids, 1980, 28 (1): 17-26.

[14] Meyers Marc A. Dynamic behavior of materials [M]. John Wiley & Sons, 1994.

[15] Kestenbach H J, Meyers Marc A. The effect of grain size on the shock-loading response of 304-type stainless steel [J]. Metallurgical Transactions A, 1976, 7 (12): 1943-1950.

[16] Benedick V B, Wave Shap D. Behavior and utilization of explosives in engineering design [C]. Proceedings of the L2th Annual symposium, 1972: 2-3.

[17] Meyers Mare. Shock waves and high-strain-rate phenomena in metals: concepts and applications [M]. Springer Science & Business Media, 2012.

[18] Graham Robert Albert, Sawaoka Akira B. High pressure explosive processing of ceramics [M]. United States: Trans Tech SA, Aedemannsdorf. SwitBerland, 1986.

[19] Yoshida M. Program MYIDL one dimensional lagrangian hydrodynamic code [J]. CETR Report, 1986, 6: 10-13.

[20] 杨善元. 岩石爆破动力学基础 [M]. 北京: 煤炭工业出版社, 1993.

[21] 陈宝心, 杨勤荣编著. 爆破动力学基础 [M]. 武汉: 湖北科学技术出版社, 2005.

[22] 周霖. 炸药爆炸能量转换原理及应用 [M]. 北京: 国防工业出版社, 2015.

[23] Chi Li Yuan, Zhang Zong-Xian, Aalberg Arne, et al. Measurement of shock pressure and shock-wave attenuation near a blast hole in rock [J]. International Journal of Impact Engineering, 2019, 125: 27-38.

[24] 刘俊明, 张旭, 赵康, 等. 用PVDF压力计研究未反应JB-9014钝感炸药的Grüneisen参数 [J]. 高压物理学报, 2018, 32 (5): 47-54.

[25] 胡亚峰, 刘建青, 顾文彬, 等. PVDF应力测试技术及其在多孔材料爆炸冲击实验中的应用 [J]. 爆炸与冲击, 2016, 36 (5): 655-662.

[26] 李清, 于强, 徐文龙, 等. 不同距离应变片测定Ⅰ型动态应力强度因子对比试验研究 [J]. 煤炭学报, 2018, 43 (12): 3348-3355.

[27] 杨仁树, 王雁冰, 侯丽冬, 等. 冲击荷载下缺陷介质裂纹扩展的DLDC试验 [J]. 岩石力学与工程学报, 2014, 33 (10): 1971-1976.

[28] Wei M D, Dai F, Xu N W, et al. Three-dimensional numerical evaluation of the progressive fracture mechanism of cracked chevron notched semi-circular bend rock specimens [J]. Engineering Fracture Mechanics, 2015, 134: 286-303.

[29] Zhao Han, Gary Gérard. A new method for the separation of waves. Application to the SHPB technique for an unlimited duration of measurement [J]. Journal of the mechanics and physics of solids, 1997, 45 (7): 1185-1202.

[30] Song B, Chen W, Lu W Y. Compressive mechanical response of a low-density epoxy foam at various strain rates [J]. Journal of Materials Science, 2007, 42 (17): 7502-7507.

[31] Othman R, Guegan Pierrick, Challita G, et al. A modified servo-hydraulic machine for testing at intermediate strain rates [J]. International Journal of Impact Engineering, 2009, 36 (3): 460-467.

[32] Bo S, Chen W W, Lu W Y. Mechanical characterization at intermediate strain rates for rate effects on an epoxy syntactic foam [J]. International Journal of Mechanical Sciences, 2007, 49 (12): 1336-1343.

[33] Gray G T, Blumenthal W R. Split-Hopkinson pressure bar testing of soft materials [J]. Asm Handbook, 2000.

[34] Song B, Syn C J, Grupido C L, et al. A long split hopkinson pressure bar (LSHPB) for intermediate-rate characterization of soft materials [J]. Experimental Mechanics, 2008, 48

(6): 809-815.

[35] Liu Kaixin, Li Xudong, A new method for separation of waves in improving the conventional SHPB technique [J]. Chinese Physics Lettes, 2006, 23 (11): 3045-3048.

[36] Zhao H, Gary G. A new method for the separation of waves. application to the SHPB technique for an unlimited duration of measurement [J]. Journal of the Mechanics and Physics of Solids, 1997, 45 (7): 1185-1202.

[37] Schardin Hubert. Measurement of spherical shock waves [J]. Communications on pure and applied Mathematics, 1954, 7 (1): 223-243.

[38] Schardin H. High frequency cinematography in the shock tube [J]. The Journal of Photographic Science, 1957, 5 (2): 17-19.

[39] Schardin H. Results of cinematographic investigation of the fracture process in glass [J]. Glastechnische Berichte (Reports on Glass Technology), 1950, 23: 325-336.

[40] Manogg P. Anwendung der schattenoptik zur untersuchung des zerreissvorgangs yon Platten [D]. West Germany: university of Freiburg, 1964.

[41] Theocaris P S. Reflected shadow method for the study of constrained zones in cracked plates [J]. Applied Optics, 1971, 10 (10): 2240-2247.

[42] Kalthoff Klaus, Urban Karl, Jäckle Herbert. Photoreactivation of rna in uv-irradiated insect eggs (smittia sp, chironomidae, diptera) Ⅱ. Evidence for heterogeneous light-dependent repair activities [J]. Photochemistry and Photobiology, 1978, 27 (3): 317-322.

[43] Tarigopula V, Albertini C, Langseth M, et al. A hydro-pneumatic machine for intermediate strain-rates: Set-up, tests and numerical simulations: DYMAT 2009-9th Int. Conf. on the Mechanical and Physical Behaviour of Materials under Dynamic Loading, Brussels, Belgium, 7-11 September, 2009 [C]. EDP Sciences Les Ulis, France.

[44] 张忠平，孙中禹，孙强．确定应力强度因子的光弹性法与焦散线法 [J]. 应用力学学报，2001，(3)：100-104.

[45] Tarigopula V, Albertini C, Langseth M, et al. A hydro-pneumatic machine for intermediate strain-rates: Set-up, tests and numerical simulations [J]. EDP Sciences, 2009, 1: 381-387

[46] Chen R, Huang S, Xia K, et al. A modified Kolsky bar system for testing ultrasoft materials under intermediate strain rates [J]. Rev Sci Instrum, 2009, 80 (7): 76108.

[47] Chen W, Lu F, Zhou B. A quartz-crystal-embedded split Hopkinson pressure bar for soft materials [J]. Experimental Mechanics, 2000, 40 (1): 1-6.

[48] Chen W, Lu F, Frew D J, et al. Dynamic compression testing of soft materials [J]. J. Appl. Mech., 2002, 69 (3): 214-223.

[49] Karnes Charles Henry, Ripperger E. A. Strain rate effects in cold worked high-purity Aluminium [J]. Journal of the Mechanics and Physics of Solids, 1966, 14 (2): 75-88.

[50] Yokoyama T, Kishida K. A novel impact three-point bend test method for determining dynamic fracture-initiation toughness [J]. Experimental Mechanics, 1989, 29 (2): 188-194.

[51] Gama Bazle A, Lopatnikov Sergey L., Gillespie John W. Hopkinson bar experimental

technique: A critical review [J]. Applied Mechanics Reviews, 2004, 57 (4): 223-250.

[52] 范天佑. 断裂动力学原理与应用 [M]. 北京: 北京理工大学出版社, 2006.

[53] Dai F, Chen R, Iqbal M J, et al. Dynamic cracked chevron notched Brazilian disc method for measuring rock fracture parameters [J]. International journal of rock mechanics and mining sciences (Oxford, England : 1997), 2010, 47 (4): 606-613.

[54] Dai F, Chen R, Xia K. A semi-circular bend technique for determining dynamic fracture toughness [J]. Experimental Mechanics, 2010, 50 (6): 783-791.

[55] Chen R, Xia K, Dai F, et al. Determination of dynamic fracture parameters using a semi-circular bend technique in split Hopkinson pressure bar testing [J]. Engineering Fracture Mechanics, 2009, 76 (9): 1268-1276.

[56] 李玉龙. 利用三点弯曲试样测试材料动态起裂韧性的技术与展望 [J]. 稀有金属材料与工程, 1993, 22 (5): 12-18.

[57] Kalthoff J F. On the measurement of dynamic fracture toughnesses—a review of recent work [J]. Dynamic Fracture, 1985: 151-172.

[58] Wang Q Z, Yang J R, Zhang C. G, et al. Sequential determination of dynamic initiation and propagation toughness of rock using an experimental-numerical-analytical method [J]. Engineering Fracture Mechanics, 2015, 141: 78-94.

[59] Wang Q Z, Jia X M, Kou S Q, et al. The flattened Brazilian disc specimen used for testing elastic modulus, tensile strength and fracture toughness of brittle rocks: analytical and numerical results [J]. International Journal of Rock Mechanics and Mining Sciences, 2004, 41 (2): 245-253.

[60] Wang Q Z, Feng F, Ni M, et al. Measurement of mode Ⅰ and mode Ⅱ rock dynamic fracture toughness with cracked straight through flattened brazilian disc impacted by split hopkinson pressure bar [J]. Engineering Fracture Mechanics, 2011, 78 (12): 2455-2469.

[61] Gama Bazle A, Lopatnikov Sergey L, Gillespie Jr John W. Hopkinson bar experimental technique: a critical review [J]. Appl. Mech. Rev., 2004, 57 (4): 223-250.

[62] Meyers Marc A, Staudhammer Karl P, Murr Lawrence Eugene. Metallurgical applications of shock-wave and high-strain-rate phenomena [M]. Dekker New York, 1986.

[63] Chen L. S, Kuang J. H. A modified linear extrapolation formula for determination of stress intensity factors [J]. International Journal of Fracture, 1992, 54 (1): R3-R8.

[64] Chen E P. Transient response of cracks to impact [J]. Elastodynamic Crack Problems, 1977.

[65] Paulino Glaucio H, Kim Jeong Ho. A new approach to compute T -stress in functionally graded materials by means of the interaction integral method [J]. Engineering Fracture Mechanics, 2004, 71 (13): 1907-1950.

[66] Kim, Jeongho, Paulino, et al. Consistent formulations of the interaction integral method for fracture of functionally graded materials [J]. Journal of Applied Mechanics, 2005, 72 (3): 351-364.

[67] Rice J R. A path integral and the approximate analysis of strain concentration by notches and

cracks [J]. Journal of Applied Mechanics, 1968, 35 (2): 379-386.

[68] Chen Y M, Wilkins M L. Numerical analysis of dynamic crack problems [J]. Mechanics of Fracture, 1977, 4: 295-345.

[69] Chen Y M. Numerical computation of dynamic stress intensity factors by a Lagrangian finite-difference method (the HEMP code) [J]. Engineering Fracture Mechanics, 1975, 7 (4): 653-660.

[70] Aberson J A, Anderson J M, King W W. Dynamic analysis of cracked structures using singularity finite elements [J]. Mech. of fract., Noordhoff Int Pub, 1977, 4: 249-294.

[71] Brickstad Björn. A FEM analysis of crack arrest experiments [J]. International Journal of Fracture, 1983, 21 (3): 177-194.

[72] Israil Asm, Dargush G F. Dynamic fracture mechanics studies by time-domain BEM [J]. Engineering Fracture Mechanics, 1991, 39 (2): 315-328.

[73] 林晓. 固体应力波的数值解法 [M]. 北京: 国防工业出版社, 2008.

[74] Lin X, Ballmann J. Re-consideration of Chen's problem by finite difference method [J]. Engineering Fracture Mechanics, 1993, 44 (5): 735-739.

[75] Richtmyer Robert D., Dill E. H. Difference methods for initial-value problems [J]. Physics Today, 1959, 12: 50.

[76] Butkovich Theodore R. Calculation of the shock wave from an underground nuclear explosion in granite [J]. Journal of Geophysical Research, 1965, 70 (4): 885-892.

[77] Vonneumann John, Richtmyer Robert D. A method for the numerical calculation of hydrodynamic shocks [J]. Journal of Applied Physics, 1950, 21 (3): 232-237.

[78] 李文绚, 张永良, 陈志林, 等. Lax-Wendroff 差分格式和 Rnsanov 差分格式的比较 [J]. 数学物理学报, 1991 (1): 5-15.

[79] 石少卿, 汪敏, 孙波. AUTODYN 工程动力分析及应用实例 [M]. 北京: 中国建筑工业出版社, 2012.

[80] 张振华, 朱锡, 白雪飞. 水下爆炸冲击波的数值模拟研究 [J]. 爆炸与冲击, 2004, (2): 182-188.

[81] 胡八一, 柏劲松, 张明, 等. 球形爆炸容器动力响应的强度分析 [J]. 工程力学, 2001, 18 (4): 136-139.

[82] 邓国强, 周早生, 杨秀敏. 爆炸冲击效应数值仿真中的几项关键技术 [J]. 系统仿真学报, 2005, (5): 1059-1062.

[83] Remennikov Alexander M. A review of methods for predicting bomb blast effects on buildings [J]. Journal of battlefield technology, 2003, 6 (3): 5.

[84] Chen S G, Zhao J. A study of UDEC modelling for blast wave propagation in jointed rock masses [J]. International Journal of Rock Mechanics & Mining Sciences, 1998, 35 (1): 93-99.

[85] Wang Y X, Wang S Y, Zhao Y L, et al. Blast Induced Crack Propagation and Damage Accumulation in Rock Mass Containing Initial Damage [J]. Shock and Vibration, 2018: 1-10.

[86] 耿振刚, 李秀地, 苗朝阳, 等. 温压炸药爆炸冲击波在坑道内的传播规律研究 [J]. 振

动与冲击，2017，(5)：23-29.
[87] 孙占峰，徐辉，李庆忠，等．钝感高能炸药爆轰产物 JWL 状态方程再研究 [J]. 高压物理学报，2010，(1)：55-60.
[88] 陈华，周海兵，刘国昭，等．圆筒试验 JWL 状态方程参数的贝叶斯标定 [J]. 爆炸与冲击，2017，37 (4)：585-590.
[89] 赵铮，陶钢，杜长星．爆轰产物 JWL 状态方程应用研究 [J]. 高压物理学报，2009 (4)：277-282.
[90] Zhu Z M, Mohanty B, Xie H P. Numerical investigation of blasting-induced crack initiation and propagation in rocks [J]. International Journal of Rock Mechanics and Mining Sciences, 2007, 44 (3): 412-424.
[91] Zhu Zheming, Xie Heping, Mohanty Bibhu. Numerical investigation of blasting-induced damage in cylindrical rocks [J]. International Journal of Rock Mechanics and Mining Sciences, 2008, 45 (2): 111-121.
[92] Zhu Zheming. Numerical prediction of crater blasting and bench blasting [J]. International Journal of Rock Mechanics and Mining Sciences, 2009, 46 (6): 1088-1096.
[93] Svendsen Bob. A logarithmic-exponential backward-Euler-based split of the flow rule for anisotropic inelastic behaviour at small elastic strain [J]. International Journal for Numerical Methods in Engineering, 2007, 70 (4): 496-504.
[94] 杨坤，陈朗，伍俊英，等．计算网格与人工黏性系数对炸药水中爆炸数值模拟计算的影响分析 [J]. 兵工学报，2014，35 (S2)：237-243.
[95] 陈鑫，高轩能．炸药近地爆炸的数值模拟及影响参数的分析 [J]. 华侨大学学报（自然科学版)，2014，35 (5)：570-575.
[96] 丁宁，余文力，王涛，等．LS-DYNA 模拟无限水介质爆炸中参数设置对计算结果的影响 [J]. 弹箭与制导学报，2008 (2)：127-130.
[97] 陈振兴．基于流体网格法的爆炸与冲击问题的三维数值模拟研究 [D]. 昆明：昆明理工大学，2017.
[98] 王宇新，李晓杰，孙国．无网格 MPM 法三维爆炸焊接数值模拟 [J]. 计算力学学报，2013，30 (1)：34-38.
[99] 马上．冲击爆炸问题的物质点无网格法研究 [D]. 北京：清华大学，2009.
[100] 姚熊亮，徐小刚，张凤香．流场网格划分对水下爆炸结构响应的影响 [J]. 哈尔滨工程大学学报，2003 (3)：237-240.
[101] 石磊，杜修力，樊鑫．爆炸冲击波数值计算网格划分方法研究 [J]. 北京工业大学学报，2010，36 (11)：1465-1470.
[102] 张社荣，李宏璧，王高辉，等．空中和水下爆炸冲击波数值模拟的网格尺寸效应对比分析 [J]. 水利学报，2015，46 (3)：298-306.
[103] 张社荣，李宏璧，王高辉，等．水下爆炸冲击波数值模拟的网格尺寸确定方法 [J]. 振动与冲击，2015，34 (8)：93-100.
[104] Dai Feng, Xia Kaiwen, Tang Lizhong. Rate dependence of the flexural tensile strength of

laurentian granite [J]. International Journal of Rock Mechanics and Mining Sciences, 2010, 47 (3): 469-475.

[105] Kubota Shiro, Ogata Yuji, et al. Estimation of dynamic tensile strength of sandstone [J]. International Journal of Rock Mechanics and Mining Sciences, 2008, 45 (3): 397-406.

[106] Klepaczko J R, Brara A. An experimental method for dynamic tensile testing of concrete by spalling [J]. International Journal of Impact Engineering, 2001, 25 (4): 387-409.

[107] Huang S, Chen Rong, Xia K W. Quantification of dynamic tensile parameters of rocks using a modified kolsky tension bar apparatus [J]. Journal of Rock Mechanics and Geotechnical Engineering, 2010, 2 (2): 162-168.

6 基于爆炸面波致裂机理砂岩 I 型断裂韧性测试实验研究

6.1 引言

在静态断裂韧性的测试中，通过巴赞特（Bazant）的尺度率理论可以修正得测试构型的尺寸无关韧度值。但在加载率为 $\dot{K} = 20.0 \sim 40.5\text{GPa} \cdot \text{m}^{1/2}/\text{s}$ 的动荷载作用下，岩石动态断裂韧性测试实验中已经观察到其起裂时间随着裂纹的长度的增加先增加后减小，其动态断裂韧性测试值随着试样的尺寸增大而增大。工程与实践表明，实脆性材料的动态断裂性能除了与静态尺寸有关系外，还与其所受荷载的加载率有关。试样的断裂韧度值随着加载率的增加而增加，且其断裂韧度值在静态或者准静态时一般为一定值，而随着加载率的增加与加载率的对数值呈线性关系，加载率越高其产生的分叉裂纹越多，形成的块度也就越多。因此，研究岩石试样在不同加载率下的动态性能参数有着重要的意义。特别是，不同加载率下的动态断裂韧度值尤为重要。

通过第 2 章分析得知，爆炸荷载是典型的尺寸相关性的动态荷载，与霍普金森压杆等其他动态荷载，相比其对构型的尺寸大小更加敏感。当其作用于加载孔壁后，通过不同的爆炸应力波形式传递到裂纹尖端，试样预制裂纹几何尺寸的变化，显然会影响裂纹尖端爆炸应力波的叠加形式，爆炸应力波的不同叠加程度，同时，又影响了其加载率的大小。因此，本章在以基于爆炸应力波的波长为基本参量，通过设计不同尺寸的测试构型，来研究实现不同加载率的方法。同时，通过对本书第 5 章选择的测试系统，对本书第 2 章的理论分析进行验证，探讨通过改变试样几何尺寸的方法，来实现加载率的改变。

6.2 试样材料的选择及系统的可靠性分析

6.2.1 试样材料的选择及其动态参数

6.2.1.1 *岩石试样材料的波速确定*

在物理试验中，砂岩选择产自四川自贡的天然青砂岩。岩石是一种天然的矿物颗粒组成，内部存在弱面、微裂隙等结构的材料，为了保证实验的材料的一致性，选择较为均匀的同一批次砂岩进行加工处理；声波速度是岩石动态参数的基本参数，其波速也能较好地反应岩石试样中的弱面微裂纹等微观结构的发育程度。本实验采用武汉中岩科技有限公司生产的 RSM-SY5（T）非金属声波检测仪，测定定制长度为 500mm、宽度为 80mm、高度为 80mm 的长方体试样块砂岩材料的纵波与横波速度，如图 6-1 所示。本次试样测得纵波速度 $c_P = 2174\text{m/s}$，横波速度 $c_s = 1279\text{m/s}$。

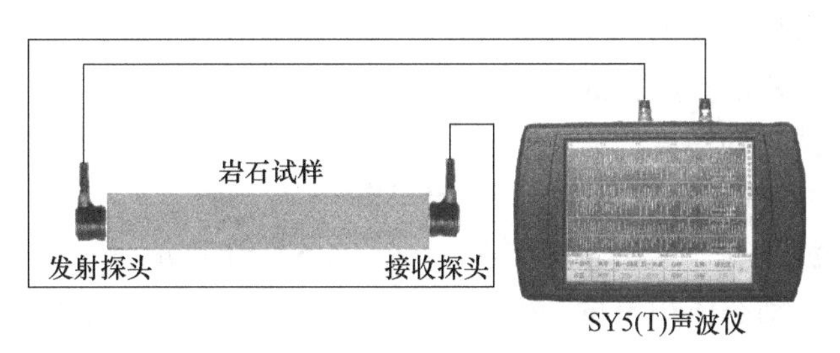

图 6-1 声波测试实物图

6.2.1.2 岩石试样材料动态弹性模量的确定

任何一个一定形状与质量一定的物体，都有一个谐振频率。当岩石试样的形状与材料性质一定后，其谐振频率仅仅与试样的密度有关系。然而试样的强度与其密度密切相关。因此，可以通过材料的强度理论，利用测得的试样谐振频率便能够推算出试样的动态弹性模量。本试样的动态弹性模量的测试，采用 DT-20 动弹仪对长方形砂岩试样进行测定，测试实物如图 6-2 所示。测试利用发生端产生以固定频率振动信号，通过试样后利用接收端的接收传感器得到其共振基频。

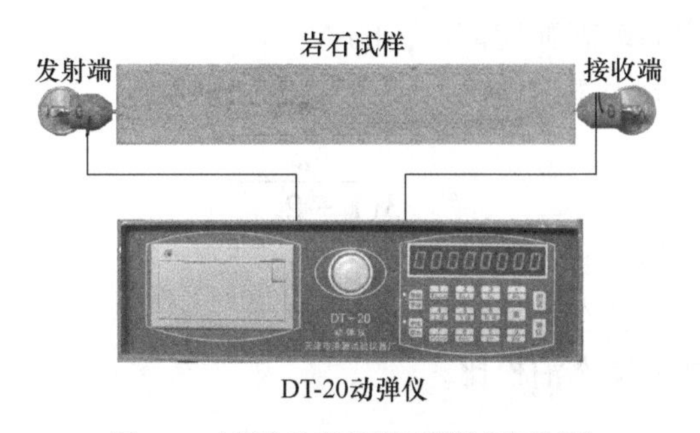

图 6-2 试样动弹性模型测试实物图

当岩石试样在某一频率的激振力作用下试件发生共振，则此频率为测定试样的基频，再通过几何尺寸及基频来求得动态弹性模量，采用式（6-1），对试样的动态弹性模量进行计算。

$$E_d = CMf^2 \tag{6-1}$$

式中 C ——与测试试样几何与材料的相关常数；

M——测试试样的质量，kg；

f——定制岩石试样的振动基准频率，Hz。

针对矩形的截面形状，可以进一步具体化，则式（6-1）可以改写成式（6-2），可测得其动态弹性模量为 $E_d = 8.74\text{GPa}$。

$$E_d = 0.9465 \frac{Mf^2}{B} \left(\frac{L}{t}\right)^3 \left[1 + 6.585 \left(\frac{t}{L}\right)^2\right] \tag{6-2}$$

式中　L——试样的长度，m；

t——试样的宽度，m；

B——试样的高度，m。

6.2.1.3　*岩石试样的其他动态参数计算*

根据弹性波理论，通过式（6-3）~式（6-5）计算测试试件的动态泊松比、动态剪切模量、动态体积模量，得动泊松比 $\nu_d = 0.24$，动剪切模量 $G_d = 3.54\text{GPa}$ 与体积模量 $K_d = 5.51\text{GPa}$，测得砂岩的密度：$\rho = 2163\text{kg/m}^3$。

$$\nu_d = \frac{c_p^2 - 2c_s^2}{2(c_p^2 - c_s^2)} \tag{6-3}$$

式中　ν_d——试样的动态泊松比；

c_p——试样的纵波波速，m/s；

c_s——试样的横波波速，m/s。

$$G_d = \frac{E_d}{2(1 + \nu_d)} \tag{6-4}$$

式中　G_d——试样的动态剪切模量，Pa；

E_d——试样的动态弹性模量，Pa；

ν_d——试样的动态泊松比。

$$K_d = \frac{E_d}{3(1 - 2\nu_d)} \tag{6-5}$$

式中　K_d——试样的动态体积模量，Pa；

E_d——试样的动态弹性模量，Pa；

ν_d——试样的动态泊松比。

6.2.2　系统可靠性分析

为了验证测试系统的可靠性，设计了如图 6-3 所示的调试试样圆盘，圆盘直径为 400mm，内加载孔直径为 40mm，预制缝长为 60mm。对此相同构型的四个试样进行加载与应变测试。

爆破后的试样形态，如图 6-4 所示。预制裂纹均起裂，且爆破后加载孔壁无明显的粉碎区与裂隙区，说明该加载方法可行可靠。

G5 与加载孔壁测试应变信号，如图 6-5 所示。四个试样的 G5 应变起始时间

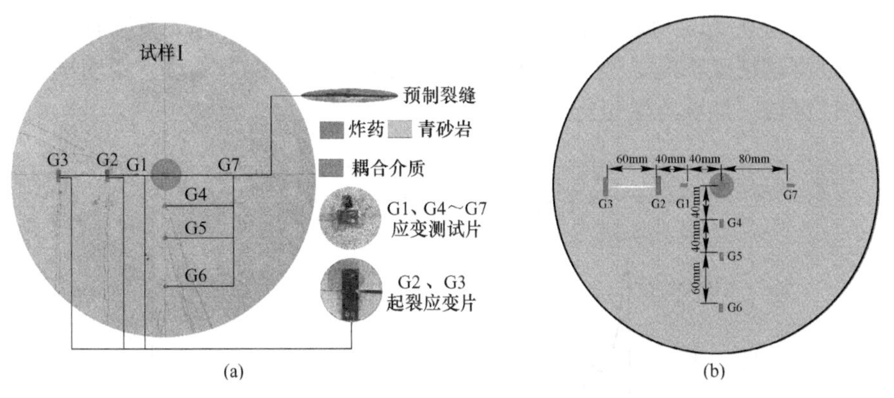

图 6-3 系统可靠性验证试样构型图

（a）试样实物图；（b）试样示意图

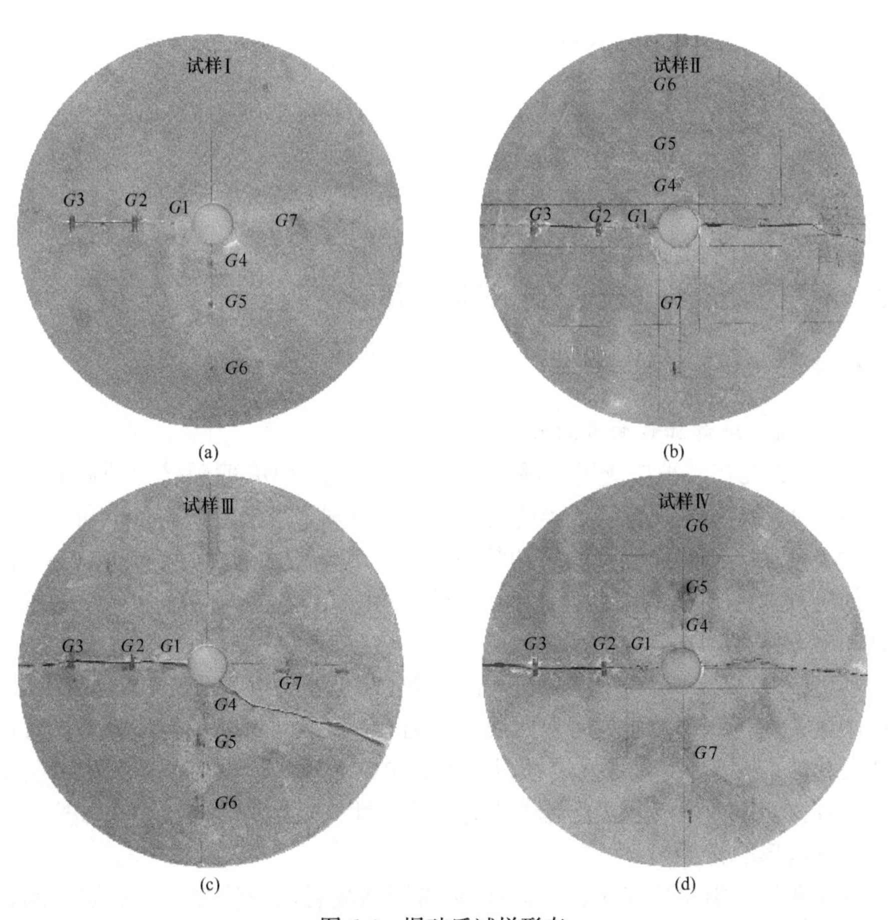

图 6-4 爆破后试样形态

（a）试样 1；（b）试样 2；（c）试样 3；（d）试样 4

最大时差仅为0.4μs，应变峰值最大差值仅2%，说明应变测试系统有很好的一致性，且测试精度都满足要求。应变值在200μs后相继回到零线，说明试样整体处于弹性区域，加载方法可行。

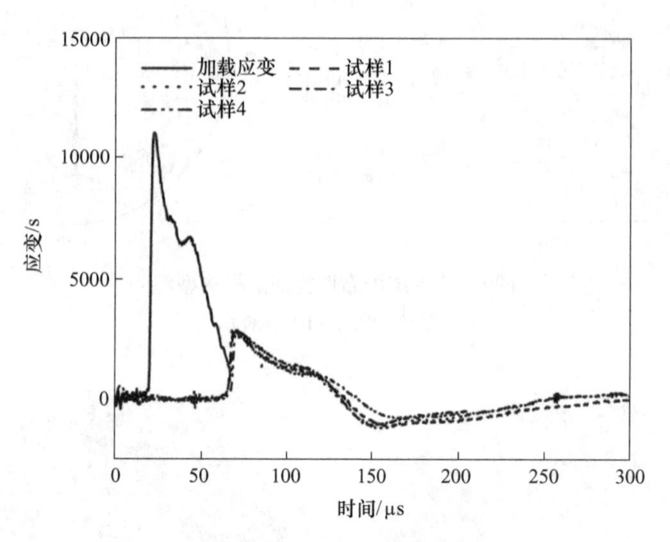

图6-5 距离加载孔中心相同位置应变曲线

6.3 不同预制裂纹长度对裂纹扩展规律研究

6.3.1 构型设计原则与参数

6.3.1.1 爆炸加载曲线的确定

PVDF近几年来被广泛用于爆炸测试之中，当PVDF薄膜受到动荷载时，其内部会立即产生极化现象，该膜的上下表面会分别聚集正电荷与负电荷；当外力撤销时，它又会立即恢复到原来的状态。由于其非常薄通常达到10μm，这使得极化的过程非常迅速。因此，PVDF的响应频率非常高，特别适合爆炸压力的测试。

利用5.3.1章节所确定的PVDF测试方法，以及其灵敏度系数k = 14.5 PC/N。通过电流模式所测得的压力时程曲线，如图6-6所示。对其进行积分后，可以得到加载孔的荷载曲线，如图6-7所示。可见PVDF压力计在爆炸近场中的测试效果非常好，测试曲线反映了出爆炸应力波的特性，上升沿时间仅为3μs这与文献中的测试波形非常一致。

在周期信号中波长（wavelength）是指振动或者压力波在一个周期时间内在介质中传播的距离。本书主要针对非周期性的阶跃信号，对于爆炸这样的非周期

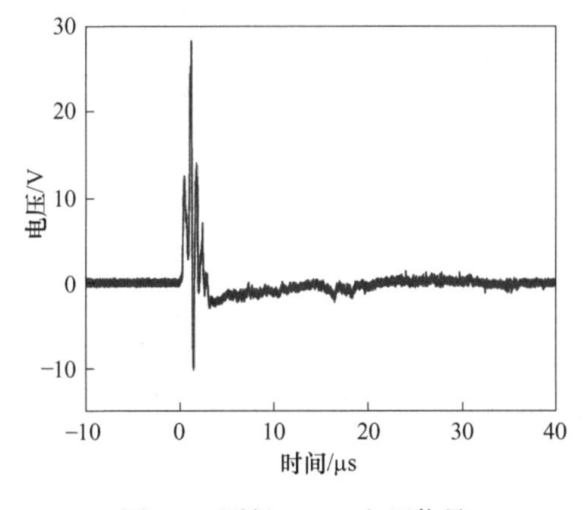

图 6-6 测得 PVDF 电压信号

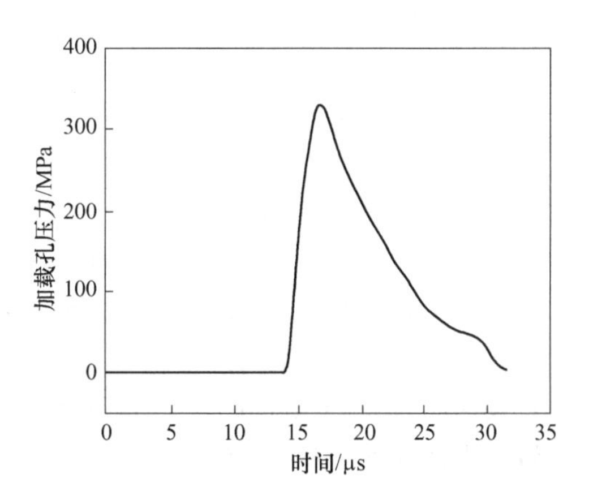

图 6-7 积分后加载孔压力时程曲线

性阶跃荷载，如图 6-7 所示。其不能以周期信号的特征来定义其波长，而是定义其从零到峰值再到零的传播长度为其波长。本次测得爆炸荷载上升沿时间 $t_f^+=$ 3μs，下降沿时间 $t_f^-=15\mu s$，定义爆炸荷载波长为 $\lambda=c_P t_s=c_P(t_f^+ + t_f^-)$，即本书中测得爆炸应力波的波长 $\lambda=39\text{mm}$。

6.3.1.2 构型设计原则

A 面波与首波叠加原则

本书主要研究爆炸荷载下Ⅰ型预制裂纹的起裂与扩展。根据第 2 章的理论分析，由于荷载的波动效应，裂纹的长短会导致裂纹尖端不同类型的爆炸应力波引起致裂，主要为首波与面波，而首波波阵面出现在入射纵波与面波波阵面之间。

因此，本章设计模型原则以面波到达裂纹尖端时，面波与入射纵波波阵面距离 ΔS_{R-P} 为基本参数进行设计，如图 1-1 所示。设面波波阵面到达裂纹尖端时间为 Δt，面波与首波波阵面距离 ΔS_{R-P} 为爆炸荷载波长 λ 的 n 倍，裂纹长度 $2a$ 与波长 λ 关系，可以由式（6-6）给出，其中 c_P、c_R 分别为首波波速与面波波速，式（6-6）实际上给出了裂纹长度与波速差之间的关系。

$$2a=n\lambda\frac{c_R}{c_P-c_R} \tag{6-6}$$

式中 a——预制裂纹的半长，m；

n——波长的倍数；

λ——爆炸应力波的波长，m；

c_R——试样面波波速，m/s；

c_P——试样纵波速，m/s。

B 起裂时间小于反射波到达裂尖时间

由本书第 7 章得知裂纹长度 $2a=70.7\text{mm}$ 时，试样的起裂时间 $t_f=70.4\mu s$，

下边界反射波到达裂纹尖端时间为 $t_{H1} = (2H_1 + 2a)/c_P = 142.9\mu s$，上边界反射波到达裂纹尖端时间为 $t_{H2} = (2H_2 - D/2 - 2a)/c_P = 129.3\mu s$，左右边界反射波到达裂纹尖端时间为 $t_{L1} = 2L_1/c_P = 138\mu s$。显然，满足起裂时各边界反射波都未到达裂纹尖端。

C 不受反射波影响扩展距离计算

由前文得知上边界的反射波最先到达裂纹尖端，若保证上边界反射波不影响裂纹的扩展，需要满足反射波到达裂纹扩展边界时间小于裂纹的整体扩展时间，即式（6-7），式中 V 为裂纹扩展速度，S 为裂纹预计扩展长度。根据测得的裂纹扩展速度为 $V = 0.5\text{mm}/\mu s$，可以得到 $S \leqslant 24\text{mm}$，具体 S 值的范围可以根据扩展数据进行分析，如式（6-7）所示。

$$t_{H2} - \frac{S}{c_P} \geqslant t_f + \frac{S}{V} \tag{6-7}$$

式中 t_{H2}——试样上边界反射波到达裂纹尖端时间，s；
S——裂纹预计扩展长度，m；
c_P——试样纵波速，m/s；
t_f——裂纹的起裂时间，s；
V——裂纹的扩展速度，m/s。

6.3.1.3 设计构型的参数与制备

根据测得爆炸荷载的总作用时间 $t_s = 18\mu s$ 与纵波波速 $c_P = 2174\text{m/s}$ 可得爆炸加载波波长 $\lambda = 39\text{mm}$，按照式（6-6）可以计算得到在 $n=0.3$，0.8，1.1，1.3，1.6 时的预制裂纹长度 $2a$ 的值，由第 5 章式（5-15）可得 $r_c = 17.5\text{mm}$，要使试样处于弹性波作用区，水耦合介质直径取 40mm，已经通过试验验证，其具体参数见表 6-1。

表 6-1 不同缝长试样参数表

序号	n	$2a$ /mm	λ /mm	H_1 /mm	H_2 /mm	L_1 /mm	D /mm
1	0.3	11.8	39	120	180	300	40
2	0.8	35.3	39	120	180	300	40
3	1.1	47.1	39	120	180	300	40
4	1.3	58.3	39	120	180	300	40
5	1.6	70.7	39	120	180	300	40

由于试样不可能无限大，当爆炸应力波由加载孔传播至试样自由边界时，必然会反射拉伸波，可根据测试数据分析拉伸波对裂纹扩展的影响。根据试样参数表 6-1 对试样进行加工，为了保证加工精度，所有试样均采用高精度水刀进行精细加工，水刀的加工精度可到 0.01mm。但是，由于其是以微细的水柱进行切割

试样。因此，加工后裂纹尖端为圆弧状。为了保证裂纹尖端的奇异性，单独对裂纹尖端用厚度为 0.05mm 的超薄刀片，进行精细加工至裂尖宽度不超过 0.1mm。

6.3.2 试样测点的布置

6.3.2.1 应变片参数与选取

利用应变片进行动态应变测量时，需要了解应变片的频率响应特性，确保测量精度。爆炸或其他动荷载，在岩体中引起爆炸应力波以一定速度传播，同时通过岩石表面和贴于其上的应变片，其应变片敏感栅范围内的质点位移是变化的。因此，应变片是通过输出应变平均值代替应变片中点对应的岩石应变，即为应变片的响应，其响应频率 f 可表示为式（6-8）。

$$f = 0.1 \frac{V}{L} \tag{6-8}$$

式中 f——待测应力波频率，kHz；

V——应变波传播速度，m/s；

L——应变片的敏感栅长，mm。

由此可见动态测量时，电阻应变片的敏感栅 L 越小越好，爆炸荷载一般频率在 200kHz，实验中岩石试样波速 $c_P = 2174$m/s，计算可得 $L \leqslant 1.1$mm，本次测试采用 $L=1$mm 的应变片，保证动态响应，使用应变片具体参数，如表 6-2 所示。

表 6-2 电阻应变片尺寸及参数

型号	敏感栅/mm	基底/mm	电阻值/Ω	灵敏度/%
BX120-1AA	1×1	5×3	119.6±0.1	2.08±1

6.3.2.2 断裂计的参数与选取

采用如图 6-8 所示型号为 BKX5-4CY 的脆性断裂计，用于测试设计试样的预制裂纹的起裂时间与扩展速度。里特尔（Rittel）通过高速摄影机验证了单线断裂计的测试精度，迈耶斯（Meyers）比较了断裂计与应变片测得的起裂时间，得到二者的相差不超过 3μs。因此，采用断裂计可以很好地测试裂纹的起裂与扩展过程。

图 6-8 断裂计实物图

断裂计由玻璃丝布基底和卡玛铜敏感栅组成，其中丝栅由 21 根等长，但宽度不同的卡玛铜薄片并联而成，断裂计的初始总电阻 $R = 6.5\Omega$ 。断裂计的丝栅总长度 $l = 45$mm、宽度 $h = 19$mm，相邻两根丝栅的间距 $\Delta l = 2.25$mm。基底长 $l=51$mm、宽 $h=21$mm，断裂计基本参数，见表 6-3。

表 6-3　断裂计基本参数

丝栅参数				基底参数		电阻
l/mm	h/mm	Δl/mm	n	L/mm	H/mm	R/Ω
45	19	2.25	21	51	21	6.5

在试样上粘贴断裂计时，首先应该预估裂纹的扩展方向，并使断裂计的长度方向与预制裂纹的扩展方向一致。尽量保证裂纹的扩展路径位于断裂计的中心线上，并且裂纹起裂处的断裂计丝栅的 R_1 电阻值最小，以保证起裂时能够得到较大的电压台阶，以便于用来判断起裂时间。

6.3.2.3　应变片、断裂计与 PVDF 压力计的粘贴

大部分测试传感器都需要安装在测试试样上，其安装的精度与方法直接决定了测试的数据的有效性。本书选择了应变片、断裂计与 PVDF 压力计这类传感器均是靠胶粘贴于测试位置，其贴片如图 6-9 所示。

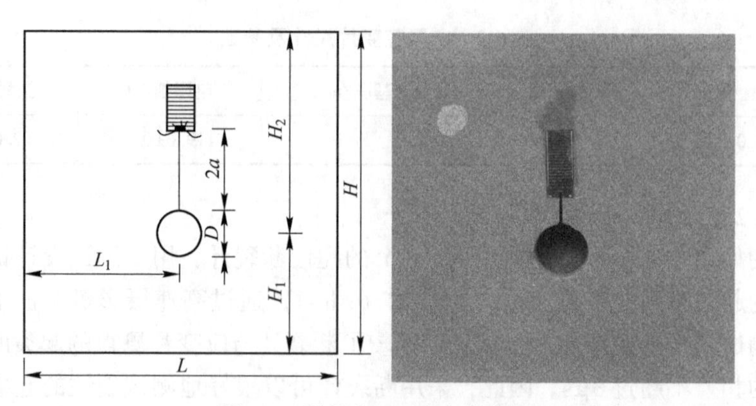

图 6-9　测得布置示意与实物图

L—试样宽度（mm）；H—试样高度（mm）；D—加载孔直径（mm）；$2a$—预制裂纹长度（mm）；
L_1—加载孔中心到试样（左）右边界距离（mm）；
H_1—加载孔中心到试样下边界距离（mm）；H_2—加载孔到试样上边界距离（mm）

贴片时应注意以下几点：

（1）粘贴应变片、断裂计与 PVDF 压力计时，应该首先对试样的粘贴部位用砂纸进行打磨，去掉试样表面的杂质层后用丙酮或者酒精对其进行清洗后贴片。

(2) 应变片、断裂计与PVDF压力计的粘贴剂易选用502这类快干胶进行粘贴，其胶的厚度不宜超过0.1mm，若是长期或者重复使用必须采用加温固化胶进行粘贴，本实验均为一次性使用，因此，选取502进行快速粘贴。

(3) 贴片时将应变片、断裂计与PVDF压力计多余的粘贴胶与气泡挤出，并且保证胶底的均匀、位置的准确。

6.3.3 实验结果与分析讨论

6.3.3.1 起裂时间与扩展速度的确定与分析

爆炸应力波作用时，裂纹的扩展速度作为裂纹动态断裂的一项重要力学参数，可以通过断裂计测得。将本次物理试验中的断裂计数据，按照第5章相关内容所述方法进行处理可以得到裂纹扩展速度，如图6-10~图6-19所示。

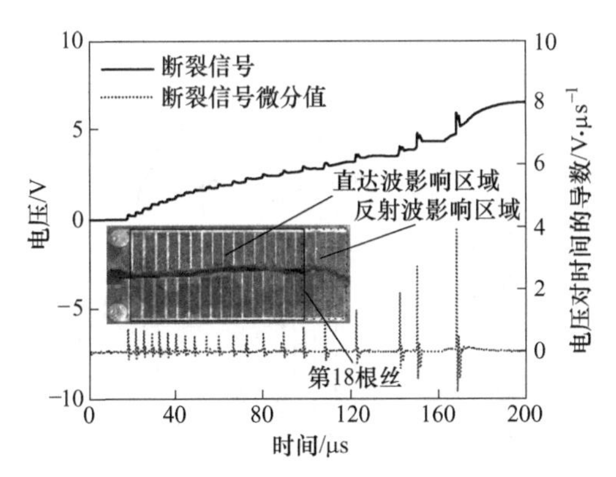

图6-10 $2a=11.8$mm时断裂计信号及求导

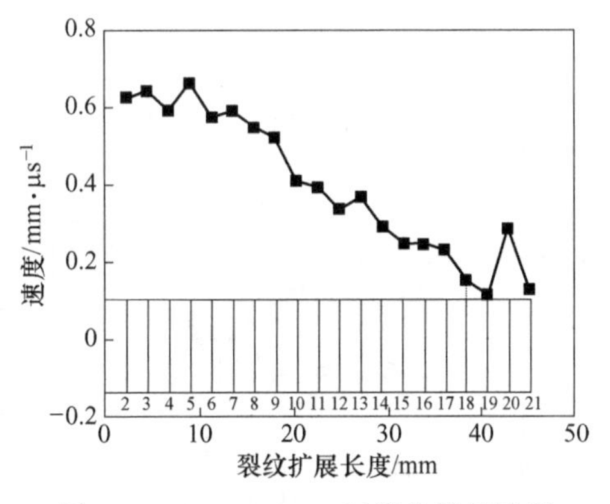

图6-11 $2a=11.8$mm时裂纹扩展速度

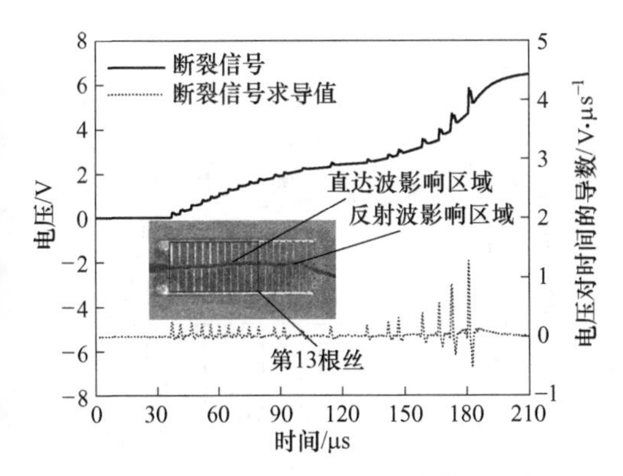

图6-12 $2a=35.3$mm时断裂计信号及求导

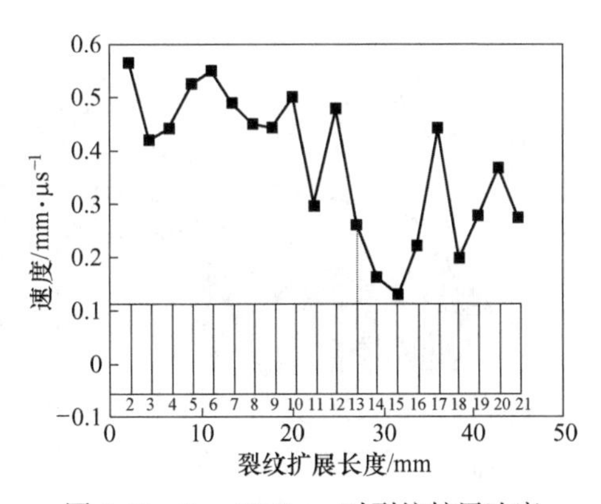

图6-13 $2a=35.3$mm时裂纹扩展速度

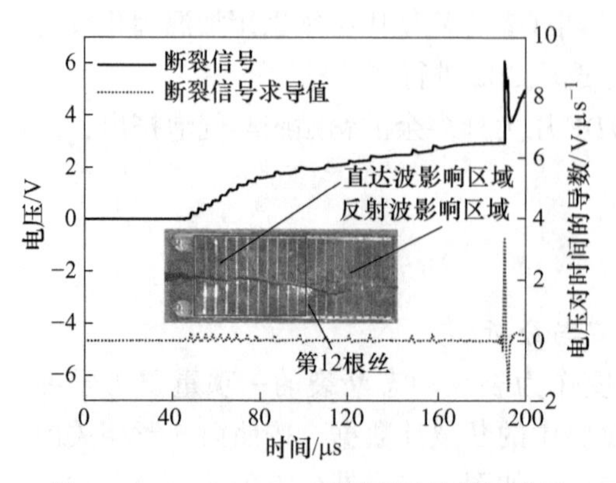

图 6-14　$2a=47.1$mm 时断裂计信号及求导

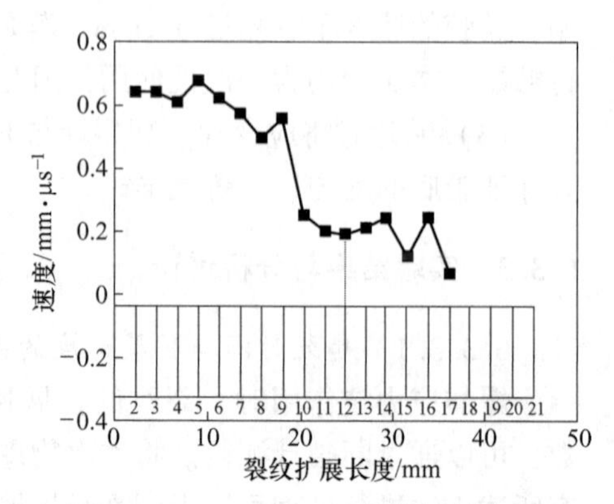

图 6-15　$2a=47.1$mm 时裂纹扩展速度

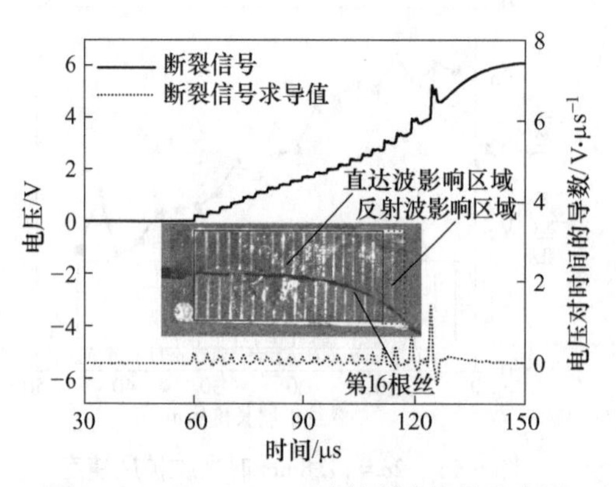

图 6-16　$2a=58.9$mm 时断裂计信号及求导

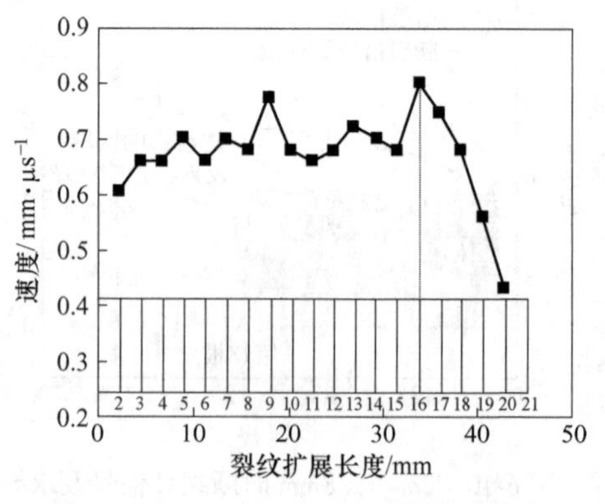

图 6-17　$2a=58.9$mm 时裂纹扩展速度

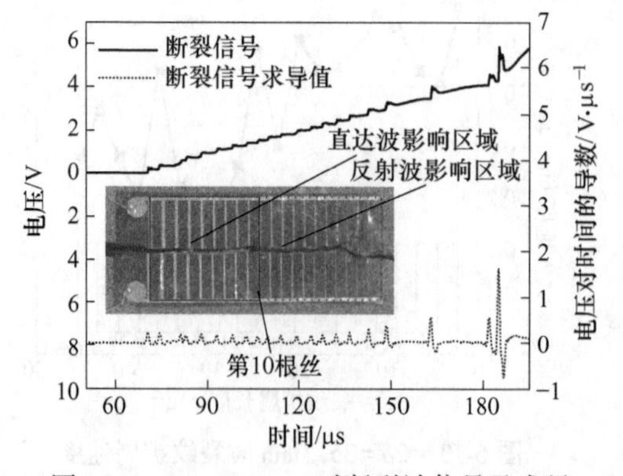

图 6-18　$2a=70.1$mm 时断裂计信号及求导

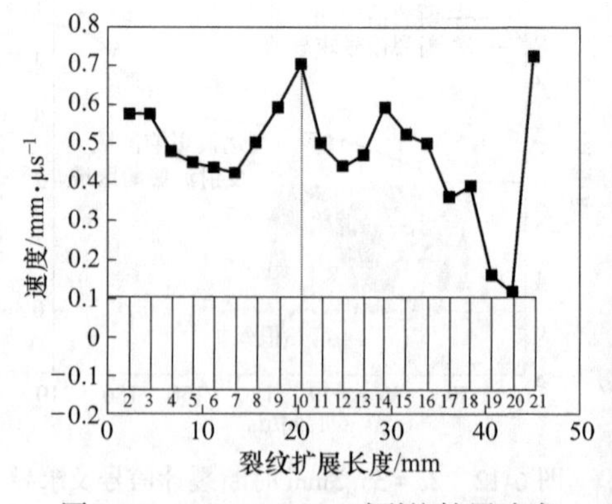

图 6-19　$2a=70.1$mm 时裂纹扩展速度

A 反射波影响区范围分析

断裂计能够稳定的测出裂纹的起裂时间与扩展时间，并且计算出裂纹的扩展速度。由于试样构型尺寸有限，在整个裂纹扩展过程中均有反射波影响区域，影响区域的大小与裂纹的扩展速度呈正比，随着裂纹的长度增加而减小（其中 $2a=58.9$mm 试样裂纹扩展路径出现了明显的偏折，这可能是个别岩样的不均匀性导致的）。

B 裂纹的扩展速度与路径分析

如图 6-10～图 6-19 所示，裂纹的扩展速度整体呈震荡下降趋势，但在起始 1～7 根断裂丝其扩展速度基本在一个定值上下略微波动而后才出现震荡下降。这主要由于起裂时爆炸应力波的能量大，能够满足其在一定区域稳定扩展。随着扩展能量的降低其速度也随之降低。裂纹的扩展路径大体上基本为水平直线，但也会有个别波动。裂纹路径波动时其扩展速度也相应出现波动，这主要由于岩石并非理想的均匀介质，其存在细微颗粒，当其裂纹扩展能量大时可能直接穿过颗粒，而能量不足时便会沿着颗粒的胶结质扩展，这就引起了裂纹扩展路径的波动。

C 裂纹有效扩展长度与时间

综上所述，上边界的反射波会最终到的裂纹扩展尖端。因此，认为裂纹的扩展时间小于上边界反射波的到达时间，裂纹扩展才不会受反射波影响。裂纹扩展时，定义不受反射波影响的最长长度裂纹为有效扩展长度，与其对应的扩展时间为有效扩展时间。根据图 6-10～图 6-19，将裂纹的起裂时间 t_f，裂纹的有效扩展时间 t_e，反射波的到达时间 t_{H2}，裂纹的有效扩展长度 a_e，汇总于表 6-4。

表 6-4 裂纹有效扩展时间与长度

$2a$/mm	t_f/μs	t_e/μs	t_{H2}/μs	a_e/mm
11.8	18.2	122.6	139.5	38.3
35.3	37.3	114.3	128.7	29.3
47.1	48.1	120.7	127.4	27
58.9	59.9	115.1	118.8	38.3
70.7	70.4	109.8	114.6	20.3

由表 6-4 可知，随着裂纹长度的增加其起裂时间也相应增加，有限扩展长度变短，裂纹有限扩展时间变短，反射波影响越来越明显。

6.3.3.2 动态应力强度因子的计算与分析

A 有限元模型的建立及参数设置

本书通过 Ansys 有限元软件建立有限元计算模型，如图 6-20 所示。通过

3.3.1 节所验证的相互作用积分法，将 PVDF 所测点的爆炸荷载曲线，通过有限元模型加载于加载孔上，来求解裂纹尖端的动态应力强度因子。

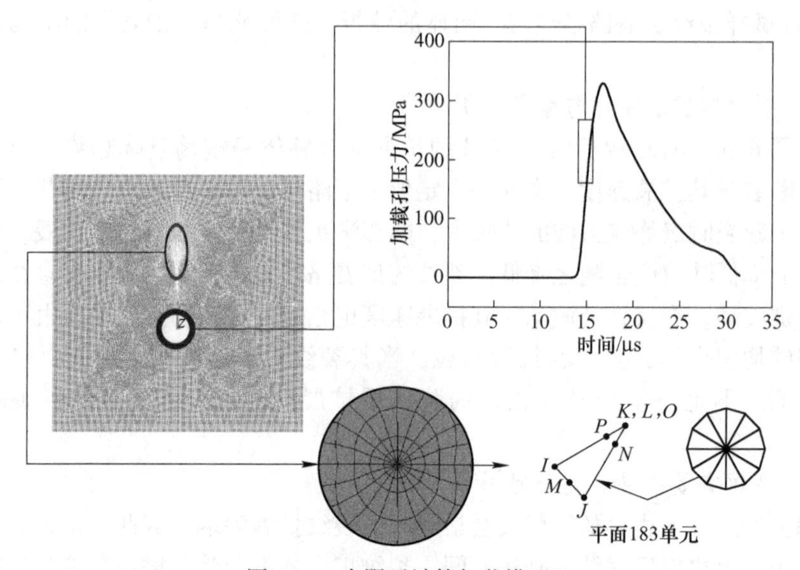

图 6-20　有限元计算加载模型

由于在裂纹尖端会产生应力场突变，因此要准确计算出裂纹尖端的应力变化，必须对其进行加密网格计算。而大量的网格又会降低计算效率，因此通过 Ansys 有限元软件中提供了奇异单元，来模拟裂纹尖端应力奇异性。本书选择 8 节点的 PLANE183 四边形单元，奇异单元的角度，奇异单元的长度，裂纹尖端绕线积分条数对计算应力强度因子均有影响。本次奇异单元角度控制在 30°、单元长度 0.5mm，裂纹尖端绕线积分条数为 8 条，单元数量为 21 万个。

B　起裂韧度与加载率的确定与分析

根据上一小节的强度因子曲线计算方法，对不同裂纹长度的模型进行计算，其应力强度因子曲线结果，如图 6-21 所示。并用虚线将其致裂段曲线的平均斜率定义为其荷载的加载率。

根据断裂计测得的起裂时间，在应力强度因子曲线上确定其动态起裂韧度 K_{IC}；定义应力强度因子致裂段曲线的平均斜率为荷载平均加载率。在应力强度因子曲线上计算出其平均加载率，如图 6-21 所示。将其起裂韧度、平均加载率 $\dot{K}$ 以及强度因子曲线峰值韧度 K_{max} 汇总于表 6-5。

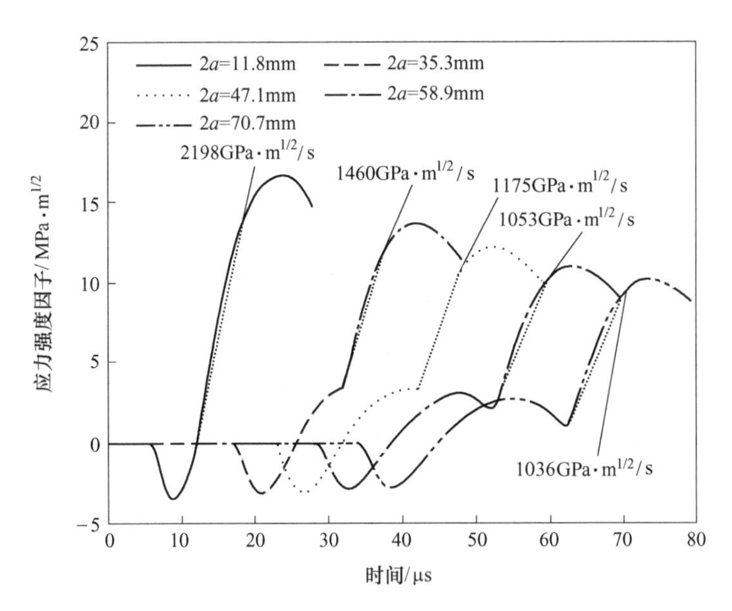

图 6-21 预制裂纹长度变化时应力强度因子曲线

表 6-5 裂纹长度与动态韧度值汇总

$2a$/mm	t_f/μs	K_{IC}/MPa · m$^{1/2}$	$\dot{K}$/GPa · m$^{1/2}$ · s^{-1}	K_{max}/MPa · m$^{1/2}$
11. 8	18. 2	13. 63	2198	16. 6
35. 3	37. 3	11. 62	1460	13. 6
47. 1	48. 1	10. 62	1175	12. 1
58. 9	59. 9	10. 31	1053	11. 0
70. 7	70. 4	9. 49	1036	10. 1

由图 6-21 分析得知，随着裂纹长度的增加，应力强度因子变化曲线的趋势基本一致，由入射纵波首先到达裂纹尖端使其压缩，裂纹强度因子曲线表现为负值。随着纵波的波头的远离裂纹尖端，曲线开始上升，并且首波与面波先后出现在裂纹尖端，并随着裂纹长度的增加，它们与纵波的距离会被拉大。此时，首波峰值会急剧衰减，面波作用逐渐凸显，裂纹长到一定程度时，首波已经不能致裂了，由最后出现的面波致裂。

从图 6-21 强度因子曲线上看，裂纹长度为 35. 3~70. 7mm 的加载率变化范围较小，而裂纹长度 11. 8~35. 3mm 其加载率变化范围很大，这是由于首波与面波的叠加程度不同而引起的。当裂纹越短时，首波与面波的波阵面在空间上相对距离也越小，这时与加载源的位置也越接近，即首波与面波的衰减也就越小，因此，二者的叠加值也会越大，便会引起更高的加载率。然而，这一现象很难在波长较长的动态荷载中观测到。因为其与尺寸相关性不强，这与第 2 章的理论分析一致。

由表 6-5 可以绘制出起裂韧度、加载率与裂纹长度关系图，如图 6-22 所示。

随着预制裂纹长度的增加，起裂时间逐渐增加，而起裂韧度呈线性下降，本次测试结果满足 $K_{IC} = 14.236 - 0.0693 \times 2a$ 。

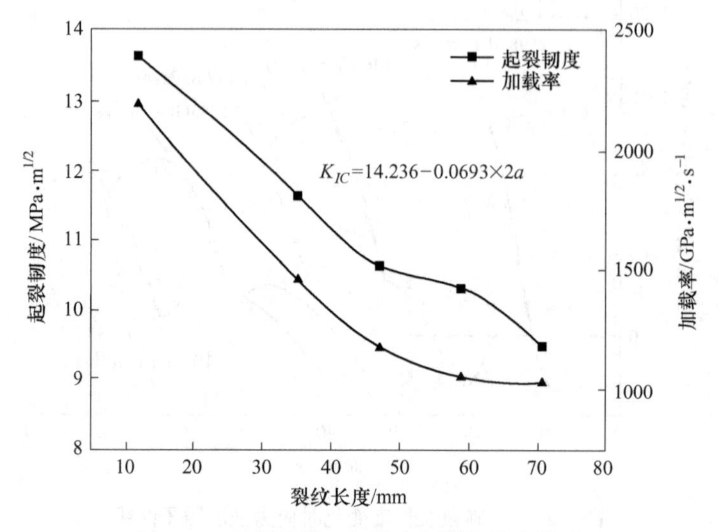

图 6-22　起裂韧度、加载率与裂纹长度关系

起裂韧度、加载率与裂纹长度关系图中，呈现出裂纹越长越容易扩展，其起裂韧度值范围：9.49~13.63MPa · $m^{1/2}$ 比类似砂岩试样值 7.8~11.3MPa · $m^{1/2}$ 普遍偏大，这与其高加载率有关系。裂纹加载率随着裂纹长度的增加急剧下降，当裂纹长度为到 58.9mm 以上，加载率的变化已经不太明显。因为，此时加载率主要受面波影响，然而面波的衰减慢，因此其加载率变化较小。

根据表 6-5 将其平均加载率与起裂韧度关系，如图 6-23 所示。可见随着加载

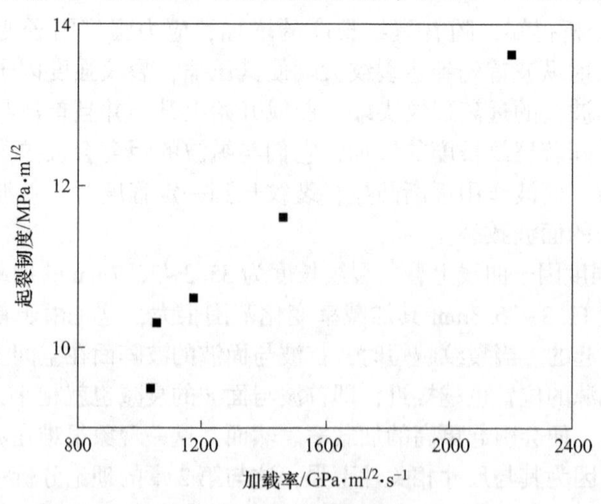

图 6-23　加载率与起裂韧度关系

率地增加，试样的起裂韧度急剧增加，即岩样在高加载率下更难扩展，这与大量的文献结果较为一致。

C 首波与面波强度因子叠加曲线分析

将图 6-21 裂纹长度 $2a=11.8$mm 应力强度因子曲线，与图 6-7 爆炸荷载曲线绘制在同一坐标系进行对比分析，如图 6-24 所示；并在应力强度因子曲线上标识出各个波阵面的到达裂纹尖端的时刻与起裂时刻，点 1 为应力强度因子曲线起始时刻点，点 2 为应力强度因子曲线谷值时刻点，点 3 为应力强度因子曲线峰值时刻点。

综上所述，如图 6-24 所示曲线的第一个拐点为纵波到达裂纹尖时刻 $t_P=5.4\mu s$；强度因子的谷值出现在 $t_0=t_P+t_f^+=8.4\mu s$ 时刻，即在荷载的压缩峰值时刻；稍后裂纹尖端横波出现在 $t_s=9.3\mu s$ 时刻。随着纵波的前移其与横波之间产生的首波在裂纹尖端的作用开始凸显，使应力强度因子曲线开始加速上升，并与随后到来的面波叠加，面波出现在 $t_R=10.3\mu s$ 时刻。此时，由于纵波荷载的峰值已过，到达其下降阶段且与首波叠加，强度因子曲线再次加速上升，一直到裂尖起裂其起裂时刻 $t_f=18.2\mu s$，应力强度因子曲线的峰值出现在 $t_3=t_P+t_f^++t_f^-=23.4\mu s$ 时刻，即加载荷载到达最小值的时刻。

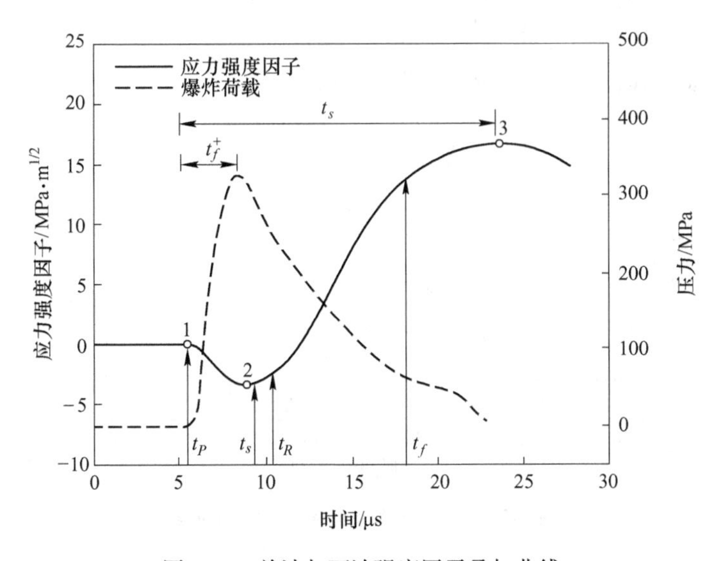

图 6-24 首波与面波强度因子叠加曲线

D 首波与面波强度因子分离曲线分析

同理，对将图 6-21 裂纹长度 $2a=47.1$mm 应力强度因子曲线与图 6-7 爆炸荷载曲线绘制在同一坐标系，进行对比分析，如图 6-25 所示；并在应力强度因子曲线上标识出各个波阵面的到达裂纹尖端的时刻与起裂时刻，点 1 为应力强度因子曲线起始时刻点，点 2 为应力强度因子曲线谷值时刻点，点 3 为应力强度因子曲线首波与面波叠加拐点，点 4 为应力强度因子曲线峰值时刻点。

综上所述，由图 6-25 知纵波波速最快，首先到裂纹尖端，一开始强度因子曲线为负值使裂纹闭合，随后在裂纹面上纵波与横波之间叠加产生的首波出现。纵波压缩波头过后，随着纵波的作用减弱与首波的作用增强，应力强度因子曲线开始上升并逐渐变为了正值，裂尖产生了拉应力集中，首波引起的裂纹尖端应力强度因子值快速衰减，而此时，由于裂纹长度变长面波还未到来无法与首波叠加，由于加载率过高的起裂韧度变大且首波迅速衰减，首波引起的应力强度因子值不足以使裂尖起裂。

面波在 $t_R = 40.9\mu s$ 到达裂纹尖端，此时首波引起的应力强度因子值已经到达峰值并开始衰减；由于面波能量大衰减慢，在拐点 3 后面波使强度因子曲线快速上升并在 $t_f = 48.1\mu s$ 时裂纹起裂，而后强度因子曲线继续上升在拐点 4 处达到峰值，即裂纹在应力强度因子峰值前一定时间起裂。

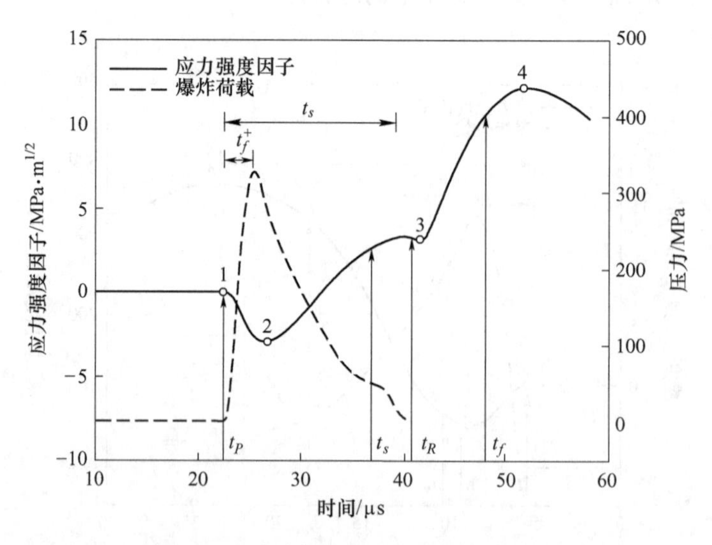

图 6-25 首波与面波分离强度因子曲线

6.4 不同入射角度对裂纹扩展规律研究

由上一节分析得知，面波是裂纹致裂的主要因素，通过裂纹长度的变化可以改变首波与其叠加的程度，使应力强度因子曲线的平均加载率，形成较大范围的改变：1036GPa · $m^{1/2}$ · s^{-1} ~ 2198GPa · $m^{1/2}$ · s^{-1}；本节将根据从边界的反射纵波入射角度研究反射波与首波、面波叠加时其应力强度因子曲线的变化情况。

6.4.1 构型设计与参数

6.4.1.1 构型设计原则

A 固定裂纹长度

由上一小节可知，从应力强度因子曲线上分析可知，随着裂纹长度的增加首波与面波逐渐分离。因此，为了使问题简化选择一个已经分离开的构型。本书将此类实验裂纹固定长度选择为 60mm，并通过改变试样宽度 L_1，来改变反射波入射角度，使反射波分别与首波及面波叠加。

B 不同反射角度设计试样宽度

为了研究反射波的叠加作用，通过改变反射波与裂纹扩展方向的入射角度 θ 来确定试样宽度 L_1；由几何关系易知 L_1 满足式（6-9），式中，θ 为左右边界反射波与裂纹扩展方向的入射角，$2a$ 为裂纹的长度，D 为加载孔的直径，如图 1-2 所示。

$$L_1 = \cot\theta(2a + D/2) \tag{6-9}$$

式中 L_1——试样的宽度，m；

θ——反射波与裂纹扩展方向的入射角度，(°)；

a——预制裂纹的半长，m；

D——加载孔直径，m。

为了消除上下边界反射波对扩展的影响，上边界 H_2 应满足式（6-7），同理下边界 H_1 需要满足式（6-10）。

$$t_{H_1} + \frac{S + 2a}{c_P} \geqslant t_f + \frac{S}{V} \tag{6-10}$$

式中 t_{H_1}——下边界反射波到达裂纹尖端时间，s；

S——裂纹扩展距离，m；

t_f——裂纹的起裂时刻，s；

V——裂纹的平均扩展速度，m/s；

c_P——纵波波速，m/s。

6.4.1.2 设计构型的参数与制备

根据上一小节的分析结果，本节构型试样的预制缝长 $2a$ = 60mm，其构型参数见表 6-6。$2a$ 为裂纹长度，θ 为反射波与裂纹扩展方向的夹角，L_1 为左右边界宽度，H_2 上边界高度，H_1 下边界高度，D 为加载孔直径。

表 6-6　不同 L_1 入射角度参数

序号	$2a$ /mm	θ /mm	L_1 /mm	H_1 /mm	H_2 /mm	D /mm
1	60	53	40	200	400	40
2	60	59	50	200	400	40
3	60	63	60	200	400	40

若试样波速变化其叠加便会不稳定，为了保证裂纹整个处于弹性区，其加载孔径同样选择 $D = 40\text{mm}$，上边界 $H_2 = 400\text{mm}$、下边界 $H_1 = 200\text{mm}$，预计裂纹扩展距离 $S = 45\text{mm}$，取断裂计的极限长度，裂纹扩展速度取 $V = 0.5\text{mm}/\mu\text{s}$，裂纹的起裂时刻取 $t_f = 60\mu\text{s}$。由以上参数代入可知，完全满足式（6-7）、式（6-10），因此设计尺寸合理可行。

6.4.2　实验结果与分析讨论

6.4.2.1　起裂时间与扩展速度的确定与分析

参照本书 5.3.2 节布置测试点，并用同样的方法对试样进行测试，并整理得到裂纹扩展路径，如图 6-26 所示；扩展速度，如图 6-27～图 6-32 所示。

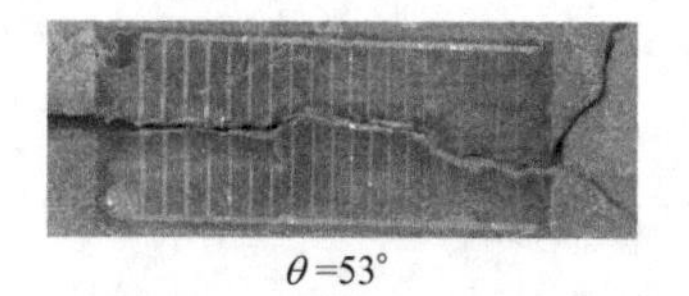
θ=53°

θ=59°

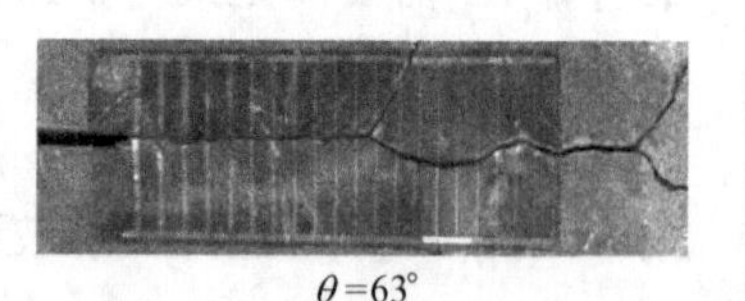
θ=63°

图 6-26　裂纹扩展路径图

A　裂纹扩展路径与速度分析

从图 6-26 裂纹扩展形态上，显示在 1～7 根丝栅范围内裂纹基本都呈直线扩展，而后裂纹路径开始震荡偏折，$\theta = 59°$、$\theta = 63°$ 模型分别第 16 根与第 13 根丝栅处开始分叉；而 $\theta = 53°$ 分叉出现在扩展计范围外。同理，将裂纹的起裂与扩展信号整理成曲线，并绘制其裂纹扩展速度随裂纹扩展长度的变化曲线，如图 6-27～图 6-32 所示。

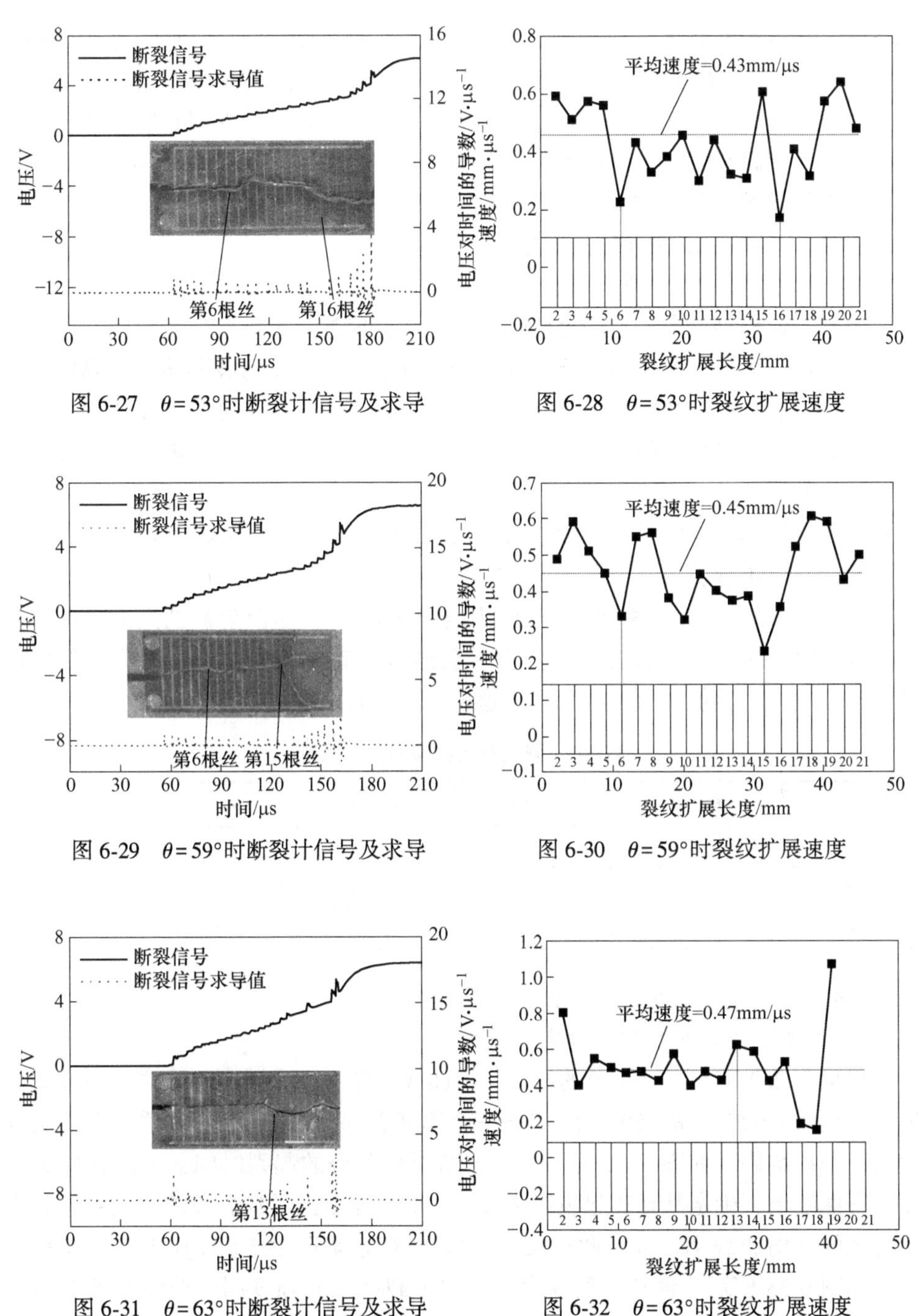

图 6-27 $\theta=53°$时断裂计信号及求导

图 6-28 $\theta=53°$时裂纹扩展速度

图 6-29 $\theta=59°$时断裂计信号及求导

图 6-30 $\theta=59°$时裂纹扩展速度

图 6-31 $\theta=63°$时断裂计信号及求导

图 6-32 $\theta=63°$时裂纹扩展速度

从图 6-27~图 6-32 裂纹扩展速度曲线分析，在断裂计丝栅范围内，裂纹的扩展速度基本没有下降的趋势。仅是在裂纹扩展路径的转折与分叉处出现了速度急剧下降，速度曲线整体趋势均为振动变化。θ = 53° 试样的平均速度为 0.43mm/μs，θ = 59° 试样的平均速度为 0.45mm/μs，θ = 63° 试样的平均速度为 0.47mm/μs，可见三个试样的扩展平均速度都基本一致。θ = 53° 试样在第 6 根丝栅与第 16 根丝栅处扩展路径发生了两次偏折，其对应点的速度均急剧下降；而 θ = 59° 试样在第 6 根丝栅与第 15 根丝栅处扩展路径发生了两次偏折，其对应点的速度也急剧下降，并且在 15 根丝栅处发生分叉。

B　裂纹有效扩展长度与时间

虽然，此模型的主要目的是研究左右边界反射波对裂纹扩展的影响。而且模型尺寸已经增大了，但还是需要对其是否受到上下边界反射波影响进行确定。由式（6-7）及式（6-10）与图 6-27～图 6-32 可知，上下边界的反射波到达扩展静止后的裂纹尖端最短时间分别为 319.7μs 与 230.2μs。因此，只需控制下边界反射波到达时间即可。

将裂纹的起裂时间 t_f 、裂纹扩展的有效时间 t_e 、下边界反射波到达时间 t_{H2} 与裂纹的有效扩展长度 a_e 列于表 6-7。可见当入射角在 59°时，裂纹最先起裂，而后是 63°与 53°，由于这种构型影响因素有两个：一是反射波的入射角度，入射角度越大，其在裂纹尖端的垂直分量就越大，就越容易起裂。二是其传播距离，角度越大其反射波所走的路程也越长，即其衰减越快。

表 6-7　裂纹有效扩展时间与长度

L_1 /mm	θ/（°）	t_f /μs	t_e /μs	t_{H2} /μs	a_e /mm
40	53	63.2	180.5	232.3	45
50	59	56.2	161.6	232.3	45
60	63	61.8	158.8	230.2	40.5

6.4.2.2　动态应力强度因子的计算与分析

A　起裂韧度与加载率的确定与分析

根据 3.2.2 节与上一小节的爆炸压力曲线与动态应力强度因子曲线的计算方法，分别对 θ = 53°、θ = 59°、θ = 63° 三个模型进行应力强度因子计算，其应力强度因子曲线结果，如图 6-33 所示。根据断裂计测得的起裂时间，可以在应力强度因子曲线上，确定其动态起裂韧度 K_{IC} ；定义强度因子致裂段曲线的平均斜率为荷载的平均加载率。按照此定义，在应力强度因子曲线上计算出其平均加载率，如图 6-33 所示。将其起裂韧度、平均加载率以及强度因子曲线峰值韧度汇总于表 6-8。L_1 为左右边界宽度，θ 为反射波的入射角度，H_2 上边界高度，H_1 下边界高度，D 为加载孔直径，K_{IC} 为动态起裂韧度，$\dot{K}$ 为平均加载率，K_{max} 为应力强度因子峰值。

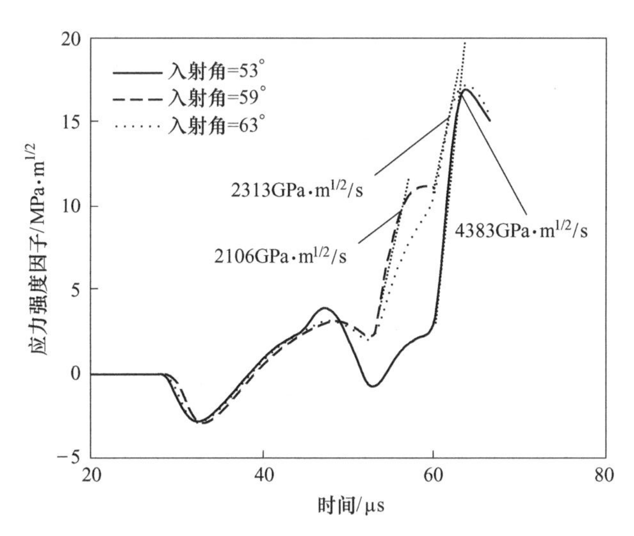

图 6-33 入射角试样应力强度因子曲线

表 6-8 反射波入射角度与动态韧度值汇总

L_1 /mm	θ /(°)	t_f /μs	K_{IC} /MPa · $m^{1/2}$	$\dot{K}$ /GPa · $m^{1/2}$ · s^{-1}	K_{max} /MPa · $m^{1/2}$
40	53	63. 2	15. 31	4383	16. 92
50	59	56. 2	9. 78	2106	11. 16
60	63	61. 8	13. 67	2313	17. 22

随着左右边界 L_1 的增加，其边界的反射波入射角度逐渐增加，其传播路径也随之增加。如图 6-34 所示的起裂韧度、加载率与反射波入射角关系曲线知，裂纹的起裂韧度，随着反射波的入射角度地增加呈明显的下降趋势，而平均加载率却是随着反射波的入射角度的增加，先降低再略微增加，反射波入射角度为63°时反而增加，这主要是由于反射波的到达时间与起裂时间基本一致有关。

试样表现为反射波的入射角度越大越容易起裂，其起裂韧度值在 9. 78 ~ 15. 31MPa · $m^{1/2}$之间，加载率在 2313 ~ 4383GPa · $m^{1/2}$/s 之间。与预制裂纹变化的试样相比，同样加载率条件下起裂韧度值偏小，但随着加载率的增加起裂韧度值变大，且更容易实现高加载率。

这种构型由反射波入射角度与其传播路径的双因素影响，入射角度会影响反射波在裂纹张开方向的分量大小，而传播路径会影响反射波到达裂纹尖端的时间及衰减程度。

根据表 6-8 将其平均加载率与起裂韧度值，绘制成如图 6-35 所示关系图。可见，随着加载率地增加，试样的起裂韧度急剧增加，即岩样在高加载率下更难扩展。

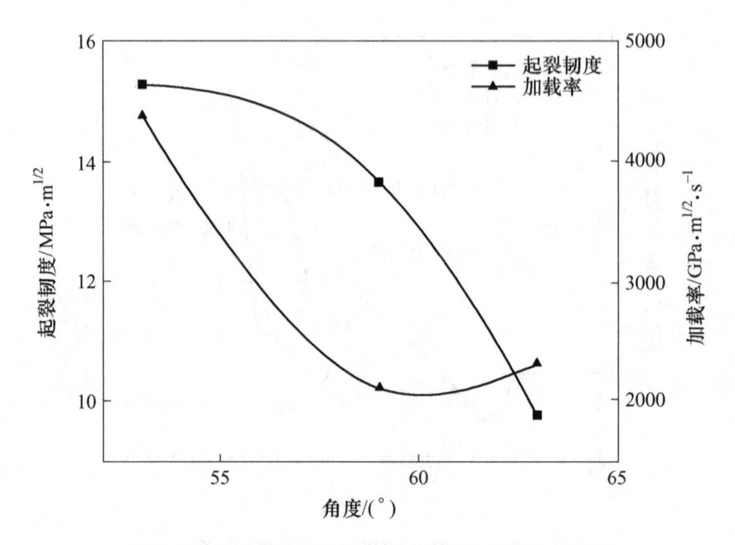

图 6-34　起裂韧度、加载率与反射波入射角关系

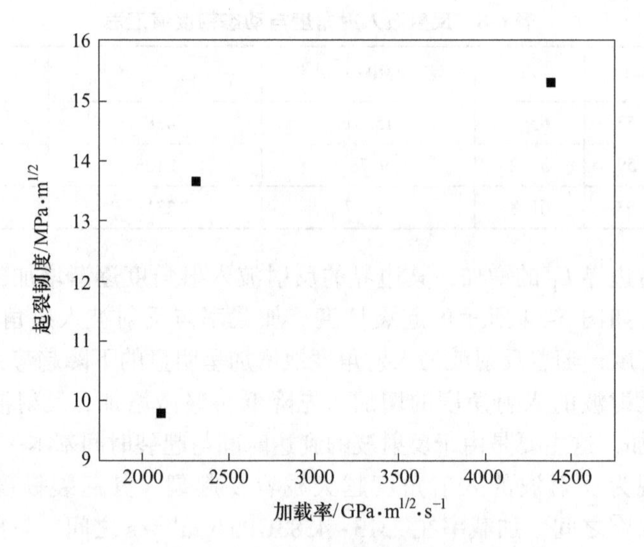

图 6-35　加载率与起裂韧度关系

B　反射波与面波强度因子前程叠加曲线分析

将图 6-33 反射波入射角度为 63°的试样应力强度因子曲线与图 6-7 爆炸荷载曲线绘制在同一坐标系进行对比分析，如图 6-36 所示。并在应力强度因子曲线上标识出各个波阵面的到达裂纹尖端的时刻与起裂时刻；点 1 为应力强度因子曲线起始时刻点，点 2 为应力强度因子曲线谷值时刻点，点 3 为应力强度因子曲线首波与面波叠加拐点，点 4 为应力强度因子曲线峰值时刻点。

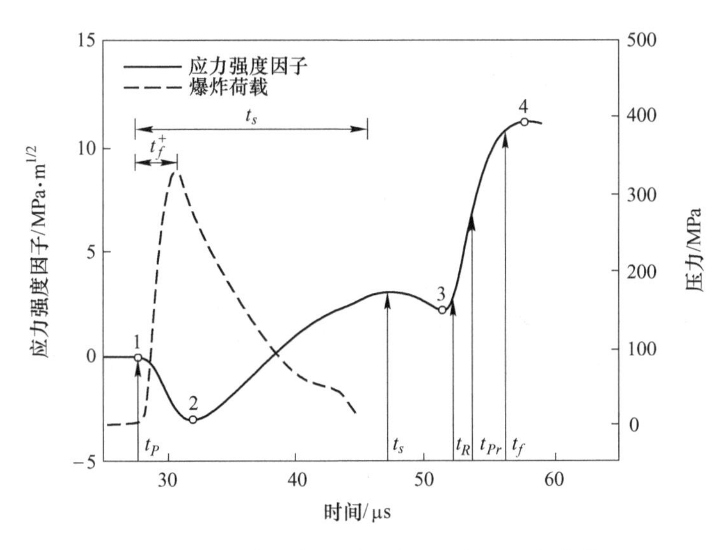

图 6-36 反射波与面波强度因子前程叠加曲线

综合分析裂纹尖端的应力强度因子与荷载曲线可知，曲线的第一个拐点为纵波到达裂纹尖时刻 t_P = 27.6μs，强度因子谷值出现在 $t_0 = t_P + t_f^+$ = 30.6μs 时刻，即在荷载的压缩峰值时刻，稍后横波出现在 t_s = 47.1μs 时刻。由于预制裂纹较长，纵波与横波之间产生的首波已经衰减到不能致裂，并与随后到来的面波叠加，面波出现在 t_R = 52.1μs 时刻。而左右边界的反射纵波到来与其叠加，反射纵波出现在 t_{P_r} = 53.6μs，强度因子曲线开始迅速上升，直到裂尖起裂，其起裂时刻 t_f = 56.2μs。

C 反射波与面波强度因子后程叠加曲线分析

同理，将图 6-33 反射波入射角度为 59°的试样应力强度因子曲线与图 6-7 爆炸荷载曲线绘制在同一坐标系进行对比分析，如图 6-37 所示。并在应力强度因子曲线上标识出各个波阵面的到达裂纹尖端的时刻与起裂时刻。点 1 为应力强度因子曲线起始时刻点，点 2 为应力强度因子曲线谷值时刻点，点 3 为应力强度因子曲线首波与面波叠加拐点，点 4 为应力强度因子曲线峰值时刻点。

综合分析裂纹尖端的应力强度因子与荷载曲线可知，如图 6-37 所示。曲线的第一个拐点为纵波到达裂纹尖时刻 t_P = 27.6μs，强度因子曲线谷值出现在 $t_0 = t_P + t_f^+$ = 30.6μs 时刻，此时爆炸荷载达到压缩峰值，在 t_s = 47.1μs 时刻横波出现在裂纹尖端；由于预制裂纹较长纵波与横波之间产生的首波已经衰减到不能致裂，在 t_R = 52.1μs 时刻应力强度因子曲线出现第二个拐点，同时面波出现，面波与随后而来的左右边界的反射纵波叠加；反射纵波出现在 t_{P_r} = 61.7μs，强度因子曲线开始迅速上升，直到裂尖起裂。起裂时刻 t_f = 61.8μs，几乎与面波为同一时刻，说明反射波很容易使预制裂纹起裂。

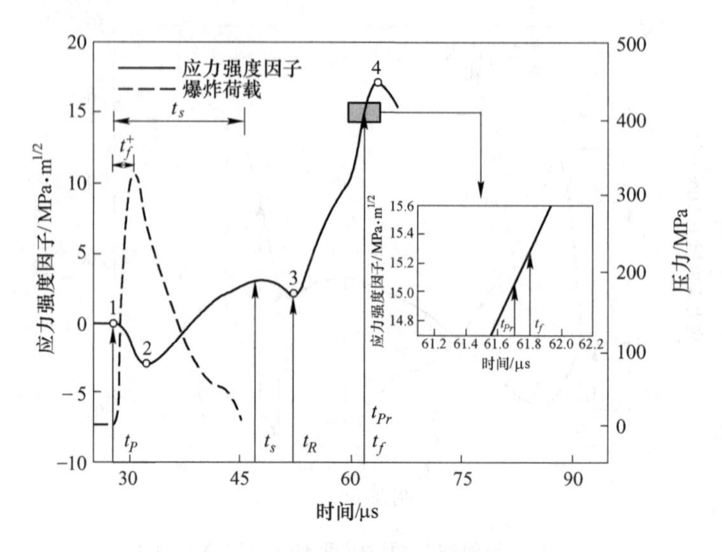

图 6-37　反射波与面波强度因子后程叠加曲线

6.5 小结

本章主要从物理试验角度对本书前面章节的理论分析进行补充与丰富。研究了预制裂纹长度、反射波的入射角度对起裂韧度的影响，并提出了一种通过改变构型尺寸来实现不同加载率方法的方法。利用贴于裂纹尖端的断裂计对预制裂纹的扩展速度进行了测试。通过加载孔壁的 PVDF 压力计获取了爆炸荷载，将获取的荷载加载于有限元模型上，运用相互作用积分法得到了裂纹尖端的强度因子曲线。对所得的数据进行了处理、分析与总结得到了以下几点结论。

(1) 试样几何尺寸的变化可以控制首波与面波的叠加。爆炸荷载的特性决定了其尺寸相关性，正是爆炸荷载这种高峰值，快上升沿以及短下降沿特性，决定了其试样尺寸能够控制首波与面波的叠加，荷载的峰值特征时间正好对应强度因子曲线的谷值点，而在改变预制裂纹长度与反射波的入射角度实质，是改变了爆炸荷载的谷值点在时间域与空间域的位置，来控制强度因子曲线的变化。

(2) 裂纹长度与反射波角度能够控制加载率。裂纹长度能够控制加载率的实质是入射裂纹面的纵波与横波之间的首波在空间域（尺寸相关）与时间域（速度差）上与面波的不同程度叠加的结果；而反射波的入射角度（空间域）与所传播的路程（时间域）双因素影响反射波与面波的叠加程度，从而控制加载率，本书所设计的试样构型可以实现加载率范围：1036~4383GPa · $m^{1/2}$/s。

(3) 起裂韧性加载率相关，扩展速度震荡变化。本测试的起裂韧度范围为：9.49~15.31MPa · $m^{1/2}$，体现了明显的加载率相关性，即随着加载率的增加其起裂韧度迅速增加。在预制裂纹长度变化的试样中，扩展速度整体趋势为震荡下降，而在反射波不同入射角度模型中裂纹的扩展速度几乎为震荡不变，而且后期还会出现裂纹分叉的现象，这表明了反射波的拉应力作用明显，它使裂纹尖端具有更大的能量，能够更大范围地控制加载率。

参 考 文 献

[1] Bažant Zdeněk P, Kazemi Mohammad T. Size dependence of concrete fracture energy determined by RILEM work-of-fracture method [J]. International Journal of Fracture, 1991, 51 (2): 121-138.

[2] 吴礼舟，贾学明，王启智. CCNBD 断裂韧度试样的 SIF 新公式和在尺度律分析中的应用 [J]. 岩土力学，2004，(2)：233-237.

[3] 张盛，王启智. 用变裂缝单一尺寸试样确定大理岩的断裂韧度 [J]. 工程力学，2007，(6)：31-35.

[4] Wang Q Z, Jia X M, Kou S Q, et al. More accurate stress intensity factor derived by finite element analysis for the ISRM suggested rock fracture toughness specimen—CCNBD [J]. International Journal of Rock Mechanics and Mining Sciences, 2003, 40 (2): 233-241.

[5] Lambert David E, Ross C. Allen. Strain rate effects on dynamic fracture and strength [J]. International Journal of Impact Engineering, 2000, 24 (10): 985-998.

[6] Zhang Z X, Kou S Q, Yu J, et al. Effects of loading rate on rock fracture [J]. International Journal of Rock Mechanics and Mining Sciences, 1999, 36 (5): 597-611.

[7] Kipp M E, Grady D E, Chen E P. Strain-rate dependent fracture initiation [J]. International Journal of Fracture, 1980, 16 (5): 471-478.

[8] Grady D E, Hollenbach R. E. Dynamic fracture strength of rock [J]. Geophysical Research Letters, 1979, 6 (2): 73-76.

[9] Grady D E, Lipkin J. Criteria for impulsive rock fracture [J]. Geophysical Research Letters, 1980, 7 (4): 255-258.

[10] Cho Sang Ho, Ogata Yuji, Kaneko Katsuhiko. Strain-rate dependency of the dynamic tensile strength of rock [J]. International Journal of Rock Mechanics and Mining Sciences, 2003, 40 (5): 763-777.

[11] Bacon C, Färm J, Lataillade J L. Dynamic fracture toughness determined from load-point displacement [J]. Experimental Mechanics, 1994, 34 (3): 217-223.

[12] Dally J W, Barker D B. Dynamic measurements of initiation toughness at high loading rates [J]. Experimental Mechanics, 1988, 28 (3): 298-303.

[13] Zhang Z X. An empirical relation between mode I fracture toughness and the tensile strength of rock [J]. International Journal of Rock Mechanics and Mining Sciences, 2002, 39 (3): 401-406.

[14] 张培源，张晓敏，汪天庚. 岩石弹性模量与弹性波速的关系 [J]. 岩石力学与工程学报，2001，20 (6)：785-788.

[15] Bauer F. PVDF shock sensors: applications to polar materials and high explosives [J]. IEEE Transactions on Ultrasonics, Ferroelectrics, and Frequency Control, 2000, 47 (6): 1448-1454.

[16] Koch C, Molkenstruck W, Reibold R. Shock-wave measurement using a calibrated interferometric fiber-tip sensor [J]. Ultrasound in Medicine & Biology, 1997, 23 (8): 1259.

[17] Arrigoni M, Bauer F, Kerampran S, et al. Development of a PVDF pressure gauge for blast loading measurement [J]. Human Factors and Mechanical Engineering for Defense and Safety, 2018, 2 (1): 1-9.

[18] 席道瑛，郑永来 . PVDF 压电计在动态应力测量中的应用 [J]. 爆炸与冲击，1995，(2)：174-179.

[19] 刘俊明，张旭，赵康，等 . 用 PVDF 压力计研究未反应 JB-9014 钝感炸药的 Grüneisen 参数 [J]. 高压物理学报，2018，32（5）：47-54.

[20] 范志强 . PVDF 压力测量特性与水下爆炸近场多孔金属夹芯板动力响应的研究[D]. 中国科学技术大学，2015.

[21] 李造鼎 . 岩体测试技术[M]. 北京：冶金工业出版社，1993.

[22] Riendeau S, Nemes J A. Dynamic punch shear behavior of AS4/3501-6 [J]. Journal of composite materials, 1996, 30 (13): 1494-1512.

[23] Meyers M A, Chen Y J, Marquis Fds, et al. High-strain, high-strain-rate behavior of tantalum [J]. Metallurgical and Materials Transactions A, 1995, 26 (10): 2493-2501.

[24] Song Seong Hyeok, Paulino Glaucio H. Dynamic stress intensity factors for homogeneous and smoothly heterogeneous materials using the interaction integral method [J]. International Journal of Solids and Structures, 2006, 43 (16): 4830-4866.

[25] Paulino Glaucio H, Kim Jeong Ho. A new approach to compute T-stress in functionally graded materials by means of the interaction integral method [J]. Engineering Fracture Mechanics, 2004, 71 (13): 1907-1950.

[26] 宫经全，张少钦，李禾，等 . 基于相互作用积分法的应力强度因子计算 [J]. 南昌航空大学学报（自然科学版），2015，29（1）：42-48.

[27] Stern M, Becker E B, Dunham R S. A contour integral computation of mixed-mode stress intensity factors [J]. International Journal of Fracture, 1976, 12 (3): 359-368.

[28] 倪敏，苟小平，王启智 . 霍普金森杆冲击压缩单裂纹圆孔板的岩石动态断裂韧度试验方法 [J]. 工程力学，2013，30（1）：365-372.

[29] 张盛，李新文，杨向浩 . 动载确定方法对岩石动态断裂韧度测试的影响 [J]. 岩土力学，2013，34（9）：2721-2726.

[30] 王蒙，朱哲明，胡荣 . 基于 SCSCC 试样的岩石复合型裂纹动态扩展特征研究 [J]. 四川大学学报（工程科学版），2016，48（2）：57-65.

[31] Zhang Z X, Kou S Q, Jiang L G, et al. Effects of loading rate on rock fracture: fracture characteristics and energy partitioning [J]. International Journal of Rock Mechanics and Mining Sciences, 2000, 37 (5): 745-762.

7 爆炸应力波下裂纹扩展规律与试样尺寸敏感性研究

7.1 引言

爆炸荷载下试样预制裂纹的扩展，一方面，要考虑爆炸应力波对稳定裂纹尖端附近动态力学场的影响，以及运动裂纹的动能和惯性对裂纹尖端附近动态力学场的影响。另一方面，在材料动态响应方面，要考虑加载率对材料断裂韧性的影响。更为复杂的是，裂纹动态起裂扩展过程会伴随着卸载波的散射和相互作用，这些都给研究工作带来了巨大的困难。本书第 6 章通过断裂计测试了裂纹的起裂时间与扩展速度，并通过实验-数值法得到了裂纹的起裂韧度。然而，裂纹扩展后其应力场如何变化，其扩展韧度值为多少？这都需要进一步研究，因此，本章分析了运动裂纹尖端附近的力学场，给出了通用函数计算扩展韧度的方法，并计算了其扩展韧度。运用 AUTODYN 软件，对裂纹的扩展全过程进行了模拟，分析了其扩展规律。

材料力学性能的优劣，主要是由材料颗粒组成与其黏结成分所确定，动荷载作用下，甚至几何尺寸都会对材料的动态力学性能产生影响。针对第 6 章提出的一种可通过试样尺寸来控制加载率的方法，本章进一步分析了，实验加载的安装误差、试样的尺寸加工误差、不同形式裂纹以及仪器测试精度等因素对测试结果的影响程度，并提出了一些控制措施。

7.2 通用函数法计算动态扩展韧度原理

7.2.1 传播裂纹的裂纹尖端附近力学场

一旦满足动荷载下，稳定裂纹的动态起始扩展的临界条件，即裂纹的扩展准则式（7-1）。裂纹将会开始扩展，$K_{\mathrm{I}}^{\mathrm{d}}$ 称为裂纹的起裂韧度。

$$K_{\mathrm{I}}^{\mathrm{d}}(t)=K_{\mathrm{Id}}(\dot{K}) \tag{7-1}$$

式中 $K_{\mathrm{I}}^{\mathrm{d}}$ ——裂纹动态起裂韧度，$\mathrm{Pa}\cdot\mathrm{m}^{1/2}$；

t ——裂纹起裂时间，$t=t_f$，s；

$K_{\mathrm{Id}}(\dot{K})$ ——裂纹的动态强度因子，$\mathrm{Pa}\cdot\mathrm{m}^{1/2}$。

静止裂纹扩展后，将以 $V = \mathrm{d}a/\mathrm{d}t$ 速度扩展，V 称为传播裂纹。一般认为，裂纹传播速度足够快时，一方面会通过惯性效应来影响裂纹应力场强度因子，另一方面通过加载率效应来影响材料动态断裂韧性。所以，动态起始扩展准则不再适用于传播的裂纹，可以由如下式（7-2）的动态裂纹生长准则，来确定裂纹的动态扩展韧度。

$$K_{\mathrm{I}}^{\mathrm{d}}(t)[\sigma(t),\ a(t),\ V(t)] = K_{\mathrm{ID}}[V(t)] \qquad (t > t_f) \tag{7-2}$$

式中 $K_{\mathrm{I}}^{\mathrm{d}}$ ——裂纹动态扩展韧度，$\mathrm{Pa \cdot m^{1/2}}$；

$\sigma(t)$ ——裂纹尖端应力，Pa；

$a(t)$ ——裂纹扩展长度，m；

$V(t)$ ——裂纹扩展速度，m/s；

t ——裂纹扩展时间，$t > t_f$，s；

K_{Id} ——裂纹的动态强度因子，$\mathrm{Pa \cdot m^{1/2}}$。

以平面应变裂纹等速传播简单情况分析，设半无限裂纹尖端在固定坐标系原点，以等速度沿直线传播，裂纹传播的移动坐标系与固定坐标系之间有如下关系，如图 7-1 所示。

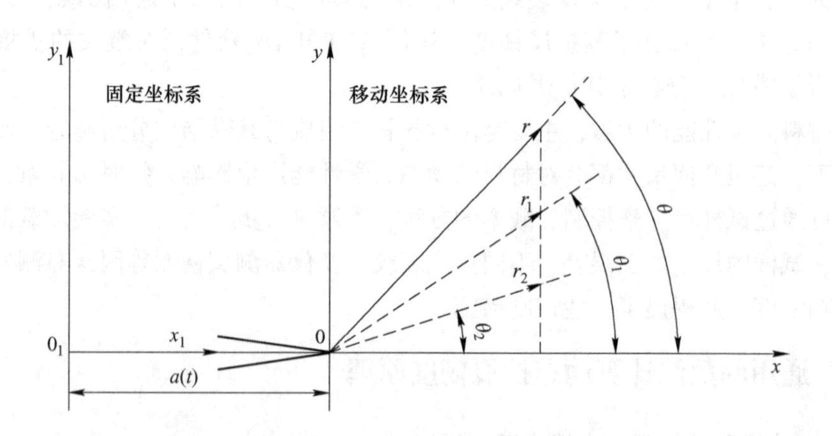

图 7-1 传播裂纹的固定坐标系与移动坐标系

为了简化问题、方便分析引入极坐标系，它们与纵波波速和横波波速相关，来考虑其应力波效应。在极坐标系的变化基础上，赖斯（Rice）通过与导出静态裂纹尖端力学场类似的复变函数法，给出了如下的平面应变裂纹尖端附近的应力场和位移场，见式（7-3）、式（7-4）。

$$
\begin{cases}
\sigma_{xx} = \dfrac{K_{\mathrm{I}}^{\mathrm{d}}(V)}{\sqrt{2\pi}} \dfrac{1+\alpha_2^2}{D(V)} \left[(1+2\alpha_1^2-\alpha_2^2) \dfrac{\cos\dfrac{\theta_1}{2}}{\sqrt{r_1}} - \dfrac{4\alpha_1\alpha_2}{1+\alpha_2^2} \dfrac{\cos\dfrac{\theta_2}{2}}{\sqrt{r_2}} \right] \\
\sigma_{yy} = \dfrac{K_{\mathrm{I}}^{\mathrm{d}}(V)}{\sqrt{2\pi}} \dfrac{1+\alpha_2^2}{D(V)} \left[-(1+\alpha_2^2) \dfrac{\cos\dfrac{\theta_1}{2}}{\sqrt{r_1}} + \dfrac{4\alpha_1\alpha_2}{1+\alpha_2^2} \dfrac{\cos\dfrac{\theta_2}{2}}{\sqrt{r_2}} \right] \\
\sigma_{xy} = \dfrac{K_{\mathrm{I}}^{\mathrm{d}}(V)}{\sqrt{2\pi}} \dfrac{1+\alpha_2^2}{D(V)} 2\alpha_1 \left(\dfrac{\sin\dfrac{\theta_1}{2}}{\sqrt{r_1}} - \dfrac{\sin\dfrac{\theta_2}{2}}{\sqrt{r_2}} \right)
\end{cases}
\tag{7-3}
$$

式中 σ_{xx}，σ_{yy}，σ_{xy}——裂纹尖端 x、y、xy 方向应力，Pa；
$K_{\mathrm{I}}^{\mathrm{d}}$——裂纹动态扩展韧度，$\mathrm{Pa\cdot m^{1/2}}$；
V——裂纹扩展速度，m/s；
$D(V)$——裂纹扩展长度，m；
θ_1，θ_2——极径 r_1、r_2 与裂纹扩展方向夹角，(°)；
r_1，r_2——θ_1、θ_2 角度对应极径，m；
α_1，α_2——极径 r_1、r_2 角度对应扩展参数。

$$
\begin{cases}
u_x = \dfrac{K_{\mathrm{I}}^{\mathrm{d}}(V)}{\sqrt{2\pi}} \dfrac{4(1+\nu)(1+\alpha_2^2)^2}{ED(V)} \left(\sqrt{r_1}\cos\dfrac{\theta_1}{2} - \sqrt{r_2}\dfrac{2\alpha_1\alpha_2}{1+\alpha_2^2}\cos\dfrac{\theta_2}{2} \right) \\
u_y = \dfrac{K_{\mathrm{I}}^{\mathrm{d}}(V)}{\sqrt{2\pi}} \dfrac{4(1+\nu)(1+\alpha_2^2)^2}{ED(V)} \left(-\alpha_1\sqrt{r_1}\sin\dfrac{\theta_1}{2} + \sqrt{r_2}\dfrac{2\alpha_1}{1+\alpha_2^2}\sin\dfrac{\theta_2}{2} \right)
\end{cases}
\tag{7-4}
$$

式中 u_x，u_y——裂纹尖端 x、y 方向位移，m；
$K_{\mathrm{I}}^{\mathrm{d}}$——裂纹动态扩展韧度，$\mathrm{Pa\cdot m^{1/2}}$；
V——裂纹扩展速度，m/s；
$D(V)$——裂纹扩展长度，m；
θ_1，θ_2——极径 r_1、r_2 与裂纹扩展方向夹角，(°)；
r_1，r_2——θ_1、θ_2 角度对应极径，m；
α_1，α_2——极径 r_1、r_2 角度对应扩展参数。
E——材料的弹性模量，Pa；
ν——泊松比。

其中，$D(V)$，r_1，r_2，θ_1，θ_2，α_1，α_2，由式（7-5）给出。

$$
\begin{cases}
r_1 = \sqrt{(x - a(t))^2 + \alpha_1 y^2} \\
r_2 = \sqrt{(x - a(t))^2 + \alpha_2 y^2} \\
\theta_1 = \arctan(\alpha_1 y/x - a(t)) \\
\theta_2 = \arctan(\alpha_2 y/x - a(t)) \\
\alpha_1 = 1 - \nu^2/c_P^2 \\
\alpha_2 = 1 - \nu^2/c_s^2 \\
D(V) = 4\alpha_1\alpha_2 - (1 + \alpha_2^2)^2
\end{cases}
\tag{7-5}
$$

式中　r_1，r_2——θ_1、θ_2 角度对应极径，m；

c_P——纵波波速，m/s；

c_s——横波波速，m/s；

α_1，α_2——极径 r_1、r_2 角度对应扩展参数；

θ_1，θ_2——极径 r_1、r_2 与裂纹扩展方向夹角，(°)；

$a(t)$——裂纹扩展长度，m；

ν——泊松比。

由式（7-3）、式（7-4）可知，传播的裂纹与稳定裂纹一样，其裂纹尖端附近的力学场是 K_I^d 因子主控的。若取 $\theta_1 = \theta_2 = 0$，传播裂纹的正前方 $\sigma_{yy} = \dfrac{K_\mathrm{I}^\mathrm{d}(V)}{\sqrt{2\pi}}$ 与静态力学的结论一致。r_1、r_2、α_1、α_2 分别包括了纵波与横波波速，体现了不同波速应力波对裂纹尖端附近力学场的作用。因此，该公式能够较为合理的描述传播过程中裂纹尖端力学场。

7.2.2　传播裂纹的动态应力强度因子

在给出了裂纹尖端力学场的渐进解后，研究者们做了一系列的探索，研究传播裂纹的动态应力强度因子随传播速度的变化关系。其中，弗罗因德（Freund）通过把非均匀速度的传播裂纹，看做一系列分段、恒速传播的裂纹，得出一个关键性结果。即建立了在广义荷载 $\sigma(t)$ 作用下，以瞬时速度 V 传播的裂纹动态应力强度因子 $K_\mathrm{I}^\mathrm{d}[\sigma(t), a(t), V(t)]$ 与运动裂纹的速度 V、稳定裂纹 $V(t) = 0$ 在相同裂纹长度和荷载 $\sigma(t)$ 作用下，应力强度因子间的关系满足式（7-6）。

$$
K_\mathrm{I}^\mathrm{d}[\sigma(t), a(t), V(t)] = k[V(t)]K_\mathrm{I}^0[\sigma(t), a(t), 0] \tag{7-6}
$$

式中　K_I^d——裂纹动态扩展韧度，$\mathrm{Pa \cdot m^{1/2}}$；

$\sigma(t)$——裂纹尖端应力，Pa；

$a(t)$——裂纹扩展长度，m；

$V(t)$——裂纹扩展速度，m/s；

t ——裂纹扩展时间，$t>t_f$，s；

K_{I}^0 ——裂纹的起裂韧度，Pa · $m^{1/2}$；

$k[V(t)]$ ——裂纹尖端速度的通用函数。

式（7-6）中的 $k[V(t)]$ 是一个裂纹尖端速度的通用函数，当随裂纹速度从 0 增大到 c_R，$k[V(t)]$ 值从 1 减小到 0，如图 7-2 所示。通用函数与加载方式和弹性体的构型无关，只与材料性质及裂纹扩展速度相关。

$$k[V(t)] \approx \frac{1 - V/c_R}{\sqrt{1 - V/c_P}} \tag{7-7}$$

式中　$k[V(t)]$ ——裂纹尖端速度的通用函数；

V ——裂纹扩展速度，m/s；

c_P ——纵波波速，m/s；

c_R ——面波波速，m/s。

这意味着随传播速度的增加，传播裂纹的动能增加了，但主控裂纹尖端附近力学场的 $k[V(t)]$ 以及相应的应变能降低了。如果传播裂纹速度 V 趋于 c_R，传播裂纹的动态应力强度因子将趋于 0，因此裂纹传播速度不可能超过 c_R。

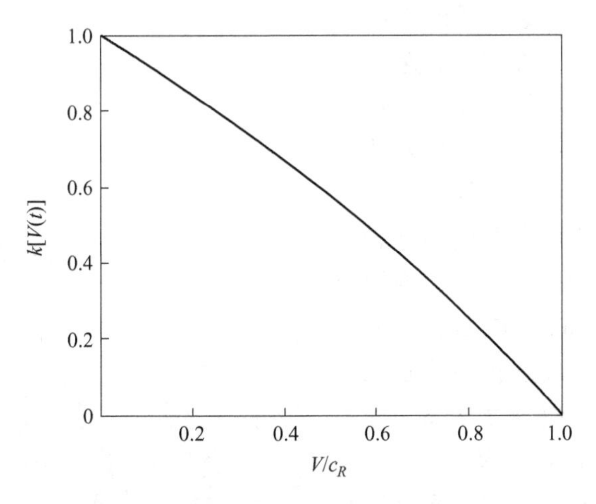

图 7-2　通用函数 $k[V(t)]$ 随裂纹传播速度变化示意图

7.3　动态扩展韧度的计算与分析

7.3.1　动态扩展韧度的确定方法

7.3.1.1　通用函数法

由式（7-6）可知，传播裂纹的动态扩展韧度 $K_{\mathrm{I}}^{\mathrm{d}}[\sigma(t), a(t), V(t)]$ 等于通用函数乘以其相同荷载作用下，与该时刻扩展裂纹具有相同尺寸静止裂纹的应力强度因子，即为 $k[V(t)]K_{\mathrm{I}}^{0}[\sigma(t), a(t), 0]$。根据本书 6.2 节与 6.3 节可知，可以通过断裂计测出了裂纹的扩展速度 $V(t)$，因此，可以根据 $V(t)$ 计算出通用函数 $k[V(t)]$，并根据其在该时刻裂纹扩展的长度，确定对应的静止裂纹的长度，然后通过相互作用积分法计算出静止裂纹的起裂韧度，乘以系数 $K[V(t)]$ 即为裂纹的动态扩展韧度。

7.3.1.2　分形模型修正法

通用函数是建立在裂纹沿着直线扩展情况得到的。岩石作为一种非均匀材料是由一些颗粒胶结体组成。在实验室或者现场试验表明，岩石的断裂面都是不规则的曲线而并非直线。因此，这种非直线的变化会对 $k[V(t)]$ 值造成影响。可以使用分维数 D 来修正这种非直线影响，分维数在几何上刻画了曲线的粗糙程度，D 越大，曲线越弯折；D 越小，曲线越平直。谢和平结合分形裂纹扩展模型提出了通用函数的修正公式见式（7-8）。

$$k[V(t)] \approx \frac{(1 - V(t)/c_R)\ (d/\Delta a)^{1-D}}{\sqrt{(1 - V(t)/c_R)(c_R/c_P)((d/\Delta a)^{1-D})}} \tag{7-8}$$

式中　$k[V(t)]$——裂纹尖端速度的通用函数；

Δa——裂纹扩展步长，m；

$V(t)$——裂纹扩展速度，m/s；

c_P——纵波波速，m/s；

d——岩石的晶体尺寸，m；

D——分维数。

此次，砂岩试样为青色细砂岩经显微放大后，如图 7-3 所示。测量得晶体尺寸 d 为 0.1mm。取断裂计相邻两根丝栅的间隔为裂纹扩展步长 Δa，如图 7-4 所示，其值为 2.25m。分维数 D，可以由式（7-9）求得。

图 7-3　试样显微结构图

$$\ln L_\delta = \ln L_0 + (1 - D)\ln\delta \tag{7-9}$$

式中　L_δ——裂纹曲折扩展的实际长度，m；

L_0——裂纹直线扩展长度，m；

δ——码尺长度（测量曲折裂纹长度时使用的最小测量尺度），m；

D——分维数。

由式（7-9）与图 7-4 可以在双对数图中，拟合直线斜率 S 求得裂纹的分维数 $D = 1 - S$，将断裂后的试样采用数字显微镜拍照后对图片进行处理，取 δ 分别等于 0.1mm、0.25mm、0.5mm、0.75mm 和 1mm，对裂纹进行拟合，拟合结果如图 7-5 所示。

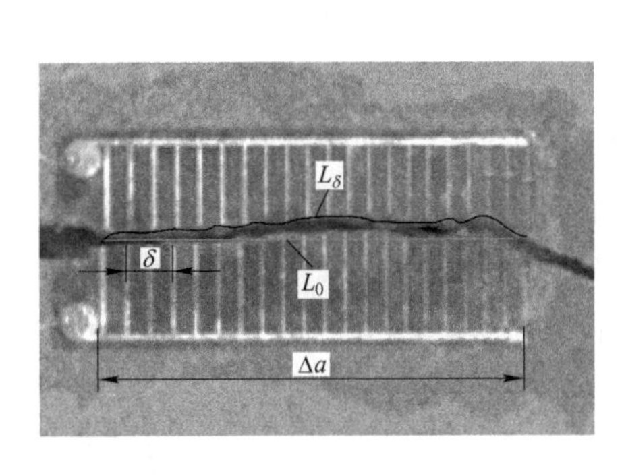

图 7-4 分形裂纹扩展模型

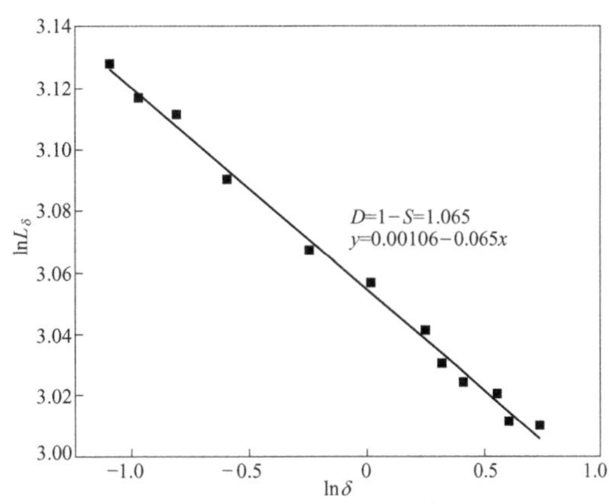

图 7-5 扩展裂纹的分维数确定

7.3.1.3 裂纹动态扩展计算

以 $2a=11.8$mm 的模型为实例，来说明扩展韧性的计算方法，由表 7-1 可知裂纹在不受反射波影响的扩展长度 a_p = 30.93mm，平均速度 V = 0.43mm/μs，扩展到中间路程 $a_p/2$ 对应的时间 $a_t = 0.5a_p/V + t_f$ = 63.05μs，k_v = 0.70。分别依次计算裂纹长度为 35.3mm、47.10mm、58.90mm、70.70mm 的数据，并将其列于表 7-1。

表 7-1 裂纹长度变化扩展韧度参数计算表

$2a$/mm	V/mm · s^{-1}	k_v	a_p/mm	a_t/μs
11.80	0.43	0.70	30.93	63.05
35.30	0.43	0.70	49.93	71.45
47.10	0.47	0.66	60.60	76.55
58.90	0.70	0.48	78.03	87.39
70.70	0.53	0.62	80.83	89.61

根据以上原理，计算反射波的入射角度分别为 53°、59°、63°的模型扩展韧度计算参数，列于表 7-2。θ 为反射波的入射角度，V 为裂纹扩展平均速度，k_v 为通用函数值，a_p 为裂纹扩展的静止裂纹的长度，a_t 为裂纹扩展到 a_p 时所需要的时间。

表 7-2　反射波入射角度变化裂纹扩展韧度参数计算表

θ/mm	V/mm · μs^{-1}	k_v	a_p/mm	a_t/μs
53	0.43	0.70	82.50	115.24
59	0.43	0.70	76.88	95.79
63	0.51	0.64	75.75	92.64

根据表 7-1、表 7-2 所列的参数计算裂纹的动态扩展韧度，按照第 6 章的方法，利用实验-数值法计算动态裂纹的扩展韧度，可以得到如图 7-6 和图 7-7 所示的动态强度因子曲线。

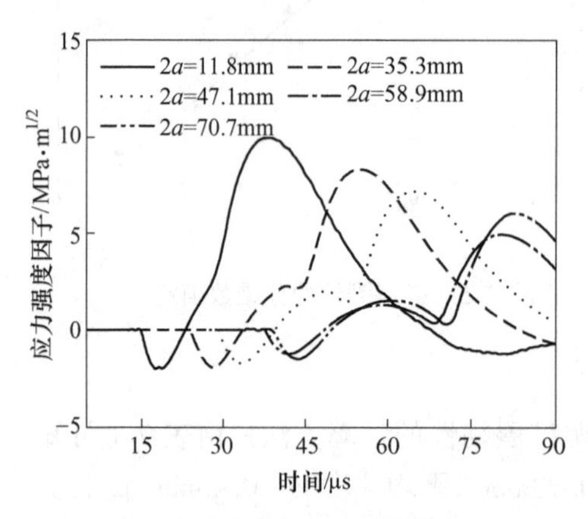

图 7-6　预制裂纹变化时强度因子曲线

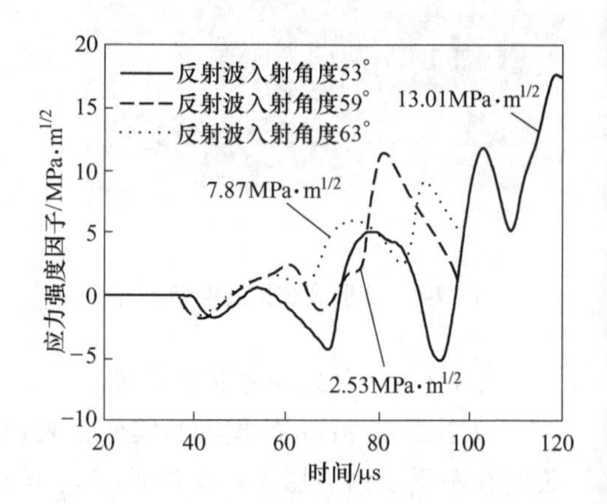

图 7-7　入射角变化时强度因子曲线

根据中间路程所到达的时间 a_t，与确定起裂韧度类似，在强度因子曲线上确定模型的动态扩展韧度值。$2a = 11.8$mm、$2a = 35.3$mm、$2a = 47.1$mm、$2a = 58.9$mm、$2a = 70.7$mm 模型的动态扩展韧度分别为：0.90MPa · m$^{1/2}$、2.76MPa · m$^{1/2}$、3.81MPa · m$^{1/2}$、3.76MPa · m$^{1/2}$、4.68MPa · m$^{1/2}$。反射波入射角度 $\theta = 53°$、$\theta = 59°$、$\theta = 63°$时，模型的动态扩展韧度值分别为：13.01MPa · m$^{1/2}$、2.53MPa · m$^{1/2}$、7.87MPa · m$^{1/2}$。

7.3.2　动态扩展韧度随加载率变化关系

7.3.2.1　裂纹长度变化模型

根据上面章节确定扩展速度、加载率、动态扩展韧度的方法，计算出裂纹长度变化模型的相关系数，将其列于表 7-3 之中。

表 7-3　预制裂纹长度变化时速度-加载率-扩展韧度值

$2a$/mm	V/mm · μs^{-1}	$\dot{K}$/MPa · m$^{1/2}$ · s^{-1}	K_I^d/MPa · m$^{1/2}$
11.80	0.43	2198	0.90

续表 7-3

$2a$/mm	V/mm·μs^{-1}	$\dot{K}$/MPa·m$^{1/2}$·s^{-1}	K_I^d/MPa·m$^{1/2}$
35.30	0.43	1460	2.76
47.10	0.47	1175	3.81
58.90	0.70	1053	3.76
70.70	0.53	1036	4.68

我们根据其扩展韧度数值，绘制如图 7-8、图 7-9 所示的扩展韧度与扩展速度曲线，以及扩展韧度与加载率关系。可见随着裂纹的扩展速度增加，其动态扩展韧度急剧增加后缓慢增加，这体现了裂纹的速度增韧的概念，随着加载率的增加动态扩展韧性逐渐减小，高加载率提供了更大的能量使得裂纹更容易扩展。

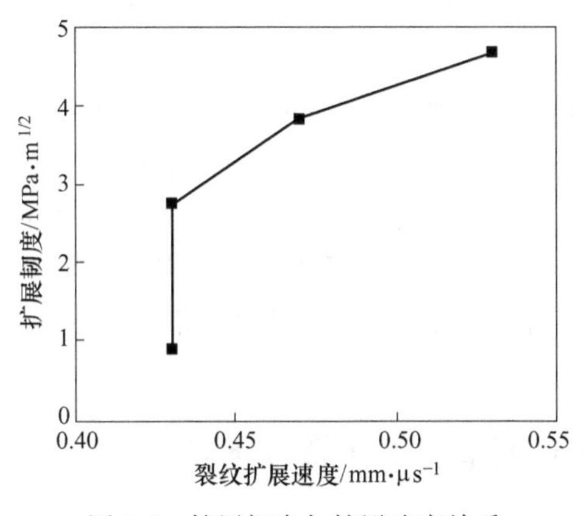

图 7-8 扩展韧度与扩展速度关系

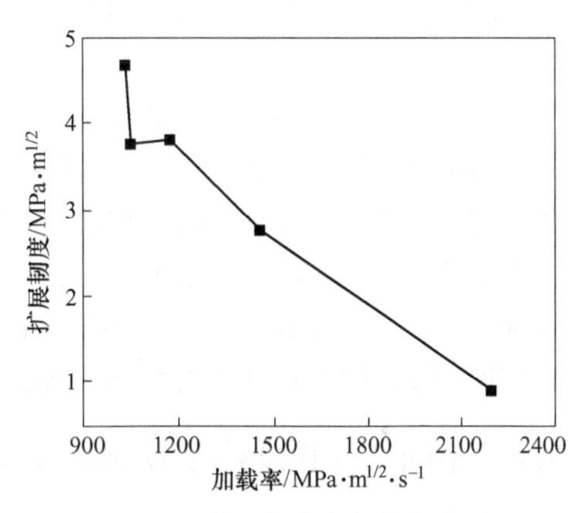

图 7-9 扩展韧度与加载率关系

7.3.2.2 反射波入射角度变化模型

同理，确定反射波入射角度的不同模型的扩展速度、加载率、动态扩展韧度，见表 7-4。

表 7-4 反射波入射角度变化速度、加载率、扩展韧度值

θ/(°)	V/mm·μs^{-1}	$\dot{K}$/MPa·m$^{1/2}$·s^{-1}	K_I^d/MPa·m$^{1/2}$
53	0.43	4383	13.01
59	0.43	2106	2.53
63	0.51	2313	7.87

根据其数值，绘制如图 7-10、图 7-11 所示的扩展韧度与反射波入射角度曲线，以及扩展韧度与加载率关系曲线。由于反射波的叠加作用，这类型的模型规律与裂纹长度变化不一样，随着反射波入射角度的增加，其有一个最危险角度，此时扩展韧度最小，而随着加载率的增加，扩展韧度却呈增加趋势。

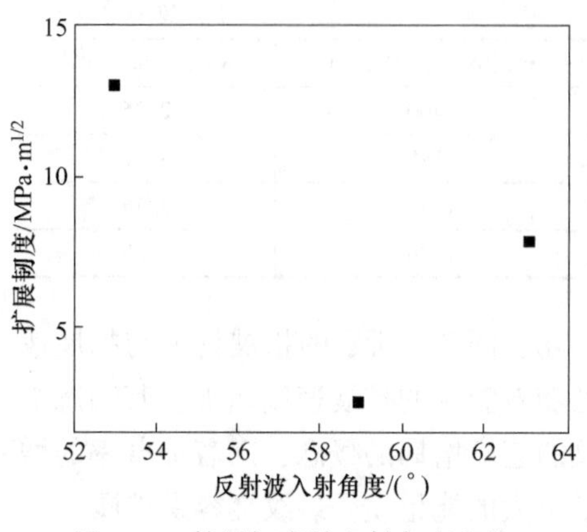

图 7-10　扩展韧度随入射角度变化

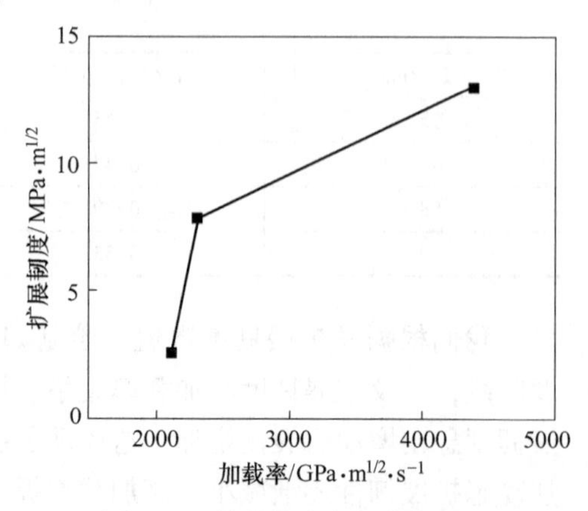

图 7-11　扩展韧度与加载率关系

综上所述，通用函数与分形模型修正法是计算动态裂纹的扩展韧度的常用方法，分形模型修正法特别适用于有偏折的裂纹扩展韧度的计算。在首波与面波叠加致裂的模型中，预制裂纹的扩展韧度随着裂纹运动速度的增加而增加，而随着加载率的增加而减小；在反射波与面波叠加模型中，扩展韧度随反射波的入射角度变化而变化，并有一个最佳角度，此时扩展韧度最低，本书中该角度为 59°，其扩展韧度，随着加载率的增加而增加。

7.4　不同裂纹长度构型预制裂纹动态扩展全过程计算与分析

数值分析可以对物理实验的结果进行验证，能够对试验过程进行数值重演，特别是爆炸这种高速过程进行有针对性的数值验证与分析是十分必要的。本节主要通过 AUTODYN 软件，利用实测的一些材料参数对物理实验的工况进行模拟与分析，其网格尺寸的要求与材料参数的选择见第 5 章。对裂纹变化模型进行数值重演，分析其裂纹面上的速度场与裂纹尖端位移场，其网格模型，如图 7-12 所示。

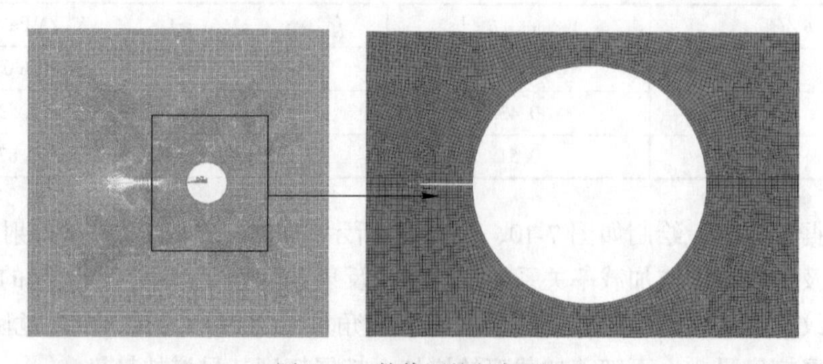

图 7-12　数值网格细部图

砂岩模型的材料参数为：密度 $\rho = 2163\text{kg/m}^3$，纵波速度 $c_P = 2174\text{m/s}$，横波速度 $c_s = 1279\text{m/s}$，动泊松比 $\nu_d = 0.24$，动弹性模量 $E_d = 8.74\text{GPa}$，动剪切模量 $G_d = 3.54\text{GPa}$ 与体积模量 $K_d = 5.51\text{GPa}$，具体参数的获取过程见 6.2.1 节。

7.4.1 裂纹面处速度云图分析

通过对不同裂纹长度模型进行数值计算，其计算结果进行后处理，获取爆炸纵波、爆炸横波、爆炸面波分别到达裂纹尖端时刻，以及起裂时刻的速度云图，如图 7-13～图 7-16 所示，来分析首波在裂纹面上的空间形态。

由图 7-13 可知，在不同预制裂纹长度构型纵波到达裂纹尖端时，首波的波阵面空间形态，随着预制裂纹长度的增加形态越来越明显。以裂纹面为对称轴呈等腰三角形，其夹角约为 63°。首波在裂纹面上的叠加长度越来越长，这与前面的理论分析与模型实验得出的应力强度因子曲线，反映出首波的特征是一致。由于纵波横波存在波速差，增长裂纹长度时，二者在裂纹面上形成的波阵面距离将越拉越大，如图 7-13 所示，其波阵面速度带长度在 12.3～78mm 变化。

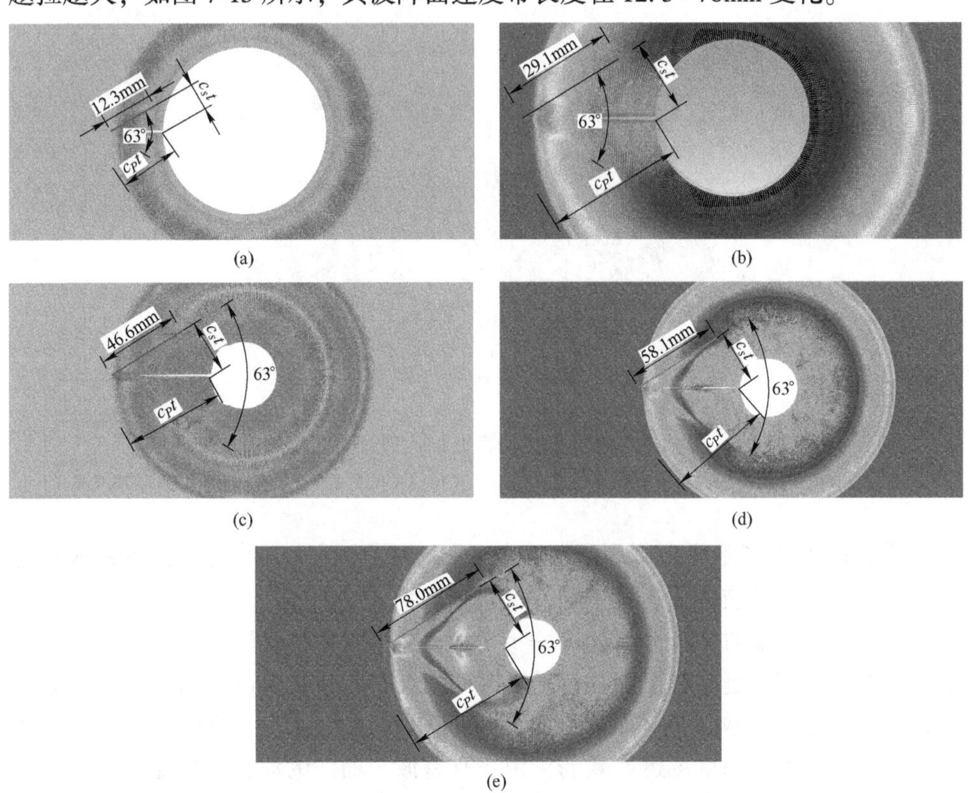

图 7-13 不同裂纹长度模型的纵波到达裂纹尖端时刻速度云图

(a) $2a=11.8\text{mm}$；(b) $2a=35.3\text{mm}$；(c) $2a=47.1\text{mm}$；(d) $2a=58.9\text{mm}$；(e) $2a=70.7\text{mm}$

图 7-14 给出了不同预制裂纹长度构型。横波到达裂纹尖端时，首波在裂纹面的空间形态演化图，首波的波阵面速度带长度由斜线表示。随着传播时间的增加，首波的波阵面速度带会拉长，其三角形形态越发明显。但随着传播距离与时间的增加，其速度带的值在逐渐衰减，速度带的夹角为 63°不变，其波阵面速度带长度在 14. 7～113mm 变化。

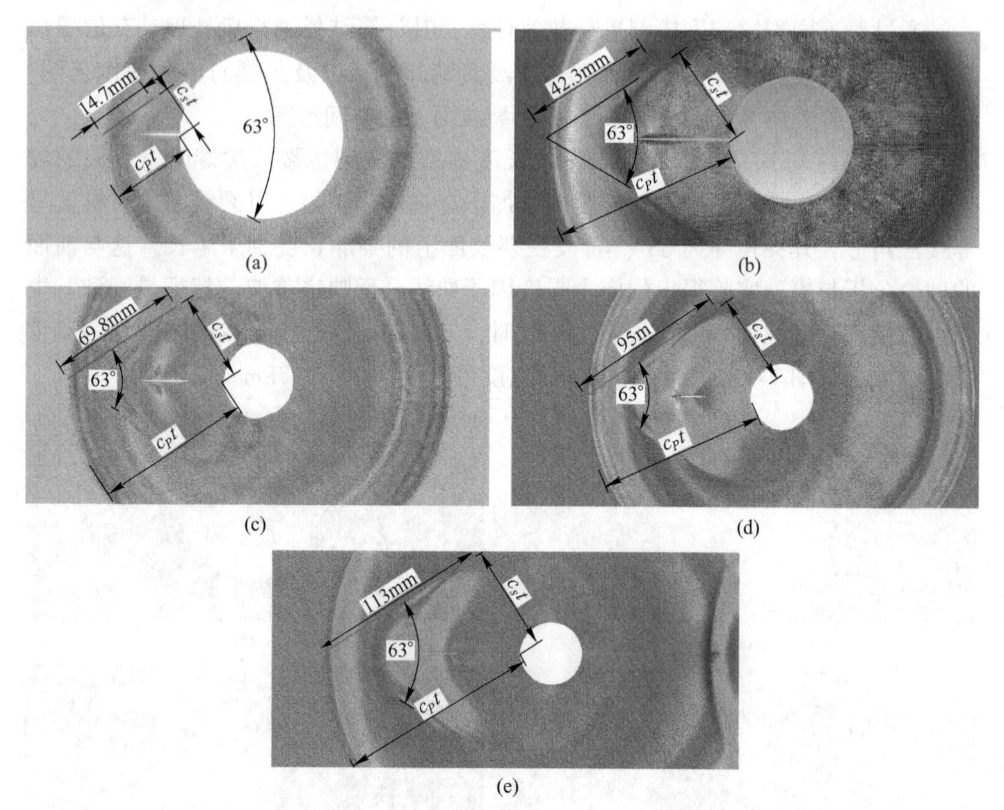

图 7-14　不同裂纹长度模型的横波到达裂纹尖端时刻速度云图

(a) $2a$ = 11. 8mm；(b) $2a$ = 35. 3mm；(c) $2a$ = 47. 1mm；(d) $2a$ = 58. 9mm；(e) $2a$ = 70. 7mm

图 7-15 给出了不同预制裂纹长度构型面波到达裂纹尖端时刻，各首波的空间形态图，首波的波阵面速度带长度由斜线表示。

可见随着传播时间与距离的进一步增加，由于首波的迅速衰减各首波波阵面的三角形形态变得越来越不明显。随着时间的增加，传播速度较慢且携带能量最大的面波到达了裂纹尖端。面波的到达，使得裂纹尖端产生的速度场进一步加强，而首波产生的速度场迅速减弱。由于其首波与面波的波速差固定。因此，其速度带夹角依然为 63°，各个试样构型的波阵面速度带长度在 15. 6～115. 6mm 变化。

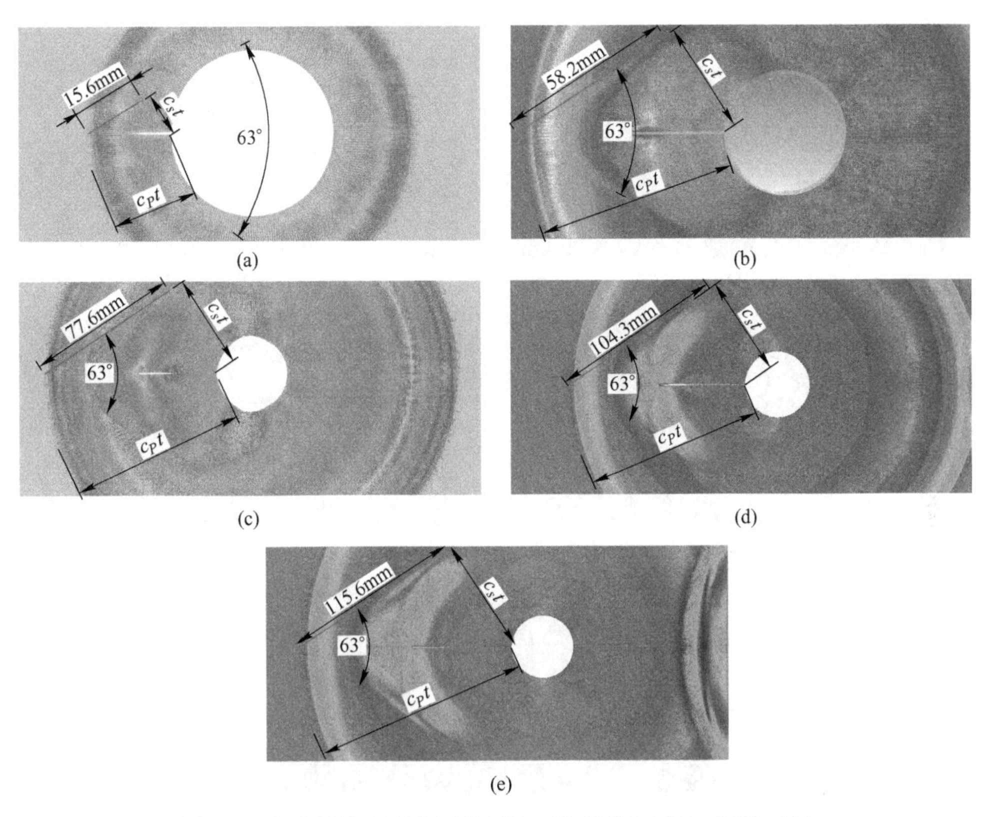

图 7-15 不同裂纹长度模型的面波到达裂纹尖端时刻速度云图

(a) $2a$=11.8mm；(b) $2a$=35.3mm；(c) $2a$=47.1mm；(d) $2a$=58.9mm；(e) $2a$=70.7mm

图 7-16 给出了不同预制裂纹长度构型起裂时刻的速度云图，首波的波阵面速度带长度由斜线表示。

可见随着裂纹长度的增加，首波波振面速度带的长度进一步增长，但其夹角依然为 63°，首波波阵面速度带长度在 35.4～123.3mm 变化。首波波阵面速度带的三角形形态进一步弱化。随着面波作用的进一步增强，裂纹尖端产生了明显的垂直于裂纹面的张开速度，随着预制裂纹的变短其张开速度反而越大，这体现了较短预制裂纹具有较高加载率，裂纹长短可以调节面波的叠加程度，达到改变加载率的效果。

综合以上分析，AUTODYN 软件重演了试样裂纹面的爆炸应力波在不同时刻的空间域上的分布情况。首波波阵面以预制裂纹为对称轴形成定角为 63°的等腰三角形速度带，随着预制裂纹长度地增加三角速度带会越来越明显，随着时间的增加首波速度带会整体衰减，裂纹面上的面波会逐渐凸显出来，在裂纹的起裂时刻，裂纹尖端出现了明显的张开速度，且预制裂纹越短张开速度越大，这是由于

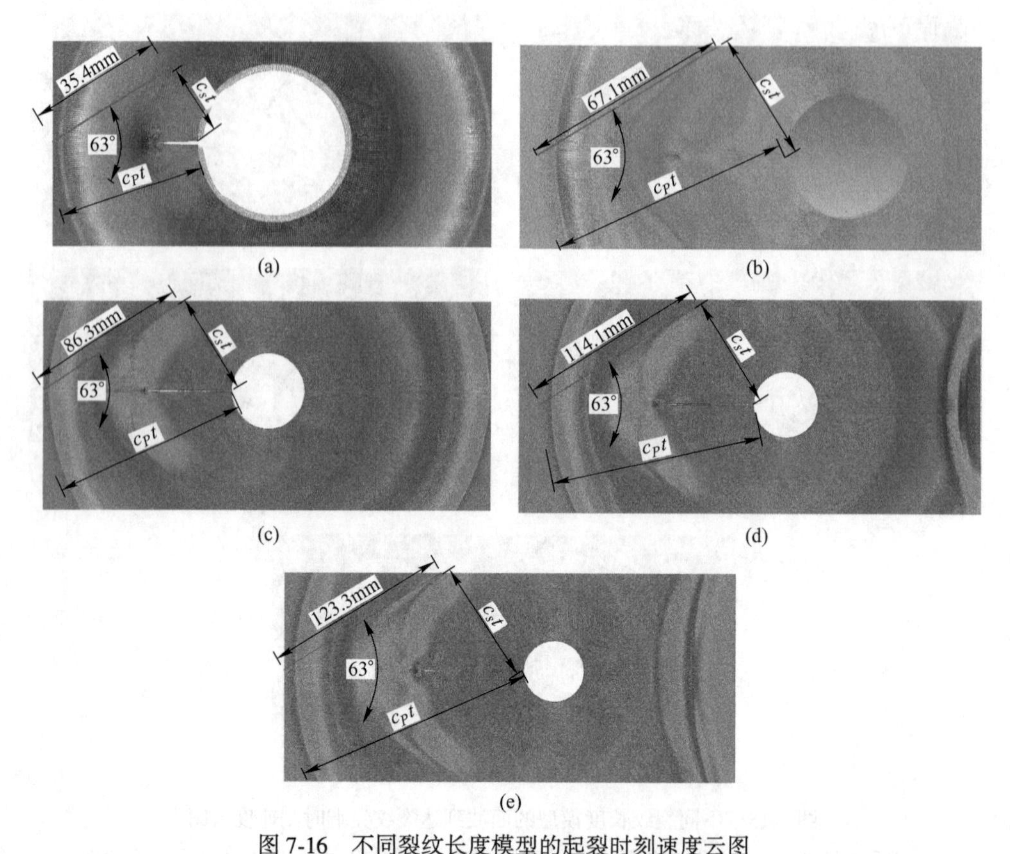

图 7-16　不同裂纹长度模型的起裂时刻速度云图

（a）$2a=11.8$mm；（b）$2a=35.3$mm；（c）$2a=47.1$mm；（d）$2a=58.9$mm；（e）$2a=70.7$mm

预制短裂纹的加载率更高、能量更大。

7.4.2　首波三角速度带尺寸变化规律

由图 7-13～图 7-16 可知，裂纹长度变化的预制裂纹面形成了三角形的速度带，由于试样材料的泊松比一定，其三角速度带的夹角成定值 63°；而速度带的长度随着预制裂纹的长度增加逐步变长，随着时间的增加先加速增加后基本稳定在一定长度，如图 7-17 所示。

由图 7-17 可知，首波与面波叠加的模型和首波与面波分离模型相比，其首波速度带长度变化规律，虽然都是逐步增加，但其增加形式完全不一样；一种为上凸型曲线，一种为下凹型曲线。在面波到达裂纹尖端后，首波的速度带长度增加量逐步变小，裂纹起裂后其速度带几乎不增加了；在相同特征时刻，预制裂纹越长其首波速度带的长度越长。

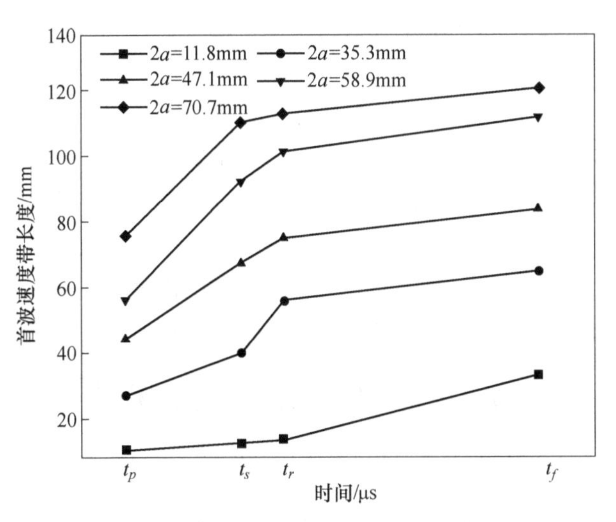

图 7-17 首波速度带长度与特征时刻关系

7.4.3 数值模拟监测点数据分析

根据裂纹尖端渐进场的解要求 $r/2a \ll 1$ 时其才会成立，可见在裂纹变化的模型中只需控制最短裂纹监测点 r 的位置，即可保证其余模型满足 $r/2a \ll 1$ 这一要求。本次监测点距离裂纹尖端 $r = 0.3\text{mm}$，由此可知最短裂纹 $2a = 11.8\text{mm}$ 时，$r/2a = 0.3/11.8 = 0.02 \ll 1$ 满足渐进场要求。据此，选择靠近裂纹上下两个面监测点 1 与监测点 2，用于监测靠近裂纹尖端的相对展开位移，如图 7-18 所示。

通过计算监测点 1 与监测点 2 的位移时程，可以计算出靠近裂纹尖端 $r=0.3\text{mm}$处，裂纹面张开的相对位移时程，如图 7-19 所示。相对位移先小幅度

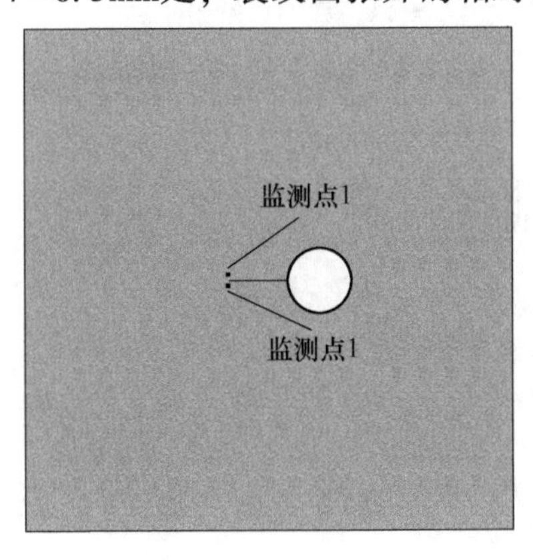

图 7-18 不同裂纹长度模型监测点选择

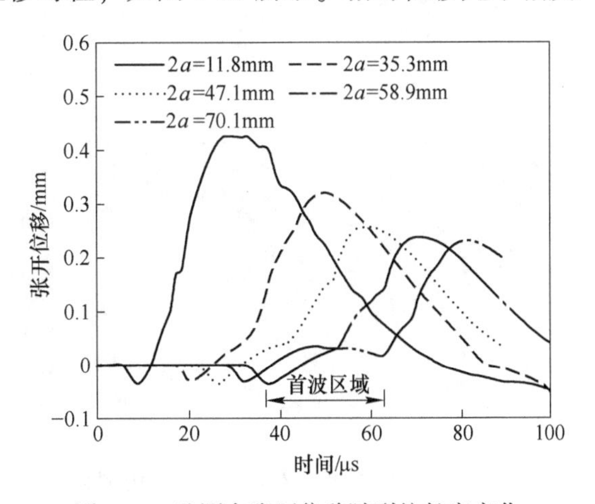

图 7-19 监测点张开位移随裂纹长度变化

降低后急剧增加到峰值又相对缓慢降低到零，整个过程持续 100μs，并会在首波出现时刻发生明显的转折。

监测点张开位移曲线形状，与裂纹尖端的强度因子曲线形状基本一致，也就是说此张开位移也在一定程度上反映了裂纹尖端的应力集中程度。随着预制裂纹长度的增加其张开位移峰值越来越小，但当 $2a=47.1$mm 以后张开位移的峰值变化不大。这是由于，此时已是爆炸面波的作用时间，在裂纹面上形成的面波几乎不衰减造成的。首波衰减与波形的拉伸过程，在位移时程曲线上也能清晰地观察到，随着裂纹长度地增加，首波波形被越拉越长，其值也急剧衰减。

7.5　不同入射角度构型预制裂纹动态扩展全过程计算与分析

7.5.1　裂纹面处速度云图分析

通过对不同入射角度的模型进行数值计算，其结果进行后处理，获取爆炸纵波、爆炸横波、爆炸面波分别到达裂纹尖端时刻，以及起裂时刻的速度云图，如图 7-20~图 7-23 所示，来分析首波在裂纹面上的空间形态。可见首波出现的形态与不同预制裂纹长度模型一致，边界反射波十分明显且逐步侵蚀首波，在裂纹尖端时与首波叠加引起裂纹开裂。

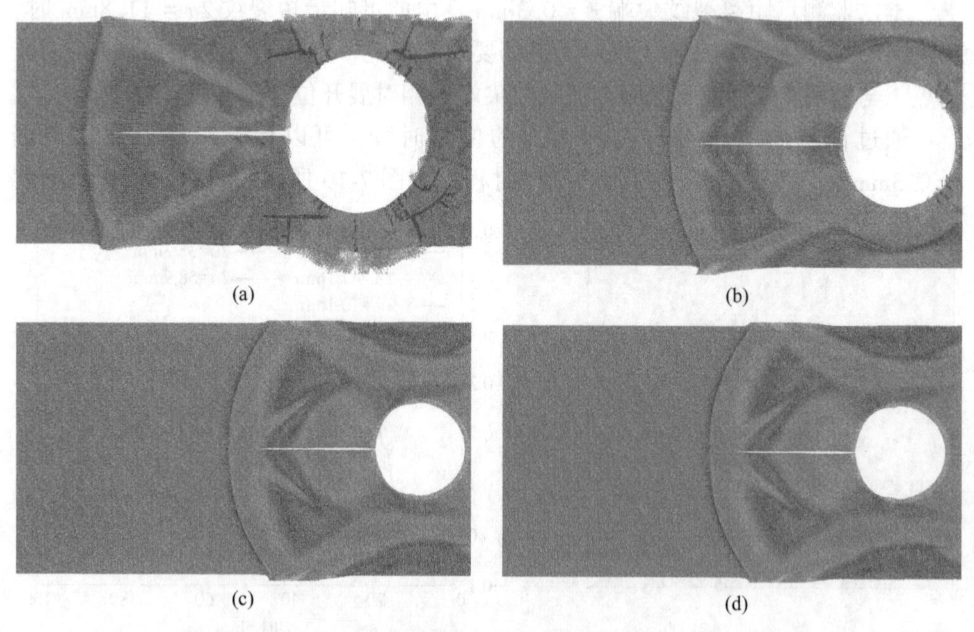

图 7-20　不同入射角度模型纵波到达裂纹尖端时刻速度云图

(a) $\theta=45°$；(b) $\theta=53°$；(c) $\theta=59°$；(d) $\theta=63°$

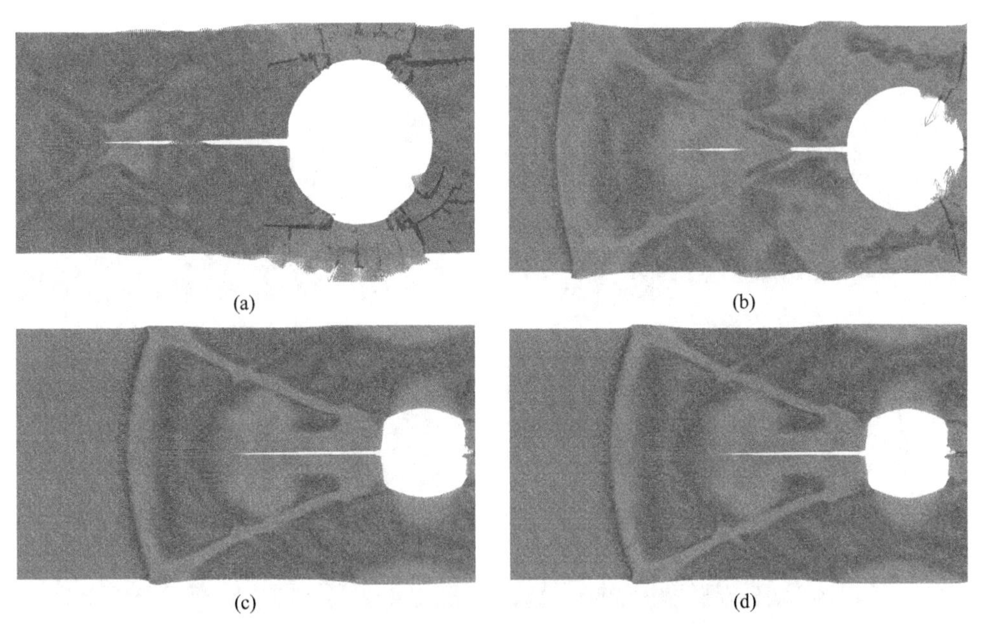

图 7-21 不同入射角度模型横波到达裂纹尖端时刻速度云图

(a) $\theta=45°$；(b) $\theta=53°$；(c) $\theta=59°$；(d) $\theta=63°$

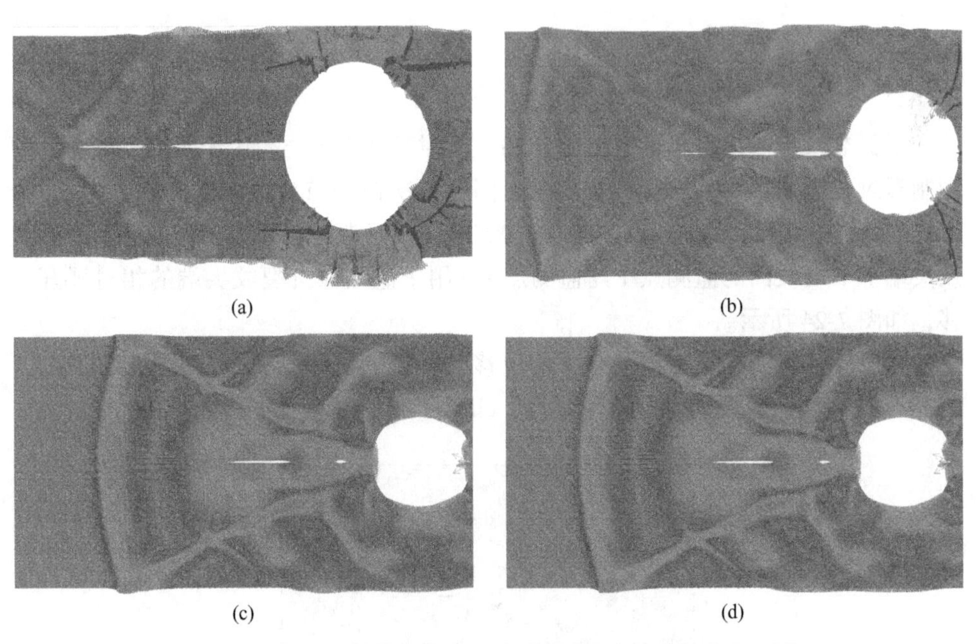

图 7-22 不同入射角度模型面波到达裂纹尖端时刻速度云图

(a) $\theta=45°$；(b) $\theta=53°$；(c) $\theta=59°$；(d) $\theta=63°$

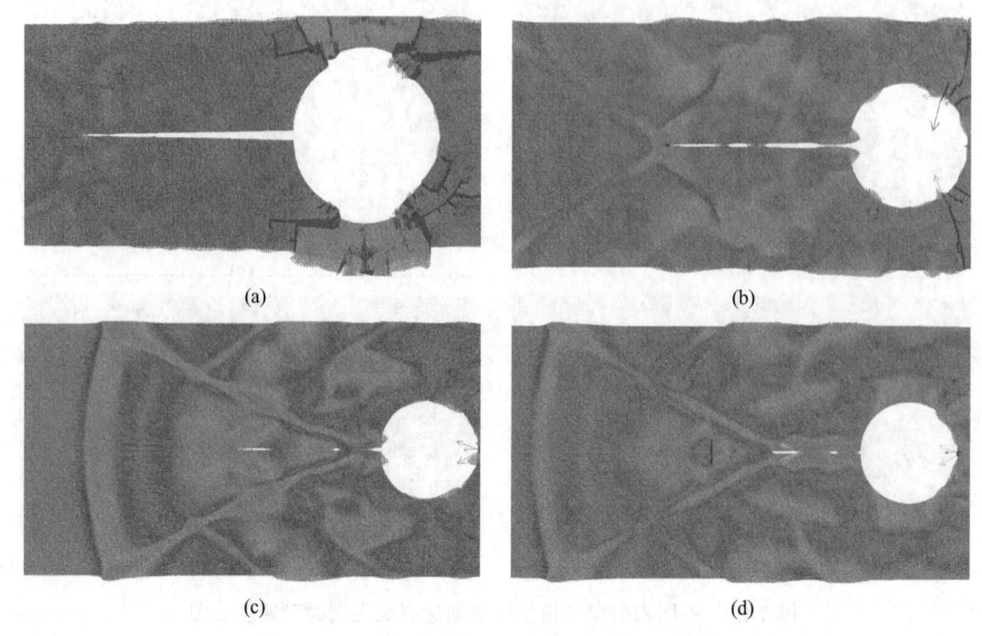

图 7-23　不同入射角度模型起裂时刻速度云图

（a）$\theta=45°$；（b）$\theta=53°$；（c）$\theta=59°$；（d）$\theta=63°$

7.5.2　数值模拟监测点数据分析

根据裂纹尖端渐进场的解要求 $r/2a \ll 1$ 时其才会成立，由于不同宽度模型的预制裂纹长度 $2a=60$mm 为一固定值，因此本次监测点均选取距离裂纹尖端 $r=0.3$mm。由此可知，$r/2a=0.3/60=0.005 \ll 1$ 满足渐进场要求，据此选择靠近裂纹尖端上下裂纹面的监测点 1 与监测点 2，用于监测靠近裂纹尖端的相对展开位移，如图 7-24 所示。

通过计算监测点 1 与监测点 2 的位移时程差，可以计算出靠近裂纹尖端 $r=0.3$mm 处裂纹面张开的相对位移时程，如图 7-25 所示。

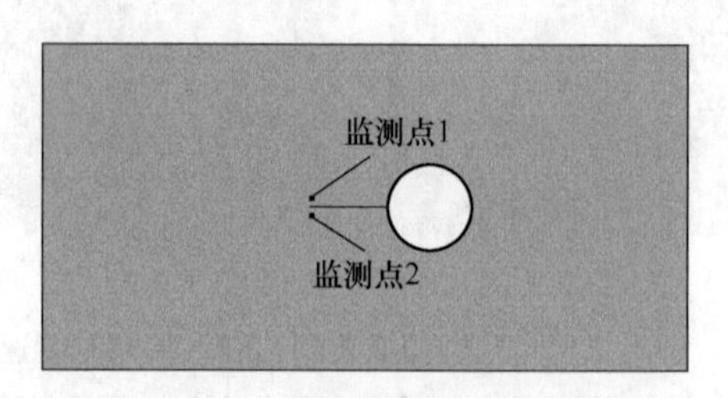

图 7-24　不同入射角度模型监测点选择

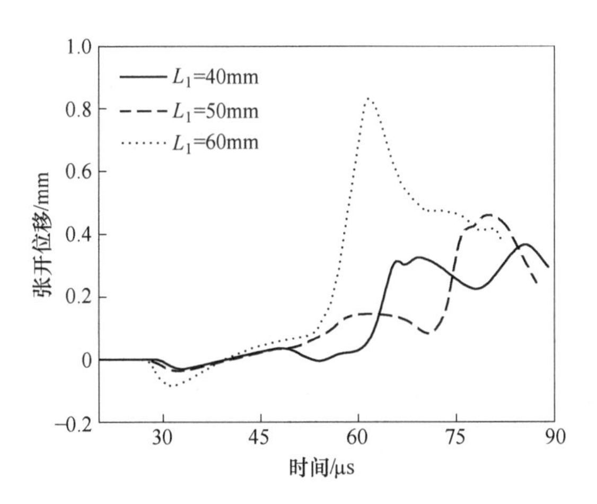

图 7-25 监测点张开位移随入射角度变化

由图 7-19 与图 7-25 对比得知，不同入射角度模型的裂纹张开位移，普遍比不同裂纹长度变化时的裂纹张开位移大，这是由于其受到首波速度带与边界反射波双因素影响结果；预制裂纹的张开位移时程曲线，与其应力强度因子曲线波形形状较为一致。随着入射角度的增加，其反射波入射角度增大，垂直与裂纹面方向的分量增加，裂纹面上的张开位移峰值也相应地增大。

7.6 设计构型的尺寸与起裂时间敏感性分析

实验-数值法是通过测得的关键实验数据，例如荷载时程曲线、预制裂纹的起裂时间、预制裂纹的扩展速度，并以这些测得的实际参数为有限单元输入基本参量。借助有限单元等数值方法，确定试样预制裂纹尖端的动态应力强度因子历程。通过所测得的起裂或者扩展时间，在应力强度因子历程上确定所测得的试样的起裂韧度值或扩展韧度值。

该类有限单元数值方法的精度，取决于其算法的优劣以及网格的尺寸大小，通常可以通过加密网格与修正算法，来控制其计算精度。而实验测得的数据，主要通过选择合适恰当的设备，以及设置正确的采集参数来保证测试数据的精度。

然而，试样的预制裂纹长短、加载孔径的大小、导爆索加载位置，这些参数的变化都会引起荷载的峰值变化，以及到达加载孔壁的时刻的变化。这些都是影响实验-数值法计算精度的主要客观因素，应当进行分析与控制，以便提高测试精度。本节主要以 $2a$ = 35.3mm 的岩石试样构型为例，通过改变加载中心的偏离程度、裂纹的尺寸长短微小变化、加载孔径大小的微小变化以及起裂时刻的微小偏差，讨论其对试样动态起裂韧度测试结果的影响程度。

7.6.1 加载中心的偏离程度对测试结果影响

在理想情况下，爆炸加载装置是完全对称的，但实际爆炸加载过程中，可能会出现加载中心偏差的问题。这样不但会导致爆炸应力波到达加载孔壁时间偏差，而且会影响加载峰值大小。根据爆炸应力波峰值衰减规律式（7-10），计算加载到孔壁压力 p_b 。

$$p_b = \frac{p_0}{\bar{r}^{\alpha}} \tag{7-10}$$

式中 $\bar{r}$——比例距离，$\bar{r}=r/r_b$；

r——距装药中心的距离，m；

p_0——导爆索爆轰时的爆轰压力峰值，Pa；

p——爆炸应力波在介质中的衰减值，Pa；

$\alpha = 2 - \nu/(1 - \nu)$——衰减指数；

ν——试样的动态泊松比。

本实验采用水作为耦合介质，其泊松比 $\nu = 0.5$，$\alpha = 1$，波速 $V_P = 1500\text{m/s}$，由 PVDF 压力传感器测得距离装药中心 20mm 处加载孔壁压力 $p_b = 328\text{MPa}$，由式（7-10）计算出中心偏差 Δr 分别为0.2mm、0.6mm、1.0mm 时加载孔左侧压力增加 3.31MPa、10.14MPa、17.26MPa；右侧分别减少了 3.25MPa、9.55MPa、15.62MPa，爆炸应力波到达时间会减少或者增加 0.13μs、0.40μs、0.67μs，其左右两侧加载曲线，如图 7-26、图 7-27 所示。

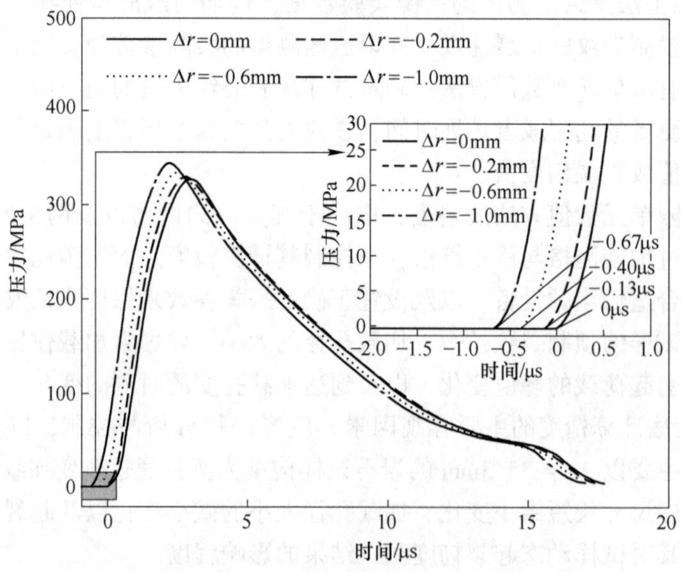

图 7-26 加载孔左侧压力变化曲线

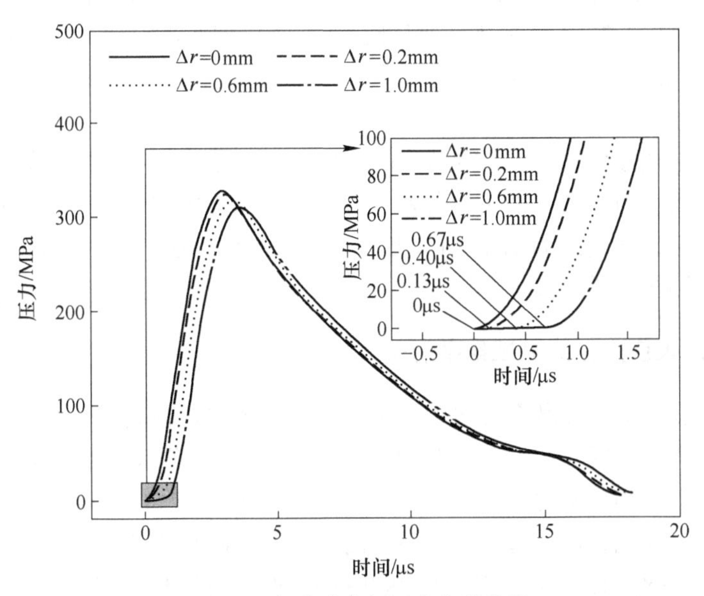

图 7-27 加载孔右侧压力变化曲线

图 7-27 中 t 为负值，表示其提前到达加载孔壁，t 为正值表示其延迟到达加载孔壁。将其分别加载于 $2a = 35.3\text{mm}$ 的计算模型之中，可以得到其强度因子曲线并与无偏差时的曲线进行对比，如图 7-28 所示。

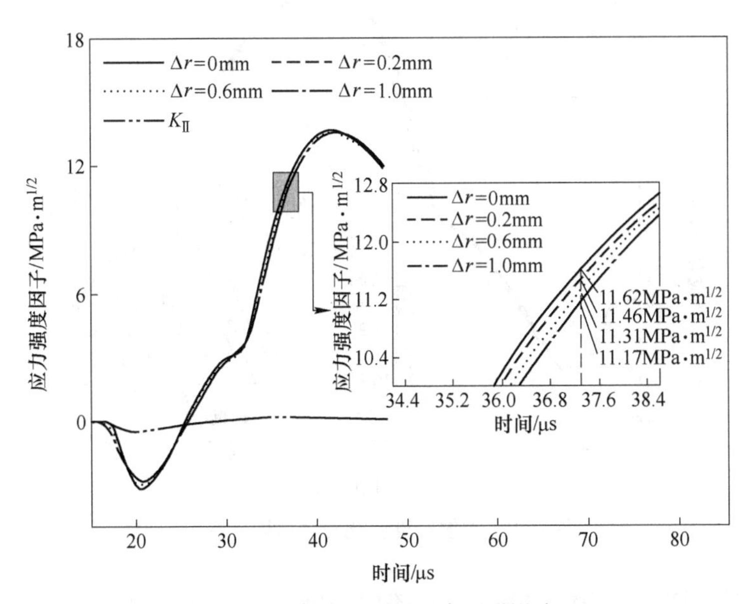

图 7-28 加载位置对强度因子影响

由图 7-28 可知，其在 Δr 分别为 0mm、0. 2mm、0. 6mm、1. 0mm 时，假设试样的起裂时间为 37. 3μs 不变。因此，其起裂韧度分别为 11. 62MPa · $m^{1/2}$、11. 46MPa · $m^{1/2}$、11. 31MPa · $m^{1/2}$、11. 17MPa · $m^{1/2}$，其最大偏差值仅为 3. 9%。

现实中将加载位置偏差控制在 1mm 以内也是可行的。如果其偏差过大会引起其荷载时间上与峰值上的不对称性，试样的Ⅱ型强度因子会凸显，这会改变试样设计的初衷，在偏差为 1mm 时其Ⅱ强度因子几乎为 0，此时可以认为其满足设计要求，如图 7-28 所示。

7. 6. 2　裂纹长度变化对测试结果影响

假定荷载因素、加载孔径等因素都固定，来考察预制裂纹长度对测试起裂韧度的影响。此时，同样假定起裂时间为 37. 3μs 不变，实际随着裂纹长度的变化，其起裂时间也会相应变化。由于本次考虑裂长度变化仅在 0. 4mm 内的范围内增长或者缩短，因此，做出起裂时间不变的假定。预制裂纹变化时并不会影响其加载力的峰值变化，也不会改变其到达孔壁时间，因此其加载荷载不变。分别对 $2a$ 为 34. 9mm、35. 1mm、35. 5mm、35. 7mm 的模型，进行应力强度因子计算，并与 $2a$ = 35. 3mm 的设计模型应力强度因子曲线进行对比分析，其计算结果曲线，如图 7-29 所示。

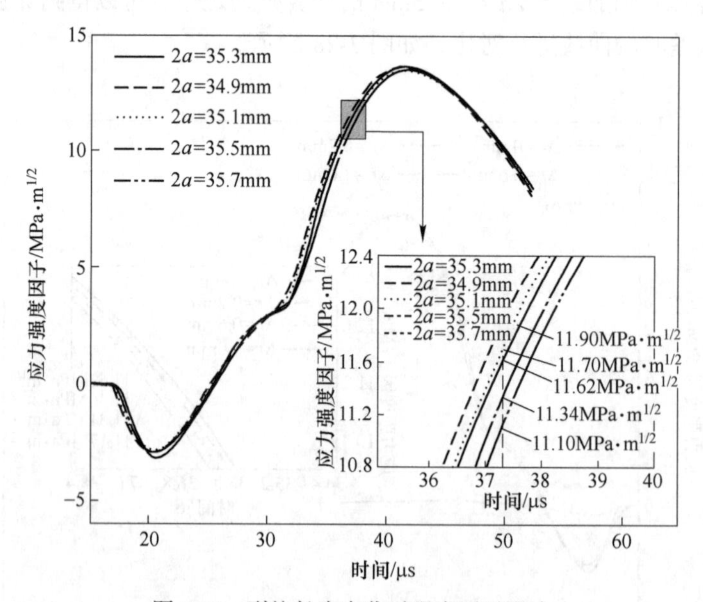

图 7-29　裂纹长度变化对强度因子影响

按照起裂韧度的确定方法，分别确定预制裂纹 $2a$ = 35. 3mm、$2a$ = 34. 9mm、

$2a=35.1\text{mm}$、$2a=35.5\text{mm}$、$2a=35.7\text{mm}$ 的模型的起裂韧度为：11.62MPa · $\text{m}^{1/2}$、11.90MPa · $\text{m}^{1/2}$、11.70MPa · $\text{m}^{1/2}$、11.34MPa · $\text{m}^{1/2}$、11.10MPa · $\text{m}^{1/2}$。由图 7-29 可知，裂纹长度变化同样的量时，其缩短裂纹比增长裂纹更接近设计值，其最大偏差为裂纹增长 0.4mm 时，与设计裂纹长度相比起裂韧度偏差值为 -4.5%。

7.6.3 加载孔径加工精度对测试结果影响

加载孔径的尺寸变化时，加载到孔壁的爆炸应力波峰值也同样会出现衰减。同时也改变了裂纹与加载中心的相对位置，也使得爆炸应力波到达加载孔壁的时间出现偏差，但其左右对称性没有改变也为 I 型试样。同样，根据式（7-10）可以计算出加载孔径偏差 ΔD 分别为 0.2mm、0.6mm、1.0mm 时，其压力峰值分别会降到无偏差值的 98%、94%、91%，到达加载孔壁的时间也相应会延后 0.1μs、0.4μs、0.7μs，其加载曲线，如图 7-30 所示。

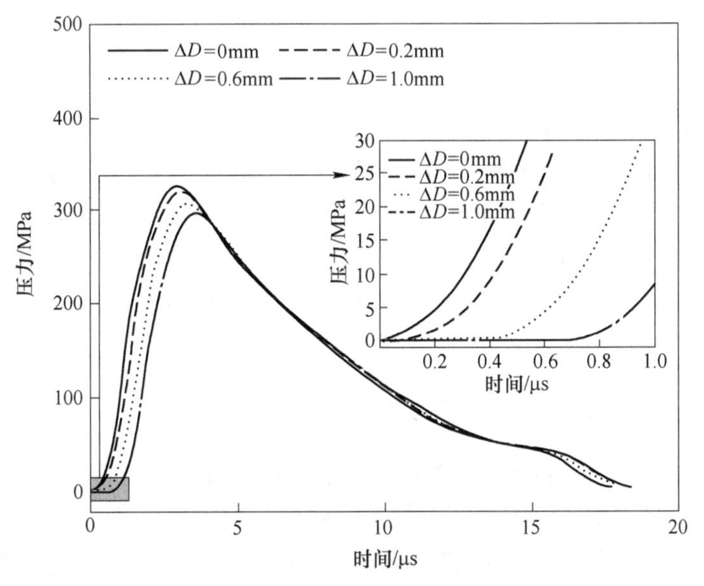

图 7-30 炮孔直径偏差加载曲线

将其加载于 $2a=35.3\text{mm}$ 的构型的计算模型之中，可以得到其强度因子与无偏差时的对比曲线。由于其孔径变化最大仅 1mm，可假设其起裂时间为 37.3μs 不变，强度因子曲线如图 7-31 所示。

由图 7-31 可知，其在 ΔD 分别为 0mm、0.2mm、0.6mm、1.0mm 时，试样的起裂韧度分别为 11.62MPa · $\text{m}^{1/2}$、11.74MPa · $\text{m}^{1/2}$、12.18MPa · $\text{m}^{1/2}$、12.45MPa · $\text{m}^{1/2}$，其最大偏差值为 7.1%。可见加载孔直径的变化对起裂韧度值

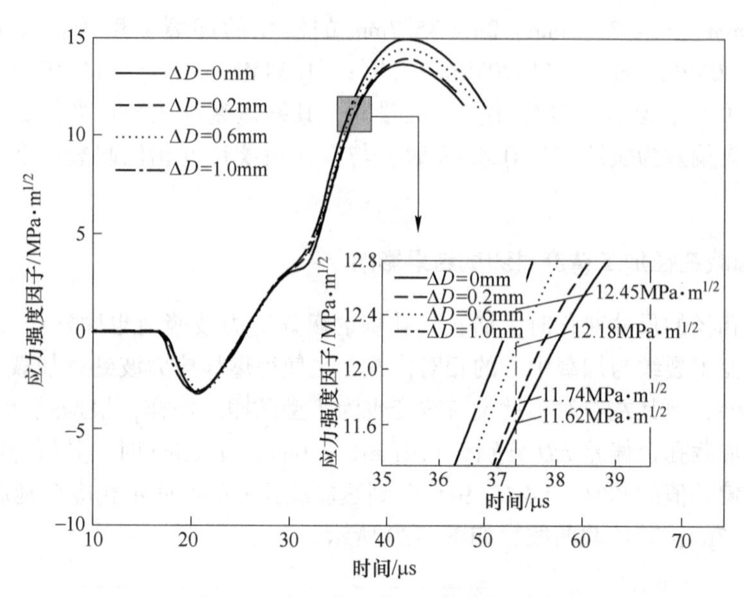

图 7-31　炮孔直径偏差强度因子曲线

影响较大，这是由于随着加载孔径的放大或者缩小，改变荷载的同时，也在改变裂纹的预制长度。由本书的理论分析与物理实验得知，裂纹长度变化能够直接影响其加载率，这是爆炸荷载的尺寸相关性特征所决定的。随着其加载孔径的增加，实质是增加了受力面积，从而使初始加载力增加。因此，进行测试时需要用游标卡尺，这样的高精度的量具对已经加工好的加载孔进行测量，并按照测量值代入数值计算模型之中，来修正其计算误差。

7.6.4　不同形式裂纹对强度因子影响

裂纹通常位于不同位置，对裂纹的起裂与扩展有着比较明显的影响，其起裂机制也有一定的区别。本小节针对 300mm×300mm 的模型，设计三种常见的裂纹形式：直裂纹（裂纹一端与加载孔贯穿）、边裂纹（裂纹一端与模型的边界贯穿）、中心裂纹（裂纹的两个尖端与模型边界与加载孔均不贯穿）。三种模型的裂纹尖端距离加载孔中心距离均为 35.3mm，加载孔直径为 40mm，也用导爆索与水耦合进行加载，其模型如图 7-32 所示。

运用相互作用积分法获取三种模型的裂纹尖端的应力强度因子时程曲线，如图 7-33 所示。可见直裂纹模型与中心裂纹模型的强度因子曲线，前程上升段变化几乎一致，而后程下降段稍有差异；而边裂纹的应力强度因子曲线与前两者有着明显的区别，由于应力波先通过裂纹尖端再沿裂纹面进行传播。因此，其无明显的首波与面波叠加过程，应力强度因子曲线上也没有明显的叠加点。上升段较

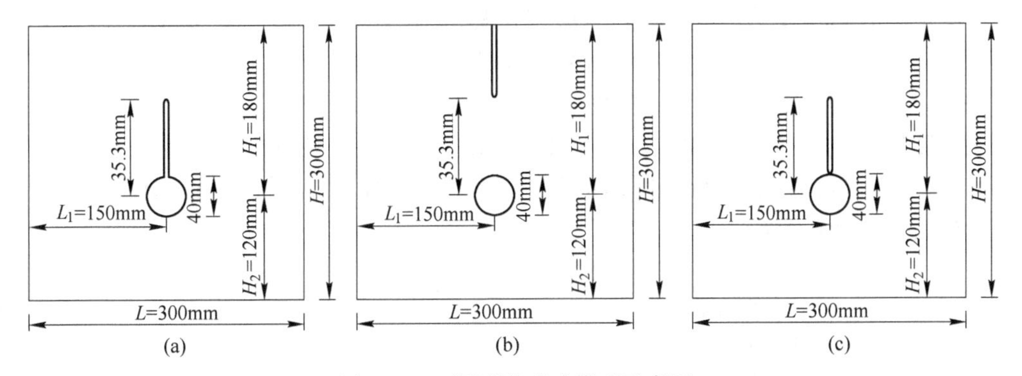

图 7-32 不同裂纹形式模型示意图

(a) 直裂纹；(b) 边裂纹；(c) 中心裂纹

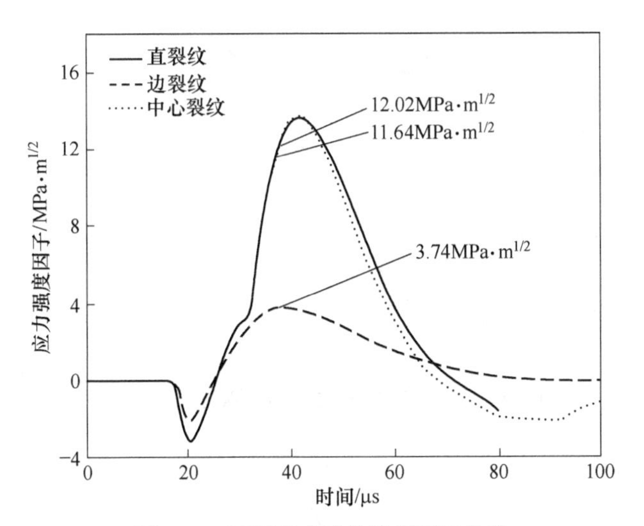

图 7-33 不同形式裂纹强度因子曲线

为迅速，较快地到达了强度因子峰值，下降段十分缓慢，其应力强度因子峰值约为直裂纹与边裂纹模型峰值的 1/4。

由于边裂纹模型的特殊性，其不能体现出裂纹面上的首波与面波的叠加，因此，改变其裂纹长度来提高加载率的范围有限。假设三种模型的起裂时间均为 37.3μs，可以得出直裂纹模型的起裂韧度值为 11.64MPa · $m^{1/2}$，边裂纹模型的起裂韧度值为 3.74MPa · $m^{1/2}$，中心裂纹模型的起裂韧度值为 12.02MPa · $m^{1/2}$，可见，不同裂纹形式测得的起裂韧度差别很大。

7.6.5 起裂时间对测试结果影响

由实验-数值法原理可知，起裂时间精度，直接影响着起裂韧度值的确定。

本测定的时间精度为 0.1μs，同时假定试样的其他参数不变，对裂纹长度 $2a$ = 11.8mm、$2a$ = 70.7mm 构型测试起裂时间偏差±0.1μs 时，对断裂韧度值的变化进行分析。由强度因子曲线，如图 7-34、图 7-35 所示。确定 $2a$ = 11.8mm 构型起裂韧度值分别为 13.76MPa · $m^{1/2}$、13.51MPa · $m^{1/2}$，其与正常值最大偏差为 0.9%；$2a$ = 70.7mm 构型起裂韧度值分别为 9.53MPa · $m^{1/2}$、9.44MPa · $m^{1/2}$，其最大偏差为 0.4%。

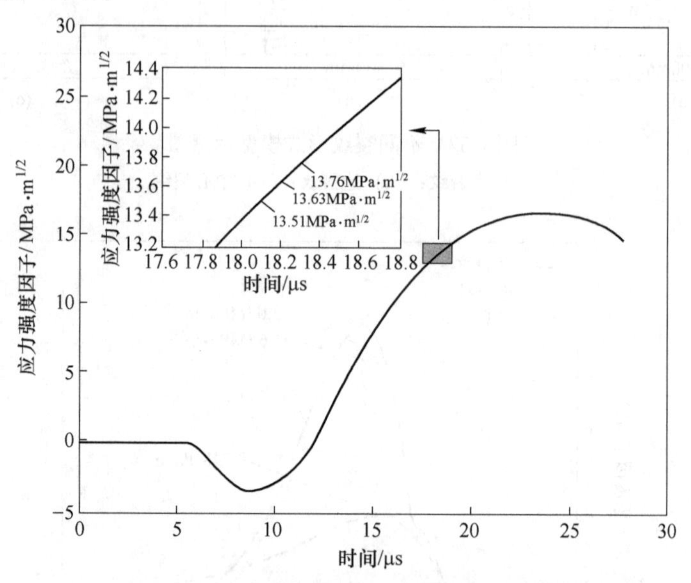

图 7-34　$2a$ = 11.8mm 时间偏差强度因子曲线图

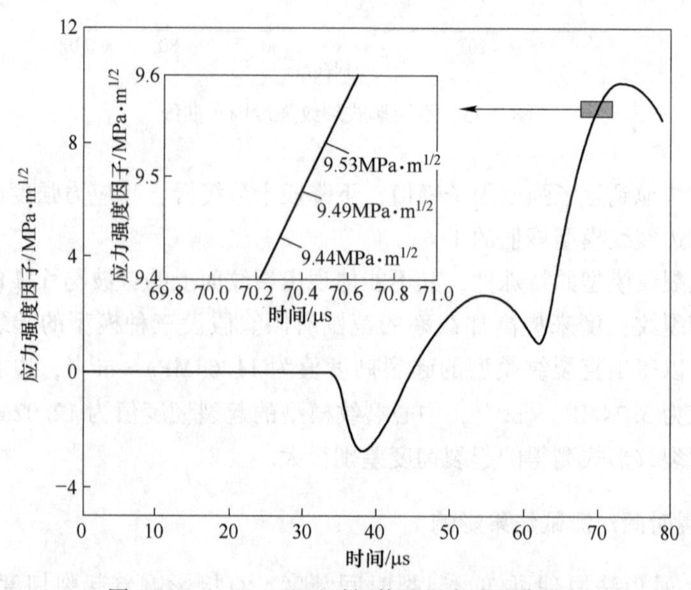

图 7-35　$2a$ = 70.7mm 时间偏差强度因子曲线图

综上所述，本小节分别从试样的加载中心位置、裂纹长度、加载孔径、起裂时间这四个参数的微小变化，分析了其对测试精度的影响。首先，加载中心位置、裂纹长度、加载孔径这三个参数的变化值均控制在 1mm 以内，分析结果表明加载孔径变化时，其测试结果偏差值达 7.1%；其次，为裂纹长度变化时，其测试值偏差达4.5%；第三，加载中心偏离时，其偏差值仅为 3.9%；最后由于起裂时间测试精度高，其细微偏差时，其偏差值最大仅为 0.9%，四个参数变化时的偏差值均小于 10%。实验中为了控制测试偏差值，在试样加工完成后，用高精度的测试工具对试样几何尺寸进行多次测量，并用求其均值的方法来降低其尺寸误差，进而保证测试精度。

7.7 小结

本章通过分析传播裂纹尖端附近的力学场与应力强度因子，对两大类构型进行了扩展韧度计算、对裂纹动态扩展全过程进行了数值重演，分析了设计构型尺寸对测试起裂韧度测试结果的敏感性，得到以下结论。

（1）运动的裂纹扩展韧度，可以通过通用函数与分形模型修正法来进行计算。扩展韧度等于扩展长度 50%时的静止裂纹的应力强度因子值，乘以与扩展速度相关的通用函数值；或者利用分形模型修正法修正通用函数，修正后的通用函数值，乘以扩展到长度 50%时的静止裂纹对应的强度因子值。首波与面波叠加致裂的模型中，预制裂纹的扩展韧度随着裂纹运动速度的增加而增加，而随着加载率的增加而减小；反射波与面波叠加模型中，扩展韧度随反射波的入射角度变化而变化，并有一个最危险角度，此时扩展韧度最小，本测试该角度为 59°，其扩展韧度随着加载率的增加而增加。

（2）AUTODYN 软件重演了试样裂纹面的爆炸应力波，在不同时刻的空间域上的分布情况。首波波阵面以预制裂纹为对称轴，形成定角为 63°的等腰三角形速度带。随着预制裂纹长度地增加，三角形速度带会越来越明显，随着时间的增加，首波速度带会整体衰减，裂纹面上的面波会逐渐凸显出来。在裂纹的起裂时刻，裂纹尖端出现了明显的张开速度，且预制裂纹越短，张开速度越大，原因是预制短裂纹的模型加载率更高、能量更大。

（3）试样的加载中心位置、裂纹长度、加载孔径与起裂时间四个参数的微小变化时，会对起裂纹韧度的测试结果产生影响。结果表明，首先，加载孔径变化时其测试结果偏差值最大达 7.1%；其次，为裂纹长度变化时测试值偏差为 4.5%；第三，加载中心偏离时偏差值为 3.9%；最后起裂时间偏差时偏差值最小仅为 0.9%。几何参数偏差，可以通过对加工好后的试样，进行多次测量，来保证测试的精度。

参考文献

[1] Duan, Kai, Hu, et al. Size effect on specific fracture energy of concrete [J]. Engineering Fracture Mechanics, 2007, 74 (1): 87-96.

[2] Hu Xiaozhi, Duan Kai. Size effect: Influence of proximity of fracture process zone to specimen boundary [J]. Engineering Fracture Mechanics, 2007, 74 (7): 1093-1100.

[3] Hu Xiaozhi, Duan Kai. Size effect and quasi-brittle fracture: the role of FPZ [J]. International Journal of Fracture, 2008, 154 (1-2): 3-14.

[4] Rosakis Ares J, Ravichandran G. Dynamic failure mechanics [J]. International Journal of Solids and Structures, 2000, 37 (1-2): 331-348.

[5] Ravi-Chandar K, Knauss W G. An experimental investigation into dynamic fracture: Ⅰ. Crack initiation and arrest [J]. International Journal of Fracture, 1984, 25 (4): 247-262.

[6] Rice James R. Mathematical analysis in the mechanics of fracture [J]. Fracture: An Advanced Treatise, 1968, 2: 191-311.

[7] 范天佑．断裂动力学原理与应用 [M]. 北京：北京理工大学出版社，2006.

[8] Ravi-Chandar Krishnaswamy. Dynamic fracture [M]. Elsevier, 2004.

[9] Freund L. Ben. Dynamic fracture mechanics [M]. Cambridge University Press, 1998.

[10] Freund L. B. Crack propagation in an elastic solid subjected to general loading—Ⅲ. Stress wave loading [J]. Journal of the Mechanics and Physics of Solids, 1973, 21 (2): 47-61.

[11] 刘再华，解德，王元汉，等．工程断裂动力学 [M]. 武汉：华中理工大学出版社，1996.

[12] 王自强，陈少华．高等断裂力学 [M]. 北京：科学出版社，2009.

[13] 迈耶斯．材料的动力学行为 [M]. 北京：国防工业出版社，2006.

[14] 曹富，杨丽萍，李炼，等．压缩单裂纹圆孔板（SCDC）岩石动态断裂全过程研究 [J]. 岩土力学，2017，38（6）：1573-1582.

[15] 谢和平．大理岩微观断裂的分形（fractal）模型研究 [J]. 科学通报，1989，34（5）：365-368.

[16] 谢和平．分形-岩石力学导论 [M]. 北京：科学出版社，1996.

8 动荷载下次裂纹对主裂纹动态断裂行为影响研究

8.1 引言

目前，国内大量岩体工程如地下硐室、穿山隧道等，在建设过程中都难免要受到原生构造裂隙、再生裂隙的影响。而这些原生与再生裂隙，在动荷载作用下将发生起裂、扩展演化，最终影响岩体工程的稳定性。因此，研究多裂纹在动荷载耦合作用下的裂隙岩体的动态断裂规律，并将其应用于实际岩体开挖工程之中，不仅可将理论与实际相结合，同时也能指导岩体工程的爆破开挖，保证岩体工程的稳定性。

动荷载下裂隙岩体动态断裂过程一般可分为起裂、快速扩展、后期止裂三个阶段。为了提高工程岩体的稳定性，不仅要关注裂纹扩展演化过程，而且还要关注止裂过程。岩体裂纹的止裂贯穿整个动态断裂过程，可以人为地去改变起裂、扩展及止裂这三个过程中的裂纹尖端场，从而最大程度地减小裂纹扩展的长度，最终达到止裂效果的目的。本章基于这个思路，研究了动荷载下预制裂纹对主裂纹扩展规律的影响，分析了次裂纹抑制主裂纹起裂、扩展作用原理。

8.2 模型参数设计

本模型采用如图 8-1 所示的大直径圆盘试件，试件的厚度为 20mm、直径为

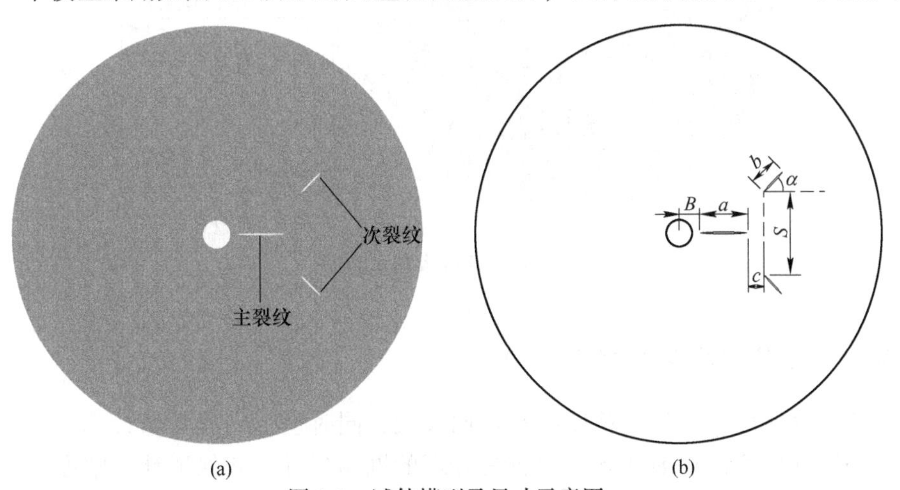

图 8-1 试件模型及尺寸示意图

（a）试件模型图；（b）试件尺寸示意图

600mm。在试件中心钻取直径为40mm的加载孔，在距离加载孔中心 $B=30$mm 的位置预制 $a=70$mm 的径向主裂纹，并且在距离主裂纹前段 $c=10$mm 处预制两条长度为 $b=40$mm 的裂纹。这两条裂纹分别与主裂纹扩展方向呈 α 角（$\alpha=0°$、45°、90°），并且它们的间距为 S（$S=20$mm、30mm、40mm、50mm、60mm、70mm），如图8-1所示。

8.3 数值模型合理性分析

8.3.1 试验材料数值模型及爆炸加载的选择

数值分析手段在一定程度上，可以辅助复杂的理论分析，得到更清晰可靠地结果。而数值分析中，试验构型在试验条件下的力学参数会影响物理试验的精确预判。因此，将从状态方程、强度模型、失效模型三个方面考虑砂岩材料的计算模型。岩石类脆性材料内能与体积变化后导致体积应力的变化很不明显，在小变形条件下即可发生失效破坏。因此，其状态方程可参考式（5-60）表述。

砂岩属于脆性材料，因此采用线弹性强度准则，剪切模量根据岩石基本力学参数计算可得。此外，失效准则采用最大拉应力准则。

为了获取较准确地数值计算结果，爆炸加载并没有采用炸药模型，而是通过实验测得的加载孔壁压力曲线进行加载，如图8-2所示。

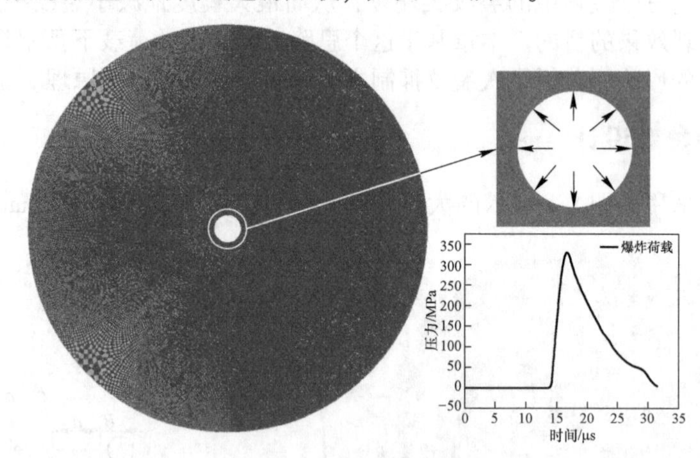

图8-2 加载模型示意图

8.3.2 数值模型网格尺寸合理化确定

模型网格尺寸对计算精度的影响比较大，同时也影响着数值计算工效。因此，需要在数值计算前找到一个较为合理的网格尺寸，来保证计算精度与计算工效。

本节选取直径为60mm且带有中心加载孔直径为4mm的数值模型进行网格合理性尺寸验证，同时将模型单元尺寸划分为1mm、0.75mm、0.5mm、0.25mm、0.125mm，共5个模型。图8-3曲线显示了网格尺寸与各模型总网格数量之间的关系。分析可知：当网格尺寸在1~0.5mm内变化时，网格数量基本呈线性增长，且增长量较小；当网格尺寸在0.5~0.125mm内变化时，网格数量呈指数增长。因此，初步判定网格尺寸在1~0.5mm较为合适。

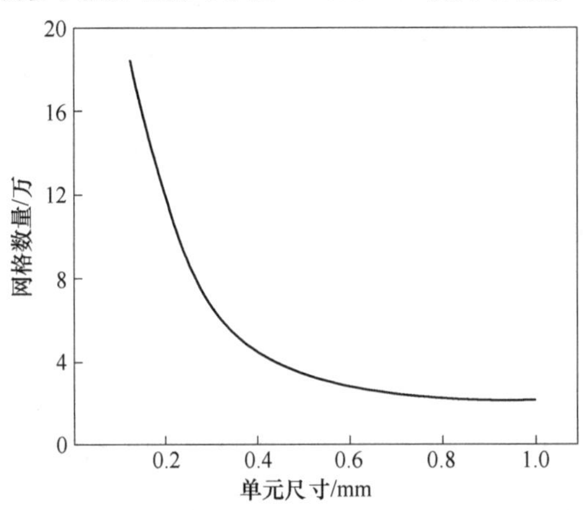

图8-3 数值模型网格尺寸与网格数量对应关系

将上述的不同网格尺寸的模型导入AUTODYN中，采用6.2.1节中的材料参数，对5个模型进行运算，计算时间$t=30\mu s$。不同网格尺寸的5个模型计算后的效果，如图8-4所示。

图8-4显示，随着网格尺寸的减小，加载孔周围径向裂纹的扩展范围先是逐步增大，直到网格尺寸≤0.5mm时，加载孔周围径向裂纹扩展范围变化很小。分析可知，当网格尺寸≤0.5mm时网格尺寸对裂纹扩展效果的影响较小。

此外，在5个模型上，距离加载孔中心5mm、10mm、15mm、20mm以及25mm位置均设置了5个监测点，用以分析爆炸应力波阵面依次到达各监测点的时间变化，如图8-5所示。从而分析选择出对应力波传播影响最小的合理网格尺寸。

图8-5显示，同一网格尺寸下，应力波到达监测点1、监测点2、监测点3、监测点4、监测点5时间近似线性；对比不同网格尺寸下，应力波到达时间可知：当网格尺寸为0.75mm、1mm时，波阵面到达时间与其他模型相差较大；当网格尺寸为0.5mm、0.25mm、0.125mm时，这三个模型中波阵面到达各监测点的时间几乎一致。这说明，当网格尺寸在0.5~0.125mm内变化时，对应力波的传播影响较小。

综上分析，当网格尺寸在0.5~0.125mm内变化时，网格数量呈指数增长，加载孔周围裂纹扩展范围变化不大。同时，对应力波的传播影响较小。因此，最

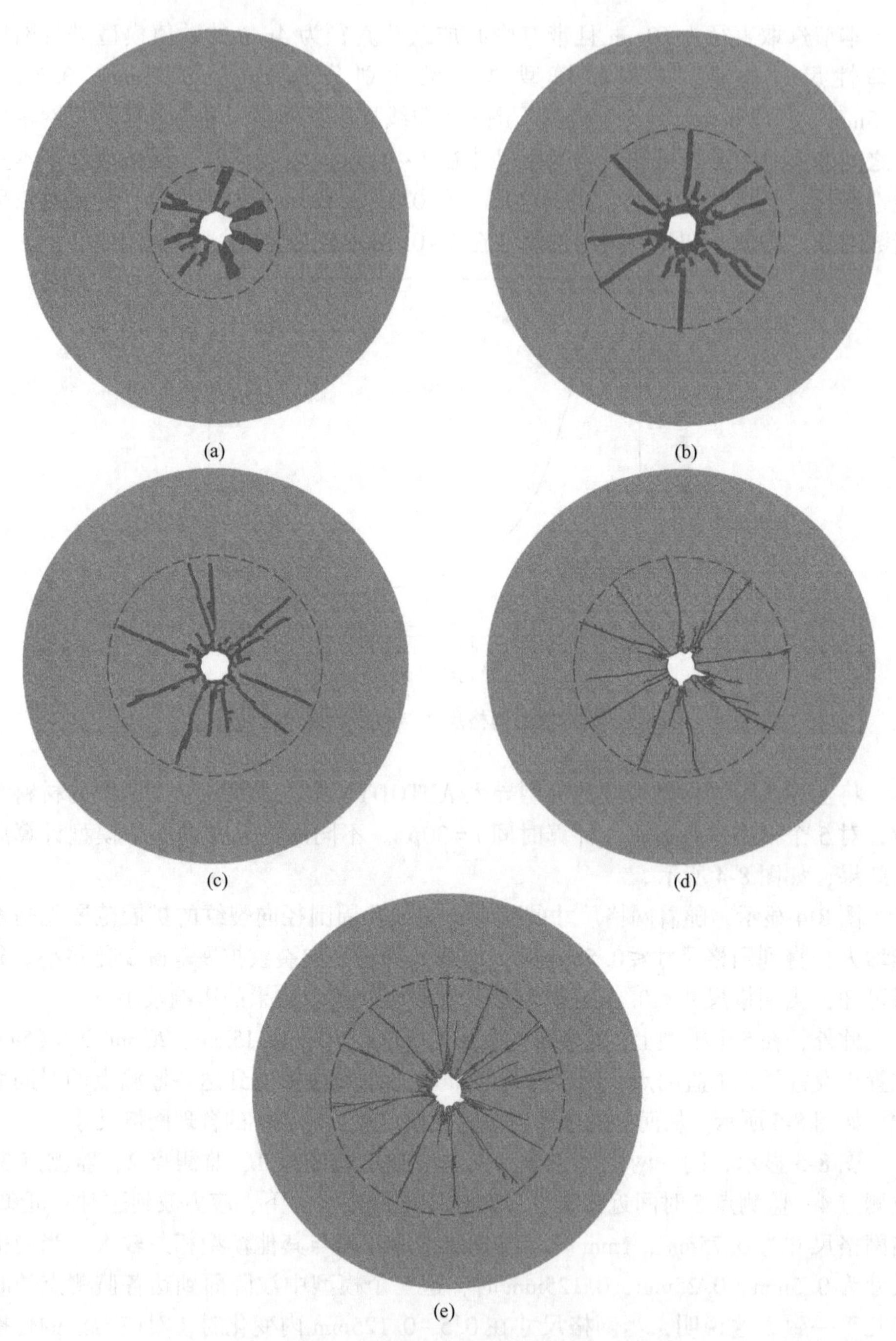

图 8-4　不同网格尺寸下数值模型响应对比图

（a）网格尺寸 = 1mm；（b）网格尺寸 = 0. 75mm；（c）网格尺寸 = 0. 5mm；
（d）网格尺寸 = 0. 25mm；（e）网格尺寸 = 0. 125mm

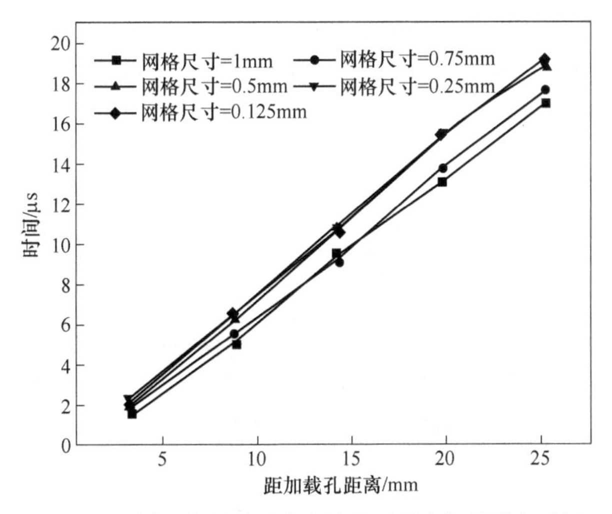

图 8-5 不同网格尺寸下应力波阵面到达各监测点时间

终选取网格尺寸为 0.5mm。

8.3.3 裂尖形状及长度合理化确定

在动态断裂数值计算中，裂尖参数问题尤其重要。裂尖形状不同，受力情况就会有所不同。而裂尖长度也会影响数值计算精度，裂尖短容易起裂，但太短又会影响裂纹扩展方向以及裂尖应力场。因此，需要确定裂尖的形状及长度，来保证计算精度。

8.3.3.1 裂尖形状合理化确定

本节选取直径为 600mm、预制裂缝长度 70mm 的数值模型，进行裂尖形状合理化验证。同时，将模型裂尖划分为圆弧形、方形、三角形，共 3 个模型，模型单元尺寸均为 0.5mm，如图 8-6 所示。

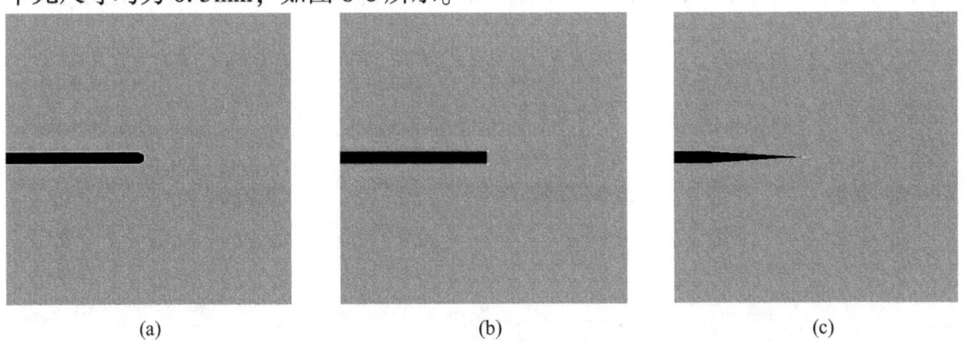

图 8-6 3 种裂尖形状模型

(a) 圆弧形裂尖；(b) 方形裂尖；(c) 三角形裂尖

将图 8-6 中不同裂尖形状的模型文件导入 AUTODYN 中，采用 6.2.1 节中的材料参数，对上述 3 个模型进行运算，计算时间 $t = 200\mu s$。3 种模型在运行 $t = 200\mu s$ 后裂纹扩展效果，如图 8-7 所示。

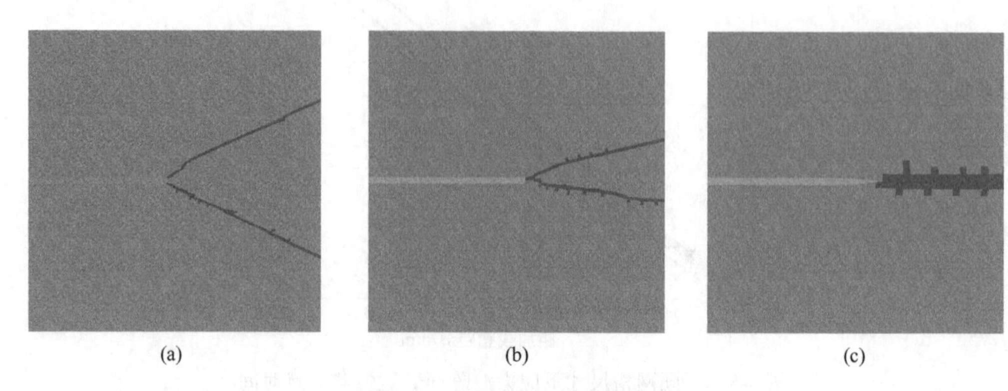

图 8-7　不同裂尖形状扩展效果

（a）圆弧形裂尖；（b）方形裂尖；（c）三角形裂尖

图 8-7 显示，圆弧形裂尖和方形裂尖，会形成分叉裂纹；三角形裂尖起裂后沿直线扩展，并未分叉扩展。因此，当选取三角形裂尖时，裂纹扩展方向受裂尖形状影响较小，整体沿直线扩展。

8.3.3.2　裂尖长度合理化确定

本节选取直径为 600mm、预制裂缝长度 70mm 的数值模型，进行裂尖长度合理化验证。因此，将模型裂尖长度划分为 $a = 1$mm、2mm、3mm、4mm、5mm、6mm，共 6 个模型，模型单元尺寸均为 0.5mm，如图 8-8 所示。

将图 8-8 中不同裂尖长度的模型文件导入 AUTODYN 中，采用 6.2.1 中的材料参数，对上述 6 个模型进行运算，计算时间 $t = 200\mu s$。6 种模型在运行 $t = 200\mu s$ 后裂纹扩展效果，如图 8-9 所示。裂纹扩展长度统计如图 8-10 所示。

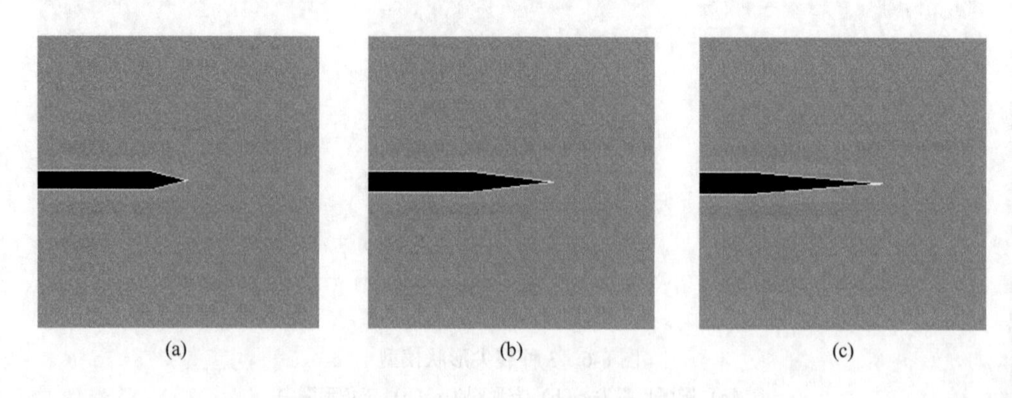

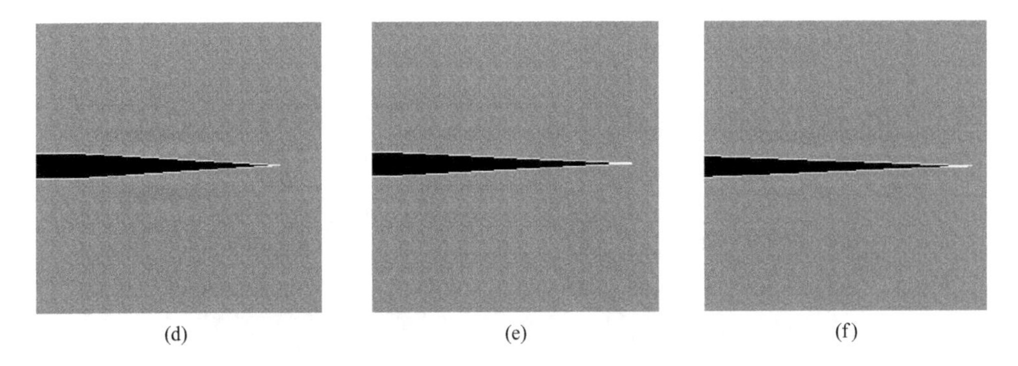

图 8-8 6 种裂尖长度模型

（a）$a=1$mm；（b）$a=2$mm；（c）$a=3$mm；（d）$a=4$mm；（e）$a=5$mm；（f）$a=6$mm

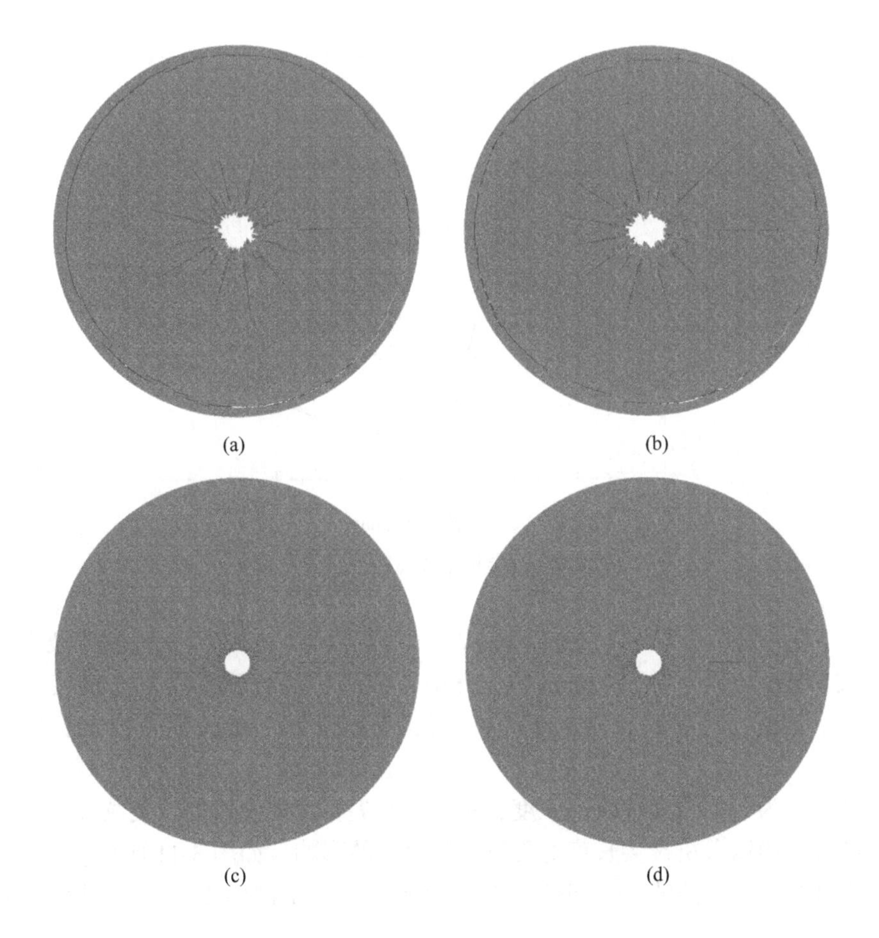

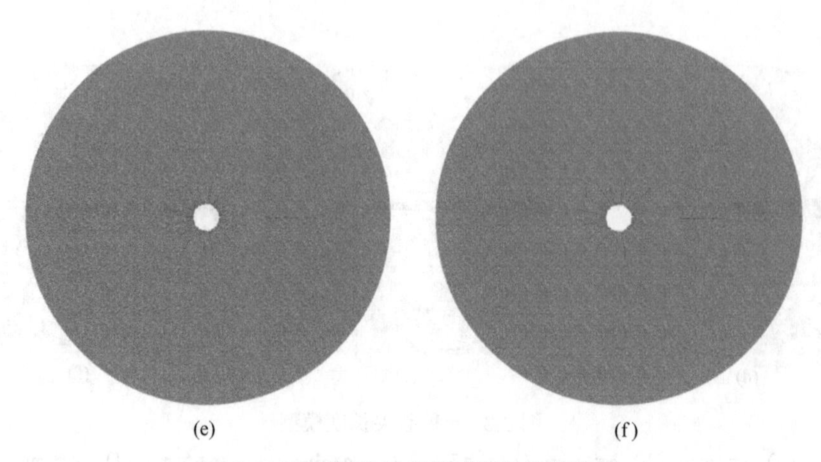

图 8-9 不同裂尖长度模型裂纹扩展效果

（a）a=1mm；（b）a=2mm；（c）a=3mm；（d）a=4mm；（e）a=5mm；（6）a=6mm

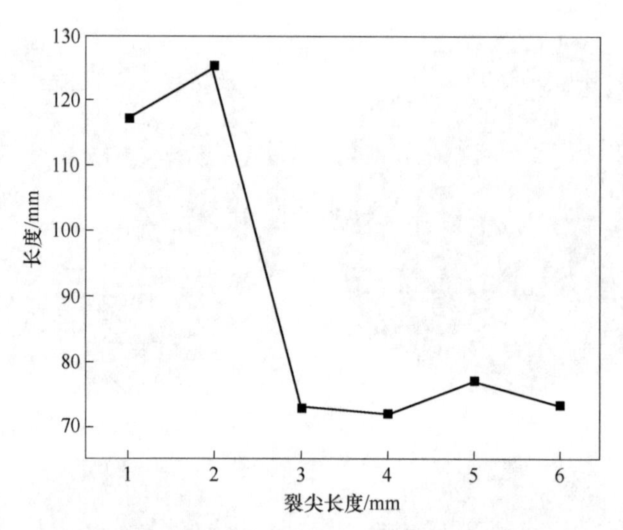

图 8-10 不同裂尖长度模型裂纹最终扩展长度

图 8-9、图 8-10 显示，当 a 在1～2mm 内变化时，裂纹扩展长度随裂尖长度变化波动较大；当 a 在 3～6mm 内变化时，裂纹扩展长度随裂尖长度变化仅略微变化。因此，当裂尖长度大于 3mm 时，裂纹最终扩展长度受裂尖长度影响较小。

此外，为验证合理性裂尖长度，对 6 个裂尖长度模型均进行裂纹起裂时间读取并统计，用以分析裂尖长度对裂纹起裂时间的影响，如图 8-11 所示。

图 8-11 显示裂尖长度较小时，裂纹易起裂，当 a 在1～2mm 内变化时，起裂

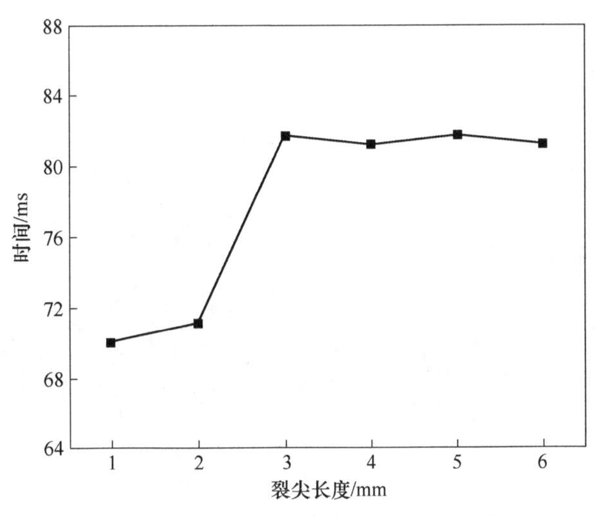

图 8-11 不同裂尖长度模型裂纹起裂时间

时间随裂尖长度增大逐渐增大；而 a 在 3~6mm 内变化时，起裂时间随裂尖长度增大仅略微变化。

综上分析，图 8-7 显示选取三角形裂尖时，裂纹扩展方向受裂尖形状影响较小，整体沿直线扩展；图 8-9、图 8-10 显示当 $a \geqslant 3$mm 时，裂纹扩展长度随裂尖长度变化仅略微变化；图 8-11 显示当 $a \geqslant 3$mm 时，起裂时间随裂尖长度增大仅略微变化。故本文选取裂尖形状为三角形，裂尖长度为 3mm。

8.4 不同间距次裂纹对主裂纹扩展影响分析

8.4.1 走向 0°时不同间距次裂纹对主裂纹扩展影响分析

8.4.1.1 数值模型与试验结果验证

当 0°走向次裂纹间距为 20mm、30mm 时，爆炸荷载下砂岩圆板物理实验效果与数值效果，如图 8-12 所示。对比分析发现，物理实验对数值模拟进行了较好的验证，都在两 0°走向次裂纹间发生止裂现象。当 $S = 30$mm 时，预制主裂纹偏向次裂纹一面扩展，并没有沿着直线扩展，且两次裂纹扩展情况不一致，分析其原因有如下几点：(1) 爆炸加载波形的不完全对称；(2) 预制两 0°走向次裂纹的不完全对称，以及预制两次裂纹的尖端处理不能达到完全相同。

8.4.1.2 不同间距主裂纹扩展形态

根据确定的构形参数进行建模并计算，0°走向不同间距次裂纹对主裂纹扩展影响的模拟效果，如图 8-13 所示。

图 8-13 中显示各组模型的预制主裂纹发生了明显的扩展，并且都扩展到了

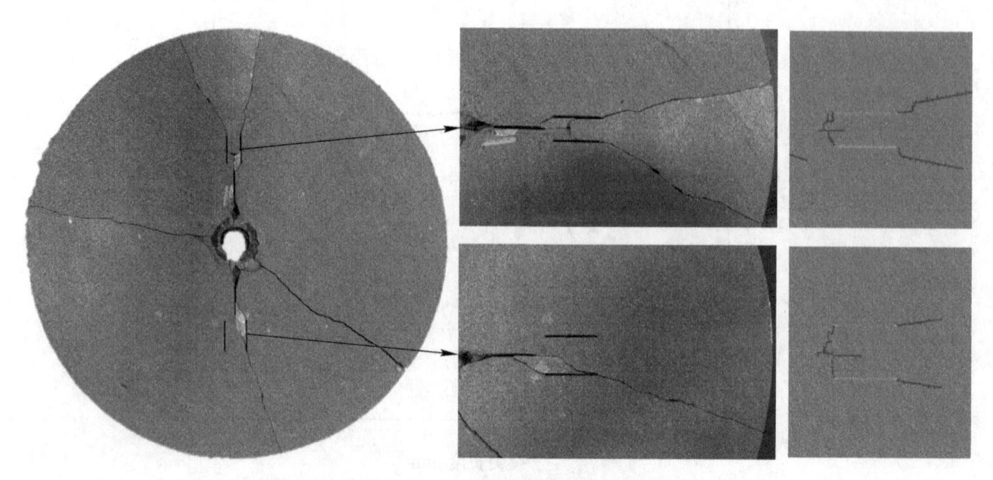

图 8-12　砂岩圆板实验效果与数值效果对比图

（$\alpha=0°$，$S=20\text{mm}$、30mm）

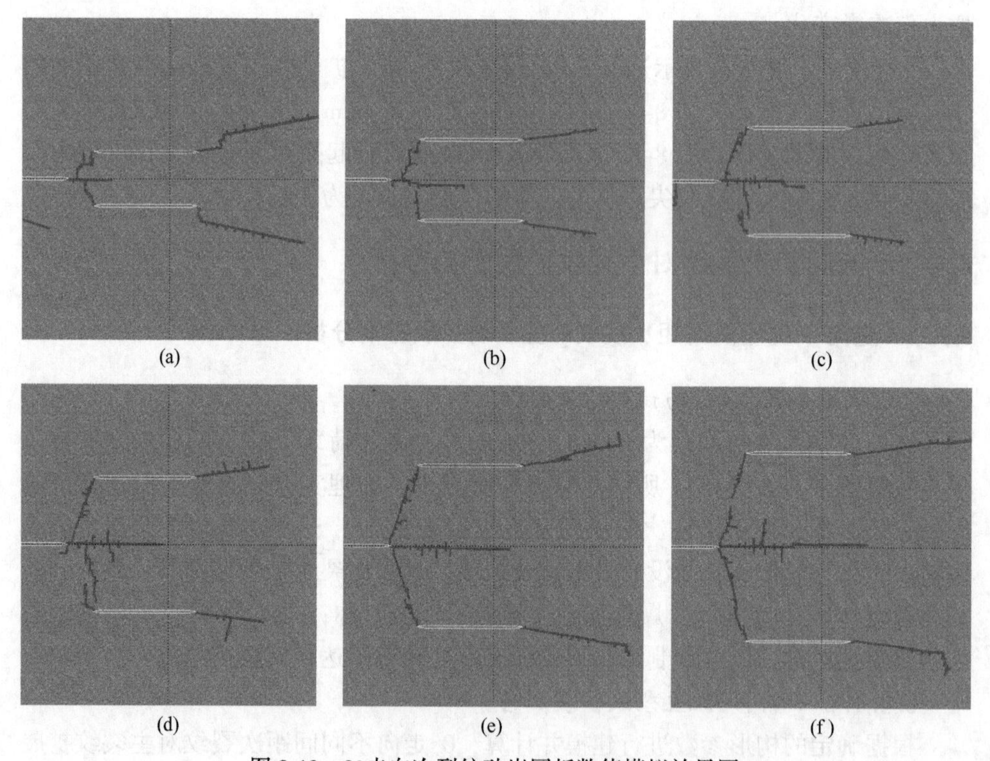

图 8-13　0°走向次裂纹砂岩圆板数值模拟效果图

（a）$S=20\text{mm}$；（b）$S=30\text{mm}$；（c）$S=40\text{mm}$；（d）$S=50\text{mm}$；（e）$S=60\text{mm}$；（f）$S=70\text{mm}$

预制两 0°走向次裂纹之间的区域。另外，两个预制次裂纹呈“八”字型向远处扩展。图 8-13（a）~（f）显示预制主裂纹起裂扩展后，在扩展长度分别为 17.07mm、26.66mm、35.17mm、37.18mm、45.16mm、55.66mm 时停止扩展，而且次裂纹靠近加载孔的一端向着加载孔方向扩展，远离加载孔的一端会背离加载孔扩展，与胡荣的在爆炸荷载下裂纹起裂及扩展规律的研究结果相同。

图 8-14 对照组数值模拟效果图

8.4.1.3 不同间距主裂纹扩展长度分析

为了对比不同走向次裂纹对扩展中主裂纹的影响作用，将只有主裂纹的试件模型作为对照组，并按照同样的数值模拟方案进行计算，计算后的结果，如图 8-14 所示。图 8-14 显示，主裂纹起裂后整体沿直线扩展，在扩展了 73.01mm 后停止。将以上数值模拟中主裂纹的相关参数整理到表 8-1 中便于分析。

表 8-1 0°走向次裂纹模型中主裂纹扩展长度

0°走向次裂纹间距 S/mm	主裂纹扩展长度 L/mm
20	17.07
30	26.66
40	35.17
50	37.18
60	45.16
70	55.66
对照组	73.01

通过表 8-1 可以发现，随着 0°走向次裂纹间距增大，主裂纹扩展长度同样在逐步增大，但低于对照组（无预制次裂纹）情况下主裂纹扩展长度。这说明预制 0°走向裂纹对主裂纹的扩展有抑制作用，且两次裂纹的间距越小，止裂效果越明显。

8.4.2 走向 45°时不同间距次裂纹对主裂纹扩展影响分析

8.4.2.1 数值模型与试验结果验证

当 45°走向次裂纹间距为 40mm、50mm 时，爆炸荷载下砂岩圆板物理实验效果与数值效果，如图 8-15 所示。经过对比分析，发现物理实验效果与数值模拟效果较吻合。但是，两个预制走向裂纹扩展情况不一致，这主要因为预制两裂纹的尖端处理不能达到完全相同。

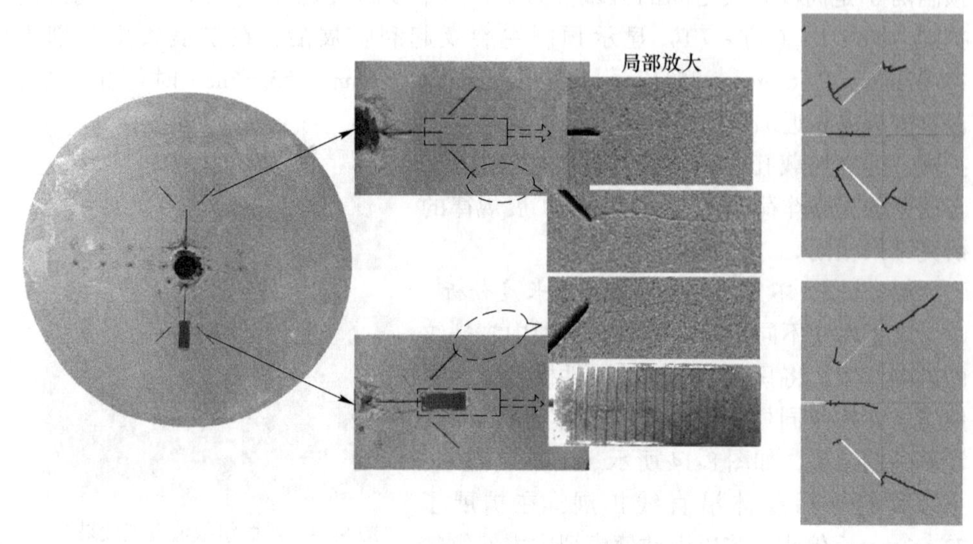

图 8-15　砂岩圆板物理实验效果与数值效果对比图
（$\alpha=45°$，$S=40$mm、50mm）

8.4.2.2　不同间距主裂纹扩展形态

根据确定的构形参数进行建模并计算，45°走向不同间距预制裂纹对主裂纹扩展影响的模拟效果，如图 8-16 所示。

图 8-16 显示各组模型的预制主裂纹发生了明显的起裂扩展，同样都扩展到了预制两 45°走向次裂纹之间的区域。另外，受裂纹尖端绕射场影响，次裂纹靠近加载孔的一端，没有向着加载孔方向扩展，而远离加载孔的一端背离加载孔呈“八”字型扩展。图 8-16（a）~（f）显示预制主裂纹起裂扩展后，在扩展长度分别为 18.04mm、21.01mm、29.02mm、35.05mm、38.00mm、43.02mm 时停止扩展。

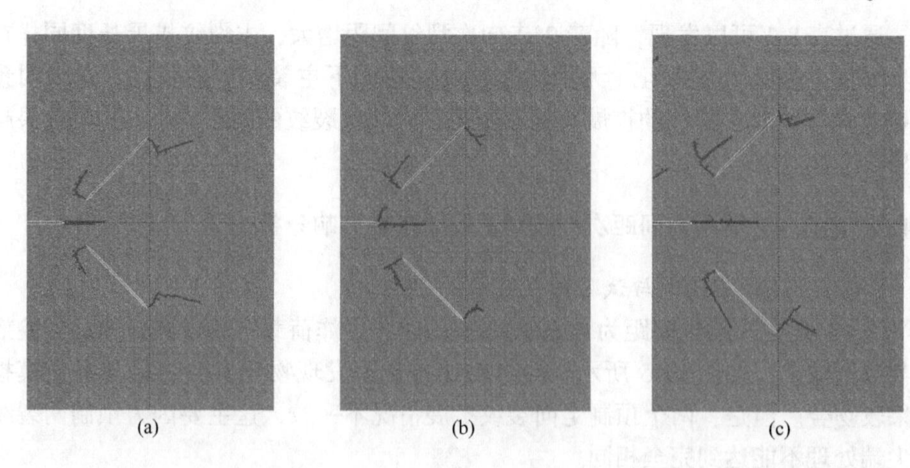

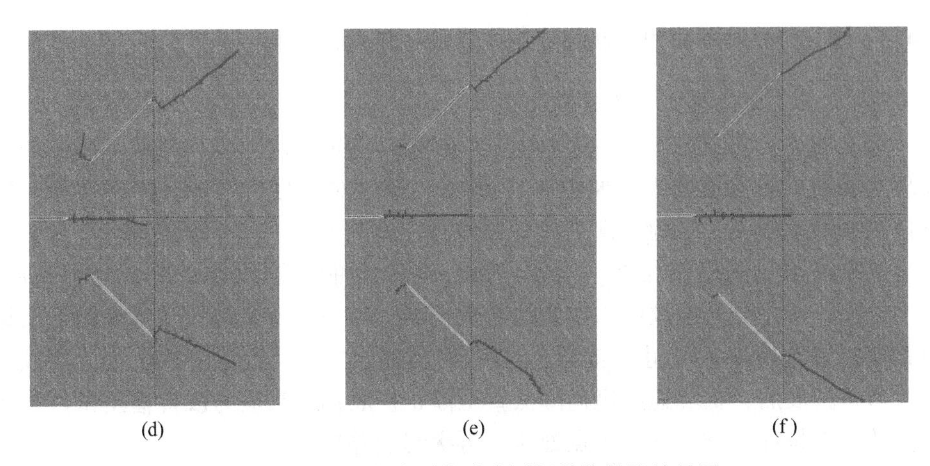

图 8-16 45°走向次裂纹砂岩圆板数值模拟效果图

(a) S=20mm; (b) S=30mm; (c) S=40mm; (d) S=50mm; (e) S=60mm; (f) S=70mm

8.4.2.3 不同间距主裂纹扩展长度分析

为了便于分析，将数值模拟中裂纹扩展长度整理到表 8-2 中。从表 8-2 中很容易看出随着次裂纹间距的增大，主裂纹扩展长度在逐步增大，同样远小于无次裂纹时的主裂纹扩展长度，说明 45°走向次裂纹的存在，对主裂纹的扩展起到了抑制作用。对比表 8-1 和表 8-2 发现，在两种角度走向次裂纹影响下，都呈现出主裂纹扩展长度随次裂纹间距减小而减小的规律。但是，在 45°走向次裂纹影响下的主裂纹扩展长度要小于 0°走向次裂纹影响下的主裂纹扩展长度。不过在 S=20mm 时，45°走向次裂纹影响下的主裂纹扩展长度 18.04mm 稍大于 0°走向次裂纹影响下的主裂纹扩展长度 17.07mm，可能由于次裂纹间网格质量有差异。因此，排除这两组数据。结合其他有效数据发现，45°走向次裂纹对主裂纹扩展的抑制作用更强。

表 8-2 45°走向次裂纹模型中主裂纹扩展长度

45°走向次裂纹间距 S/mm	主裂纹扩展长度 L/mm
20	18.04
30	21.01
40	29.02
50	35.05
60	38.00
70	43.02
对照组	73.01

8.4.3　走向 90°时不同间距次裂纹对主裂纹扩展影响分析

8.4.3.1　数值模型与试验结果验证

综上所述，当 90°走向次裂纹间距为 60mm、70mm 时，爆炸荷载下砂岩圆板物理实验效果与数值效果，如图 8-17 所示。经过对比分析发现，物理实验与数值模拟相似度较高，试验中次裂纹的裂纹面上也形成了一个回环型裂纹。同时，次裂纹扩展路径同模拟相似。当 $S=70$mm 时，预制主裂纹在扩展一定距离后，产生分叉，一个分叉裂纹朝向次裂纹弯折扩展，另一个分叉裂纹非常细微且沿原有路径扩展 5.6mm 后停止，如图 8-17 中的局部放大图。经过分析认为，裂纹在发生弯折扩展后，扩展速度迅速降低直至停止扩展；而当应力波传播至试件边界产生的反射拉伸波作用到弯折点处时，再次起裂并扩展。

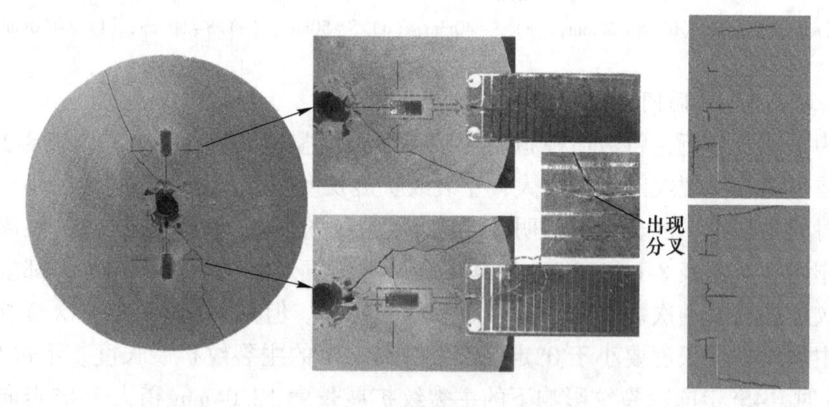

图 8-17　砂岩圆板物理实验效果与数值效果对比图
（$\alpha=90°$，$S=60$mm、70mm）

8.4.3.2　不同间距主裂纹扩展形态

根据确定的构形参数进行建模并计算，90°走向不同间距预制裂纹对主裂纹扩展影响的模拟效果，如图 8-18 所示。

图 8-18（a）~（f）显示预制主裂纹起裂扩展后，在扩展长度分别为 14.04mm、15.87mm、19.03mm、20.96mm、24.02mm、27.00mm 时停止扩展。除了图 8-18（a）整体沿直线扩展，其他组模型主裂纹裂尖均有产生分叉，朝着两次裂纹扩展。由于应力波主要是由压缩相与紧随其后的拉伸相组成，压缩相先在次裂纹面反射形成较强的拉伸应力场，随后拉伸相在次裂纹面反射形成压应力场。因此，次裂纹面会产生裂纹先朝着加载孔方向扩展一段距离后，又朝着背离加载孔方向扩展，形成一个回环状裂纹，图 8-18（b）、（f）较为明显。另外，观察发现两个次裂纹靠近加载孔的一端同样向着加载孔方向扩展，而远离加载孔

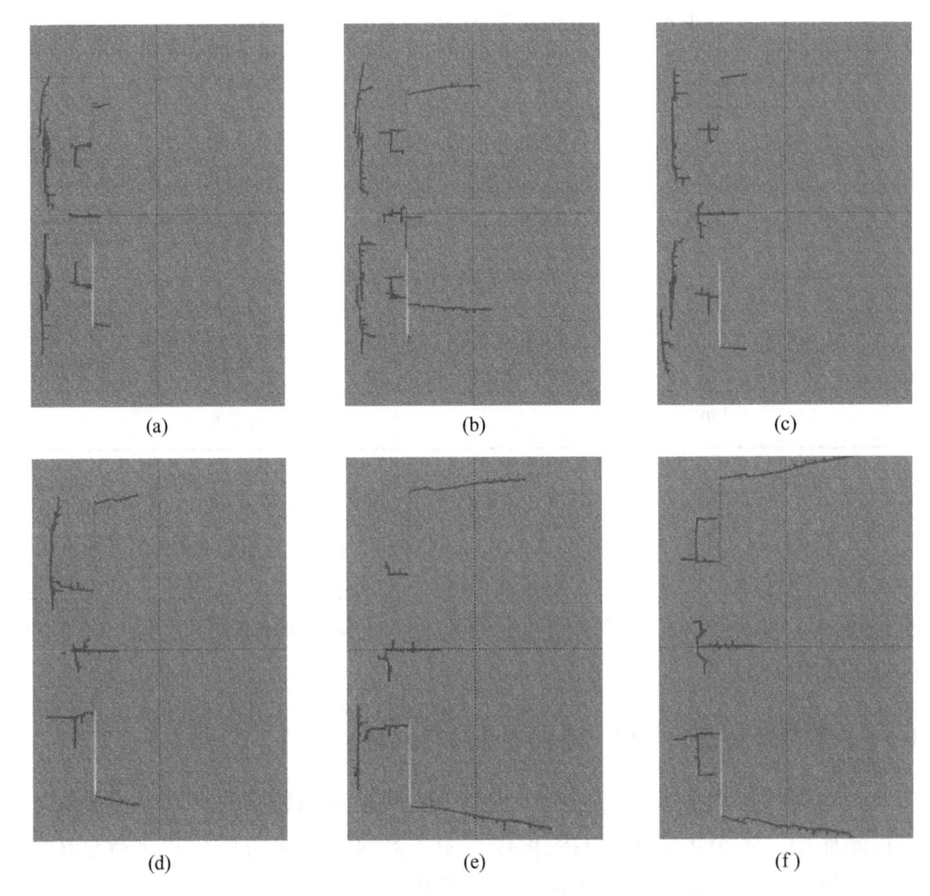

图 8-18 90°走向次裂纹砂岩圆板数值模拟效果图

（a）S=20mm；（b）S=30mm；（c）S=40mm；（d）S=50mm；（e）S=60mm；（f）S=70mm

的一端也朝着背离加载孔方向整体呈“八”字型扩展。

8.4.3.3 不同间距主裂纹扩展长度分析

此外，将以上数值模拟中主裂纹的相关参数整理到表 8-3 中，便于我们进行分析。从表 8-3 中很容易看出，随着次裂纹的间距的增大，主裂纹扩展长度也在逐渐增大；次裂纹间距为 70mm 时，主裂纹扩展最长为 27.00mm，但远小于无次裂纹时的主裂纹扩展长度，说明 90°走向次裂纹的存在，对主裂纹的扩展同样起到了抑制作用。对比表 8-1～表 8-3，发现在三种不同角度走向次裂纹影响下，基本都呈现出主裂纹扩展长度，随次裂纹间距增大而增大的规律。但是，在 90°走向次裂纹影响下的主裂纹扩展长度，明显小于 0°和 45°走向次裂纹影响下的主裂纹扩展长度，这说明与 0°和 45°走向相比，90°走向次裂纹对主裂纹扩展抑制作用最强。

表 8-3　90°走向次裂纹模型中主裂纹扩展长度

90°走向次裂纹间距 S/mm	主裂纹扩展长度 L/mm
20	14.04
30	15.87
40	19.03
50	20.96
60	24.02
70	27.00

综合对比分析三组不同走向次裂纹模型数值模拟效果及验证试验效果可知：(1) 两个次裂纹的存在对主裂纹扩展存在着抑制作用，且随着次裂纹间距的减小，抑制作用变弱，即主裂纹扩展长度在减小；(2) 0°、45°、90°三种角度走向的次裂纹对主裂纹扩展抑制作用不同，90°走向次裂纹抑制作用最强，0°走向次裂纹抑制作用较弱。

8.4.4　次裂纹反射应力波对主裂纹扩展抑制原理分析

通过对裂纹扩展形态进行分析，我们得到两条预制裂纹的存在对主裂纹扩展存在抑制作用。本节主要通过对数值模拟中主裂纹附近应力场分布进行分析，得到预制裂纹反射应力波对主裂纹抑制作用原理。

以下选取三种不同走向的次裂纹且间距为 $S=20$mm 模型进行模拟分析。通过分析次裂纹间 σ_y 等值线云图和质点速度矢量图（图 8-19、图 8-20），进而了解到不同走向次裂纹，对扩展中主裂纹抑制作用的数值机理，并对前面数值模拟及物理实验现象进行解释。

8.4.4.1　*次裂纹反射应力波应力变化过程分析*

图 8-19 (a)~(c) 分别为不同走向次裂纹在 $t=85\mu s$ 时，主裂纹起裂扩展后两个次裂纹间的 σ_y 等值线云图。三张图中的共同点有：主裂纹尖端在深色区域即拉伸应力的作用下起裂扩展；在应力波的传播过程中，先是压缩波遇到次裂纹面发生反射形成拉伸应力，如图中 2 号应力区域，接着拉伸波传播至次裂纹间在次裂纹面发生反射形成压应力，如图中 1 号应力区域。虽然三种走向次裂纹间都会通过反射产生压应力区域，但是从图中可以明显看出 45°走向次裂纹间压应力区域大于 0°走向次裂纹间压应力区域，而 90°走向次裂纹间压应力最大且数值相对最大。

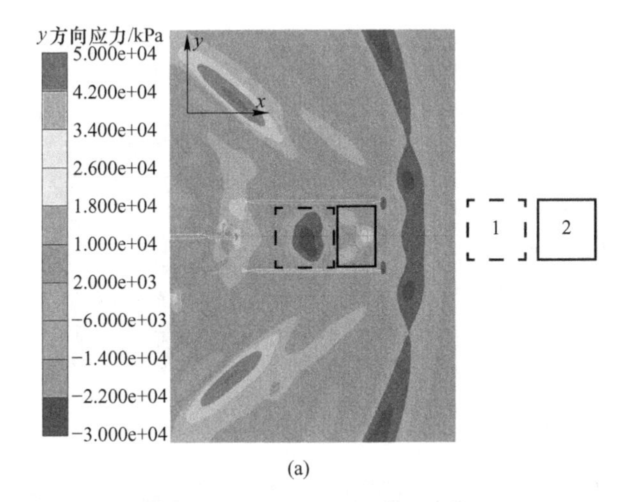

(a)

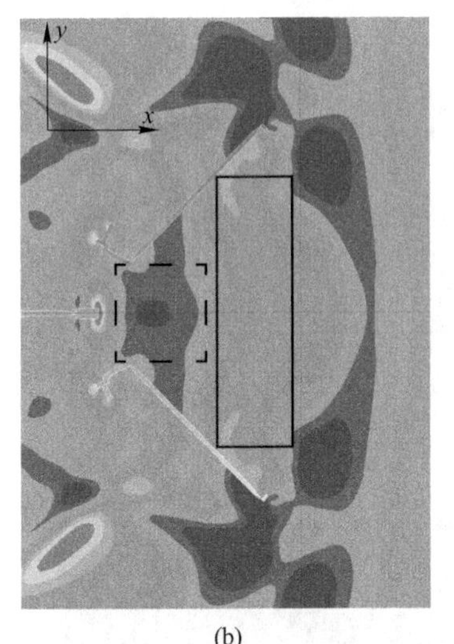

(b)

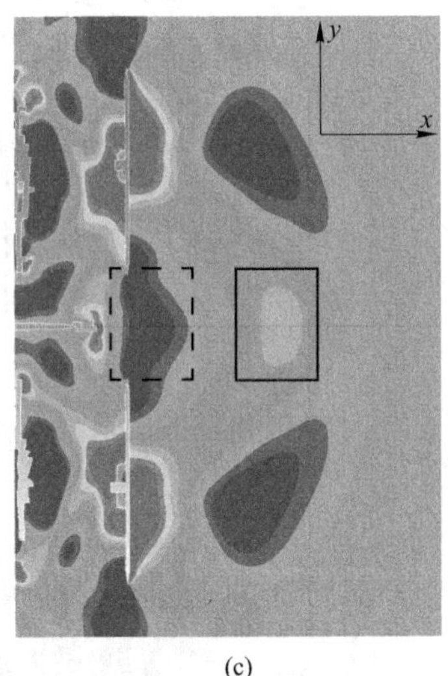

(c)

图 8-19 $t=85\mu s$ 时不同走向次裂纹在 $S=20mm$ 间距下 σ_y 等值线云图

(a) 0°走向时 σ_y 云图；(b) 45°走向时 σ_y 云图；(c) 90°走向时 σ_y 云图

8.4.4.2 次裂纹反射应力波速度场变化过程分析

图 8-20 (a)~(c) 分别给出了 3 种模型的质点速度矢量图。三张图都显示在次裂纹之间质点运动方向与主裂纹扩展方向相反，对主裂纹扩展产生抑制作用，如图中黑框圈选部分。另外，发现 90°走向时质点速度最大，速度从大到小排序为 $V_{90°}>V_{45°}>V_{0°}$。通过以上分析可知：当次裂纹走向为 90°时，对主裂纹扩展的抑制作用较强，裂纹不容易扩展且扩展长度较短，与 8.4.3 中数值模拟与试验裂纹扩展形态分析得到的结论相同。

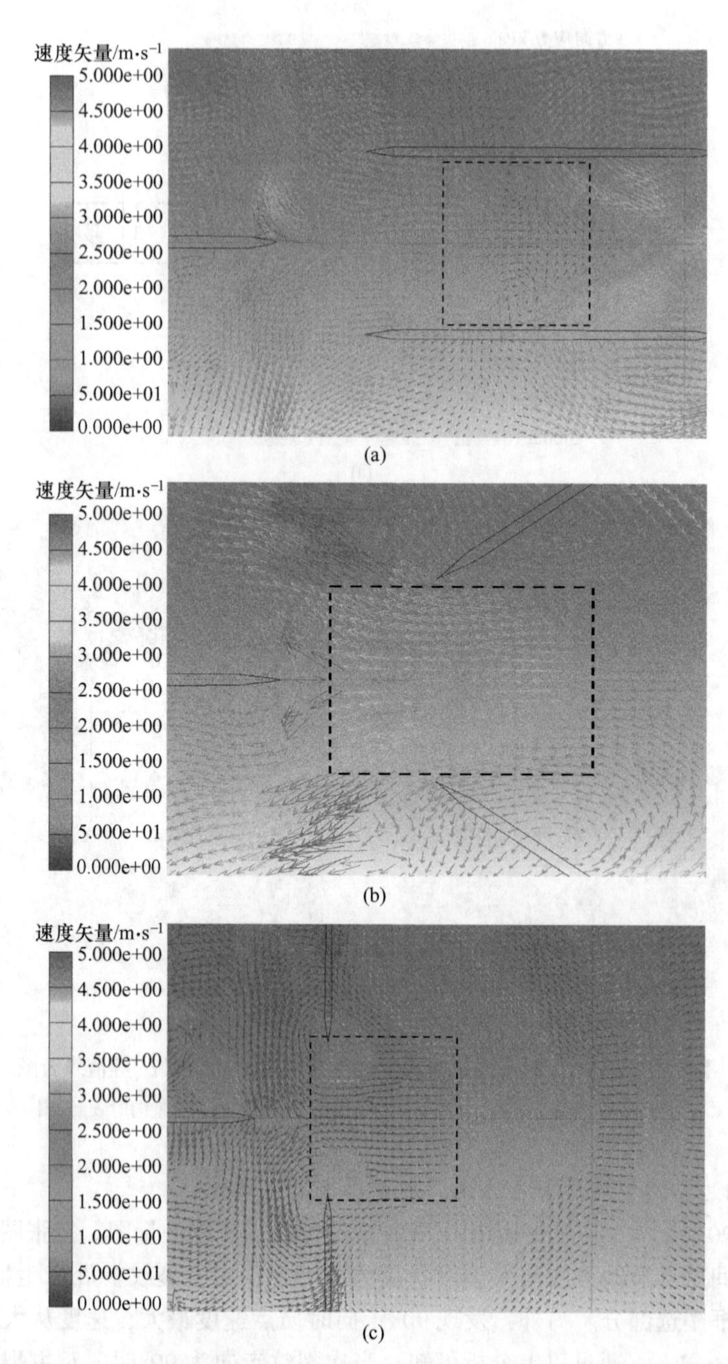

图 8-20　$t=85\mu s$ 时不同走向次裂纹在 $S=20mm$ 间距下质点速度矢量图

(a) 0°走向时质点速度矢量图；(b) 45°走向时质点速度矢量图；(c) 90°走向时质点速度矢量图

8.5 小结

本章节主要从数值模拟角度，分析了预制裂纹的动态扩展形态以及抑制住裂纹扩展的原理。同时，通过物理实验来与数值模拟分析对比。

（1）在对砂岩试件进行数值模拟后，效果显示：三种走向的次裂纹均会影响主裂纹的扩展，且次裂纹间距越小，主裂纹扩展长度越短；三种走向次裂纹对主裂纹起到的抑制作用大小不同，90°走向次裂纹抑制作用最强，45°走向次裂纹次之，0°走向次裂纹抑制作用最小。另外，通过做部分物理实验发现，裂纹扩展形态与数值模拟效果相似。

（2）通过数值模拟分析，同一时刻三种走向次裂纹间的 σ_y 与质点速度矢量发现：45°走向次裂纹间压应力区域大于0°走向次裂纹间压应力区域，而90°走向次裂纹间压应力最大且数值相对最大；三种走向次裂纹之间质点运动方向与主裂纹扩展方向相反，对主裂纹扩展产生抑制作用，且速度大小排序为 $V_{90°}>V_{45°}>V_{0°}$。综合分析发现：90°走向次裂纹间压应力最大即对主裂纹抑制作用最强，与数值模拟形态分析得到结果一致。

参 考 文 献

[1] 周泽，朱川曲，李青锋．裂隙带顶板巷道围岩破坏机理及稳定性控制［J］．煤炭学报，2017，42（6）：1400-1407.

[2] Yang Tianhong，Shi Wenhao，Yu Qinglei，et al. The anisotropic properties analysis of the rock mass surrounding the roadway's in seepage and stress field［J］. Journal of China Coal Society，2012，37（11）：1815-1822.

[3] 郜进海，康天合，李东勇．动荷载巷道围岩裂隙演化的实验研究［J］．矿业研究与开发，2004，24（6）：13-16.

[4] 刘华丽，赵跃堂，徐迎，等．爆破地震动荷载方向对边坡安全系数的影响［J］．振动与冲击，2020，39（17）：94-98.

[5] Gea Dos Santos Fábio Luis，Sousa José Luiz Antunes De. A viscous-cohesive model for concrete fracture in quasi-static loading rate［J］. Engineering Fracture Mechanics，2020，228：106893.

[6] Li Jie，Dong Wei，Zhang Binsheng，et al. Effects of creep recovery on the fracture properties of concrete［J］. Theoretical and Applied Fracture Mechanics，2020，109：102694.

[7] 孙加超，陈小伟，邓勇军，等．爆炸荷载下基于细观建模的素/钢筋混凝土板破坏模式［J］．爆炸与冲击，2019，39（11）：32-42.

[8] Li J，Zhang X B. Elastic-plastic analysis of an arbitrarily-oriented mode Ⅲ crack touching an interface［J］. International Journal of Fracture，1996，80（4）：311-337.

[9] Ma Fashang，Sutton Michael A，Deng Xiaomin. Plane strain mixed mode crack-tip stress fields characterized by a triaxial stress parameter and a plastic deformation extent based characteristic length［J］. Journal of the Mechanics and Physics of Solids，2001，49（12）：2921-2953.

[10] 匡震邦. 非线性连续介质力学 [M]. 上海：上海交通大学出版社，2002.

[11] Zhu Zheming, Xie Heping, Mohanty Bibhu. Numerical investigation of blasting-induced damage in cylindrical rocks [J]. International Journal of Rock Mechanics and Mining Sciences, 2008, 45 (2): 111-121.

[12] 胡荣，朱哲明，胡哲源，等. 爆炸动载荷下裂纹扩展规律的实验研究 [J]. 岩石力学与工程学报，2013，32 (7)：1476-1481.

9　动静荷载共同作用下主裂纹的动态断裂行为研究

9.1　引言

长期以来，岩石爆破的研究工作主要集中在浅部岩体范围。虽然浅部岩体的爆破理论研究取得了一定的进展，但浅部岩体的爆破理论并不适用于存在原岩应力的深部岩体爆破。随着大量的岩体工程往深部发展，为了减少损耗，提高爆破效率，在深部岩体爆破设计中必须考虑原岩应力的影响。而在深部岩体爆破时，爆炸应力波在具有原岩应力的岩体中传播时，岩体中的爆炸应力波的分布及初始应力场的耦合作用更为复杂。

深部岩体内部同样包含大量的节理和裂隙，在动力扰动下容易发生裂纹动态起裂与扩展，进一步将削弱岩体工程的稳定性。深地岩体中裂纹的动态扩展过程会受到原岩应力的影响，裂隙岩体同时受到原岩应力的静态预荷载与地震和爆破等动荷载耦合扰动的共同作用。因此，研究地下裂隙岩体受到动荷载和初始应力静荷载耦合共同作用下的动态断裂行为很有必要。

本章节通过对不同条件的初始应力与爆炸动荷载耦合共同作用下主裂纹的动态断裂行为进行分析研究，得到了不同地应力水平、方向与爆炸动荷载耦合作用下主裂纹的动态扩展规律。

9.2　初始应力与爆炸荷载共同作用下裂纹扩展规律研究

9.2.1　初始应力下主裂纹尖端静态力学分析

在爆炸动荷载下含裂隙岩体动态断裂数值模拟基础上，采用走向次裂纹间距 $S=70$mm 的试件构型作为数值模型。首先通过 Workbench 中的静态计算对其四周分别施加初始应力，初始应力大小，根据谢和平的相关研究，得到不同赋存深度所对应的最小主地应力，分别为 5MPa、10MPa、15MPa、20MPa。初始应力下主裂纹的静力分析，如图 9-1 所示。通过图 9-1 可以看出，施加初始应力后裂尖的压应力 σ_y 数值最大，证明了裂纹尖端应力场奇异项的存在，且随着施加初始应力逐渐变大，裂尖的压应力 σ_y 也随之增大。

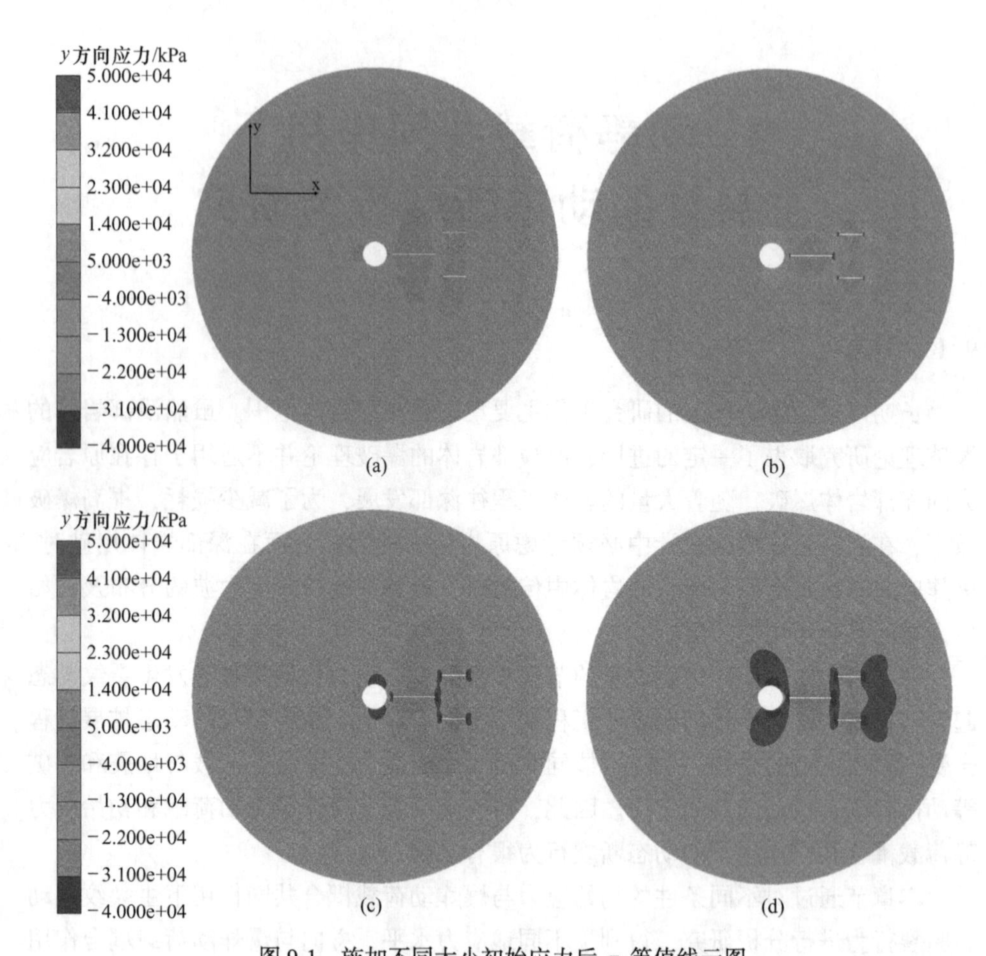

图 9-1　施加不同大小初始应力后 σ_y 等值线云图

（a）5MPa 初始应力；（b）10MPa 初始应力；（c）15MPa 初始应力；（d）20MPa 初始应力

9.2.2　初始应力与爆炸荷载共同作用下裂纹最终扩展形态分析

将施加初始应力的静态计算结果（xx. rst）输入到 AUTODYN 中作为试样的初始条件，随后施加爆炸荷载进行 200μs 的计算，最后根据数值模拟结果分析爆炸动荷载与不同大小的初始应力共同作用下裂纹的动态断裂行为。以下主要从数值模拟计算的结果对三种不同走向次裂纹模型在初始应力与爆炸荷载共同作用下裂纹扩展形态进行分析，进而了解到不同大小的初始应力对主裂纹的影响规律。不同模型的整体裂纹最终扩展形态，如图 9-2、图 9-4、图 9-6 所示，局部放大的效果图，如图 9-3、图 9-5、图 9-7 所示。

9.2.2.1　预制裂纹 0°走向时裂纹最终扩展形态分析

当大小为 5MPa、10MPa、15MPa、20MPa 的初始应力，分别与爆炸荷载共同作用于0°走向裂纹模型时，试样的裂纹整体最终扩展形态，如图9-2、图9-3所示。图9-2（a）显示：当初始应力大小为5MPa时，加载孔周围径向裂纹主要集中在以加载孔中心为圆心的半径为96.1mm的圆形区域内。图9-2（b）整体效果图显示：当初始应力大小为10MPa时，加载孔周围径向裂纹主要集中在以加载孔中心为圆心的半径为77.8mm的圆形区域内。图9-2（c）整体效果图显示：当初始应力大小为15MPa时，加载孔周围径向裂纹主要集中在以加载孔中心为圆心的半径为65.5mm的圆形区域内。图9-2（d）整体效果图显示：当初始应力大小为20MPa时，加载孔周围径向裂纹主要集中在以加载孔中心为圆心的半径为57.3mm的圆形区域内。

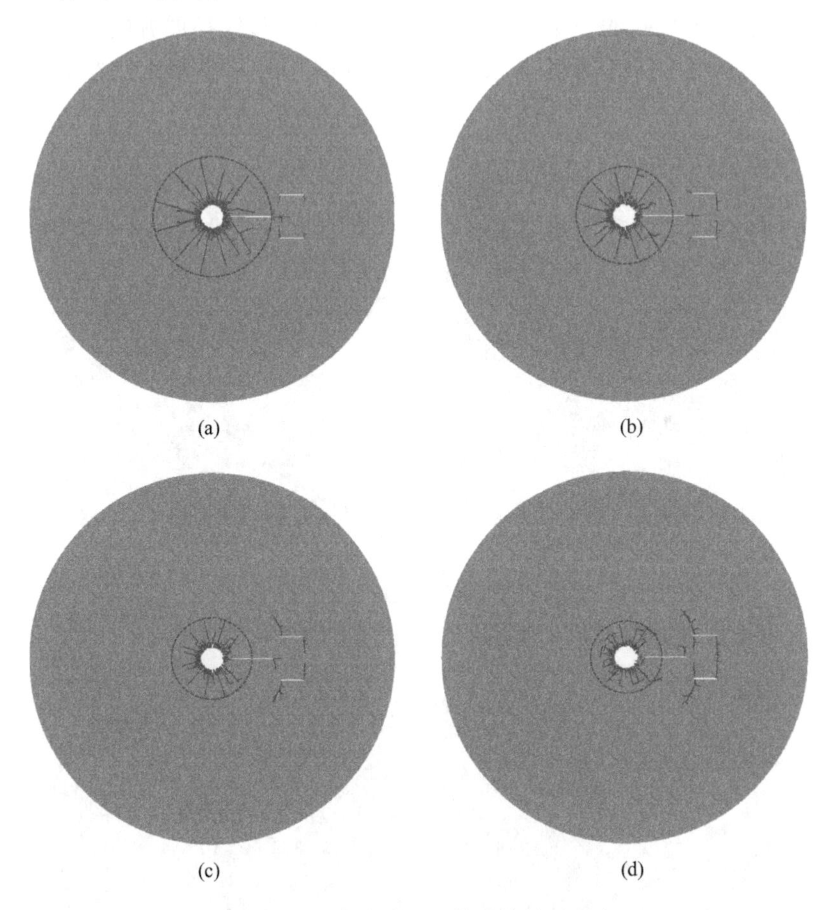

图9-2 0°走向裂纹整体最终扩展形态
（a）5MPa；（b）10MPa；（c）15MPa；（d）20MPa

图9-3为当大小为5MPa、10MPa、15MPa、20MPa的初始应力分别与爆炸荷载共同作用于0°走向次裂纹模型时，试样的预制裂纹与主裂纹最终扩展形态图。

图 9-3（a）局部放大图显示：主裂纹扩展了 27.62mm 后停止扩展；两个次裂纹裂尖均朝着主裂纹扩展方向扩展。图 9-3（b）局部放大图显示：主裂纹扩展了 22.32mm 后停止扩展；两个次裂纹靠近加载孔的一端向着加载孔方向呈“八”字型扩展，而远离加载孔的一端同样朝着主裂纹扩展方向扩展。图 9-3（c）局部放大图显示：主裂纹扩展了 11.53mm 后停止扩展；两个次裂纹扩展规律与图 9-3（b）相同，靠近加载孔的一端向着加载孔方向同样呈“八”字型扩展，而远离加载孔的一端同样朝着主裂纹扩展方向扩展。图 9-3（d）局部放大图显示：主裂纹并没有沿水平方向直线起裂扩展，而是在距离主裂纹尖端 4.1mm 裂纹面处沿着垂直方向扩展了 14.76mm 后，转折朝向加载孔扩展了 13.9mm 后停止扩展；两个次裂纹靠近加载孔的一端发生分叉，一侧朝着主裂纹扩展方向扩展，另一侧向着加载孔方向呈“八”字型扩展，而远离加载孔的一端同样朝着主裂纹扩展方向扩展。

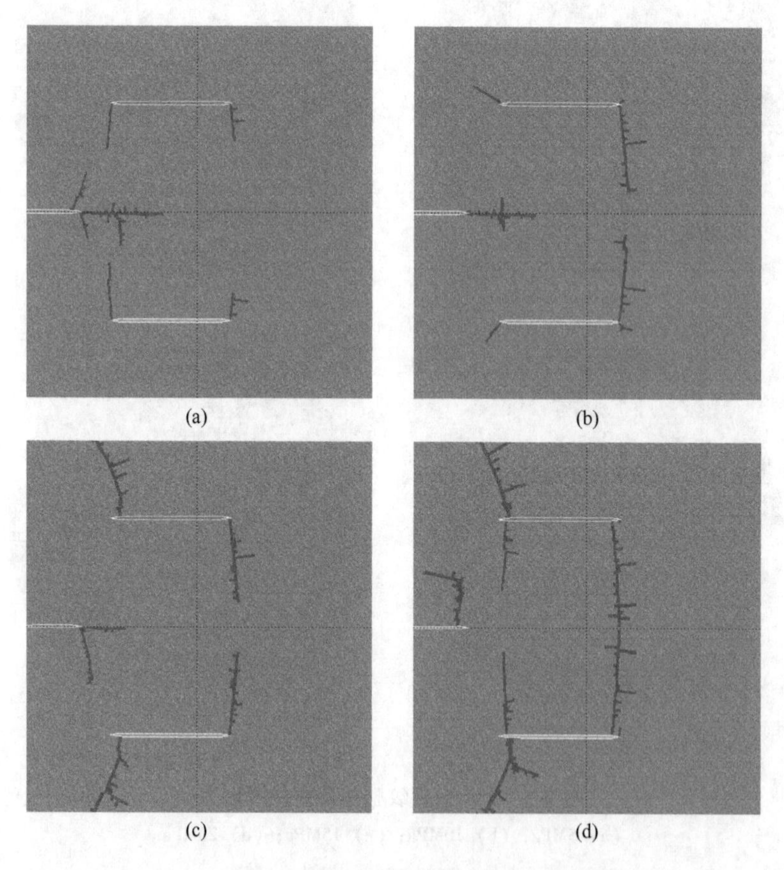

图 9-3　0°走向预制裂纹与主裂纹最终扩展形态
（a）5MPa；（b）10MPa；（c）15MPa；（d）20MPa

9.2.2.2 预制裂纹45°走向时裂纹最终扩展形态分析

当大小为5MPa、10MPa、15MPa、20MPa的初始应力分别与爆炸荷载共同作用于45°走向裂纹模型时，试样的裂纹整体最终扩展形态，如图9-4、图9-5所示。图9-4（a）~（d）显示：加载孔周围径向裂纹扩展范围随着初始应力的增大同样在减小，分别为92mm、78.7mm、65.5mm、57.3mm。

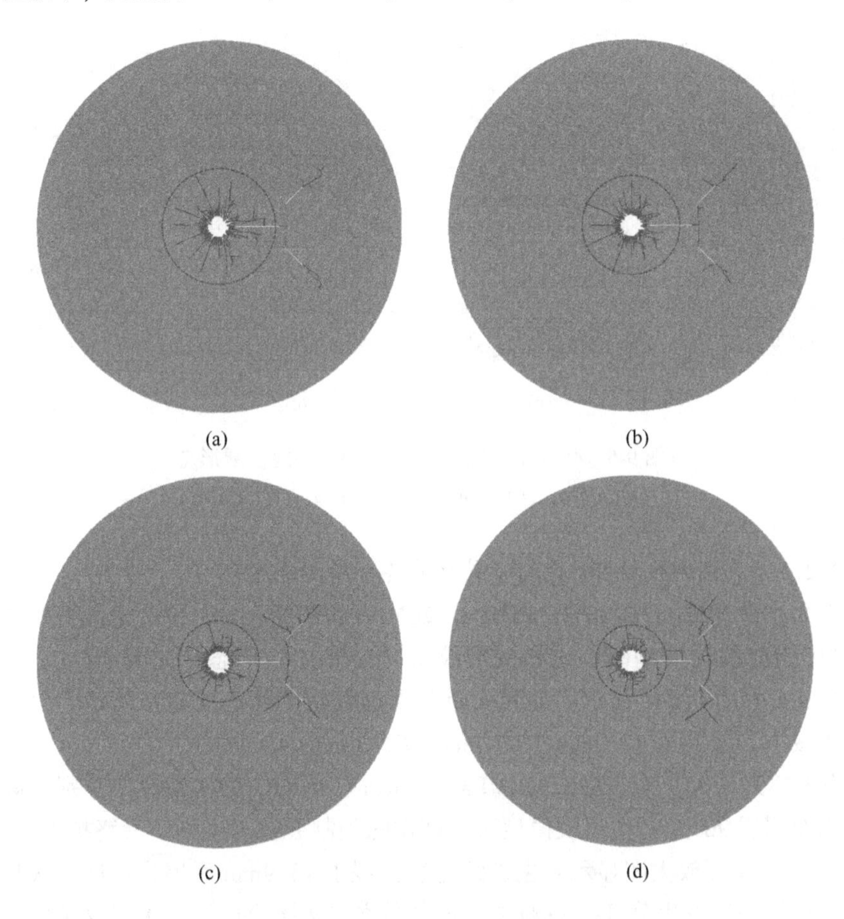

图9-4 45°走向裂纹整体最终扩展形态
（a）5MPa；（b）10MPa；（c）15MPa；（d）20MPa

图9-5为当大小为5MPa、10MPa、15MPa、20MPa的初始应力分别与爆炸荷载共同作用于45°走向次裂纹模型时，试样的预制裂纹与主裂纹最终扩展形态图。图9-5（a）、（b）局部放大图显示：主裂纹均起裂并扩展了，分别扩展了15mm、10.1mm后停止扩展；次裂纹靠近加载孔的一端均朝着主裂纹扩展方向扩展，远离加载孔的一端分叉扩展，一侧垂直次裂纹尖端扩展，另一侧则向背离加载孔方向呈“八”字型扩展。图9-5（c）局部放大图显示：主裂纹没有起裂扩展，次

裂纹靠近加载孔的一端均朝着主裂纹扩展方向扩展，远离加载孔的一端同样分叉扩展，一侧垂直裂纹扩展，另一侧则向背离加载孔方向呈“八”字型扩展。图 9-5（d）局部放大图显示：主裂纹也没有起裂扩展，次裂纹靠近加载孔的一端没有起裂，而是在距离尖端 8.5mm 处朝着主裂纹扩展方向扩展，远离加载孔的一端则垂直次裂纹扩展。

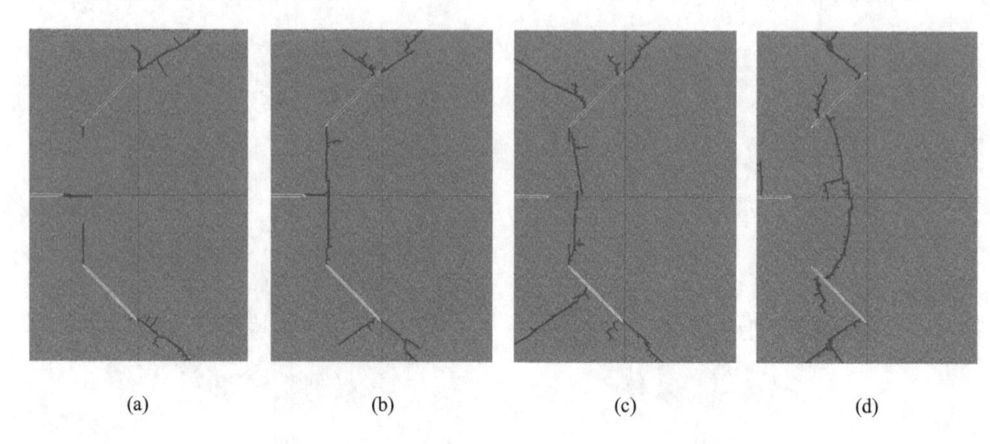

图 9-5　45°走向预制裂纹与主裂纹最终扩展形态

（a）5MPa；（b）10MPa；（c）15MPa；（d）20MPa

9.2.2.3　预制裂纹 90°走向时裂纹最终扩展形态分析

当大小为 5MPa、10MPa、15MPa、20MPa 的初始应力分别与爆炸荷载共同作用于 90°走向裂纹模型时，试样的裂纹整体最终扩展形态，如图 9-6、图 9-7 所示。图 9-6（a）~（d）显示：加载孔周围径向裂纹扩展范围随着初始应力的增大同样在减小，分别为 87.9mm、75.4mm、61.3mm、49.1mm。

图 9-7 为当大小为 5MPa、10MPa、15MPa、20MPa 的初始应力分别与爆炸荷载共同作用于 90°走向次裂纹模型时，试样的预制裂纹与主裂纹最终扩展形态图。图 9-7（a）局部放大图显示：主裂纹起裂扩展了 13.9mm 后停止扩展；次裂纹靠近加载孔的一端发生分叉，一侧先垂直次裂纹扩展接着平行于次裂纹扩展，另一侧朝着主裂纹扩展方向扩展，远离加载孔的一端向背离加载孔方向呈“八”字型扩展。图9-7（b）局部放大图显示：主裂纹起裂扩展了 8mm 后停止扩展，次裂纹靠近加载孔的一端同样发生分叉，一侧先垂直次裂纹扩展接着平行于次裂纹扩展，另一侧朝着主裂纹扩展方向扩展，远离加载孔的一端没有起裂扩展。图 9-7（c）、（d）局部放大图显示：主裂纹都没有起裂扩展，次裂纹靠近加载孔的发生分叉，一侧先垂直次裂纹扩展接着平行于次裂纹扩展，另一侧朝着主裂纹扩展方向扩展，远离加载孔的一端没有起裂，而是在距远离加载孔的一端 14.2mm 处起裂向背离加载孔的方向扩展。

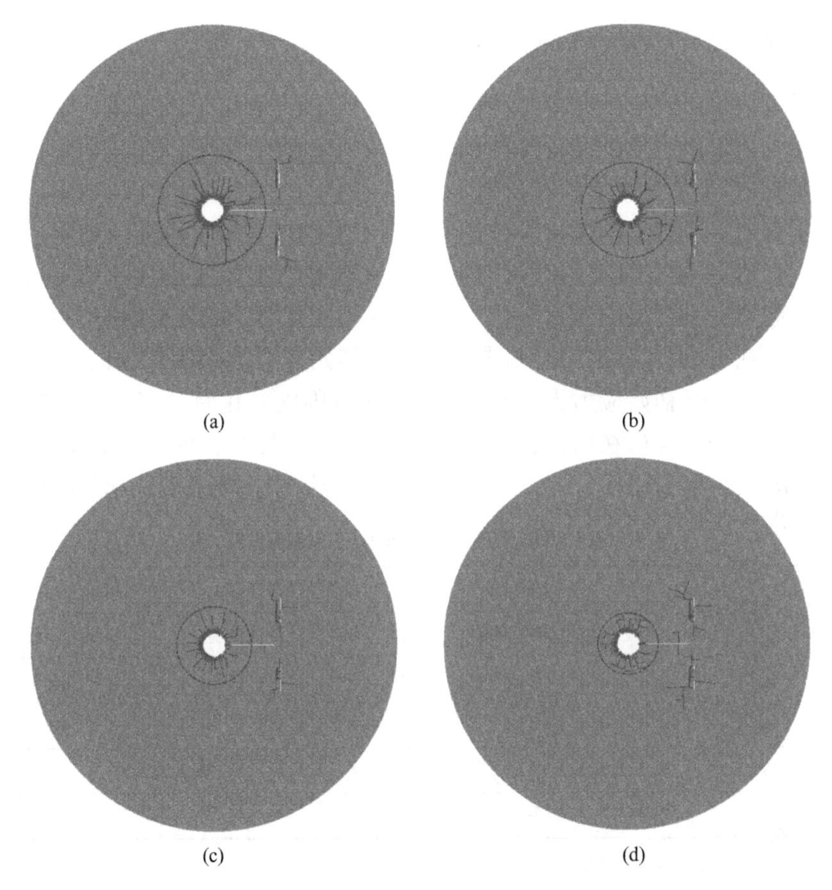

图 9-6 90°走向裂纹整体最终扩展形态
(a) 5MPa；(b) 10MPa；(c) 15MPa；(d) 20MPa

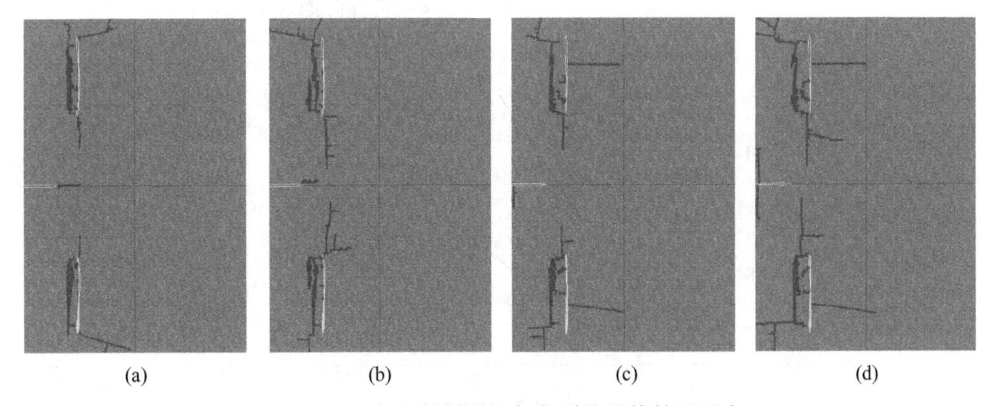

图 9-7 90°走向预制裂纹与主裂纹最终扩展形态
(a) 5MPa；(b) 10MPa；(c) 15MPa；(d) 20MPa

9.2.3　初始应力与爆炸荷载共同作用下裂纹扩展规律分析

为了进一步研究初始应力与爆炸荷载共同作用下裂纹扩展规律，以下从裂纹起裂时间及止裂两个角度进行分析。

9.2.3.1　主裂纹起裂时间分析

根据前面小节数值模拟结果对各个模型中主裂纹起裂时间进行整理，见表 9-1 与图 9-8。从中可以发现：0°走向预制裂纹模型在初始应力大小为 20MPa 时，主裂纹不起裂，且初始应力大小在 5~15MPa 内变化时，随着初始应力大小增大，起裂时间也在增大；45°走向预制裂纹模型在初始应力大小为 15MPa 时，主裂纹就已经不起裂，且初始应力大小在 5~10MPa 范围内变化时，随着初始应力大小增大，起裂时间同样也在增大，并且同一初始应力大小条件下，45°走向预制裂纹模型中主裂纹起裂时间，要大于 0°走向预制裂纹模型中主裂纹起裂时间；90°

表 9-1　不同走向次裂纹模型主裂纹起裂时间

初始应力大小/MPa	主裂纹起裂时间/μs		
	0°走向裂纹模型	45°走向裂纹模型	90°走向裂纹模型
5	77.9	80.8	85.1
10	81.0	87.3	90.3
15	85.1	—	—
20	—	—	—

注：“—”表示主裂纹未起裂。

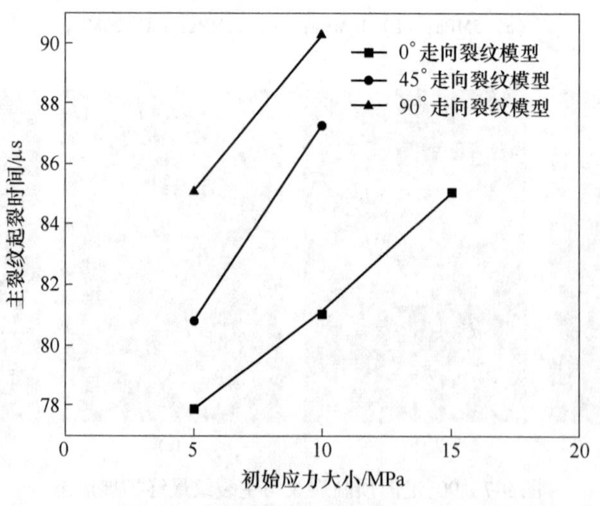

图 9-8　不同模型主裂纹起裂时间

走向预制裂纹模型在初始应力大小为15MPa时，主裂纹也已经不起裂，且初始应力大小在5~10MPa内变化时，随着初始应力大小增大，起裂时间同样也在增大，并且同一初始应力大小条件下，90°走向预制裂纹模型中主裂纹起裂时间要大于其他两组模型。

9.2.3.2 裂纹扩展与止裂分析

为了更直观地分析初始应力对主裂纹的影响，将以上数值模拟结果中裂纹扩展参数进行整理到表9-2。从表中数据可知：3组模型中随着初始应力大小的增大，主裂纹扩展长度逐渐减小，直至不会起裂扩展，加载孔周围径向裂纹扩展范围也逐渐减小；0°走向裂纹模型中主裂纹在初始应力为20MPa时不会起裂扩展，45°走向裂纹模型中主裂纹在初始应力为15MPa时不会起裂扩展，90°走向裂纹模型中主裂纹同样在初始应力为15MPa时不会起裂扩展；在初始应力不大于10MPa时，同一初始应力大小的情况下，0°走向裂纹模型中主裂纹扩展长度最大，45°走向裂纹模型中主裂纹扩展长度次之，90°走向裂纹模型中主裂纹扩展长度最小。

表9-2 不同数值模拟结果中裂纹最终扩展参数

初始应力大小/MPa	0°走向裂纹模型中裂纹扩展长度/mm		45°走向裂纹模型中裂纹扩展长度/mm		90°走向裂纹模型中裂纹扩展长度/mm	
	主裂纹	加载孔周围径向裂纹	主裂纹	加载孔周围径向裂纹	主裂纹	加载孔周围径向裂纹
5	27.62	96.1	15.0	92.0	13.9	87.9
10	22.32	77.8	10.1	78.7	8.0	75.4
15	11.53	65.5	0	65.5	0	61.3
20	0	57.3	0	57.3	0	49.1

综合以上分析：初始应力的存在对主裂纹同样存在抑制作用，且随着初始应力大小的增大，对主裂纹的抑制作用越强；同一初始应力大小的情况下，0°走向的两个次裂纹对主裂纹的抑制作用最小，45°走向的两个次裂纹对主裂纹的抑制作用次之，90°走向的两个次裂纹对主裂纹的抑制作用最大。

9.2.4 初始应力与爆炸荷载共同作用下主裂纹应力场分析

为了进一步研究清楚初始应力对主裂纹的影响，我们对同一时刻（$t=80\mu s$）不同数值模拟中主裂纹附近应力场分布进行分析，如图9-9~图9-11所示。

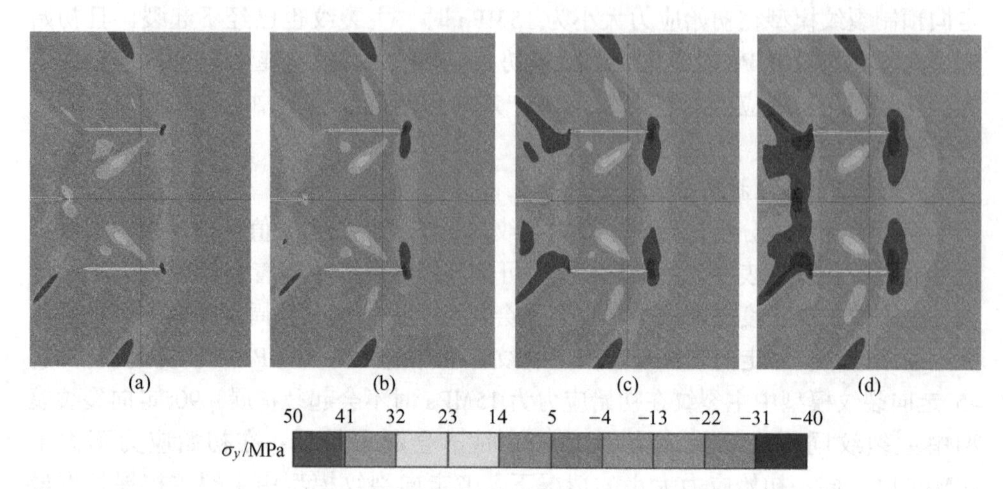

图 9-9　不同大小初始应力与爆炸荷载作用下 0°走向次裂纹模型 σ_y 云图

（a）5MPa；（b）10MPa；（c）15MPa；（d）20MPa

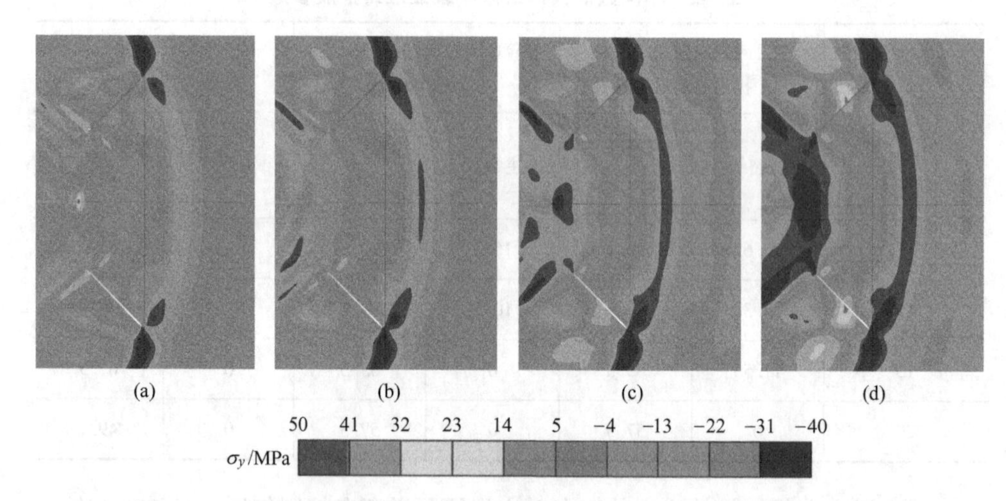

图 9-10　不同大小初始应力与爆炸荷载作用下 45°走向次裂纹模型 σ_y 云图

（a）5MPa；（b）10MPa；（c）15MPa；（d）20MPa

对比分析图 9-9～图 9-11 可以发现：随着初始应力的增大，主裂纹尖端的拉应力区域以及数值都在逐渐减小，初始应力为 15MPa 时，主裂纹尖端拉应力区域转变为压应力，且随着初始应力继续增大，压应力区域变大，同时压应力数值也在变大。经分析可知：初始应力对主裂纹存在着抑制作用，且初始应力越大，抑制作用越强。

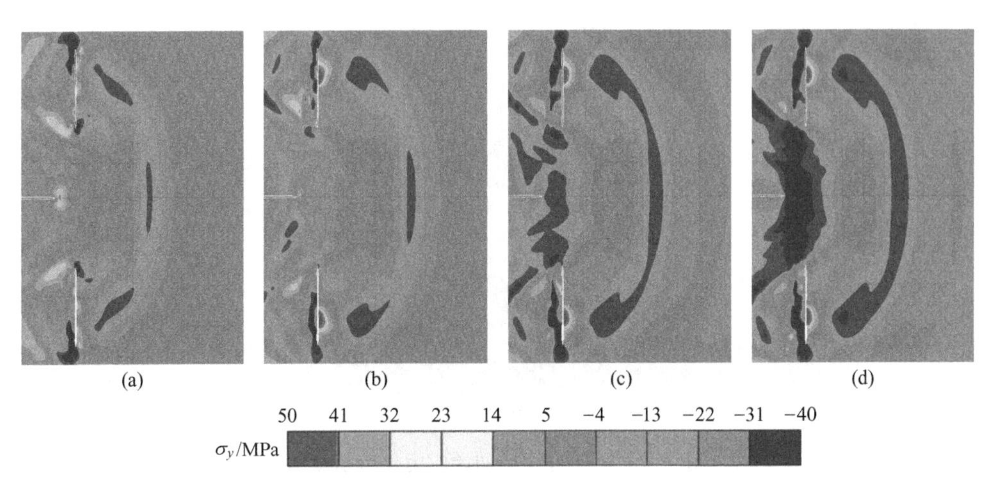

图 9-11 不同大小初始应力与爆炸荷载作用下 90°走向次裂纹模型 σ_y 云图

（a）5MPa；（b）10MPa；（c）15MPa；（d）20MPa

9.3 动荷载下初始应力方向变化对岩石动态断裂行为影响分析

9.3.1 初始应力方向变化模型的设计

本小节为了显现初始应力方向对裂纹动态扩展的影响，故只采用一条裂纹，去除对称次裂纹，排除对称次裂纹对预制主裂纹的影响。初始应力的方向分别与预制裂纹呈 β= 15°、30°、45°，如图 9-12 所示。

9.3.2 初始应力方向变化主裂纹最终扩展形态分析

将施加初始应力的静态计算结果（xx. rst）输入到 AUTODYN 中作为试样的

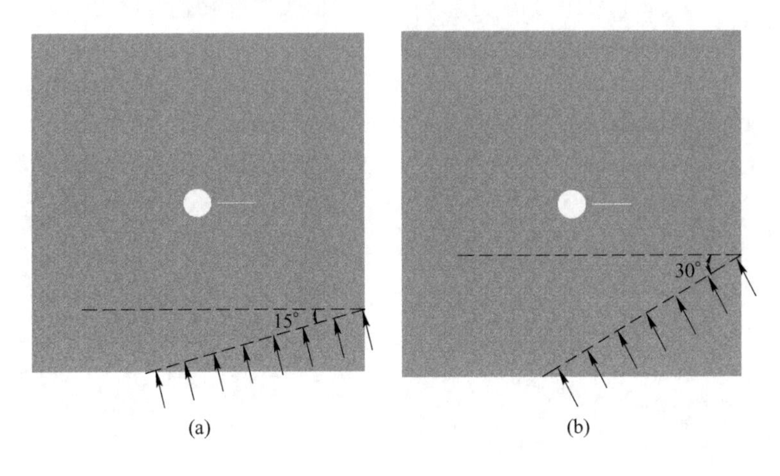

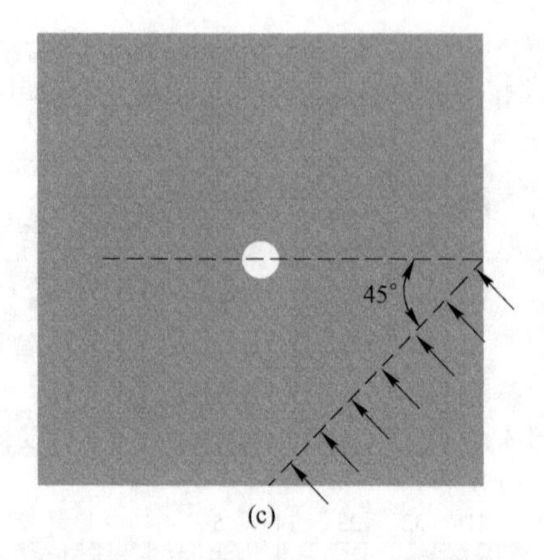

(c)

图 9-12　不同方向的初始应力模型示意图

(a) $\beta=15°$；(b) $\beta=30°$；(c) $\beta=45°$

初始条件，再施加爆炸荷载进行 200μs 的计算，最后根据数值模拟结果分析爆炸动荷载与不同方向的初始应力共同作用下裂纹的动态断裂行为，计算后的结果如图 9-13 所示。

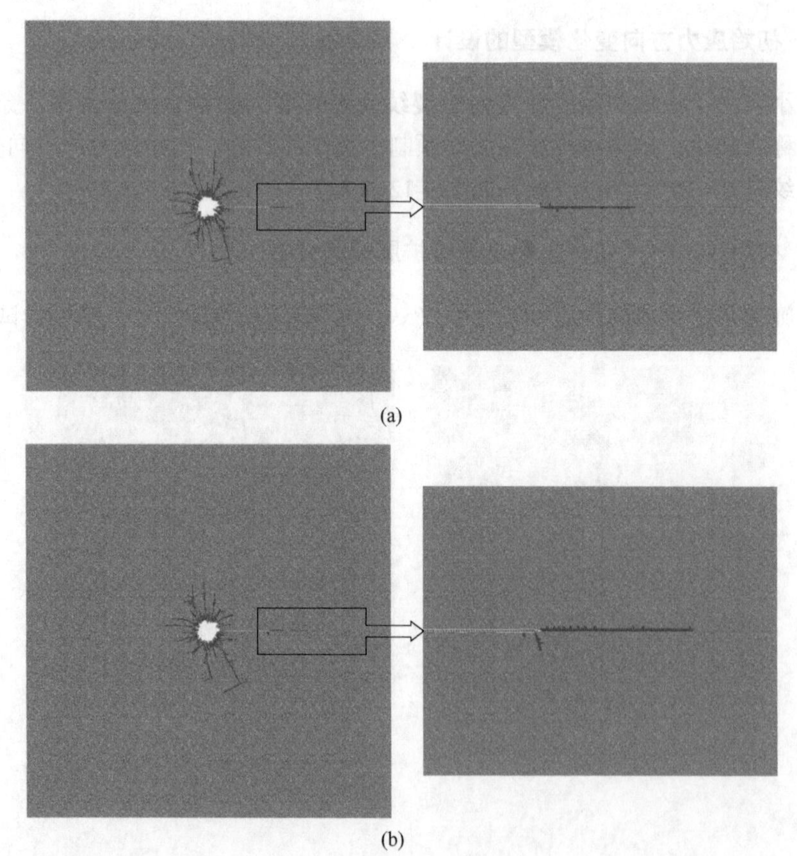

(a)

(b)

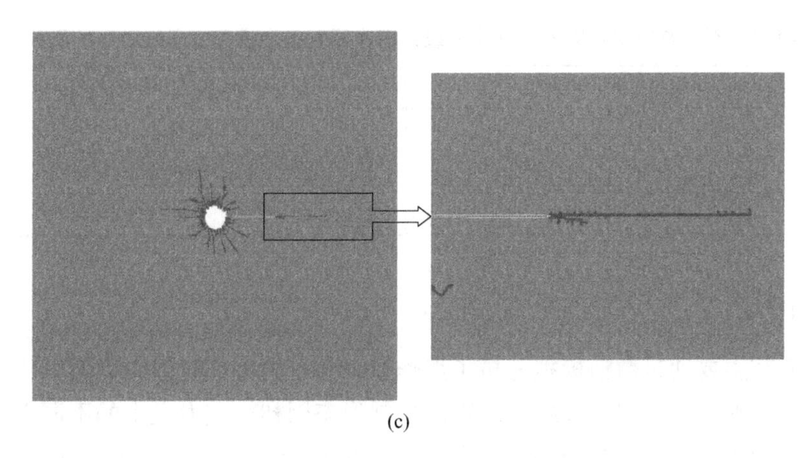

(c)

图 9-13 不同方向的初始应力与爆炸荷载共同作用下数值模拟结果
（a）$\beta=15°$；（b）$\beta=30°$；（c）$\beta=45°$

由图 9-13 得知，加载孔附近径向裂纹主要在初始应力方向上扩展的较长，预制裂纹的扩展长度随着初始应力与裂纹扩展方向夹角的增大而增大。

9.3.3 初始应力方向变化主裂纹扩展规律分析

起裂时间以及扩展参数是动态断裂行为中较为重要的参数，因此，本章节主要从主裂纹起裂时间和主裂纹扩展参数两个方面进行分析。

9.3.3.1 主裂纹起裂时间分析

将模拟结果中主裂纹起裂时间进行记录后整理，见表 9-3，发现 3 组模型中起裂时间随着初始应力方向与主裂纹扩展方向夹角的增大而减小，进一步说明夹角 β 的增大导致垂直于主裂纹扩展方向的分力减小，对主裂纹抑制作用减小，主裂纹越容易起裂。

表 9-3 不同方向初始应力与爆炸荷载共同作用时各个模型主裂纹起裂时间

初始应力与主裂纹扩展方向夹角/(°)	主裂纹起裂时间/μs
15	83.2
30	80.1
45	79.8

9.3.3.2 主裂纹扩展与止裂分析

不同方向的初始应力作用于模型后，主裂纹的最终扩展参数整理到表 9-4。由表 9-4 可知：初始应力与裂纹扩展方向夹角不大于 45°时，随着角度增大，初始应力对裂纹扩展抑制作用变弱，预制裂纹扩展长度逐渐增大。

表 9-4 不同方向初始应力与爆炸荷载共同作用时各个模型主裂纹最终扩展长度

初始应力与主裂纹扩展方向夹角/(°)	主裂纹最终扩展长度/mm
15	39.0
30	63.0
45	84.1

9.4 小结

本章节主要通过数值模拟分析了爆炸荷载和不同大小初始应力共同作用下的裂纹动态扩展形态，得出裂纹动态断裂扩展形态因初始应力大小的不同而各有差异。最后分析了单一动荷载和动静荷载下 3 种走向次裂纹模型中裂纹扩展形态，得出不同荷载下裂纹动态扩展的不同。

（1）在爆炸荷载与不同大小初始应力共同作用下，分析了 3 种模型的裂纹扩展形态基础上，我们发现初始应力对主裂纹的扩展存在抑制作用，且随着初始应力大小的增大，主裂纹裂尖的压应力越大，对主裂纹的抑制作用越强。不管是动荷载还是动静荷载共同作用，都表现出 0°走向的两个次裂纹对主裂纹的抑制作用最小，45°走向的两个次裂纹对主裂纹的抑制作用次之，90°走向的两个次裂纹对主裂纹的抑制作用最大。

（2）对比了不同方向的原始应力与爆炸荷载共同作用下裂纹扩展形态，我们发现初始应力方向与裂纹扩展方向夹角不大于 45°时，初始应力对裂纹扩展抑制作用随角度的增大而变弱，预制裂纹扩展长度逐渐增大。

参 考 文 献

[1] Xie Heping, Li Cong, He Zhiqiang, et al. Experimental study on rock mechanical behavior retaining the in situ geological conditions at different depths [J]. International Journal of Rock Mechanics and Mining Sciences, 2021: 104548.

[2] He Manchao, Wang Qi, Wu Qunying. Innovation and future of mining rock mechanics [J]. Journal of Rock Mechanics and Geotechnical Engineering, 2021.

[3] 夏开文，王帅，徐颖，等．深部岩石动力学实验研究进展 [J]. 岩石力学与工程学报, 2020: 1-28.

[4] 杨立云，王青成，丁晨曦，等．深部岩体中切槽爆破机理实验分析 [J]. 振动与冲击, 2020, 39 (2): 40-46.

[5] 李新平，宋凯文，罗忆，等．高地应力对掏槽爆破及爆破应力波影响规律的研究 [J]. 爆破, 2019, 36 (2): 13-18.

[6] 崔正荣，汪禹，仪海豹，等．深部高地应力条件下双孔爆破岩体损伤数值模拟及试验研究 [J]. 爆破, 2019, 36 (2): 59-64.

[7] 邓帅，朱哲明，王磊，等．原岩应力对裂纹动态断裂行为的影响规律研究［J］. 岩石力学与工程学报，2019，38（10）：1989-1999.

[8] 谢和平，李存宝，高明忠，等．深部原位岩石力学构想与初步探索［J］. 岩石力学与工程学报，2021，40（2）：217-232.